Erwachendes Denken

Friedhart Klix

Erwachendes Denken

Geistige Leistungen
aus evolutionspsychologischer Sicht

Spektrum Akademischer Verlag Heidelberg · Berlin · Oxford

Die Deutsche Bibliothek – CIP-Einheitsaufnahme

Klix, Friedhart:
Erwachendes Denken: geistige Leistungen aus evolutionspsychologischer Sicht /
Friedhart Klix. – Heidelberg; Berlin; Oxford: Spektrum, Akad. Verl., 1993
  ISBN 3-86025-084-1

Titelbild: Karl Jettmar, Heidelberg

© 1993 Spektrum Akademischer Verlag GmbH Heidelberg · Berlin · Oxford

Lektorat: Katharina Neuser-von Oettingen/Marianne Linder (Ass.)
Copy-editing: Dörte Land
Produktion: Karin Kern
Umschlaggestaltung: Claus Rieger, Heidelberg
Satz: Typo Design Hecker GmbH, Heidelberg
Druck und Verarbeitung: Verlag und Druckerei Bitsch, Birkenau

Spektrum Akademischer Verlag Heidelberg · Berlin · Oxford

EIN VERLAG DER SPEKTRUM FACHVERLAGE GMBH

Für Beate und Karoline

Inhalt

Vorwort

Das Unterfangen, etwas über die Entstehung geistiger Prozesse, etwa in Form des menschlichen Denkens auszusagen, führt rasch in fundamentale Probleme, die vom Standpunkt einer Wissenschaft alleine nicht angegangen werden können. Es gibt große Themen, um die wissenschaftliches Bemühen seit Jahrhunderten kreist: Die Entstehung des Kosmos, der Erde, des Lebens gehören dazu. Ein klein wenig vom Flair solch fundamentaler Problematik hat unser Thema auch: Gründe anzugeben für die Entstehung des menschlichen Denkens. Und zwar mit der Hilfe eben dieses selben Denkens.

Das Unternehmen, etwas Verbindliches, durch Fakten Begründetes, darüber auszusagen, ist ein Wagnis. Es müssen Gebiete gestreift und Themen behandelt werden, die in der Zuständigkeit sehr verschiedener Wissenschaften liegen. Wer soll sich da überhaupt noch zu einem geschlossenen Versuch aufraffen können?

So hohes Wagnis hat aber auch den Reiz des Abenteuers an sich; eines Abenteuers, das man bei Aufenthalten im Niemandsland der Wissenschaftsgebiete erleben kann – wohl wissend, daß zugleich von verschiedenen Seiten „angegriffen", das eingenommene Terrain „bestritten" werden kann. Dies allerdings auch in der Gewißheit, daß die Verteidigungskraft der eigenen Argumente und der verfügbaren Daten mit dem hier Dargestellten nicht erschöpft ist.

Die Quellen des geistigen Lebens der Jetztmenschen und mithin der menschlichen Intelligenz liegen in der Evolutionsgeschichte. Und je intensiver man über die letzten historischen Wurzeln geistigen Lebens nachdenkt, um so weiter zurück wird der Blick gelenkt. Bis hin zu erdgeschichtlichen Ereignissen, an die sich ja alle Lebensformen auf der frühen Erde anpassen mußten, um des Überlebens willen.

Die Anreicherung der Erdatmosphäre mit freiem Sauerstoff bedeutete eine tiefgehende Umgestaltung fast aller Lebensformen auf der frühen Erde – bis auf jene Bakterienarten, die als Anaerobier in Vulkanen oder in stark metanhaltigen Schichten überleben konnten.

Der durch geophysikalische Einflüsse bewirkte Übergang vom Leben im Wasser zum Leben auf dem teils schlammigen, teils trockenen und kargen Lande brachte weitere tiefe Veränderungen der Existenzbedingungen für Lebewesen: eine Umstellung in der Regulierung der Körpertemperatur zur Anpassung an starke Temperaturgefälle zwischen Tag und Nacht, Sommer und Winter. Tiefgehende Veränderungen treten in der Ernährung ein, beim Erlangen von Beute oder bei der Flucht vor vielen neuen räuberischen Tierarten. Und dann auch die Vermehrung. Eine Eiablage wie im Wasser war auf dem trockenen Lande nicht überlebensfähig, übergangsweise nur noch im Sumpfgelände. Für die Vermeidung des Austrocknens war die Verlegung von Befruchtungsvorgängen ins Körperinnere günstig. Eier können – nun aber mit Schale versehen – außerhalb des Körpers mit dessen Wärme bebrütet werden, oder aber weiter im Innern des Körpers verbleiben, bis ein überlebensfähiger, also auch fortpflanzungsfähiger Organismus entstanden ist. Tief eingreifend in das Gefüge des Lebens auf der Erde sind die neuen Kommunikationsmöglichkeiten. Auf dem Lande ist außer der optischen, geruchlichen und der Kontaktaufnahme durch Berührung auch die über die Lautbildung möglich. Ihre Differenzierung fordert Hirnleistungen an – und sie erobert für die Verständigung auch die Nacht hinzu, sowohl für die Nähe als auch über fernere Distanzen.

Und dann waren da die Eiszeiten. Sie griffen die Chance zum Überleben von verschiedenen Seiten an, durch wechselnde Temperaturstürze innerhalb eines Glazials, Austrocknung und Entstehung einer Mangelumwelt an Nährstoffen in den Übergangszeiten, durch Mangel- und Gefahrenumwelten im allgemeinen. Sie erschwerten die Nahrungsbeschaffung. Die gleichermaßen Notsituationen ausgesetzte, belebte Umwelt wurde aggressiver. Die Schwellen für die Auswahl von Nahrung sanken. Man muß auch weniger gut Verzehrbares in Kauf nehmen. Die Gefahr von Erkrankungen, von Seuchen oder Epidemien nimmt dabei zu. Abwehrstoffe des Körpers werden herausgefordert. Ein Umbau des Immunsystems zur Bildung von Abwehrkräften gegenüber Infektionen, Verwundungen oder Giften wird stimuliert, weil mit Überlebenschancen belohnt. Trickreiches Verhalten zum Erlangen von Beute, bei der Jagd oder für das Gelingen einer Flucht erhalten einen verstärkten Selektionswert.

So weben und wirken die sich wandelnden Kräfte der Erdatmosphäre, teils stetig und teils dramatisch eingreifend, an den Merkmalen der Lebensformen, wie sie uns bis auf den heutigen Tag überkommen sind. Die damit verbundenen Wandlungen von Organen und ihren Funktionen haben in späten Perioden der Erdentwicklung besonders an jenem Organ angegriffen, dessen Funktionen mit umweltbezogener Verhaltenssteuerung verbunden sind, eben dem zentralen Nervensystem.

Mit steigendem Erfolg der menschlichen Vermehrungsrate muß dieses Nervensystem auch zunehmend die Formen menschlichen Zusammenlebens steuern: von der Herde oder dem Rudel zur Horde, zur Kohorte, zur Urfamilie, zur Sippe, zum Stamm und schließlich zum Gentilverband mit Großfamilien in Siedlungen und langsam sich gliedernden Gemeinwesen mit Zentrum und Verwaltung. Biopsychologische Prozesse in menschlichen Nervensystemen bringen auch die sozialen Netzbildungen in gesellschaftlichen Vorgängen hervor. Mit deren Komplexität und Differenziertheit steigert sich – rückwirkend in Form neuer Anforderungen – wiederum die Leistungsfähigkeit der auch soziales Verhalten steuernden Nervensysteme.

Es ergibt sich bei alledem die Frage nach der Quelle für jene Faktoren, die eine Beschleunigung der menschlichen Erkenntnisfähigkeit und damit des geistigen Leistungsvermögens in einem Grade bewirkt haben, der schon zeitlich gesehen nicht auf die Evolutionsmechanismen der natürlichen Zuchtwahl zurückgeführt werden kann. Denn das Gehirn jener Menschen, die noch mit dem Steinbeil gruben und zuschlugen, unterschied sich in seinem Aufbau wie in seinem Umfang nicht von dem, das später Dome oder Flugzeuge entwarf, mathematische Beweise ersann, Planetenbahnen berechnete, Sinfonien komponierte, lyrische Gedichte spann und mit alledem eine geistige Sphäre von Kultur und Wissenschaft herausbildete. Hier müssen stark stimulierende äußere Bedingungen gefunden werden; Faktoren, die als sozial motivierte Bedürfnisse in den Einflüssen organisierten Zusammenlebens und Handelns wirksam werden. Es gibt auch von dieser Seite her umfassende Erklärungsversuche über die Entstehungsgeschichte geistigen Lebens; von der Kulturanthropologie her oder von der Geschichtssoziologie aus. Dabei wird oft übersehen, daß gesellschaftliche Umstände für sich überhaupt nichts verursachen, wenn sie nicht in dem biologisch fundierten Bedürfnissystem der Handelnden wirksam werden. Der Übergang von der rein biologischen zur gesellschaftlichen Geschichte setzt ja die biologische Basis der Verhaltensorganisation voraus und auch in der Folge niemals außer Kraft. Wohl aber erzeugen personale Wechselwirkungen jenen Komplex von Situationen und Ereignissen, der die Motivation für soziale Verhaltensentscheidungen ausbildet. Aus sozialen Einbettungen resultierende Motivationen können biologische Primärbedürfnisse verdrängen oder zurückstellen. Dabei muß man nicht einmal an den Hungerstreik bis zum Tode oder an andere Formen des Lebensopfers denken.

So wird die Grundorientierung unserer Darstellung bemerkbar: Es müssen die motivierenden, Bedürfnisse hervorbringenden Kräfte aufgefunden werden, die die Impulse für die Ausbildung, Verfeinerung und Steigerung spezifisch menschlicher Denk- und Erkenntnisfähigkeit bewirkt haben. Dabei sollte kenntlich werden, wie interne, biologisch vorgegebene und externe, sozialgesellschaftliche Einflüsse im menschlichen Wahrnehmen, Erkennen, Entscheiden und Handeln zusammenkommen.

Was wird nun in der Hauptsache dargestellt? Worin besteht die Grundidee in der Beantwortung der Frage nach den Entstehungsbedingungen des menschlichen Denkens und der spezifischen Formen menschlicher Intelligenz?

Es wird gezeigt, daß dieser Entwicklungsprozeß in drei Phasen vor sich gegangen ist:

Die erste liegt ganz im rein Biologischen, in der Evolutionsgeschichte der Arten. Sie ist durch die Ausbildung und die zunehmende Rolle von Lernprozessen und Lernleistungen im Verhalten von Lebewesen bestimmt. Lernen erzeugt individuelles Gedächtnis. Es schafft Erfahrung, die als Fixierung bewährter Verhaltensentscheidungen in neuartigen Situationen Vorteile bringt. Lernen erhöht die Entscheidungssicherheit in ursprünglich ungewissen, konfliktreichen Situationen. Je komplizierter und wechselnder die Umwelt, um so bedeutsamer wird die Lernfähigkeit und ihr Ausbau für die erfolgreiche Bewährung in nachfolgenden, ähnlichen Situationen.

Auf der Basis des durch Lernen erworbenen Gedächtnisbesitzes können sich Denkprozesse ausbilden. Der Beginn dieser Phase liegt im Tier-Mensch-Übergangsfeld.

Wenn Lernen individuelles Gedächtnis ausbildet, so beruht Denken auf der Nutzung seiner Inhalte und seiner Dynamik. Schon einfache Suchprozesse zwischen Gedächtnisinhalten sind eine Form des Denkens. Suchen aktualisiert Erfahrungen, ermöglicht Vergleiche zwischen ihnen und dabei das Erkennen neuer Zusammenhänge. Denken ist, seinem Wesen nach, Beschaffung und Neuordnung von Information durch kognitive Prozesse, deren Funktion sich bei Entscheidungsunsicherheit bewähren muß. Das geschieht um so besser, je mehr aus der Erfahrung vorausgesagt werden kann. Dies ist die Motivgrundlage für die Extrapolation von Künftigem durch Denkprozesse.

Suche in Gedächtnisinhalten führt als einfachste Form des Denkens zur internen Begegnung mit dem Ich und seinen Aktionen in der Erinnerung, führt zu jenen Formen des Lebens und Erlebens, die mit Selbst-Bewußtsein verbunden sind. Es ist dies wohl die früheste Stufe der Bewußtseinsbildung, und wir finden sie schon in vormenschlichen Lebensformen.

Lernen beruht in seinen primären Formen auf den Tatsachen der Wahrnehmung, Denken auf Inhalten des Gedächtnisses. Sofern das Gedächtnis durch die Wahrnehmung gespeist wird, bleibt es der Wahrnehmungswelt verbunden. Daß menschliche Denkprozesse die Realität auch verlassen können, folgt als Ergebnis der dritten Phase der Entwicklung menschlicher Intelligenz. Sie liegt in der gesellschaftlichen Geschichte und ist bestimmt durch die Funktion der Sprache im Denken. Es ist dies die kognitive Funktion der Sprache im Unterschied zur ursprünglichen, bloß kommunikativen Lautbildung, die der wechselseitigen Verständigung dient. So wie man mit Hilfe der Sprache durch Worte (oder beliebige Symbole) Dinge der Wahrnehmungswelt bezeichnen und im Gedächtnis festhalten kann, so lassen sich auch Ergebnisse des Denkens durch Benennungen binden. Die sprachlich fixierte Ergebniswelt des Denkens bildet als Resultat von Erkenntnisprozessen eine bewußtseinsfähige Realität. Auf sie können Operationen des Denkens genauso angewandt werden wie auf die äußere Welt der Wahrnehmungsdinge.

Das wesentlichste Ergebnis des Denkens in den sprachlichen Kategorien des Gedächtnisses ist die Ausbildung und Fixierung verschieden hoher Abstraktionsebenen. Wie die Sprossen einer Leiter funktionieren die Bezeichnungen für immer abstraktere Begriffe. Man gelangt in zunehmend höhere (abstraktere, umfangreichere) Ebenen und überblickt oder „be-greift" dabei kognitiv immer weitere Gebiete der (mentalen) Wirklichkeit. Schließlich kann man auch die Sprossen der eigenen Leiter, also die Formen des Denkens und Schließens, von einer Art Metaebene aus betrachten. Dies führt zur Erkennung von Regeln des Denkens, zur Erkenntnis der Prozesse, die von einer Stufe zur nächsten führen. Hier liegt die Basis auch für die Ausbildung von Zahlsystemen, für die Erkenntnis logischer Formen der Realität, für die Formulierung von Gesetzen in der Natur und in den Formen des menschlichen Denkens selbst. In der Wissenschaftsgeschichte wurde über diese Zusammenhänge immer wieder nachgedacht. Sie sind bis heute nicht aufgeklärt. Wir zeigen in unserem Rahmen lediglich, wie es zur Ausbildung dieser Leiter kam, durch die das menschliche Denken in den verschiedensten Abstraktionsstufen gleichsam hin- und herklettern – und dabei auch zu sich selbst finden kann. Wir werden zeigen, daß darin auch eine Wurzel kreativen Denkens liegt; die Basis von Vorgängen also, durch die geistige Prozesse aus sich heraus Neues hervorbringen. In dieser Art von Denkleistungen findet menschliche Intelligenz ihren höchsten bisher erreichten Ausdruck.

Das vorliegende Buch ist gegenüber der letzten Auflage gründlich überarbeitet und aktualisiert worden. Mit neuen Abschnitten wurden Aspekte der Soziobiologie aufgenommen. Die neurobiologischen Grundlagen des Lernens und Behaltens sind gegenüber früher wesentlich vertieft. Inhalte von Tontafeln aus den frühesten Phasen der Entwicklung von Schrift und Zahlsystemen in Mesopotamien, wie sie 1990 von der Freien Universität Berlin vorgestellt wurden, sind bezüglich ihres Aussagewertes für die Thematik des Buches berücksichtigt. Veränderungen betreffen auch andere Abschnitte, wie zum Beispiel die über das archaische Denken oder über Kreativität. Auch ist der Versuch unternommen, einen einfachen Problemlöseprozeß nachzuvollziehen, wie er vermutlich vor 4 000 Jahren von ägyptischen Schreibern angestellt wurde. Es zeigt sich dabei, daß trotz ihrer anderen Denkmittel und deren Begrenzungen große Ähnlichkeiten zu unseren Strukturbildungen des Denkens in Problemlöseprozessen bestehen. Auf neue Weise ist auch die Vermutung begründet, daß invariante Eigenschaften kreativen Denkens in sehr verschiedenen Leistungsdimensionen kognitiver Prozesse erhalten bleiben. Die Grundformen analogen Schließens reichen vom archaischen Deuten von Naturereignissen bis zur Erschließung bedeutender naturwissenschaftlicher Gesetze. Das wird am Beispiel germanischer Erklärung von Naturerscheinungen sowie an der Entdeckung elektrodynamischer Gesetze durch C. Maxwell erläutert.

Für den Inhalt dieser Thematik ist der Umfang des Buches gering. Die Darstellung ist so versucht, daß philosophisch, biologisch oder psychologisch Interessierte, jüngere wie ältere Menschen sie lesen können. Es muß ja nicht jede Einzelaussage bis zum Grunde durchdacht werden. Die Idee eines Abschnitts zu erfassen, die Idee eines Kapitels herauslesen zu können, das ist wohl in jedem Falle ohne spezielle Kenntnisse auf dem behandelten Gebiet möglich.

Dem Autor verbleibt am Ende die schöne Aufgabe, sich bedanken zu dürfen: bei Lehrenden und Lernenden, Lebenden und Toten.

Viele Gebiete werden im Buch gestreift, sehr unterschiedliche Wissenschaftsgebiete auf ihren Beitrag für die aufgeworfene Frage hin geprüft. Es war daher von größtem Wert, daß sich hervorragende Gelehrte auf den wichtigsten der hier berührten Gebiete bereit fanden, mit Empfehlungen, kritischen Hinweisen oder Korrekturgedanken vertretene Auffassungen zu stützen beziehungsweise (was weit weniger geschah) zu modifizieren:

H. Bach, Jena, hat als Anthropologe den einführenden, evolutionsgeschichtlichen Teil durchgesehen, G. Tembrock, Tierpsychologe und Ethologe, den vergleichend-psychologischen Teil, J. Herrmann, Frühgeschichtsforscher, hat sich des Abschnitts über die frühen Stadtstaaten angenommen, und H.-D. Schmidt hat als Psychologe das Manuskript durchgesehen und begutachtet. Th. Herrmann hat die nun verändert vorliegende Fassung des Buches mit freundlichen Worten dem Verlag zum Druck empfohlen. Ihnen allen gilt der tiefempfundene Dank des Autors, der freilich nicht alle Vorschläge berücksichtigen konnte. Auch aus diesem Grunde gehen die möglicherweise verbleibenden Mängel des Buches voll zu seinen Lasten.

Einen mehr indirekten Dank möchten wir den Autoren jener Bücher abstatten, deren Inhalte in gewissem Sinne tragend geworden sind in Kapitelteilen oder Abschnitten des Buches: B. van der Waerdens großes Werk über die frühe Mathematik, G. Schenks Buch über die frühe Logik, E. Steitz', G. Heberers und J. Herrmanns wie H. Ullrichs inhaltsreiche Texte über die Anthropogenese, W. Wicklers und U. Seibts Darstellungen der soziobiologischen Grundlagen menschlichen Verhaltens. Als Graecist und Latinist hat W. Hartke die Darstellung über das griechische Denken durchgesehen und Anregungen gegeben.

Frau A. Weist habe ich zu danken für die Anfertigung und Umarbeitung des Manuskripts, der sich später Frau Rakow in dankenswerter Weise angenommen hat. Frau Gruhn hat wertvolle Hilfe bei Korrekturen während der Endfassung geleistet, und von seiten des Verlages sei Frau Neuser-von Oettingen für professionelles Lektorieren der Dank des Autors ausgesprochen.

Meiner Frau Annerose und meiner Tochter Beate danke ich für viele Hinweise und Hilfen bei der Einarbeitung von Korrekturen, von Textverbesserungen sowie für die Anfertigung des Literaturverzeichnisses.

Berlin, 29. Juni 1992
Friedhart Klix

Teil I

Biologische und soziale Faktoren, die im Tier-Mensch-Übergangsfeld die Basis für die Ausprägung kognitiver Prozesse bilden

Wenn man *die* Menschen erforschen will,
muß man sich in ihren Umgebungen umsehen.
Will man *den* Menschen erforschen,
muß man seinen Blick in weite Fernen richten.

J. J. Rousseau

1. Wirkprinzipien und Spuren der Menschwerdung

1.1 Elementare Mechanismen der Evolution

Einer lebenden Art von Organismen ist eine Menge von Erbfaktoren gemeinsam, die ihren Genbestand oder Genpool bildet. Jedes Individuum ist Träger einer kleinen Auswahl aus dieser Menge von Genen und ihren Allelen, die die Variationsbreite der Merkmale einer Art bestimmen. Insbesondere werden durch sexuelle Fortpflanzung die individuellen Erbausstattungen immer wieder gemischt und neu kombiniert. Diese sogenannte Rekombination der Gene erhöht die Variabilität der Genotypen (also die Verschiedenartigkeit der individuellen Genbestände) in einer Population. Die vom individuellen Genotyp aus gesteuerten morphologischen, physiologischen oder verhaltenscharakteristischen Merkmale erzeugen im weiten Spektrum der Erscheinungsbilder Individuen, die an die vorhandenen (oder sich ändernden) Umweltbedingungen besser oder schlechter angepaßt sind. Die Lebenssicherheit, Fortpflanzungschance und damit die Wahrscheinlichkeit für die Ausbreitung ihrer Merkmale in der Population ist für die besser angepaßten Organismen größer. Deren Eigenschaften beginnen mithin in der Generationenfolge, je nach dem Grade des „Selektionsvorteils" dieser Merkmale, zu dominieren, – bis sie selbst wieder anderen, besseren Anpassungswerten von Körper- oder Verhaltenseigenschaften weichen müssen, wie sie aus der Kombination verschiedenartiger Genträger jederzeit entstehen können (vergleiche Bach 1974).

Unabhängig davon entstehen Mutanten durch Temperatur, Strahlung oder auch innere Bedingungen. Es sind sprunghafte Erbgutänderungen, durch die quantitativ oder qualitativ neue Merkmale auftreten können. Sie stellen eine weitere Basis für die Entstehung neuer Eigenschaften dar, deren Träger ebenfalls der Auslese durch Umgebungsbedingungen wie Klima, natürliche Feinde, Ernährungslage und anderes ausgesetzt sind. Mutation und Rekombination der Gene stellen mithin eine Basis für die Erhöhung der Variabilität der Arten dar. Die Selektion wiederum schränkt sie ein. Sie begünstigt Träger vorteilhafter Eigenschaftskombinationen, bremst weniger günstige in ihrer Häufigkeit oder Verbreitung und merzt nachteilige Varianten durch abgeschwächte Überlebensfähigkeit oder geringe Fortpflanzungschancen schon bei der Partnerwahl aus. Dies ist das berühmte Darwinsche Selektionsprinzip, das das „survival of the fittest" sichert. Diese Dialektik zwischen Erhöhung der Variabilität auf der einen Seite und Einschränkung der Variabilität durch Selektion auf der anderen Seite stellt den grundlegenden Mechanismus der Evolution dar. Die Evolution greift danach über die einzelnen Individuen an der Population an. Ihre kleinste zeitliche Wirkungseinheit ist die Lebensdauer einer Generation. Evolution spielt sich ab in der Generationenfolge. In ihr wird durch die Evolutionsmechanismen bewahrt, was sich bewährt, und es schwindet, was versagt im Kräftespiel zwischen individuell-organismischen Möglichkeiten und Toleranzen und jenen Naturkräften, die diese Toleranzen beanspruchen, ausschöpfen oder überfordern.

Es gibt noch weitere Evolutionsbedingungen, wie zum Beispiel die Nischenbildung. In eingeschränktem Rahmen überlebensfähige Organismen können sich in einem „geschützten" Biotop eine Nische erhalten und sich dort fortpflanzen. Diesem Selektionsprinzip verwandt ist die Isolation. Sie ist im engeren Sinne gegeben, wenn eine Population durch räumlich-geographische Umstände getrennt wird und keine durchgehenden Verpaarungschancen mehr bestehen. Beide Populationen züchten sich dann auseinander, so daß schließlich verschiedene Arten entstehen können, die untereinander nicht mehr fortpflanzungsfähig sind.

Huxley hat eine für die Evolutionsgeschichte auf unserem Planeten bedeutsame Situation auf eine sehr suggestive und anschauliche Weise geschildert (zitiert nach Steitz 1974, Seite 31). Er beschreibt die Entwicklungsbedingungen der Säuger: „Sie hatten, wie es scheint, in ihrem Dasein eine Phase als kleine, unbedeutende Nachtgeschöpfe durchzumachen, in deren Verlauf sie die Fähigkeit des Farbensehens verloren. Gerade ihre Bedeutungslosigkeit befähigte sie, die lange Periode zu überleben, da das Land von mächtigen und spezialisierten Reptilien beherrscht wurde. Ihre Stunde kam, als gegen Ende des Mesozoikums eine große, gebirgsbildende Umwälzung vor sich ging. Die dabei auftretenden Veränderungen im Klima und in der Verteilung von Land und Meer führten schließlich zum Aussterben vieler ihrer reptilischen Konkurrenten."

Die Säuger hatten, wie Steitz (1974, Seite 31) in diesem Zusammenhang betont, selektionsbegünstigende Eigenschaften wie Temperaturregelung und Brutpflege, was zu ihrer außerordentlichen Verbreitung während des Tertiärs beigetragen hat. „Interessanterweise haben die Vögel eine Art Parallelentwicklung durchgemacht: ... sie erwarben zusätzlich aber auch die Flugfähigkeit. Dafür schnitten sie sich aber von bestimmten Möglichkeiten der Weiterentwicklung ab, denn die Vorderextremitäten taugten nur noch zum Fliegen oder Schwimmen. Hände indessen waren die Vorbedingung für eine Fortentwicklung vor allem hinsichtlich der Gehirnorganisation und des Verhaltens ..." Soweit Steitz zur Veranschaulichung der Wirkungsweise von Selektionsmechanismen.

Abschließend dazu noch ein Wort zur Wirkungsrichtung: Seitdem die Evolution in Gang gekommen ist (vergleiche dazu Eigen 1972) wirkt das Wechselspiel zwischen der Dynamik der Variationsbreite der Arten und den Selektionsbedingungen in ihren Lebensräumen und Lebensumständen dahin, daß Folgegenerationen gegenüber diesen einschränkenden Bedingungen anpassungsfähiger oder durchsetzungskräftiger werden. Was sich im einzelnen und am stärksten vervollkommnet, hängt vor allem von der Richtung ab, in der die Selektion wirkt. Die Spezifik der Veränderungen hängt vom Selektionsdruck, von der Enge der Selektionsfilter und von der Variationsbreite der Merkmale in den Nachfolgegenerationen ab. Dabei kann es vorkommen, daß beim Wechsel der Druckrichtung (zum Beispiel bei starken Temperatur- und Klimaveränderungen zu Beginn oder am Ende einer Eiszeit) zuvor gut adaptierte Arten verschwinden. Das Wort „verschwinden" im Sinne von „nicht mehr vorkommen" verweist darauf, daß es hier in der Hauptsache nicht um ein Absterben von Individuen geht, sondern darum, daß Merkmale und Merkmalskombinationen, die als Eigenschaften einen Typ bestimmen, in der Generationsfolge langsam seltener auftreten und schließlich nicht mehr vorkommen. Ein Vorgang, der wie bei den Sauriern Hunderttausende von Jahren dauern und bei dem jeder einzelne Träger dieser aussterbenden Merkmalskombination an Altersschwäche eingehen kann.

1.1.1 Über evolutionsbiologische Triebkräfte im Sozialverhalten

Es ist nun keineswegs so, daß partnerbezogene Interaktionen zwischen Organismen bis hin zu Beziehungen zwischen Menschen dem biologischen Urgrund der Verhaltensausstattung gleichsam aufgepfropft sind. Im Gegenteil. Bestimmte Formen sozial motivierten Verhaltens scheinen den gleichen genetisch verankerten Merkmalsausprägungen und ihren Wandlungen unterworfen zu sein wie sie der adaptiven Ausbildung eines Gebisses oder der Gestalt eines Greiforgans mitsamt den Kräften, die es mobilisieren kann, zugrunde liegen. So ist auch soziales Verhalten seit eh und je den Filterungen der Selektion ausgesetzt gewesen. Es mußte sich in den dabei wirksamen Auswahlbedingungen für Güte ebenso bewähren wie einzelne Organe oder Körperfunktionen. Daraus ergeben sich für den Prozeß der Menschwerdung und seiner Gestaltung tiefgreifende motivationale und kognitive Konsequenzen. Neuere soziobiologische Forschungen lassen in der Tat auf solche Zusammenhänge schließen. Wir betrachten einige der Befunde, um später abschätzen zu können, was sich daraus für das Verständnis zwischenmenschlicher Bindungen oder sozialer Gepflogenheiten ableiten läßt. Dabei stützen wir uns vor allem auf Arbeiten von Dawkins 1989; Hamilton 1964; Smith 1982; Trivers 1985; Vogel 1988, 1989; Wickler 1988; sowie Wickler und Seibt 1991 und Wilson 1975, 1980.

Wir haben in Kapitel 1.1 auf die grundlegenden Ideen der von Darwin konzipierten Evolutionstheorie in mehr qualitativ-beschreibender Form hingewiesen. Um die erweiternden Aspekte soziobiologischer Forschungen deutlich hervortreten zu lassen, fassen wir die theoretische Basis der Darwin-Theorie im klaren Gefüge ihrer Grundbegriffe knapp zusammen. Auf ihnen ruht eine der umfassendsten und bedeutendsten Theorien, die in der Wissenschaftsgeschichte je entwickelt wurden. Dabei kommt es uns nicht darauf an zu untersuchen, auf welchem Vorwissen Darwin aufbaute oder welche lamarckistischen Züge sich in seinem Lebenswerke finden lassen. Wir betrachten nur das gültige Gerüst dieser Theorie. Die – so verstanden bereinigte – Darwinsche Theorie basiert auf fünf Kernbegriffen:

1. Die Population: Damit wird eine Gruppe von Organismen bezeichnet, zwischen denen Genaustausch stattfindet, also Nachkommen gezeugt werden können.
2. Die Rekombination: Die mit Punkt 1 vorausgesetzte Vermehrungsfähigkeit führt zu einer ständigen Durchmischung des vorhandenen Genbestandes.

3. Die Mutation: Sie erhöht die Variabilität der Merkmale durch sprunghafte Änderungen einzelner Genorte und damit des Genbestandes in einer Population.

4. Die Selektion: Sie bezeichnet den Ausleseprozeß zugunsten der an die jeweiligen Umweltbedingungen besser angepaßten Individuen. Ihre Vermehrungsrate (das ist die Vermehrungsrate in den Nachfolgegenerationen) ist größer als die der weniger gut angepaßten Individuen. Das führt zu einer zunehmenden Dominanz ihrer Eigenschaften in den Folgegenerationen. Da die Merkmale oft in ihren Ausprägungsgraden variieren (sogenannte multiple Allelie der Gene), spielt der Umweltvorteil eines Ausprägungsgrades bei der Selektion der Merkmale eine besondere Rolle.

5. Die Evolution: Sie zeigt sich danach in der Verschiebung der Häufigkeitsverteilung der Merkmale oder ihrer Ausprägungsgrade in einer Population. Es entsteht ein Merkmalstrend in der Population, der die Merkmalsausstattung der Art zu umweltgemäßen Bauplänen und Verhaltensmustern hinführt.

Weit ausgreifend, einfach und klar ersteht dieses, durch ungezählte Beobachtungen und Messungen gestützte theoretische Konzept.

Was ist nun anders zu sehen nach den Einsichten, die im Rahmen der Soziobiologie gewonnen wurden? Auf den ersten Blick, so scheint es, nicht viel. Wir wollen sehen:

Um die Mitte dieses Jahrhunderts begann ein deutlicher Schub im Erkenntniszuwachs der Genetik. Die DNS wurde als Träger der Erbsubstanz chemisch identifiziert (vergleiche Crick 1990). Der Mechanismus der Übertragung der Erbinformation auf die entstehenden Körperzellen wurde aufgeklärt (vergleiche Guttmann 1990; Libbert 1982). Im gleichen Zusammenhang wurde der genetisch gesteuerte Aufbau körpereigener Eiweiße erkannt. Man begann, die Zellspezifizierung für unterschiedliche Organe zu verstehen, eben daß Leberzellen auf andere Funktionen hin zu spezifizieren sind als Muskel- oder Gehirnzellen. Das „Ein-" und „Ausschalten" beim Aktiv- oder wieder Stillwerden wohlbestimmter Genorte, wenn sie Zellgruppen in Organen zur Verrichtung ihrer Aufgaben aufrufen, wurde analysiert; etwa wenn sie den Aufbau eines Enzyms für die Verdauung eines betimmten Nahrungsanteils veranlassen oder die Produktion ersetzbarer Zellen anregen; oder auch wenn die Erkennung körperfremder Zellen durch Prüfung ihrer genetischen Verschiedenheit einsetzt. Dazu gehört dann noch die Veranlassung zur Bildung von Antikörpern, um eine Infektion abzuwehren oder um körperfremdes Gewebe abzustoßen. (Nur bei eineiigen Zwillingen werden fremde Organe als eigene identifiziert und angenommen: Sie haben die gleiche genetische Zusammensetzung.) Das molekulare Erkennen der genetischen Identität eines Lebewesens ist zu einem Schlüsselbefund für das Verständnis einer Reihe von Phänomenen des Partnerverhaltens niederer wie höherer Organismen geworden.

Evolution ist an Fortpflanzung gebunden. Jeder einzelne Organismus trägt mit seinem Fortpflanzungseifer und seiner Nachwuchspflege zur Erhaltung seiner Art bei. Das wurde im vorigen Kapitel behandelt. Da gibt es nun aber Beobachtungen, die dieser Aussage auf merkwürdige Weise zu widersprechen scheinen. Zum Beispiel die Kindstötung durch Löwenmänner, wenn sie einen neuen Harem übernehmen und sich Jungtiere im Rudel befinden. Trächtige Mäuse unterbrechen ihre Schwangerschaft, wenn das Vatertier verschwunden ist und ein neues Männchen auftaucht. Und dann gibt es rätselhafte Befunde in Insektenstaaten: Die Arbeiterinnen im Bienenstaat bleiben ohne Nachkommen. Nur die Königinnen reproduzieren ihr Erbgut. Ihre weiblichen Staatsangehörigen unterstützen sie bei der Aufzucht der Brut. Sie sind Helferinnen, die für das Gedeihen ihrer Schwestern sorgen. Man fand heraus (vergleiche Vogel 1989, Seite 23; Wickler und Seibt 1991), daß die Männchen aus unbefruchteten Eiern hervorgehen. Sie haben demzufolge nur einen einfachen (haploiden) Chromosomensatz. Die Weibchen gehen aus befruchteten Eiern hervor. Sie haben, dementsprechend, einen doppelten (diploiden) Chromosomensatz; die eine Hälfte vom Vater, die andere von der Mutter. Dies bedingt, daß alle Töchter eines Vaters den vollen Chromosomensatz dieses Vaters gemeinsam haben (das ergibt eine 50prozentige Genverwandtschaft). Die Arbeiterinnen können nun zur Hälfte (im Durchschnitt) auch den halben Chromosomensatz der Mutter gemeinsam haben. Das ergibt einen 25prozentigen Verwandtschaftsgrad (im Mittel). Beides zusammen macht eine 75prozentige Verwandtschaft unter den Geschwistern aus. Damit sind die Schwestern im Bienenstaat untereinander enger verwandt als sie es mit ihren eigenen Kindern wären. Sollte deshalb die Erzeugung eigener Nachkommen aussetzen? Sollten sie Helferinnen bei der Aufzucht ihrer Schwestern sein, weil sie dadurch von ihrem eigenen Erbgut mehr sichern helfen für die Nachfolgegenerationen als durch eigene Kinder? Dies würde bedeuten, daß eine Tendenz zum maximalen Erhalt des eigenen Genbestandes einen verhaltensbestimmenden Evolutionsfaktor darstellt.

Die Idee vom „egoistischen Gen" (Dawkins 1989) scheint auf: Sich selbst zu erhalten und den Körper nur als Durchgangsstation zu benutzen auf dem langen Wege zu einer möglichen biologisch unsterblichen Existenz, aber doch in Sorge um die Fortsetzung eben dieser Gen-Existenz, die eben nur über die Nachkommen möglich ist.

Gene drücken sich in Merkmalen aus; auch im Erscheinungsbild ihres Trägers (dem Phänotyp) wie in dessen Körperfunktionen, – bis hin zu dessen spezifischen Verhaltensmustern. Gleiche Gene bewirken (unter sonst gleichen Bedingungen) gleiche Merkmale. Daher sind Verwandte untereinander ähnlicher als Fremde, und eineiige Zwillinge zuweilen ununterscheidbar. Der Grad der Verwandtschaft bestimmt sich durch den Anteil gemeinsamer Erbanlagen. Dies erklärt nach soziobiologischem Konsens den Nachkommensverzicht der Arbeiterinnen im Bienenstaat. Durch die Pflege der Schwestern sichern sich die Gene besser ihr Überleben in den Folgegenerationen als durch den Erhalt eigener Kinder mit fremden Vätern.

Diese hier nur an einem kleinen Beispiel erläuterte Konsequenz führte zusammen mit vielen anderen Befunden zu einer neuen Erkenntnis im Rahmen der Evolutionstheorie: Die innerartliche Verhaltensabstimmung zwischen Individuen dient aus soziobiologischer Sicht nicht primär der Erhaltung der Art, sondern der Erhaltung eines wohlbestimmten Genbestandes. Da dieser Genbestand in jedem Individuum auf einmalige Weise kombiniert vorkommt, muß es (Trieb-)Ziel dieser Bewahrungstendenz sein, Hilfe und Pflege nach dem Grade der genetischen Verwandtschaft auszurichten. Die Sorge um das Aufwachsen von (am besten nahen) Verwandten entspricht der Sorge um den Erhalt der eigenen Erbanlagen. Je näher die Verwandtschaft, um so mehr eigenes Erbgut bleibt erhalten.

Es ist in der Wissenschaft allemal eine aufregende Sache, wenn man von einer Theorie her zeigen kann, daß sich anscheinende Gegensätze oder gar Widersprüche in den Befunden von einem neuen theoretischen Ansatz her auflösen. Wir wollen hier eine solche Lösung ursprünglich widersprüchlicher Befunde betrachten.

Wie schon erwähnt, töten Löwenmänner, wenn sie den alten Pascha verdrängt und dessen Harem übernommen haben, auch dessen Kinder im Rudel. Nicht aus Hunger, denn sie fressen sie nicht auf: Nachdem sie durch Nackenbiß totgeschüttelt sind, bleiben sie liegen. Eine ausführliche soziobiologische Diskussion dieses Geschehens und seines genetischen Hintergrundes haben Wickler und Seibt (1991, Seite 146 ff) gegeben. Wir beschränken uns hier auf den Grundgedanken: Löwen können einem Harem nur relativ kurze Zeit vorstehen. Sie sind nicht selten durch Behauptungskämpfe mit konkurrierenden Männchen oder infolge von Verwundungen relativ früh geschwächt. Ihre fortpflanzungsfähige Zeitspanne beträgt im Mittel zweieinhalb Jahre. Die Weibchen haben mit etwa vier Jahren ihre ersten Jungen, sie bleiben etwa 13 Jahre fruchtbar und sterben mit circa 18 Jahren. Wenn also Löwenmänner eigene Nachkommen haben wollen, müssen sie sich beeilen. Löwenjunge sind bei ihrer Geburt sehr klein. Sie werden lange gesäugt und gefüttert. Erst wenn sie zwischen 20 und 30 Monate alt sind, kann ein Weibchen wieder trächtig werden. Aber: Wenn das Baby stirbt, ist bald danach eine neue Befruchtung möglich und nach wenigen Monaten können neue Junge zur Welt kommen. Das wären dann in aller Regel die eigenen Kinder des neuen Haremsbesitzers. Ihr Erbgut ist auch von seinen Genen mitbestimmt. Löwenväter sind nun wiederum sehr fürsorglich mit ihren eigenen Jungen. Besonders mit ihren männlichen Nachkommen. Auch diese so akzentuierte Kindespflege hat einen soziobiologisch aufklärbaren Hintergrund: Nach zwei bis drei Jahren verlassen die männlichen Jungtiere ihr Rudel. Sie streunen eine kurze Zeit einzeln durch die Savanne, bis sie einen eigenen Harem erobern können. Löwen sind selbst in weiträumigen Terrains nicht selten miteinander verwandt, und oft sind es sogar Brüder. Durch die Addition ihrer Fortpflanzungschancen summiert sich die Sicherung des Genbestandes jedes einzelnen Individuums, – und im besonderen die eines pflegefreudigen Vaters. Dessen genetische Vermehrungschancen sind über seine Töchter deutlich geringer, denn die Vermehrungrate seiner Nachfolger im Harem vermindert seinen Genbestand in den Geburten seines ehemaligen Rudels sehr rasch. Das Beispiel zeigt, wie durch die Ausrottung fremder Gene Erfolg für die Fortpflanzung der eigenen Erbanlagen erzwungen werden kann. Alle Individuen sind aber Individuen der gleichen Art. So ist das Prinzip der Arterhaltung als Triebkraft der Evolution in Frage gestellt.

Nun gibt es in bezug auf dieses Löwenbeispiel deutlich gegensätzliche Verhaltensschemata. Lorenz (1973) hat die sogenannte Beißhemmung beschrieben. Sie ist besonders eindrucksvoll dort anzutreffen, wo Tiere von Natur aus stark mit arteigenen Waffen ausgestattet sind: mit Hufen, Geweih, scharfen und langen Zähnen; – allesamt gut geeignet, einen Rivalen im Kampf zu töten. Gleichwohl beschränken sich solche Tiere in einem sogenannten Kommentkampf darauf, sich gegenüber einem Rivalen aufzuplustern, mit Kopf oder Geweih zu rangeln, sich aufzurichten und die Zähne zu fletschen und zu drohen. Diese Tiere vermeiden es jedoch, sich grob zu verletzen. Warum? Man verschenkt den Sieg und die Ausschaltung des Gegners auch dann, wenn dieser deutlich unterlegen ist, ja gar, wenn er dem Widersacher lebensgefährliche Körperpartien wie ein Tötungsangebot präsentiert. Ein unterlegener Hund oder Wolf wirft sich auf den Rücken und bietet dem überlegenen Kämpfer seine Kehle dar. Aber der wendet sich ab, eben aufgrund einer Beißhemmung, wie Lorenz das genannt hat. Warum wird selbst der praktisch besiegte Gegner geschont? Warum wird hier die Chance zur Steigerung der Vermehrungsrate für die eigenen Gene verschenkt?

Wir haben es hier mit einer Verhaltensstrategie zu tun, deren Selektionswert vom gegenseitigen Verhalten verschiedener Mitglieder einer Art abhängt und der sich erst in langer Generationenfolge zu erkennen gibt. Das hängt wie folgt zusammen: Nehmen wir an, ein Rivale hätte eine solche Tötungshemmung nicht. Er beißt oder schlägt seinen Widersacher nach Kräften tot und bleibt so einzig Überlebender am Platz. Seine Vermehrungschancen steigen stark an, denn er benutzt diese Tötungsstrategie auch in allen anderen Fällen. Dabei vererbt er aber auch diese Vorgehensweise an seine Nachkommen. Der Anteil dieser Eigenschaft in der Population steigt an, die Häufigkeit der Vernichtungskämpfe nimmt zu. Damit steigt auch in der Generationenfolge die Wahrscheinlichkeit dafür, daß Individuen mit solchen Verhaltensweisen aufeinandertreffen. Sie werden nach Darwinschen Gesetzen für die Population allmählich charakteristisch. Man schlägt sich die Wunden gegenseitig so tief wie möglich, – und senkt damit den Fortpflanzungserfolg aller Individuen mit diesen Eigenschaften. Dadurch gewinnen langfristig die sich schonenden Individuen. Sie haben nun den größeren Fortpflanzungserfolg.

Es ist wohl schon intuitiv deutlich geworden, daß sich hier in der Generationenfolge ein Gleichgewichtszustand einpegelt, bei dem eine ausgewogene Strategie für den Kommentkampf dominant wird. Smith (1982) hat eine solche Konvergenz zu einem kommunikativen Verhalten, das zu Gleichgewicht in den Häufigkeiten von Merkmalen (hier Verhaltensmerkmalen) führt, eine evolutionär stabile Strategie genannt. Jede Abweichung von einer solchen Strategie wird letztendlich mit Aussterben bestraft.

Beides zusammengenommen, Vermehrungstendenz der eigenen Gene sowie Gleichgewichts- und Stabilisierungstendenzen des sozialen Verhaltens, hat auch im weiten Sinne mit moralischem Verhalten zu tun. Wickler (1981), Wickler und Seibt (1991) sowie Vogel (1989) haben sich mit den Konsequenzen dieser Erkenntnisse für die Soziobiologie eingehend befaßt. Für uns ist dabei die Frage nach den evolutionsbiologischen Ursprüngen moralischen Verhaltens von Interesse.

1.1.2 Moral bei Tieren?

Es gibt zweifellos Phänomene im Verhalten von Tieren, die – mit menschlichen Augen gesehen – als Hilfeleistung, Schutz vor bösem Zugriff oder als Beistand bei Gefährdung des Lebens anderer gedeutet werden können. Man weiß von vielen Vogelarten, daß sie einen Warnruf ausstoßen, wenn ein Feind erkannt wird, etwa ein Falke oder ein Bussard. Die warnende Amsel bringt sich dabei selbst in Gefahr, – um andere zu retten, könnte man meinen. Aber: Sie zeigt dem Räuber auch an, wo sich neben ihr weitere Beute befindet. Zudem ist sie die einzige, die den Ort kennt, an dem sich der Räuber aufhält. Sie kennt damit die Richtung, in die sie fliehen muß. Sie hat den Startschuß für die Flucht vieler Artgenossen gegeben, die ihr bestenfalls folgen können, aber in der Regel nach ihr. Das reduziert ihre unmittelbare Gefährdung. Fürsorge für andere entpuppt sich als eine möglicherweise sehr elementare Art von Egoismus. Man weiß von brütenden oder fütternden Entenvögeln, daß sie beim Anblick eines kreisenden Greifvogels hinkend oder lahmend das Nest verlassen, dabei einen Flügel hinterherschleifen, wie wenn er gebrochen wäre. Sie bieten sich gleichsam als wohlfeile Beute an und sichern dabei ihre Jungen. Ist diese Täuschung erfolgreich und nähert sich der Räuber, dann fliehen sie rasch mit kräftigen Schwingen. Wenn schon nicht immer sich selbst, so haben sie doch mit den überlebensfähigen Jungen eigene Genanteile gerettet.

Wenn sich ein Löwe einer äsenden Gazellengruppe nähert, so kommt es vor (zum Beispiel bei der Thomsongazelle), daß ein besonders kräftiges Tier einen sogenannten Prellsprung vorführt, das heißt aus dem Stand heraus hochschnellt, und zwar in eine beträchtliche Höhe. Etwa wie wenn es sich dem Löwen präsentieren wollte. Ist es eine Demonstration der eigenen Stärke oder die Fluchtaktivierung von Artgenossen? Allein aus Fürsorge für die anderen geschieht diese Aktion kaum.

Von Affengruppen ist bekannt, daß nach einem Muttertod eine Tantenerziehung beginnen kann: Die Schwestern der Mutter (oder andere nahe Verwandte) bemühen sich um das Baby. Bei Pavianen gibt es häufig Teilnahme von Tanten an der „Erziehung". Aber das Vorrecht der Mutter wird stets respektiert. Die ältesten Tiere in den Mutter-Kinder-Trupps können manchmal fast die Geschlechtsreife erreicht haben.

Viele weitere Beispiele wären anzuführen, in denen die Unterstützung des anderen als Tendenz zugunsten des Überlebens der eigenen Gene gedeutet werden kann, – selbst um den Preis des eigenen Lebens. Hilfe als Eigennutz, Beschützung anderer als Sicherung der eigenen Erbnachfolge, das zeigt sich in vielen Varianten. Für uns ist daran lehrreich, daß wir in sozialen Anziehungen und Abstoßungen allem Anscheine nach auch genetische Einflüsse in Rechnung stellen müssen. Diese Erkenntnis könnte auch in den Prozessen, die zur Menschwerdung hinführen, bedeutsam bleiben. Und warum dann nicht auch im menschlichen Sozialverhalten selber?

Dies in Gedanken behaltend, wollen wir abschließend von dieser Sichtweise aus einen ersten, vorsichtigen Blick auf einige menschliche Lebensformen werfen.

Unter den Naturvölkern sind Menschengemeinschaften angetroffen worden, bei denen solche soziobiologisch begründbaren Regeln für Verhaltensweisen als tradierte Gewohnheiten zutage treten. Bei den Karpathos-Bauern auf einer kärglichen griechischen Insel gibt es ein Erbrecht, nach dem aller Besitz nur dem jeweils ältesten Nachkommen einer Familie zufällt, gleichviel ob männlich oder weiblich. Die Geschwister haben dem Erbenden zu dienen, und zwar auf eine für sie entsagungsvolle Weise. (Zumeist bleiben dafür nur die Schwestern übrig, da die enterbten Jungbauern früh auswandern.) Die helfenden Schwestern haben selbst keine Kinder und führen im Vergleich zur Besitzerin ein jämmerliches Dasein. Alles, was sie erwerben, gehört im vorhinein der Nachfolgerin oder dem Nachfolger.

Die Huronen (um 1915 in Kanada angetroffen) sind ein Stamm mit Onkelfürsorge, ein sogenanntes Avunkulat. Es herrscht Promiskuität. Damit sind Vaterschaften oft nicht klärbar. Im Erbrecht gilt: Es erben die Kinder der Schwestern, nicht die der Partnerin, für deren Kinder ja die Vaterschaft in der Regel nicht eindeutig ist.

Menschliches Sozialverhalten in solchen Gemeinschaften, so Vogel (1988) dazu, ist phylogenetisch motiviert, jedoch nicht detailgesteuert. Aber wie kann man sich ein solches motivgesteuertes Sozialverhalten vorstellen? Wie wird der ererbte Eigennutz der Gene in menschliche Motive, in Sorge und Pflegebedürfnisse umgesetzt? Daß Affinitäten zu Kindern und Enkelkindern wie als Vor-„Lieben" genetisch eingestellt sein können, läßt sich faktisch nicht bestreiten. Und wir werden wohl gut daran tun, Einflüsse von Verwandtschaftsgraden in Prozessen der Horden-, Gruppen- oder Stammesentwicklungen schon in Phasen der frühesten Menschheitsgeschichte zu bedenken. Aber wir werden auch beachten, daß es bereits im Tierreich Hinweise auf ganz andere Faktoren gibt. Wenn das Kind einer Affenmuttter gestorben ist, dann kommt es gar nicht so selten vor, daß sie sich bei einer anderen Affenmutter ein etwa gleichaltriges Kind stiehlt und es selbst aufzieht. Daß die Bestohlene sich ihres Verlustes zu erwehren versucht, steht auf einem anderen Blatt. Im Falle des Gelingens jedenfalls pflegt die Diebin einen Genbestand, der dem ihren sehr fremd sein kann. Und sie bringt diese Gene ja auch auf den Weg zur weiteren Vererbung.

Ein anderes kritisches Thema ist das schon in sehr frühen menschlichen Gesellschaften anzutreffende Verbot einer Geschwister- oder Verwandtenehe. Inzesttabus sind bei fast allen Naturvölkern anzutreffen (Bischof 1970). Gerade dadurch wäre doch eine sehr starke Vermehrbarkeit des eigenen Genbestandes sicherzustellen. Kann die Gefahr von Erbschäden durch rezessive Gene wirklich zu einem makroskopisch wirksamen Verhaltensgebot werden?

Wie sollte das funktionieren, wenn es die Ähnlichkeit der Phänotypen ist, die Pflege und Fürsorge aktiviert?

Was Sozialverhalten im ganzen anlangt, so werden wir also durch die Soziobiologie nicht monoman werden. Der Versuch sehr komplexe Phänomene auf eine einzige Ursachengruppe zurückzuführen, ist schon zu oft in der Geschichte zum Scheitern verurteilt gewesen. Gleichwohl, eine Quelle zum besseren Verständnis menschlichen Sozialverhaltens, die im Prozeß der Menschwerdung von den frühesten Anfängen an wirksam gewesen sein muß, die haben uns soziobiologische Untersuchungen und Schlußfolgerungen wohl doch erschlossen. Wir werden sehen.

Wir wenden uns nun der Geschichte dieses Vorgangs in einem ersten, einführenden Überblick zu.

1.2 Wege zu den Vormenschen

Es muß einmal für das genetische Mischungsverhältnis von höheren Wirbeltiermerkmalen Bedingungen gegeben haben, unter denen der Selektionsdruck die Eigenschaften einer lebenden Art in eine Richtung gedrängt hat, die letztendlich zur Menschwerdung hinführte.

Dies geschah vor etwa 70 Millionen Jahren bei baumlebenden Insektivoren. Sie waren unserem heutigen Eichhörnchen nicht unähnlich. Als Baumbewohner und Nachttiere gaben ihnen ihre Leichtigkeit und Behendigkeit sowie der Nahrungsreichtum subtropischer Wälder sowohl Schutz vor den beherrschenden Reptilien und Säugern (insbesondere vor den Raubtieren unter ihnen) als auch hinlänglich Nahrung und Sicherheit. Sie waren Meister im Springen und Anklammern. In der Evolution vieler Generationenfolgen bildeten sich an den Vorderpfoten die Krallen um. Die Nägel, ein Kennzeichen aller Primaten, bildeten sich mit Tastpolstern an Händen und Füßen aus. Beim Springen, Anklammern oder Fangen war eine gute Sehkraft von Vorteil. Vor allem die Tiefensehschärfe, die genaue Unterscheidbarkeit von „davor" oder „dahinter" ist eine wichtige Voraussetzung für erfolgreiches Agieren im feingliedrigen, tiefenerstreckten Geäst. Ziemlich parallel dazu verlor der Geruchssinn seine vorherrschende Bedeutung als Orientierungsmittel im Lebensraum.

In der Nachfolge dieser Spitzhörnchen (Tupaidae) fanden sich Halbaffengruppen, denen Behendigkeit, Kletter- und Hangelfreudigkeit in schwanken-

1.1 Das Spitzhörnchen. Es gibt Gründe anzunehmen, daß die hier abgebildete Art jener Form ähnlich ist, von der aus die Entwicklung zu den Primaten (das sind Halbaffen, Prosimiae), Menschenaffen (Pongidae) und Menschen (Hominidae) eingesetzt hat. (Aus Wind, 1973.)

dem Geäst hohe Überlebens- und Verbreitungschancen sicherten. Indien, die hinterindische Inselwelt und der Südteil Afrikas waren von ihnen bewohnt. Lemuren oder Makis sind rezente Zeugen ihres früheren Aussehens. Zum Ende des Eozäns hin, vor etwa 35 Millionen Jahren, gingen sie stark zurück. Man vermutet, daß dies die Folge des ersten Auftretens von echten Affen war.

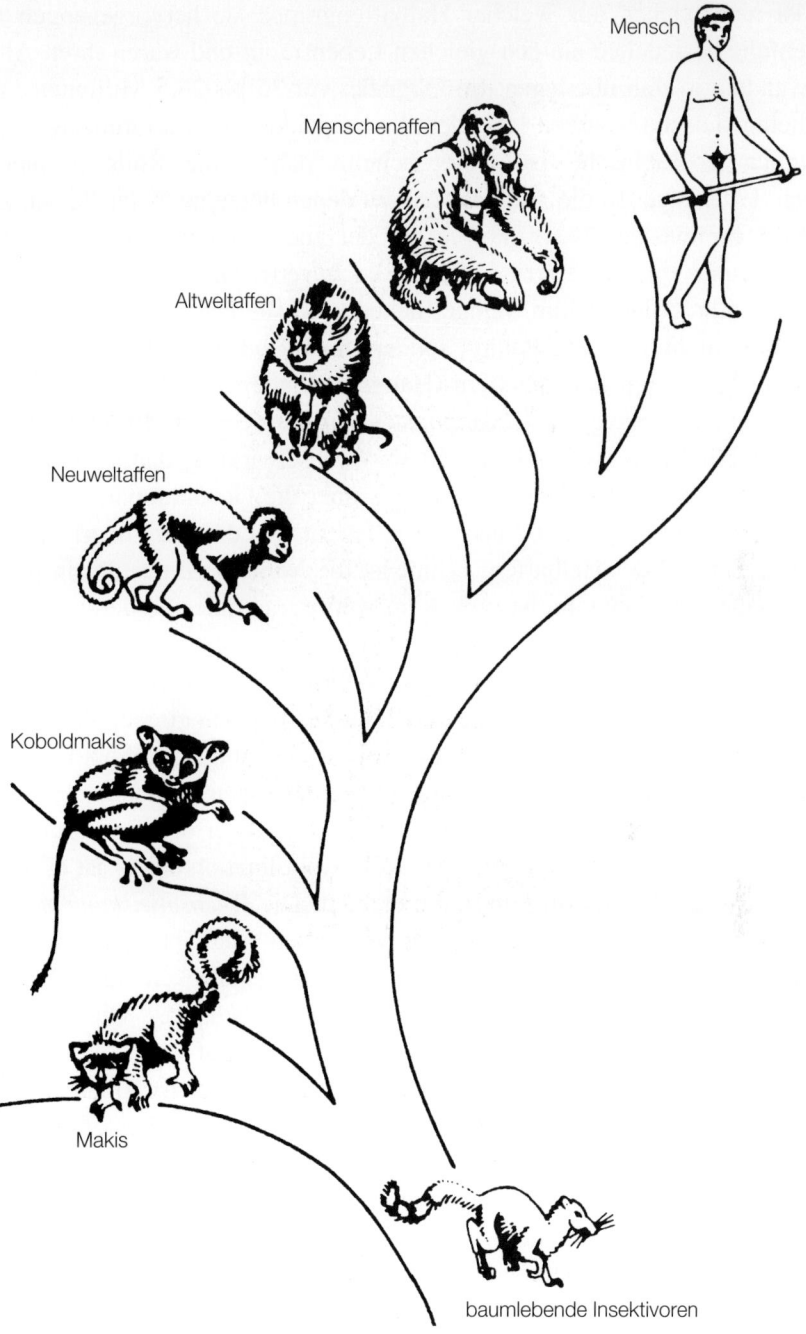

Mensch

Menschenaffen

Altweltaffen

Neuweltaffen

Koboldmakis

Makis

baumlebende Insektivoren

1.2 Vereinfachtes Schema evolutionsgeschichtlicher Entwicklungsstufen von den baumlebenden Insektivoren (vergleiche Abbildung 1.1) bis zum rezenten Menschen. (Aus Romer, 1971.)

Es ist nicht sicher, aus welcher Halbaffengruppe sie hervorgegangen sind. Jedenfalls besiedelten sie den gleichen Lebensraum und waren ihren Altvorverwandten in ihm überlegen. Im Oligozän vor 35 bis 23,5 Millionen Jahren spalteten sich die weltweit lebenden Anthropoiden in zwei Gruppen auf. Die räumlich-geographische Isolierung scheint dabei eine Rolle gespielt zu haben. Es entstanden die Altweltaffen, zu denen heute noch der Pavian zählt, und die breitnasigen Neuweltaffen auf der anderen Seite. Diese sind heute zum Beispiel durch Kapuzineräffchen noch vertreten. Insgesamt waren die echten Anthropoiden kaum weniger behende als die Halbaffen, aber kräftiger. Sie waren nicht mehr nur Baum-, sondern auch Bodenbewohner. Ihre Vorderextremitäten waren zum Klettern, Hangeln, Laufen und Fangen eingestellt. Ihre Greifhände bewegen sich und tasten vor dem Gesicht. Im gleichen Zeitraum, parallel und (wahrscheinlich) in Wechselwirkung damit, verläuft mit der Augenführung der Handbewegungen über die Generationen hinweg eine Verlagerung der Augenpaare nach vorn. Es entsteht das stark überlappte, binokulare Sehfeld der Halbaffen. Damit ist die Voraussetzung für ein präzises Tiefensehen im Nahraum, besonders im Aktionsraum der Vorderextremitäten, gegeben.

Man kann die Annahme begründen, daß eine genaue Bewegungsabstimmung von Auge und Hand gerade durch die Verschiedenartigkeit der Anforderungen, die an sie gestellt werden, die Anpassungsfähigkeit erhöht und mithin den Selektionswert steigert. Es ist nicht so sehr der Beherrschungsgrad einer Aktivität (also Augenfolge- oder Handbewegung), der den Selektionsvorteil schafft, *sondern das Zusammenwirken*, die Koordination beider ist es, die die neue Leistungsqualität im Greifraum erzeugt. Die *Wechselwirkung* zwischen Tiefensehen und Greifbewegung beim Hinfassen oder Springen schafft eine neue Verhaltensleistung, die durch die Verschiedenartigkeit ihrer Beanspruchung auf einen hohen Grad an Flexibilität hin ausgelegt ist. Die Optimalität der Verhaltenskoordination von Auge und Hand besteht als Evolutionsvorteil in der Vielseitigkeit ihrer Verwendbarkeiten, nicht in der Exaktheit einer spezifischen Klasse von Aktivitäten wie Laufen, Klettern oder Beutefangen, Halten, Greifen, Töten, Drehen, Wenden oder Hin- und Herschieben, sondern in der *möglichst genauen* Ausführbarkeit *aller* dieser Tätigkeiten.

Die binokulare räumliche oder Tiefenwahrnehmung, von hohem Orientierungswert und daher verfeinert bei den Baumbewohnern, hat als sensorisches Kontroll- und Steuerzentrum den okzipitalen (Hinterhaupts-)Teil des zentralen Nervensystems. Die exakte Körperbeherrschung der Kletterer und Hangler, die präzise Abwicklung von Sprung- und Haltebewegungen hingegen wird von den motorischen Zentren des Mittelhirns und Teilen der motorischen

Hirnrinde gesteuert (siehe Kapitel 3.1.5). Die Kooperation beider, sichtbar in der visuellen Führung und Kontrolle der Bewegungsabwicklung, stimuliert die Verfeinerung der Leistungseigenschaften des Zentralnervensystems.[1]

Es ist mithin ein starker Selektionsdruck, der die Steuer- und Kontrollfunktion des Zentralnervensystems beansprucht und dabei hochzüchtet. Eines der hervorstechenden morphologischen Ergebnisse ist die Greifhand mit opponiertem Daumen.

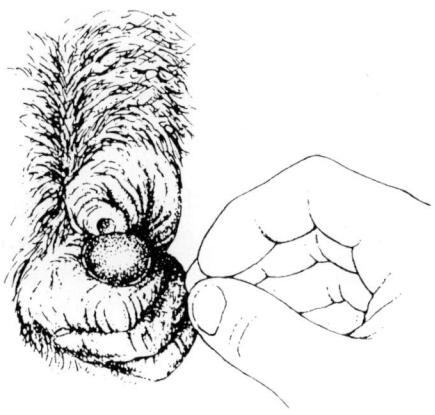

1.3 Die Greifhand mit opponiertem Daumen als Resultat der Feinkoordination von Auge und Hand. Der „Präzisionsgriff" ist dem Menschen und den hochentwickelten Anthropoiden gemeinsam. (Aus Jolly, 1972.)

Das damit verbundene, bedeutsame Ergebnis ist die Befähigung zum Manipulieren an und mit Dingen. Es führt zu einer qualitativen Erweiterung der zugänglichen Information über die Eigenschaften der Umwelt und die Möglichkeiten ihrer Berücksichtigung im Verhalten. Prüfendes Betasten erschließt dem Erkennen eine Merkmalswelt, die der visuellen und akustischen Wahrnehmung nur teilweise zugänglich ist und sie vor allem im Hinblick auf ihre Be-Handlungsfähigkeit ergänzt.

Es ist danach nicht der aufrechte Gang an sich, der den evolutionären Fortschritt zu den Hominiden (darunter faßt man lebende und ausgestorbene menschenähnliche Lebewesen innerhalb der Primaten zusammen) hin bewirkt. Dinosaurier, Vögel, Känguruhs zum Beispiel haben ja auch zweifüßige Bewegungsweisen ausgebildet, wenn auch Körperstellung und Bewegungsweise von anderer Art als bei den Primaten sind (Stephan 1977). Als Basis für eine Evolution zu echter Zweibeinigkeit hin hätte dies aber wohl dienen können.

Es scheinen jedoch – wenn man an die möglichen Einflüsse einiger Jahrmillionen denkt – nicht einmal weitergehende Tendenzen in dieser Richtung nachweisbar zu sein. Es müssen daher noch andere Faktoren angenommen werden, die diesen Prozeß beeinflußt haben. Eine große Rolle für sichere Greif- und Sprungbewegungen im Geäst spielt, wie soeben schon erwähnt, eine exakte Tiefenlokalisation im Sehraum. Bekanntlich hängt das beidäugige Tiefensehen von der Überlappung der Gesichtsfelder beider Augen ab. Dafür ist der seitliche Augenabstand eine wichtige Kenngröße. Weit auseinanderliegende Augen wie bei Kaninchen oder Fischen ermöglichen praktisch kein beidäugiges Tiefensehen. In diesem Zusammenhang muß das „Nachvornrücken" der Augen schon bei den Halbaffen beachtet werden. Dabei ist die gleichzeitig vorhandene Befähigung zum Tages- und Farbensehen höchst wesentlich. (Katzen zum Beispiel sind Dämmerungsseher, die eine relativ unscharfe visuelle Wahrnehmung aber eine sehr lichtempfindliche Netzhaut haben). Nun variiert bekanntlich, wie jedes Merkmal, auch der seitliche Augenabstand zufällig. Bis zu einer gewissen minimalen Distanz ist mit geringerem seitlichem Augenabstand ein größeres binokulares Gesichtsfeld verbunden. Dadurch bestimmt sich der Umfang des Sehfeldes, in dem eine genaue Tiefenlokalisation möglich ist. *Wenn dann* auf der Grundlage erblich vermittelter Dispositionen ein wenigstens zeitweiliger Zwang zum aufrechten Gehen hinzukommt, wie zum Beispiel beim Tragen und Halten von Früchten oder bei der Rundumorientierung im Savannengras, – dann gelangen die Bewegungen der Vordergliedmaßen in das beidäugige, auf scharfes Tiefensehen spezialisierte Gesichtsfeld. Bei gezielten Bewegungen übernehmen dann die Augen (im Zusammenwirken mit den Sinnes- und Steuerorganen in Sehnen und Gelenken) eine präzise Führung der Hände. Die im Baumleben bewährte und verfeinerte Treffsicherheit beim Springen auf diesen Ast oder zu jenem fernen Zweig erweist nun ihren Präzisionsvorteil beim Hinfassen, Ergreifen, Berühren, Betasten und wohl auch beim Zuschlagen. Es ist die wechselseitige Abstimmung, die Feinkoordination von Auge und Hand, der wir größte Bedeutung beimessen. Sie wird von den höchsten Abschnitten des Nervensystems aus gesteuert. So bedeutet jede Tendenz zur Verfeinerung der Auge-Hand-Koordination der Tendenz nach auch eine Stimulation zur Verfeinerung der Führungsfunktionen des Gehirns, – wenigstens soweit es die sensomotorische Verhaltensabstimmung betrifft.[2]

Im übrigen ist auch die Einstellung des seitlichen Augenabstandes ein Optimierungsvorgang. Die Distanz darf nicht zu klein und nicht zu groß sein, damit die beiden Netzhautbilder so weit verschieden sind, daß sie gerade noch verschmelzen können. Das geschieht besonders in den Distanzen des nahen Angriffs- und Verteidigungsraumes.

In diesem evolutionsgeschichtlichen Abschnitt entsteht eine neue Qualität der Organisation des Verhaltens. Sie ermöglicht, neue Arten von Aktionen zu produzieren, die neue Eigenschaften der Umwelt erschließen. Damit entstehen neue Bedürfnisse, zugleich aber wachsen auch die Möglichkeiten zu ihrer Befriedigung. Auf diese bedeutsame Wechselbeziehung zwischen Bedürfnisentstehung durch neue Erkenntnisse, der Motivation zu ihrer Befriedigung sowie der Anregung kognitiver Mittel, die Befriedigung auch zu erzielen, werden wir zu gegebener Zeit zurückkommen. In diesem Kreisprozeß liegt die Dialektik von Motivation und Kognition begründet.

Die Frage, wie das bevorzugte Baumleben geendet hat, darf man nicht zu simpel beantworten wollen. Der allmähliche Übergang zum Leben in der Savanne zum Beispiel geht gewiß nicht auf einfallsreiche Entscheidungen Einzelner zurück, denen viele Gleichgesinnte folgten; und gewiß auch nicht auf den plötzlichen Gewohnheitswechsel größerer Gruppen. Am nächsten dürften den realen Umständen jene Vorstellungen kommen, die davon ausgehen, daß der Vorgang millionenmal von Millionen Lebewesen vollzogen wurde, die diesen Wechsel teils längere, teils kürzere Zeit praktizierten. Wenn Nahrung da ist oder sich Partner zur Nahrungssicherung gesellen, dann wird die Verweildauer im neuen Lebensraum länger währen. Und dann können in ihm auch schon Nachkommen geboren werden. Ihnen ist vom eigenen „Nest" aus das Bodenleben von vornherein vertrauter. Es entstehen Verhaltenseinpassungen in einen neuen Lebensraum. Die (prinzipiell verfügbare) Lautgebung wird im hohen Savannengras bedeutsam: Positionsanzeigen, Warnschreie, Angst-, Not- oder Aggressionsrufe werden zu Vorläufern für die Koordinierung von Aktionen. Die Wechselrufe von Lauten über das „Was" und „Wo" werden zu einem kommunikativen Netz, das die agierende Gruppe wie eine Figur vom Hintergrunde anderen Savannenlebens abhebt. Für diese Lebensweise ist der zeitweilige Wechsel zum Baumleben eher ein Weg in eine Fremde als umgekehrt. Schließlich mag die Austrocknung der früheiszeitlichen (pliozänen) Wälder diesen massenhaften Wechsel der bevorzugten Aufenthaltsgebiete mitbeeinflußt haben, gingen dabei doch Millionen Quadratkilometer Waldes durch Versteppung verloren.

Wir sind etwas vorausgeeilt und kehren zurück zu den Anfangsbedingungen bei der Herausbildung von Vormenschen. Die Auswirkungen der genannten Selektionsbedingungen dürften zu Lebewesen geführt haben, wie sie in Oberägypten, 100 km südlich von Kairo an der sogenannten Fajum-Senke, im Oligozän ein Grenzgebiet zwischen Meer und Urwald, in Form fossiler Knochenreste gefunden wurden. Vor 35 Millionen Jahren waren Halbaffen und Affen in tropischen Wäldern zu Hause. Viele verschiedene Arten sind entstanden. Die Funde an der erwähnten Fajum-Senke, auf eine Epoche von vor etwa 34 bis 33 Millionen Jahren zurückweisend, lassen Übergänge zwischen Affen und Menschenaffen erkennen. Ägyptopithecus und Dryopithecus lauten die Bezeichnungen. Als eine Untergattung von Dryopithecus sieht man heute Proconsul an.

Halbaffen sind Schwinghangler. Affen sind vierfüßig und (fast) vierhändig zugleich. Die Menschenaffen teilen mit dem Menschen ein Zahnmerkmal, die sogenannte Y-5 Konfiguration. Eben dieses Merkmal tragen die in Ägypten gefundenen Backenzähne.

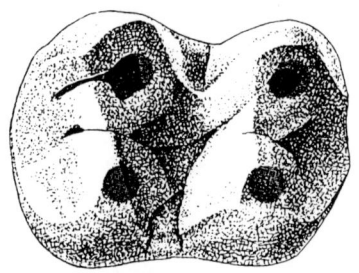

Pavian

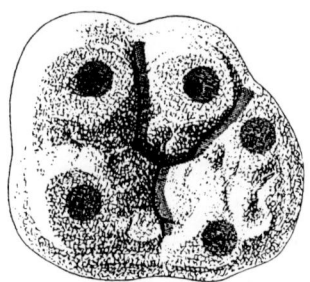

Schimpanse

1.4 Das Y-5 Muster der Backenzähne, durch das sich Hominiden und Menschenaffen auf der einen und Affen auf der anderen Seite unterscheiden. Es ist ein bedeutsames Merkmal, da bei zahlreichen Funden oft nur ein Stück Kiefer mit wenigen Zähnen überdauert hat. (Gezeichnet nach Simons, *Scientific American*, 7/64.)

Mehrere Jahre vor diesen Funden an der Fajum-Senke waren im südöstlichen Afrika, am früheren Victoria-See, Skelett- und Schädelteile gefunden worden. Proconsul africanus hatte man hier den Trägertyp benannt. Er lebte im Miozän, etwa vor 25 Millionen Jahren. Proconsul gilt als Urahn

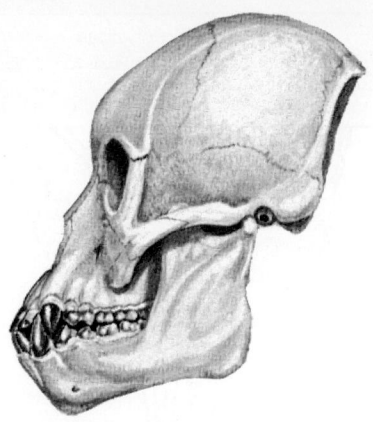

1.5 Reste von Proconsul africanus, dem wahrscheinlichen Urahn der Menschenaffen und des Menschen. (Aus *Spektrum der Wissenschaft*, 5/84.)

der heute lebenden größeren Menschenaffen (der Pongiden wie Orang-Utan, Gorilla, Schimpanse) und des Menschen. Er hatte Greifhände an allen vier Extremitäten.

Dies verweist auf seine Abstammung von den Baumkletterern und Hanglern. Aber er lebte auch als Bodenbewohner im Urwald, vor allem eben auch in der Savanne. Viele Verzweigungen der Primatenentwicklung scheinen von ihm ausgegangen zu sein. Er verfügte über die Greifhand-Koordination bei gleichzeitiger Augenkontrolle und breitem binokularen Gesichtsfeld mit scharfem Tiefensehen.

Das Savannengras zwingt zur aufrechten Stellung des Körpers für Sicht und Witterung und auch für das Überblicken eines weiten Wahrnehmungsfeldes bei der Verfolgung von Beute oder auf der Flucht vor Gefahr. Auch dies begünstigte die Verfügbarkeit von lautlicher Kommunikation. Die Sichtbehinderung minderte die Bedeutsamkeit und damit auch den Selektionswert von Gestik oder Mimik.

Spärlich sind die nächsten Funde, deren charakteristische Eigenschaften als Ergebnis des Selektionsdruckes der Savanne mit ihren kärglichen Lebensbedingungen gelten können. In Kenia lag ein Pithecinen-Fund (14 Millionen Jahre alt), in China, Indien und in Pakistan sind welche gemacht worden (Alter 9 Millionen Jahre), die man unter dem Begriff der Ramapithecinen zusammenfaßt. Ober- und besonders Unterkiefer sind gegenüber Proconsul zurückgebildet, die Zahnbögen zeigen eine größere Ähnlichkeit zu den späteren Menschenschädeln. Es sind die ersten Hominiden.

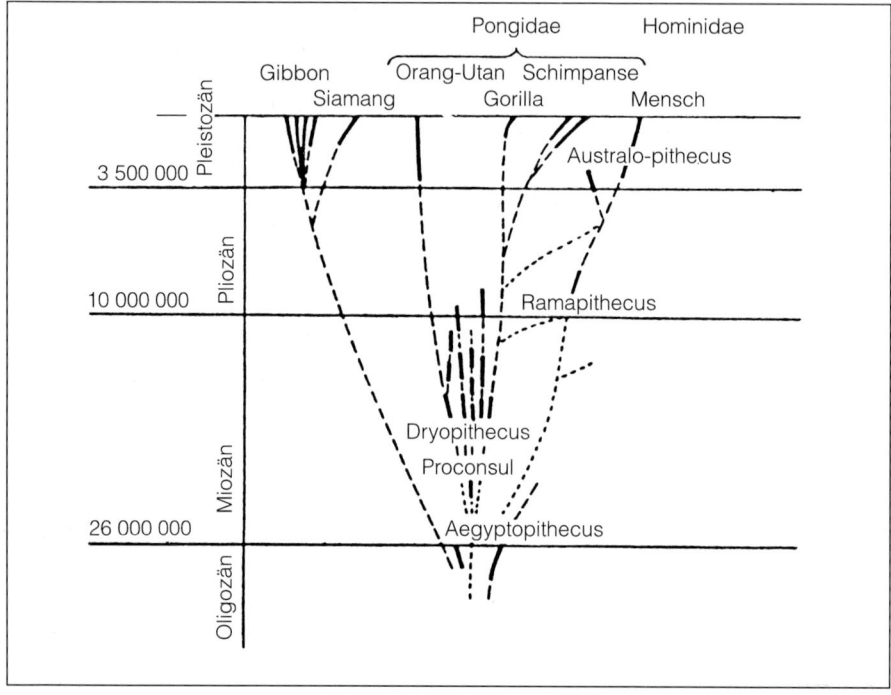

1.6 Einige Verzweigungen der Primatenentwicklung. Links die Jahreszahlen mit den Erd-zeitaltern; Mitte: einige Stufen der Primatenentwicklung. Die Abzweigung vom Proconsul-Pongiden-Weg zum Menschen ist zeitlich schwer zu bestimmen. Besondere Bedeutung als Urahn der Menschenabstammung wird heute Proconsul und nicht mehr Ramapi-thecus zuerkannt. Er zeigt in Schädel-, Kiefer- und Knochenbau erste hominoide (= menschenähnliche) Züge. (Aus Heberer, 1972.)

In den Millionen Jahre umfassenden Zeitabschnit zwischen Proconsul und Ramapithecus wurde, wie die Funde belegen, im eigentlichen Sinne der Sa-vannenlebensraum erobert. Vor etwa 14 Millionen Jahren begann die moleku-lare Verwandtschaftstrennung zwischen Pongiden und dem späteren Men-schengeschlecht. Werkzeugbenutzung (noch nicht Herstellung), Sitzen mit aufrechtem Oberkörper und längeres Fortbewegen im aufrechten Gang sind charakteristische Elemente der Lebensweise von Ramapithecus gewesen. Aber es wird – wie erwähnt – derzeit der These mehr zugesprochen, daß Ramapithecus kein direkter Urahn des Menschen, sondern vor der Linie zum Menschen hin abgezweigt ist.

In den folgenden 10 Millionen Jahren (etwa zwischen 10 und 5 Millionen vor Christus) hat eine biogeografische Trennung der höchstentwickelten Lebe-wesen der damaligen Zeit stattgefunden. Im ostafrikanischen Gebiet liegt ein

Grabenbruch. Westlich davon entwickelten sich die Pongiden zu leistungsfähigen Schwinghanglern und auf einem weiteren Wege zu den derzeitigen Pongiden hin. Auf der östlichen Seite des ostafrikanischen Grabenbruchs, in einem austrocknenden Savannengebiet, lag der besprochene Selektionsdruck hochgrasiger Savanne. Mit ihm entstanden Selektionsvorteile für aufrechten Gang und für lautliche Kommunikation unter den Menschenaffen.

Die bedeutsamen Funde aus dem Gebiet bezeugen, daß unter diesem Selektionsdruck ein biophysiologischer und biopsychologischer Prozeß zur Menschwerdung hin eingesetzt hat. Die überzeugenden Fundstellen lagen im südöstlichen Afrika, am Ostrande der Serengeti, im sogenannten Oldoway-Gebiet (siehe Abbildung 3.13). Die zahlreichen fossilen Überreste werden einem Vormenschen-Typ (Praeanthropinen), dem sogenannten Australopithecus (von Australo = Süd), zugeordnet. Die gesamte Gruppe bezeichnet man auch als Australopithecinen. Ihre Entwicklung begann am Ende des Tertiärs, im Pliozän, vor etwa 3,5 bis 2,5 Millionen Jahren. Die Australopithecinen standen an der Schwelle des Überganges zur Menschwerdung. Sie leiteten die Periode des Tier-Mensch-Übergangsfeldes (Heberer 1967/68) ein. Sie waren Vor-Menschen; Tiere noch einerseits, doch nicht mehr ganz; Menschen schon, doch auch das noch nicht ganz. Ihr Kopf war relativ ausbalanciert auf der Wirbelsäule, die *von unten* zur Schädelbasis verlief. Dies bezeugt aufrechten Gang. Der Nacken war relativ steil, aber noch immer zum Hinterhaupt hin abgeknickt. Sie hatten eine Greifhand, die mit Zeigefinger und opponiertem Daumen feinmotorische Manipulationen ausführen konnte.

Australopithecinen waren zweibeinige Wesen, deren vordere Gliedmaßen zum Zufassen, Ertasten, Ergreifen, Schlagen von Beute, zum Streicheln und Beruhigen des Neugeborenen oder des Partners, zum Tragen des Säuglings wie zum Schwingen der Keule oder zum Führen eines bearbeiteten, die Wirkung der Hand verstärkenden, steinernen Werkzeugs frei waren. Das Hirnvolumen schwankte um 500 cm^3. Bei knapp 700 cm^3 lag das Maximum. Sprache in unserem Sinne wird es danach wohl nicht gegeben haben. Aber Mimik und Gestik, begleitet von gestuften Lautbildungen, haben der Verständigung gedient, Kooperation ermöglicht wie auch das Vorzeigen zum Nachmachen von Handlungen unterstützt. Rauhe, kehlige und konsonantische Laute werden wohl als Rufe, befehlsartige Aufforderungen oder in Begleitung von Belohnung oder Bestrafung, moduliert von der Stimmung, zur Verfügung gestanden haben. Säuglinge mögen damit beruhigt, Feindtiere verscheucht, Partner angelockt worden sein. Das ist alles gut ableitbar aus dem Leistungsvermögen rezenter Anthropoiden. Man hat sicher auch um das selbst geborene Leben gewußt, für seinen Schutz und sein Überleben gesorgt und sich auch zusammengetan in einem Haufen mit Verwandten darin und vielleicht auch einem personalen Zentrum, in einer Mitte, das sich durch Stärke, Kraft und Geschicklichkeit auszeichnete. Und man war auf der Suche nach Eßbarem: die Mutter-Kinder-Trupps in Reihe oder im Schwarm nach Wurzeln suchend oder nach grünen Spitzen an Zweigen oder nach Vogeleiern, Insekten und anderem Kleingetier. Es waren wohl vor-kooperative Horden und manchmal Hordengruppen mit einem geringen Grade an Verständnis für Dinge, die außerhalb der Vitalbedürfnisse lagen. Immerhin: Es wurden auch Großtiere wie Flußpferde, Giraffen oder gar Elefanten erlegt. Für Einzelgänger oder kleine Gruppen dürfte das sehr schwierig gewesen sein, wenngleich beherzte Draufgänger bei manchem kühnen Wagnis erfolgreich gewesen sein könnten.

Aus diesem Zeitraum sind verschiedene Typen eines vergleichbaren Entwicklungsniveaus gefunden worden. (Ganz besonders sind hier die Funde des Ehepaares Leakey im sogenannten Bett I der ältesten Schicht am Oldoway zu erwähnen.) Man hat einen relativ gut gesicherten Typ Australopithecus africanus (auch A-Typ) genannt und ihn vom wesentlich größeren Australopithecus robustus (P-Typ) unterschieden. In Funden von Omo (die auf eine Geschichte von fast 4 Millionen Jahren zu verweisen scheinen) erkannte Leakey noch einen dritten, ebenfalls ziemlich großen Typ, der Australopithecus boisei genannt wurde. Man neigt neuerdings aber mehr dazu, A. boisei als eine Art Vorfahr des P-Typs anzusehen. Wir beschränken uns daher in unserer Betrachtung auf die beiden zuerst genannten Formen von Vormenschen.

Der A-Typ war klein, feingliedrig, Allesfresser. Der P-Typ war größer, kräftiger, Vegetarier. A- und P-Typ hatten verschieden große Schädelkapseln und daher auch unterschiedliche Hirnvolumina. Dies weist auf eine genetische Differenzierung von A- und P-Typ hin, die in weiträumigen Biotopen durch Isolation stattgefunden haben könnte. Auf dieser unterschiedlichen Genpool-Basis haben dann die Selektionsbedingungen zu weitgehend verschiedenen Wirkungen geführt:

Im früheiszeitlichen mittleren und südlichen Afrika nahm der subtropische Baumbestand ab, die Wälder verkleinerten sich über die Generationen hin; trockenere Savanne mit meterhohen Gräsern, verstreutem Buschwerk, dichtem, trockenem Bodenbewuchs breitete sich aus. Der P-Typ blieb Waldbewohner und beschränkte damit seine Ausbreitungsgebiete. Doch der satte Pflanzenwuchs des Urwaldes garantierte ihm spielend das Durchkommen. Werkzeugähnliche Stücke sind an seinen Fundstellen nicht entdeckt worden. Der dichte Baumbestand gab auch die altgewohnte Sicherheit. Es gab kaum Raubtiere, denen er entfliehen mußte, und er besaß hohe, sichtgeschützte Verstecke.

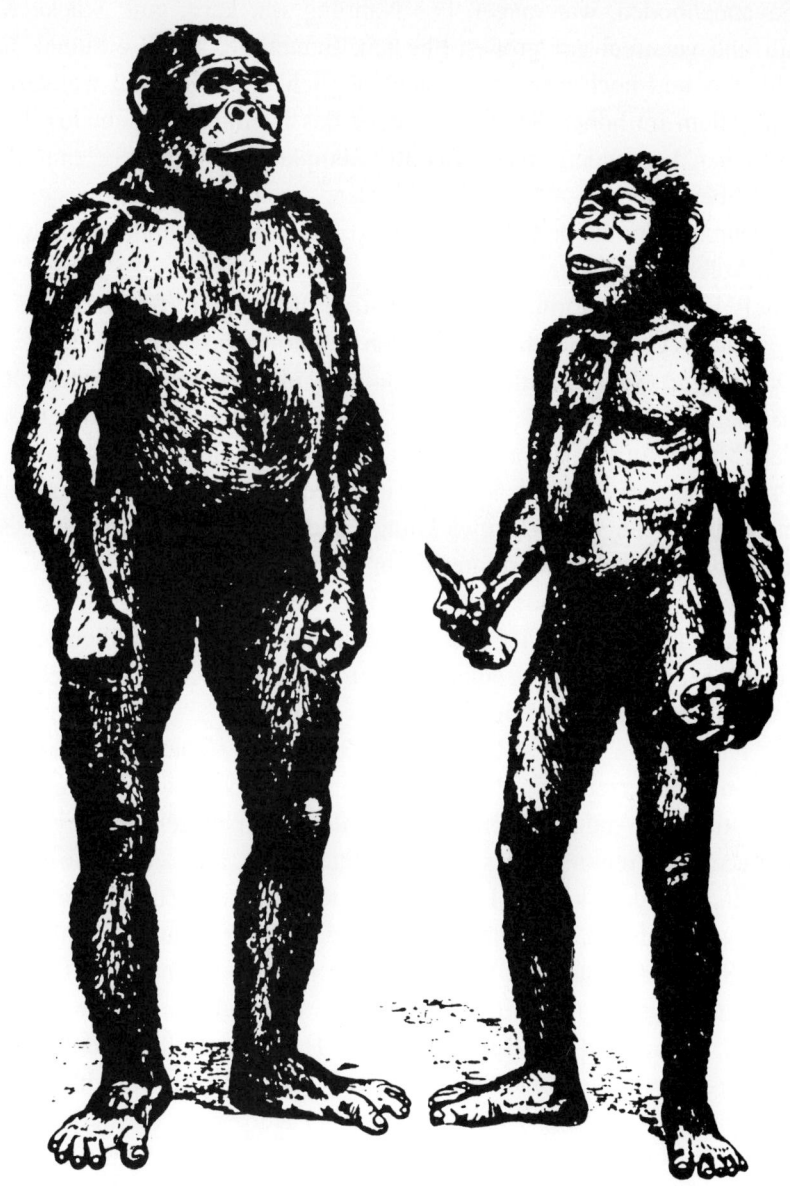

1.7 Rekonstruktion von Australopithecinen als früheste bekannte Ur- oder Vormenschen (Praehominide). P-Typ links und A-Typ rechts. Die Gesichter sind relativ platt, die Oberaugenwülste vorstehend. Der große Unterkiefer beherrscht das Gesicht. Insbesondere die Physiognomie ist Phantasieprodukt. (Gezeichnet nach Howell, 1966.)

Anders lagen die Umstände beim A-Typ. Sein bevorzugter Lebensraum, der Savannenboden, war mager. Die Nahrung war karg; gute Stücke waren verteilt und verstreut auf großen Flächen. Beutetiere, kleinere zumal, haben gute Flucht- und noch bessere Versteckmöglichkeiten. Er muß wandern und suchen. Allein im hohen Savannengras ist das ziemlich aussichtslos. In hordenähnlichen Verbänden von 15 bis 30 Exemplaren wird die Savanne durchstreift. Dabei muß Kontakt gehalten werden. Auch das geht am besten durch Laute. Durch Kommunikation funktioniert die Horde im hohen Gras wie ein Netz im trüben Gewässer.

Mittels Kommunikation wird Information übermittelt: Warnung vor Feinden – je nach Art der Gefahr verschieden –, Information über die Beute, über die Orte reicher Nahrung oder Wasserquellen, über Plätze der Sicherheit. Die mimischen, gestischen und lautlichen Ausdrucksmittel dafür müssen erlernt werden. Man ahmt sie nach und erfährt aus der Wirkung ihre Bedeutung. Wie der Prozeß des Erwerbs von Signalen mit Bedeutung und ihres Einsatzes bei Organismen vergleichbarer Entwicklungshöhe vor sich geht, wird im Kapitel 3.1 dargestellt. Jedenfalls ist im Biotop des Typs A das Signalisieren von Funden, von gesichteter oder aufgestöberter Beute zumal, höchst bedeutsam. Von Insekten über Niederwild bis zu Huftieren wird unterschiedlichstes Leben neben Pflanzen als Nahrung angenommen. Besonders attraktive Beute kann fliehen und muß verfolgt, erlegt, zerteilt werden.

Daß man Steine oder Knüppel zum Zuschlagen, Töten, Angreifen oder Sich-Wehren benutzen kann, liegt schon im Leistungsbereich der Auge-Hand-Koordination der Anthropoiden. Daß man diese Hilfsmittel für ihren Verwendungszweck zubereiten, verbessern, herrichten kann, dies lernte der A-Typ im Not verursachenden, kargen Lebensraum der Savanne. Zuschlagene Kieselsteine, etwa faustgroß, und Hacksteine wurden in der Oldoway-Schlucht, östlich der Serengeti, entdeckt. Weitere Funde folgten. Ob mit Bolasteinen geworfen wurde, ist ungewiß. (Das sind runde Feldsteine in einem länglichen Fellbeutel. Beim Wurf des Beutels hielt die Hand das Ende, so daß der Stein die Vorder- oder Hinterbeine des Beutetieres umlief, dabei umschlang und so ein Beinpaar und damit das Tier fesselte.) Der Körper der Steine ist unverändert, nur die Arbeitskante oder die künstlich hergestellte Spitze zeigen Abschlagstellen. In offensichtlich ähnlicher Absicht sind handhabbare Knochen angesplittert. Unterkiefer mit Zähnen sind zum Streichen oder Schaben verwendet worden. Jedenfalls erfolgte die Zurichtung der Steine auf einen Verwendungszweck hin. Eine offensichtlich klare Vorstellung über den Effekt des Werkzeugs hat in den Abschlägen gegenständliche Form gefunden, denn es ist seine Wirkung, die dem unbearbeiteten Stein überlegen ist und die die

Leistungsfähigkeit der bloßen Hand bei weitem übertrifft. Diese ersten Werkzeuge steigern den Wirkungsgrad des körperlichen Kraftaufwandes. Nachgerade wie neue Körpermerkmale schaffen sie Selektionsvorteile: Sie erhöhen die Chance des Jagderfolgs, die Kraft einer Abwehrhandlung, die Überlegenheit im Angriff und damit die Überlebenschance. Die ersten Formgebungen geistiger Prozesse im Werkzeug gehorchen noch ganz den Evolutionsgesetzen. Und doch liegt darin schon der Keim zur Überwindung ihrer alleinigen Bedeutsamkeit: Mit den ersten Werkzeugen beginnt der Prozeß der Umwandlung von der Anpassung des Menschen an die Natur zu ihrer Kontrolle und teilweisen Umgestaltung. Und wenn auch zunächst nur in Form von kleinen Kieseln, die Umwelt begann damit, Züge menschlicher Eigenschaften anzunehmen. Man darf bei diesen individuellen Betrachtungen keinen Augenblick vergessen, daß alle Leistungen in ein Gefüge differenzierter Sozialbeziehungen eingebettet waren. Vormachen und Nachmachen sind, was die Werkzeuge betrifft, die hauptsächliche Vermittlungs- und Übertragungsform gewesen. Die Anweisungen für den Gebrauch oder die Durchführung der Werkzeugbehandlung waren mittels Vor- und Nachmachen von Lob und Tadel des Könners begleitet, sei es mittels der Laute, der Gestik oder Mimik. Daß es dabei Erfahrungswerte als Personbesitz gegeben hat, läßt sich vermuten. Schließlich

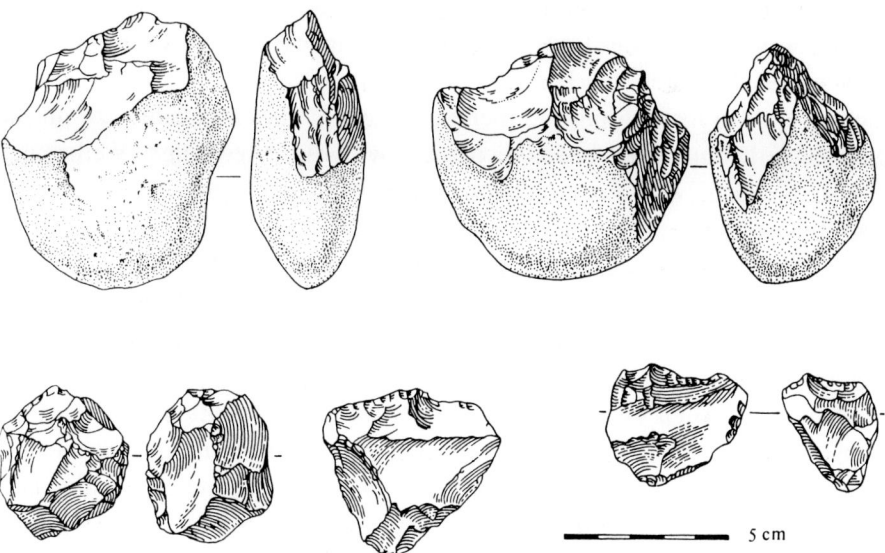

1.8 Einfach behauene, handballengerechte Steine, hergerichtet offensichtlich zur physischen Wirkungsverstärkung der Hand beim Graben, Aufschlagen oder Zuschlagen. Geröllsteine beziehungsweise Kiesel dieser Art liegen bei den frühesten Oldoway-Funden. (Aus Herrmann und Ullrich, 1991.)

mußte jede Gruppenaktion auch eine Organisation haben, und sei sie noch so unpräzise und willkürlich. Dazu wurde das Werkzeug der Kommunikation, die möglichst eindeutige Übermittlung innerer oder äußerer Zustände, ständig verfeinerungsbedürftig.

Homo habilis, den „fähigen Menschen", hat man den ersten Werkzeugmacher genannt. Es ist dabei ohne Bedeutung, ob es sich um den späten Australopithecus selber handelt, ob es eine Seitenlinie oder ein neuer Typ war. Das Tier-Mensch-Übergangsfeld ist mehrfach betreten, aber nicht in jedem Falle auch durchschritten worden.

Mit Australopithecus am Oldoway ist ein Entwicklungsstand verwirklicht, der in jedem Falle auf dem Wege der Menschwerdung erreicht und verlassen werden mußte. Es ist der Weg, der von den Vormenschen der zweiten großen Kaltzeit (sie lebten um 2,5 Millionen vor Christus und außerhalb der Vereisungsgebiete natürlich) über den Frühmenschen der Kaltzeit des Pleistozäns führte und der über die wärmeren Interglazialzeiten hinweg zum Neandertaler der Späteiszeit verläuft.

Die psychophysische Verfassung des A-Typs weist auf erste menschliche Züge hin. Und, was gleichermaßen wichtig ist, sie war Lebensbedingungen ausgesetzt, die geeignet waren, seine Züge zu Verhaltensmerkmalen des Frühmenschen hinzulenken. Dies fand unter anderem seinen Ausdruck in dem Streben, die in der Umwelt bestehenden notwendigen oder zwangsläufig lebenswichtigen Zusammenhänge zu erkunden, aufzunehmen, im Gedächtnis zu bewahren und bei späteren Verhaltensentscheidungen zu berücksichtigen. Also neues, durch Lernen vermitteltes Wissen geradeso zu nutzen für die Erhöhung der Lebenssicherheit wie die materiellen Werkzeuge. Genau besehen, war die zweckvolle Zurichtung der Werkzeuge Ausdruck und Teil kognitiv erfaßter Zusammenhänge der Realität. Zahlreichen Fundeigenschaften sowie regional-geographischen und klimatischen Umständen nach zu urteilen, war gerade der A-Typ dem Zwange ausgesetzt, dieses Wissen unter Ausschöpfung aller verfügbaren Möglichkeiten und Mittel zu vervollkommnen.

Dem P-Typ blieb im nahrungsreichen Urwald der Selektionsdruck der Savanne erspart. Die hinreichende Verfügbarkeit von Nahrung und der Schutz des Waldes nötigten nicht zur Ausbildung von Techniken, durch die die Sättigung erreichbar oder verbesserbar wurde, durch die Schutz und Sicherheit immer neu erobert werden mußten. Er war den Zähnen nach Pflanzenfresser. An den Fundstellen seiner Gebeine wurden niemals Werkzeuge erkannt. Der P-Typ starb etwa 500 000 Jahre vor unserer Zeitrechnung aus; teils wohl auch als nahrhafte Beute der ersten Tier-Mensch-Jäger, für die der Wald zum zeit-

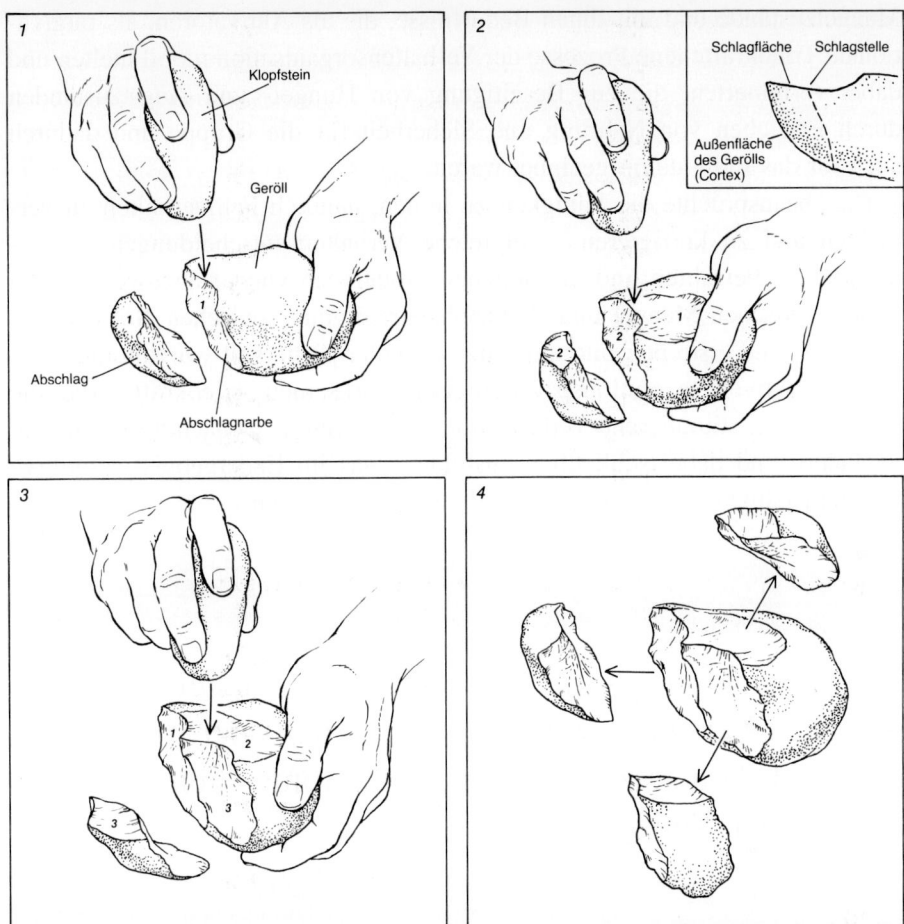

1.9 Früheste Technologie der Werkzeugherstellung. Die Narbe des ersten Abschlages wurde als Ansatz für den nächsten Schlag benutzt (2). Der Schlag- oder Klopfstein mußte aus härterem Material sein (1). Die Wiederholung der Abschläge führte zu einer Kante, durch die eine erhebliche Wirkungsverstärkung der zuschlagenden Hand möglich wurde. (Aus *Spektrum der Wissenschaft*, 6/87.)

weiligen Jagdrevier geworden war (vergleiche Herrmann und Ullrich 1991, Seite 153 folgende; Steitz 1974; Franzen 1972). Jene Australopithecinen, die den bequemeren Aufenthalt im Walde hatten und diesen zum ständigen Lebensraum wählten, gingen ab vom Wege, der zum Homo sapiens, zur Wissenskultur des Jetztmenschen führte. Sie gewannen Bequemlichkeit und verblieben in Dummheit. Dies war der Preis. So lakonisch es klingen mag, wahr ist: Die Kargheit der Lebensumstände in den Savannen Afrikas verursachte

Mangelzustände und mit ihnen Bedürfnisse, die als Aktivatoren, als motivationale Triebkräfte jene Prozesse der Verhaltensorganisation mobil hielten und dabei verfeinerten, die zur Beseitigung von Hunger- und Angstzuständen durch Erreichen von Nahrung und Sicherheit für die Gruppe und dadurch auch für das Individuum geeignet waren.[3]

Dies beanspruchte die Fähigkeit zu lernen, nämlich Fehlverhalten zu vermeiden und zu korrigieren, erfolgreiche Verhaltensentscheidungen im Gedächtnis zu bewahren und in ähnlichen Situationen wieder anzuwenden. Im Pendel zwischen Mangel und Bedürfnisbefriedigung, zwischen Not und Lebensangst und erstrebter und nur kurz erreichter Sicherheit wurzeln die emotional-affektiven, evolutionspsychologisch wirksamen Triebkräfte, die die Lernprozesse stimulieren, Verhaltensantworten durch Gedächtnisausbildung verändern und dabei schließlich ausbilden, was im Endergebnis „kognitive Leistungsfähigkeit" oder kurz: „Intelligenz" genannt wird.

1.3 Entwicklung vom Urmenschen der Altsteinzeit über den Verstandesträger Homo sapiens der mittleren Steinzeit zum Jetztmenschen, dem Homo sapiens sapiens der Neuzeit

1.3.1 Ein Überblick

So ist in der für menschliches Denken langen Zeitspanne von 1,5 Millionen Jahren, zwischen 3 und 1,5 Millionen vor Christus, im südöstlichen Grabengebiet Afrikas, am Ostrand der heutigen Serengeti, die Wiege der Menschheit entstanden. Zahlreiche Bedingungen waren auf einzigartige Weise miteinander in Wechselwirkung. Vorgänge dieser Art hätten sich auch im Norden Indiens, im Süden Chinas oder in hinterindischen Gebieten abspielen können. Hinreichende Zeugnisse gibt es dafür jedoch nicht.

Es ist schwer, aus einigen Zähnen und ein paar Skelettresten und behauenen Steinen ein Bild von den vergangenen Weichteilen einer verschollenen Lebensführung zu rekonstruieren. Aber wir kennen die intellektuellen und sozialen Potenzen von Individuen, die heute noch mit etwa dem gleichen Hirngewicht leben. Und wir wissen, was dieses Hirn an geistigen Möglichkeiten in sich birgt. Und wir wissen einigermaßen, welche klimatischen, geophysikalischen und kooperativen Anforderungen damals bestanden haben. So kann man schon folgern, wie die Anfänge keimenden menschlichen Zusammenlebens ausgesehen haben könnten. Die Gerätschaften zum Beispiel zeugen von vor-stellendem, Zukünftiges vorwegnehmendem Denken. Wenn Großtiere gejagt wurden, so ging das nicht ohne wechselseitige Vereinbarungen über das Wie und Wo einer geplanten Aktion. Dazu muß man sich verständigen. In der Aktion sind die Körperbewegungen gebunden. Einzig freies Kommunikationsmittel ist die Lautbildung. Die Laute müssen eine Bedeutung erhalten, damit etwas zusammenkommen kann in der gemeinschaftlichen Aktion. Eine verlängerte Kindheit und Jugendzeit ist aus den vergrößerten Hirnvolumina erschließbar. Womit ist sie angefüllt? Gewiß doch mit Spiel, ausgedehnter Neugier und einem größeren Anteil nachmachenden Lernens, sei es mit oder ohne Belehrung. Höhere Säugetiere sind längst vor der Primatenentwicklung neugierig. Sie spielen und erfahren dabei Neues über die Lebenswelt, in der sie aufwachsen. Emotionalität schafft Bindungen, führt zum Haften am gewohnt Sicheren, am Bekannten. Aber die Aufenthaltsdauer ist vom Nahrungsangebot abhängig. Nicht nur Schnecken, Würmer oder Insekten, sondern auch flinkes Kleingetier und Niederwild kann gefangen werden. Letzteres um so sicherer, je besser man die Gewohnheiten der Tiere kennt. Junge Triebe und Wurzeln, Beeren und andere Früchte können gesammelt werden (zuverlässiger, wenn man weiß, wann und wo man sie am schmackhaftesten findet). Größeres Wild aber muß gejagt, getötet, zubereitet und verteilt werden. Das ist zufriedenstellend in jeder Richtung nur, wenn man planen, also ein Stück Zukunft vorbereiten kann. So wachsen die Urgewohnheiten vormenschlicher Lebensweise durch neue Anforderungen heraus aus ihrer animalischen Hülle[4] und steigern sich in diesen Herausforderungen zu neuen Fähigkeiten.

Man darf nicht vergessen, daß damit auch ein historisches Ausprobieren vorteilhafter sozialer Lebensformen einsetzte. In der Savanne ziehende Vormenschengruppen durften nicht zu groß sein. Sie wären dann koordinationsfrei umhergelaufen, wie ein Schwarm und dadurch schutzlos gewesen, zugleich aber wieder auch anspruchsvoll bezüglich der zu beschaffenden Nahrungsmenge. Sie durften auch nicht zu klein sein. Es entstehen dann Gefahren durch Raubtiere oder Mangel an notwendiger, wechselseitiger Hilfestellung. Organisationsformen des Zusammenlebens durften auch nicht bloß ausprobiert werden. Die Erkenntnis der Bewährung und ihres Wertes mußte gedächtnisbildend wirksam bleiben. Lernfähigkeit ist die Basis nicht nur für die Verbesserung von Gerät und Werkzeug, sie wird auch beansprucht bei der Ausbildung und Fixierung effizienter sozialer Zusammenführungen und Gruppierungen, auch dann, wenn sie nur zeitweiliger Natur sind. So kann man aus der Kenntnis vormenschlicher kognitiver Gegebenheiten und den realen Anforderungen folgern, was in dieser Zeit zwischen dem Vormenschsein und den ersten Hominiden an Leistungsfähigkeit dagewesen sein könnte.

Etwa zum Ende der Vormenschenzeit hin, 1,5 Millionen Jahre vor der Zeitrechnung, beginnen abermals tiefgreifende Veränderungen auf der Erdoberfläche. Die weit später so genannte Donaueiszeit kündigt sich an. Langzeitige Kälteperioden beginnen mit tiefgreifenden Veränderungen von den Polen her auf der gesamten Erdoberfläche: Verkargungen des Bodens, Dürre und Versteppungen der Wälder erstrecken sich in langen Generationenfolgen über weite Gebiete. Die Lebensräume müssen gewechselt, verlassen werden. In größeren Gruppen muß man ziehen; Züge sind es, in denen gelebt, gestorben und Leben geboren wird. Das geht von Süden aus und führt allmählich zum wärmeren Norden hin, – bis auch der versteppt. Dann aber gibt planendes Nachdenken die beste Chance. Intelligentes Handeln ist gefragt. Über diese Anregungen in der frühen Menschheitsgeschichte und ihre Wirkungen auf die Menschwerdung wollen wir in den folgenden Kapiteln etwas ausführlicher eingehen. Dabei ist aber einiges zu bedenken. Zum Beispiel, daß die Ferne der Zeiträume und die Spärlichkeit der Funde, oft nur eine Schädelkalotte, ein Kiefer oder ein paar Zähne, es schwer machen, ein *zusammenhängendes Bild* von der Abfolge der Entwicklungsprozesse zu rekonstruieren, die von den frühesten Vormenschen, teils noch Tier, teils schon Mensch, zum verständigen, vernunftbegabten Wesen der Stammesgeschichte hingeführt haben. Es gibt umstrittene Auffassungen in den Details und Anachronismen der Terminologie. Nur zwei Beispiele dafür: Pithecus heißt wörtlich (griechisch) Affe. Die Bezeichnung stammt aus einer Zeit, da man die Urmenschen noch den Affen zurechnete. Oder: Homo erectus ist der Aufrechtgehende; aber es gab schon früher als die mit Homo erectus bezeichneten Formen aufrecht gehende Wesen. Nur: Man kannte zum Zeitpunkt der Homo-erectus-Funde die früheren Formen noch nicht.

Was die umstrittenen Auffassungen über die Zuordnung oder die Einordnung einzelner Funde oder Befunde anlangt, so versuchen wir, unsere Darlegungen möglichst jenseits dieses Streits zu halten. Dabei stützen wir uns vor allem auf die gesicherten Befunde und jene Auffassungen, in denen die meisten Autoren übereinstimmen. Im besonderen beachten wir die neuen Daten aus der umfassenden Dokumentation von Herrmann und Ullrich (1991). Auch war uns der umfangreiche Text von Erben (1988) eine wesentliche Hilfe.

Bevor wir äußere, geophysikalische, und innere, biologisch-psychologische, Wirkfaktoren der Anthropogenese, das heißt der Menschwerdung, näher betrachten, sei in aller Kürze ein übergreifender Blick auf die Phasen und Stadien gerichtet, mit denen wir es in den folgenden Betrachtungen sowie in einzelnen, diesen Überblick entfaltenden Kapiteln des II. Teils zu tun haben werden.

Schon die Vormenschen (oft auch als Praeanthropinen bezeichnet) bilden keine einheitliche Gruppe. Im Oldoway-Gebiet gibt es außer den genannten frühen, weitere Schichten. Die Funde in den verschiedenen Ablagerungen (sogenannten Bed I, II und III) gehören verschiedenen Alters- und Entwicklungsstufen der Anthropogenese an. In Bed I wurden die Australopithecinen gefunden. In Bed II liegen Werkzeuge zuhauf neben Knochen. Es ist der Höhepunkt der oft so bezeichneten Knochen-Zahn-Stein-Kultur mit den einfach behauenen Steinen. Das war die ursprüngliche Habilinengruppe (von Homo habilis, dem ersten Werkzeugmacher, abgeleitet). Wahrscheinlich waren sie Nachkommen der frühen Australopithecinen. Reste finden sich auch noch in der dritten Schicht (Bed III), obwohl hier die Schädel den später nördlich gefundenen Urmenschen oder Archanthropinen (oft auch als Frühmenschen bezeichnet) ähnlicher sind. Dort wurden die Funde einem Homo erectus, also aufrecht gehenden Menschen, zugeordnet. Es ist wahrscheinlich, daß Homo erectus ein Vorfahr der viel später lebenden Neandertaler war. Jedenfalls sind die ältesten Gerätschaften einander ebenso ähnlich wie Schädelformen und Kieferbau.

Unter den Ur- oder Frühmenschen (Archanthropinen oder auch Homo erectus) unterscheidet man eine Westgruppe und eine Ostgruppe. Die hauptsächlichen Funde der Westgruppe lagen in Mauer bei Heidelberg (Homo erectus heidelbergensis), in Simbabwe (Homo erectus rhodesiensis), in Swartkrans (auch nach dem Entdecker „Homo leakeyi" genannt), in Ungarn (Homo erectus palaehungaricus, gefunden in Vértesszöllös) und im Thüringischen bei Bilzingsleben (Mania und Dietzel 1980). Wesentliche Funde der Ostgruppe stammen vom Fundort Trinil sowie aus der Nähe von Peking (Homo erectus pekinensis aus der Fundhöhle Chou-kou-tien). 400 000 bis 500 000 Jahre alt sind die ersten Zeugnisse von Feuer in der Höhle. Leakeys ähnliche Funde haben auch etwa das gleiche Alter. Dann gibt es noch einen Java-Fund, Homo erectus soloensis, auch Solomensch nach dem Flusse benannt, an dem die Fundstelle liegt (siehe Abbildung 1.9).

Eine historisch eindeutig spätere Gruppe, in sich auch wieder gegliedert, rankt sich um den Begriff des Neandertalers. Zahlreiche Funde liegen in Südeuropa, in Nordafrika und Westasien, aber auch in Mitteleuropa (Neandertal und Ehringsdorf) sowie im Süden Rußlands und am Ural. Wahrscheinlich ist dieser Typ aus einer der Erectus-Gruppen hervorgegangen. Es gibt eine mittlerweile gefundene Zwischenform, Homo prae (oder Vor-) neanderthalen-

sis. Des Neandertalers hervorstechendes Merkmal war seine große Schädel-
kappe. Die Durchschnittswerte der gemessenen Volumina sind kaum kleiner
als die der Gegenwartsmenschen. Es gibt keinen Streit mehr unter den Anthropologen, dem Neandertaler das Prädikat des Verstandes und eines spezifischen
Intellekts zuzusprechen. (Die Frage ist nur, was man jeweils darunter versteht.) Einige Zeugnisse dafür werden wir betrachten. Jedenfalls bezeichnet
das Prädikat Homo sapiens *neanderthalensis* damit eine Gruppe vorgeschichtlicher Menschen. Das Prädikat Homo *sapiens* neanderthalensis bezeichnet
daher die Klasse.

Ziemlich unvermittelt tritt (nach Fundstellen zu urteilen zahlreich in Europa) während der letzten Eiszeit ein neuer Typ auf, der Typ der Jetztmenschen, Neumenschen oder auch Neanthropinen. Die zwei klassischen Fundstellen liegen in Frankreich (Chancelade und Cro-Magnon). Vor allem die
Cro-Magnon-Variante wird uns noch eingehend interessieren. Homo sapiens
sapiens ist die Bezeichnung; ein Menschenschlag demnach, der sich in seiner
biologisch-konstitutionellen Struktur vom Menschen der Gegenwart nicht unterscheidet – wenn man von der späteren Großrassentrennung in Europide,
Negride und Mongolide absieht (vergleiche dazu unter anderem Bach 1967).

Auch zum Neandertaler hin gibt es Vorformen (Homo sapiens praesapiens)
mit Fundstellen in England (Swanscombe), Frankreich (Fontechevade) und
Steinheim (Deutschland). Die Frage, ob von diesen Vorformen aus Übergänge
zwischen dem Neandertaler und dem Jetztmenschen angesetzt haben, muß
allem Anscheine nach verneint werden. Wahrscheinlicher ist die Hypothese,
daß sich die Neumenschen vom Cro-Magnon-Typen im Süden und Südosten
herausbildeten: in Nordafrika, im Jordangebiet und in Westasien. Im Vorderen
Orient, südlich von Haifa, am Karmelgebirge, hat man in zwei Höhlen Gebeine gefunden, die einer Übergangsform zwischen Neandertal- und Cro-Magnon-Typ entsprechen könnten. Wenn es Kontinuität in diesen Entwicklungs-
linien gab, dann hat sie sich sehr wahrscheinlich in südlichen Regionen abgespielt. Niemand weiß bis heute, wo und wie die möglichen Übergänge
zwischen Homo erectus, Neandertaler und Cro-Magnon stattgefunden haben.
Die Vermutung, daß die Neandertaler des Nordens vor und während der letzten Eiszeit dort ausgestorben sind, ist gut begründbar. Nicht nur die Knochen-
und Schädelformen sind charakteristisch verschieden, auch die Kultformen
des Cro-Magnon-Menschen[5] sind von eigener, neuer Art. Doch darüber im
Teil II mehr, und Genaueres über die wahrscheinlichen Lebensarten dieser
vorgeschichtlichen Menschengruppen und den Techniken ihrer
Überlebensversuche (vergleiche auch Sellnow et al. 1977 sowie Herrmann
und Ullrich 1991).

Nun müssen wir, wie schon angekündigt wurde, zu den steuernden, stimulierenden, fördernden oder hemmenden Faktoren kommen, die diesen Entwicklungsweg teils verursacht und teils mitbestimmt haben. Es sind äußere und innere Bedingungen und Faktoren, wobei wir geophysikalische (Temperatur, Klima) sowie allgemeine Lebens- und Ernährungsbedingungen zu den äußeren, die Funktions- und Arbeitsweise der organismischen Konstitution und des Nervensystems im besonderen dagegen zu den inneren Bedingungen zählen. Die Wechselwirkung zwischen inneren und äußeren Bedingungen erzeugt, wie wir sehen werden, jene Konflikte, deren Lösung und neues Entstehen den Prozeß der Anthropogenese, der Menschwerdung im engeren Sinne, vorantreibt.

Die Betrachtung der äußeren Bedingungen ist der nächste Schritt; die Struktur der inneren und die Wechselwirkung beider sind im wesentlichen der Inhalt der Kapitel 3.1.4 und 3.1.5. Wir kehren mit diesem Blickwinkel nun noch einmal zum Ausgang zurück.

1.3.2 Die Selektionskräfte auf der Erde ändern sich

Ein geophysikalischer Prozeß großen Ausmaßes, der vor etwa 3,5 Millionen Jahren begann und vor etwa 10 000 Jahren endete, hat mit Temperatursenkungen und thermischen Schwankungen tiefgreifende Klimaveränderungen verursacht, die die Lebensbedingungen aller Organismen der Erde gravierend veränderten: die Eiszeiten (zusammenfassend auch Pleistozän genannt). Man unterscheidet Zwischeneiszeiten (Interglazialzeiten), die auch Warmzeiten genannt werden und die nach Orten bezeichnet sind, deren geologische Charakteristik die zeitliche Bestimmung ermöglichte. Die Benennungen sind danach für verschiedene geografische Regionen unterschiedlich. In Mitteleuropa sind folgende Bezeichnungen üblich:

die Biber-Donau-Warmzeit $(1,7 \times 10^6 \pm 200\,000$ Jahre),
die Donau-Günz-Warmzeit $(7 \quad \times 10^5 \pm 150\,000$ Jahre),
die Mindel-Riß-Warmzeit $\quad (3,2 \times 10^5 \pm \quad 40\,000$ Jahre) und
die Riß-Würm-Warmzeit $\quad (1,2 \times 10^5 \pm \quad 50\,000$ Jahre).

Neue, exaktere Messungen über Temperaturschwankungen in späteren Warm- und Kaltperioden haben ergeben, daß es auch innerhalb dieser Zeitabschnitte starke Temperaturgefälle, sowohl Anstiege wie Senkungen, gegeben hat. Sie haben sich in Zeiträumen weniger Jahrzehnte abgespielt. Auf die Bedeutung

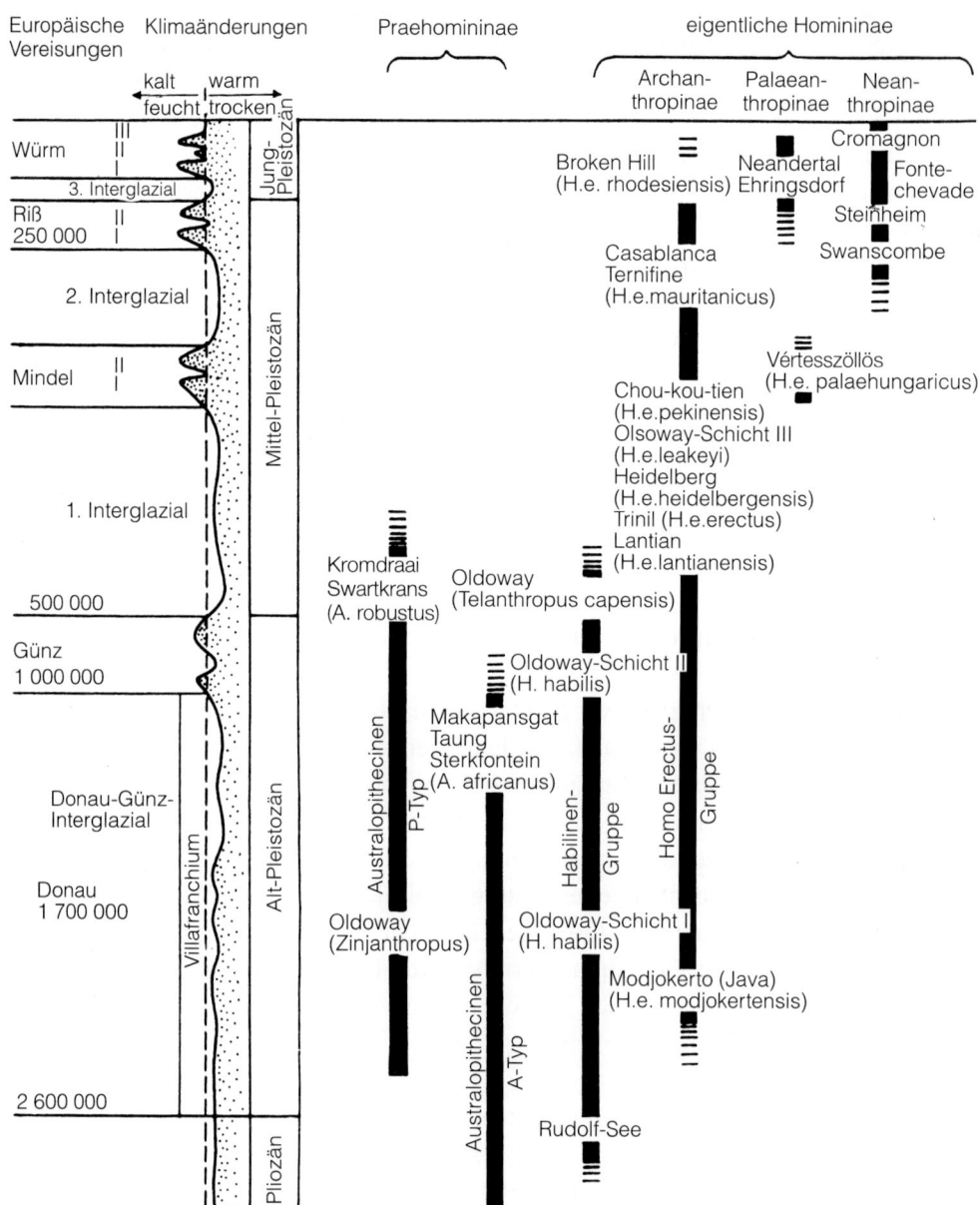

1.10 Verschiedene Phasen, Stadien und Zweige der Menschheitsentwicklung. Links: Eiszeiten mit Zwischeneiszeiten; Zuordnungen zu Jahren und Erdzeitaltern. Mitte: Fundstellen und Typenbezeichnungen (A. robustus entspricht dem P-Typ). Die Funde von Bilzingsleben (vergleiche Mania und Dietzel 1980) wären rechts in das zweite Interglazial einzuordnen. (Aus Heberer, 1972.)

dieser Vorgänge für unsere Thematik werden wir in Teil II noch einmal zurückkommen (vergleiche Lanius 1994 und Pollack und Chapman, *Scientific American*, Juni 1993).

Die bereits erwähnten Australopithecinen lebten in der frühesten Phase. Die Funde sind vorwiegend auf Afrika beschränkt. Die Habilinengruppe wurde, wie schon erwähnt, in späteren Oldoway-Schichten und am Rudolf-See entdeckt. Aus der Donau-Günz-Warmzeit stammen die Reste der Archanthropinen. Sie wurden am Oldoway und in der Nähe der Höhle von Chou-kou-tien gefunden. In der späten Riß-Würm-Warmzeit schließlich tauchten die frühen Neandertaler auf. Sie bewohnten die Tundren einer Nacheiszeit. Die frühesten Neanthropinen sind um 70 000 vor unserer Zeitrechnung nachweisbar. Sie überlebten während der letzten Eiszeit. Die Entwicklungsfortschritte der bezeichneten Hominidengruppe enthalten hinlänglich Hinweise, um Aussagen über die Beweggründe der geistigen Entwicklungsfortschritte des Menschen machen zu können. Ein Bild der realen und der wahrscheinlichen Abstammungsverhältnisse vermittelt Abbildung 1.11.

Es gibt Ähnlichkeiten zwischen den genannten Fundgruppen in Afrika, Rußland, Ostasien und Europa. Möglich ist, daß sich die Habilinengruppe von Afrika aus in europäische und asiatische Gebiete ausgebreitet hat. Es ist aber, wie schon erwähnt, denkbar, daß vergleichbare biologische Start- und äußere Lebensbedingungen an verschiedenen Stellen der Erde zum Betreten des Tier-Mensch-Übergangsfeldes geführt haben. Die Archanthropinen jedenfalls hatten es durchschritten − unterschiedlich weit, aber doch als Homo erectus. Folgt man den einzelnen Fundbeschreibungen, so hat doch die Annahme einer gegenüber der afrikanischen Westgruppe (Simbabwe) unabhängig entstandenen Ostgruppe (Java, Peking) einiges für sich. Gleichwohl: Es stehen als Zeiträume für den Wechsel bevorzugter Aufenthaltsgebiete oder Wanderungen Zehntausende von Jahren zur Verfügung. Da sind von ziehenden Großgruppen in Generationenfolgen schon Distanzen von etwa 13 000 Kilometern zu überwinden gewesen, auch wenn zwischenzeitlich weiträumige Aufenthaltsgebiete über Generationen hinweg Lager- oder bevorzugte Rückkehrplätze abgaben.

Die Funde in der Höhle von Chou-kou-tien bezeugen, daß der sogenannte Peking-Mensch in der mittleren Eiszeit vor nahezu 500 000 Jahren einen gegenüber vorherigen Perioden neuen Stand seiner Lebensweise erreicht hatte. Eine Höhle war dort allem Anscheine nach zu einer festen Heimbasis geworden. Man hatte Feuer; und offensichtlich nicht nur gelernt, es zu bewahren, sondern auch, es zu machen. Angekohlte Knochenreste weisen auf die Zubereitung von Nahrung hin. Auch verkohlte Menschenknochen sind dabei. Die Vermutung, daß Artgenossen verzehrt wurden − sei es aus rituellen, sei es aus

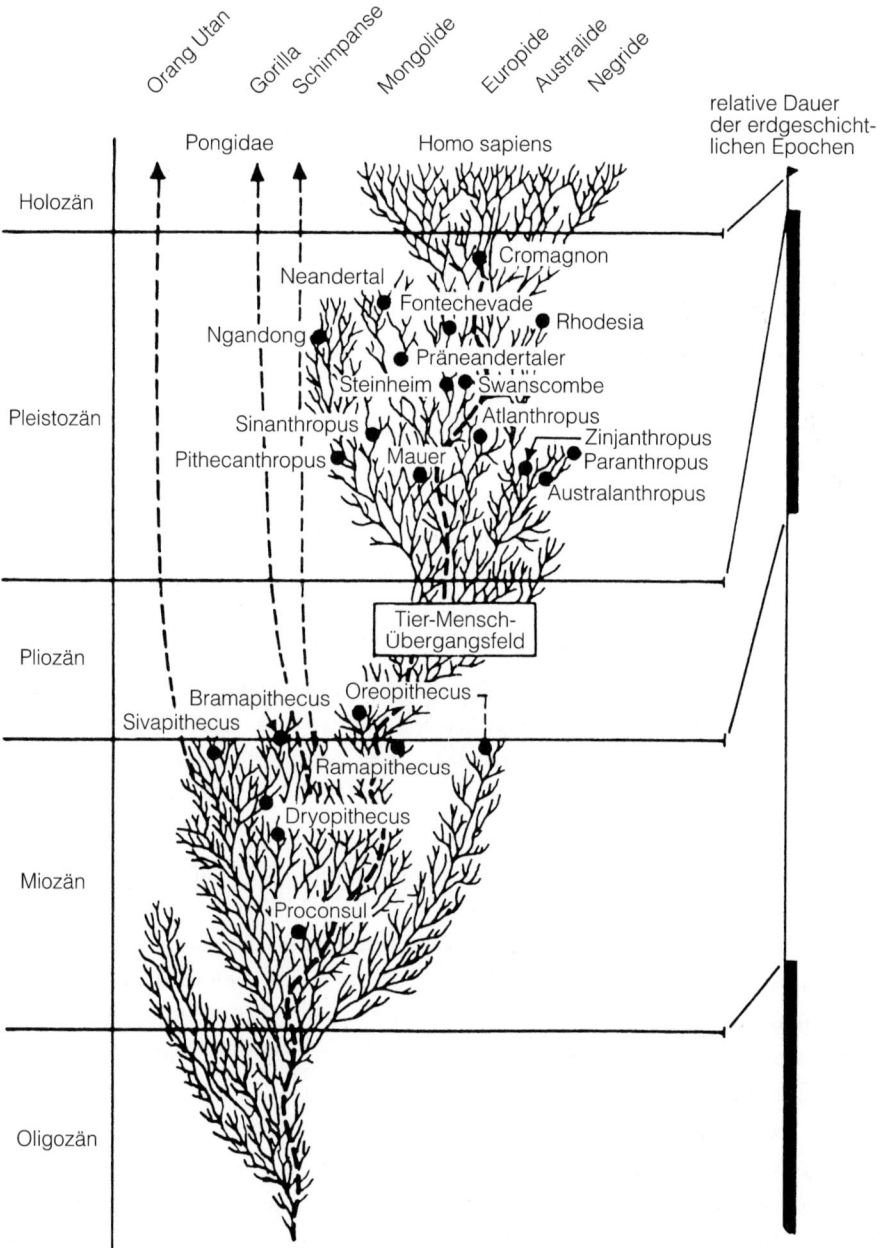

1.11 Schema der Hominidenentwicklung. Die meisten Abstammungen sind im Text behandelt. Andere, aus der Literatur bekannte, lassen sich in das vorliegende Schema leicht einordnen. (Aus Heberer, 1965.)

1.12 Vor-humane(?) „Behandlung" eines artverwandten Lebewesens. (Gezeichnet nach Herrmann und Ullrich, 1991.)

kannibalischen Gründen – ist nicht mehr von der Hand zu weisen. (Schimpansen erschlagen verwandte Arten und auch Artgenossen. Das Hirn ist ihnen ein Leckerbissen.) Auch in jener Höhle fanden sich aufgeschlagene Schädelkapseln. Wenn die Höhle als Heimstatt fungierte, wurden von ihr aus Jagdzüge unternommen, in ihr wurde das Werkzeug zugerichtet, und hier werden auch die Säuglinge zur Welt gekommen und mit Singsang zur Ruhe gebracht worden sein. Die Kommunikation müßte zur Regelung des zwischenmenschlichen

59

Verkehrs über Gebärden und mimische Zeichen hinausgelangt sein. Die Kommunikation bei Nacht erforderte den Ausbau der lautlichen Verständigungsmittel; Trommeln auf Hohlräumen vielleicht und vermutlich vereinbarte Ruflaute.

Die Westgruppe scheint innerartlich verwandt: Funde in Äthiopien, im Norden Afrikas, an der östlichen Mittelmeerküste und an südlichen wie östlichen europäischen Ufern weisen darauf hin. Ein mögliches Bindeglied, vielleicht auf einer Raststatt langer Züge nach Norden dahin gekommen, könnte der Homo palaehungaricus und der Mensch von Bilzingsleben sein.

1.3.3 Die ersten sapienten Menschen:
Wesen mit Verstand und Vernunft

Unklar sind Herkunft und Schicksal des Neandertalers. Dieser vielbeschriebene Altmenschentyp lebte wenigstens 100 000 Jahre und war an die nacheiszeitlichen Tundren im Süden Europas angepaßt. Neandertaler waren Jäger, die mit zugerichteten Steinen und Keulen ihre Beute fingen, die Gruben aushoben und mit Laubwerk überdeckten, Tiere anlockten und so in Fallen gehen ließen; Jäger, die die verwundbarsten Stellen ihrer mächtigen Beutetiere kannten, die dem Bär und dem Mammut die feuergehärteten Hartholzspitzen ihrer Lanzen in die Augenhöhlen oder zwischen die zweite und dritte Brustrippe, also ins Herz trieben, die Klingen aus Feuersteinkernen schlugen, damit das Fell aufschnitten und vom Fleische schabten, die Feuer bewahren und erzeugen konnten. Die Jagd war ihre Lebensweise, und sie muß eine aus der Gruppe, aus dem Gemeinwesen heraus organisierte Veranstaltung, wahrscheinlich ein Kulminationspunkt des Zusammenlebens und einer der wesentlichsten Quellpunkte ihres Zusammengehörigkeitsgefühls gewesen sein. Ihre Jagdgeräte bezeugen, daß sie die Lebens- und Verhaltensgewohnheiten von Tieren bedachten, und vielleicht haben sie sogar Schlingen verwendet. Das erste automatisch funktionierende System der Menschheitsgeschichte: Je mehr Kraft das gefangene Tier zu seiner Befreiung aufwendet, um so fester wird der Zug der Fessel.

Die Verfügbarkeit des Feuers war gewiß gegeben, kann man doch schon für Homo erectus wenigstens das Bewahren und Vermehren von Feuer annehmen. Feuer ermöglicht durch Garen auf heißen Steinen die Aufschließung energiehaltiger Fette und Proteine, die in großen Anteilen im Fleisch vorhanden sind. Diese Eigenschaft dürfte das Bedürfnis nach Fleischnahrung erhöht, den subjektiven Wert dieses Habens zugleich auch gesteigert haben. Das Motiv, es zu erjagen, erwächst wenigstens teilweise aus solchen Wertbegehrungen. Feuer ist sicherlich alsbald auch als Werkzeug erkannt und benutzt worden. Und zwar nicht nur zum Wärmen in den kalten Winternächten des Nordens, nicht nur zum Schutz vor wilden Tieren, deren Gefährlichkeit in Furcht sich wandelt angesichts der Wirkung von Flammen; nein, auch als Mittel zur Jagd ist Feuer verwendet worden. Vor allem bei der Treibjagd auf Großwild. Verschiedene Fundstellen lassen im Zusammenhang mit Eigenschaften der Umgebung und des Geländes vermuten, daß folgende Technik vielfältig geübt und variiert wurde: Durch einen Halbkreis von Bränden werden Großtiere wie Elefanten, Nashörner oder Elche in eine bestimmte Richtung getrieben, wobei sich die Breite des Fluchtweges trichterförmig einengt. An seinem Ende aber liegt ein Sumpf. Das letztliche Einsinken in den morastigen Grund zehrt so viel Körperkräfte auf, daß das Erlegen vergleichsweise gefahrlos erfolgen kann (vergleiche dazu Mania und Dietzel 1980). Jedenfalls kann man mit ziemlicher Sicherheit sagen: *Die Neandertaler waren nicht die grunzenden Halbtiere*, als die sie in manchen Geschichtsbüchern vorgestellt werden. Ihre spezialisierten Gerätschaften führen zu der Annahme, daß es auch eine Spezialisierung von Gruppen- beziehungsweise Stammesmitgliedern gegeben hat, Verantwortungen für verschiedene Aufgaben und damit, nach Lerngesetzen, auch verschiedene Fähigkeitsprofile der Menschen zu ihrer Erfüllung. Denn es ist der Zusammenhang von Aufgabe, Anforderung und Verantwortung beziehungsweise Risiko, der vor dem Hintergrund sozialer Verflechtung und damit auch sozialer Motiviertheit fähigkeitsbildend und begabungsdifferenzierend wirkt. Ihre Leistungen, abzulesen aus Größe und Anzahl der erlegten Tiere, sind ohne vorbereitende Organisation nicht möglich. Die wiederum ist ohne Kommunikationsformen, die Künftiges in Betracht zu ziehen gestatten, undenkbar. Die bloße Geste aber kennt weder Vergangenheit noch Zukunft. Sie ist dem Augenblick verhaftet. Sie wird gebraucht, aber sie reicht nicht. Was dazukommen mußte, das war die vereinbarte Bedeutung von Körperzeichen, von Gesten, die Lautliches einschließen und die allmählich ihre Rolle durch die Verfeinerungen der Lautbildungen verlieren. Denn: Das Vorherrschen praktischer Tätigkeit bindet Gliedmaßen und Körper für die Verrichtung. Die notwendige Kommunikation hat nur noch eine Form der Signalbildung frei: die Modulation der Atemluft. Eine vielleicht rauh klingende, stark konsonantisch und kehlig wirkende Lautsprache dürfte verfügbar gewesen sein.

Die Jagd als Lebensweise bedingte die erste Rollenteilung der Geschlechter.[6]

Nach der Aufstellung von Tierschädeln in Höhlen zu urteilen, scheint es auch so etwas wie Jagdzauber gegeben zu haben. Die immer wieder erlebte große Gefahr der Jagd, die Ungewißheit ihres Erfolgs oder Ausgangs überhaupt sind mit den starken emotionalen Lasten der Unsicherheit und den Affekten der Furcht und der Angst in belastenden Entscheidungssituationen verbunden. Das Bedürfnis, Herrschaft zu gewinnen über das Unbekannte, Zukünftige, ist ebenso dringlich wie intensiv und verbreitet. Die symbolische Vorwegnahme des Erfolgs, seine Verwirklichung in der Vorstellung, ist ein wesentliches Element des Zaubers. Er vermindert Unsicherheit. Dies ist ein starker Bekräftigungsfaktor für seine Ausgestaltung, seine Ritualisierung, die ja nichts anderes zum Ziel hat als die Steigerung der Überzeugungskraft durch Erhöhung der Suggestivität und damit der Glaubwürdigkeit der Szenarien. Darüber später mehr.

Bei der Vermittlung von Techniken des Werkzeuggebrauchs und der Werkzeugherstellung spielen das Vormachen und die Nachahmung eine besondere Rolle. Dies stellt starke Anforderungen an das bildlich-anschauliche Gedächtnis und die Umsetzung seiner Inhalte in der Handlung. Es gibt hier keine abstrahierenden Vereinfachungen: Die ganze Szenerie muß im Gedächtnis bleiben. Die zu behaltenden Situationsbilder sind außerordentlich vielgestaltig. Es gibt Vermutungen, nach denen eine darauf begründete Art von Züchtung spezifischer Gedächtnisinhalte mit der starken Hirnvergrößerung des Neandertalers zu tun gehabt hätte. Die Schädelkalotte hatte ein Volumen von 1 400 bis 1 600 cm^3 und war damit zuweilen größer als die von Jetztmenschen (1 450 cm^3). Es gibt zudem Spekulationen darüber, daß die vorrangige und einseitige Bildrepräsentation von Gedächtnisinhalten bei mangelhafter logisch-begrifflicher Durchdringung der Realität eine Rolle beim Zurückdrängen der Neandertaler gespielt hat. Wie dem auch sei: Sie hatten Vorstellungen vom Leben nach dem Tode. Sie gaben ihren Toten bei der Bestattung Nahrungsvorräte und Werkzeuge mit. Ihre Grabstätten stützten sie mit Steinen ab, wohl damit sie nicht einbrechen. Dies läßt auf Tradition und Selbst-Bewußtsein schließen.

Gleichwohl: Der Weg vom Homo erectus zum Homo sapiens sapiens, dem Jetztmenschen, scheint wenigstens in Mitteleuropa am Neandertaler vorbeigegangen zu sein. Jedenfalls beschränken sich die Funde an Neandertalergebeinen auf einen Zeitraum von etwa 100 000 Jahren.

1.3.4 Homo sapiens sapiens:
Der Mensch, der es zu Wissenschaft und Weisheit brachte

Es gibt auch Funde, die bezeugen, daß zunächst vom Neandertaler besiedelte Höhlen zu einem späteren Zeitpunkt von Vertretern des Cro-Magnon-Typs besetzt gewesen sind.

Während die Uranfänge noch vergleichsweise einheitlich verliefen, trat in den frühen Phasen der Altsteinzeit vor etwa 300 000 Jahren eine Differenzierung der Entwicklung ein, die auch regional unterschiedliche Entwicklungsfortschritte erkennen läßt. Nun haben wir zwar Einteilungen besprochen; vorwiegend aber nur jene beachtet, die nach konstitutionellen Eigenschaften wie Schädelform, Volumen und ähnlichem gebildet wurden. Auch eine Fundortklassifizierung ließe Ähnlichkeiten oder gar Verwandtschaftsarten erkennen. Von besonderem Reiz für unser Vorhaben sind aber jene Klassifizierungsgesichtspunkte, die sich auf die veränderten Eigenschaften der Werkzeuge beziehen. Dies deshalb, weil die Werkzeuge die frühesten Zeugnisse jener Wechselwirkung zwischen inneren, psychophysischen und äußeren, geophysikalischen und biologischen Bedingungen sind, die als Resultat und Mittel der Menschwerdung Zeugnis geben von Lebensumständen und Lebensweise. Werkzeuge *sind* vergegenständlichtes Denken, sie beruhen auf Erfahrungen, das heißt auf Gedächtnisbildungen. In ihnen findet das Können des Herstellers und sein Wissen um die bestmöglichen Wirkungen seines Denkergebnisses handgreifliche Form. Und er ist Träger eines Wissens, das er nur zum geringen Teil selbst erworben hat und das vorwiegend tradierter Erfahrungsschatz von Generationen, durch Spezialisierung und Kooperation entstandenes Wissen ist. Indem dieses Wissen zum Beispiel bei der Herstellung von Geräten angewendet wird, setzt es vergleichbares Wissen des anderen voraus, der als Mitbenutzer, Mitbeteiligter um Ziel und Zweck der Funktion wissen muß, wenn sich diese Funktion verwirklichen und der Zweck erfüllen soll. Individuelle geistige Leistungsfähigkeit wird fast vollständig zu einem sozial stimulierten Phänomen.[7]

Ohne Zweifel führt die Differenzierung der sozial organisierten Kooperation zu einer Differenzierung der individuellen Fähigkeiten in der sozialen Gemeinschaft. Die soziale Differenzierung von Zuständigkeiten und Verantwortlichkeiten schlägt sich auch in individuellen Bedürfnissen und Motivationen nieder, eine gesellschaftlich geforderte Leistungshöhe zu erreichen und womöglich zu übertreffen. Darin wurzelt auch die soziale Motivation zur Ausschöpfung der individuellen Leistungsfähigkeit. Sie kann bis zur Erschöpfung reichen. Es liegen hier jene Triebkräfte verankert, die seit den Anfängen der

Menschheitsgeschichte eine ungeheure Bereicherung des gemeinschaftlich erworbenen und angewandten Wissens bewirkt haben.

Die aus sozialem Zusammenleben resultierenden Motive gehen in alle Richtungen des Verhaltens ein, die in irgendeiner Form steigerbar sind. Am deutlichsten ist das bei der Qualität der Geräte- und Werkzeuggestaltung zu verfolgen. In späteren Entwicklungsphasen zeigt sich das dann in den Gestaltungen von Schrift, in der Entwicklung des Zahlbegriffs und von Zahlsystemen und schließlich in den Vervollkommnungen wissenschaftlichen Denkens und seiner Anwendungen.

Um die ersten Streckenabschnitte dieses Vorgangs einmal aus dieser Sicht in Augenschein zu nehmen, betrachten wir die wichtigsten frühen Abschnitte in den Geräteentwicklungen. Sie sind die einzige, uns überlieferte Dokumentation frühen vorausschauenden Bedenkens von Handlungsentscheidungen.

1.3.5 Schritte bei der Vervollkommnung denkgesteuerten Handelns

Der Stein- oder Knochenhobel dürfte wohl das erste Werkzeug gewesen sein, das ausschließlich zur Werkzeugherstellung verwendet wurde. Das heißt, es ist ein Gerät, das als mittelbares Instrument für einen indirekten Zweck hergestellt wurde.

In der Fülle der vorliegenden Varianten kann man vom Homo habilis bis zum Menschen der jüngeren Altsteinzeit vier (in sich differenzierbare) Klassen von Technologien in der Werkzeugherstellung unterscheiden:

1. Das Oldovayum wird in der Literatur oft auch als osteodentokeratische Kultur bezeichnet. Hier sind faust- bis handgroße Steine zurechtgeschlagen und im vorgesehenen Einwirkungsgebiet mit einer mehr oder weniger gut gelungenen Spitze versehen. Es bezeugt das Bedenken einer gezielten Wirkungsverstärkung körperlicher Aktionen. Das liegt auch im kognitiven Vermögen während des Durchlaufens der Lebensformen zwischen Tier und Mensch. Am Beispiel von Untersuchungen an Schimpansen werden wir das noch nachweisen.

2. Im sogenannten Acheuléen der frühen Neandertaler finden wir zahlreiche handgroße Faustkeile mit einer zumeist schräg zugeschlagenen Arbeitskante. Verschiedene Formen weisen auf Verwendungszwecke beim Schaben, Graben oder Schneiden hin. Über die zweckbestimmte Arbeitskante hinaus ist die ganze Oberfläche bearbeitet. Offensichtlich spielte dabei die Herstellung einer günstigen Paßform für die Handinnenfläche des Benut-

zers eine Rolle. Allem Anscheine nach aber waren bei dieser Ganzbearbeitung auch schon ästhetische Aspekte wesentlich.

3. Die Levallois-Technik ist eine Abschlagtechnik, die genaueste Kenntnis der Materialeigenschaften des behauenen Steins voraussetzt. An einer Feuersteinknolle werden Anschlagstellen gesetzt, die die spätere, äußere Form des Werkzeugs umreißen. Sie erzeugen eine Spannung im Material, so daß mit einem letzten, gezielten Schlag das antizipierte, in der Vorstellung vorweggenommene Werkzeug vom Flintkern abspringt. Es ist eine Technik, die viel Erfahrung mit dem Material, Glück und eine systematisch angelegte Lehrzeit einschließt, bis sie erfolgreich beherrscht wird – und dies gewiß nicht von jedem. Angesichts der verfügbaren Mittel sind die Geräte optimal durchkonstruiert. Die Pfeilspitze ist vergegenständlichte Tötungsabsicht mit allem realisierbaren Wissen über wirkungsvolles und mithin erfolgreiches Erlegen. Das Wissen um das Verhalten von Tieren ist in die Gestaltung eingegangen.

4. Zur Scheiben-Kern-Methode gehören unter anderem das Moustérien und das Aurignacien des Cro-Magnon-Menschen. Es ist eine stark *rationalisierte* und spezialisierte Technik. Nicht mehr nur zwei bis drei Abschläge werden von einer Knolle erzielt, sondern es werden (nach dem Levallois-Prinzip) unterschiedlich starke Scheiben abgesprengt, aus denen dann die verschiedenen Werkzeugtypen je nach der gewünschten Geräteform geschlagen werden. Mehr als 60 Varianten von Gerätetypen sind bekannt. Im besonderen sind dabei *verschiedene Handlungsresultate kombiniert* worden. Es werden Teilziele gebildet, deren Verknüpfung dann das Konstruktionsprinzip für das Ganze ergibt. Nicht nur die Herstellung, sondern auch der Gebrauch der verschiedenen Typen setzt eine hohe Spezialisierung in der Verwendung des Gerätes, in der Nutzung seines Zweckes voraus. Auch dies verweist auf eine Tätigkeitsspezialisierung im Gemeinwesen.

Die Gerätschaften lassen in ihren Eigenschaften erkennen, daß vor 300 000 bis 250 000 Jahren vor unserer Zeitrechnung Kooperation und Kommunikation bei der Herstellung wie Nutzung der Arbeitsmittel bestanden haben.

So wie für anthropologische Folgerungen aus dem Fundmaterial nur die Hartteile des Körpers zur Verfügung stehen, so trifft das auch bei den Werkzeugen für evolutionspsychologische Schlüsse zu. Es ist aber ganz klar, daß mit der Verfügbarkeit harter Steinkanten auch die Zurichtung weicheren Materials, zum Beispiel von Holz oder Leder, gelingt. Fellstreifen oder biegbare Ruten schaffen Verbundmaterial zum Anbringen von Pfeil- oder Speerspitzen, zum Verbinden von Pfählen oder Stangen. Harpune und Nadelspitze, verwendet zum Fischfang, weisen nicht nur auf ausgefeilte Herstellungstechniken hin, sondern auch auf die Berücksichtigung des unterschiedlichen Verhaltens von Tieren im Fanggerät! Dem hat wahrscheinlich ein systematisches Beobachten der Verhaltensformen von Tieren, insbesondere der instinktiven, zugrunde gelegen. Die Zähmung des Hundes als Begleiter und Jagdgehilfe dürfte in der Zeitspanne zwischen 150 000 und 60 000 Jahren vor unserer Zeitrechnung anzusetzen sein. Am Ende dieser Zeit sind schlittenähnliche Gleitgefährte gebaut worden, wie deren Überreste von der nördlichen Ostseeküste bezeugen. Die Funde von Spitzen, Schabern und Bohrern verweisen darauf, daß Fell bearbeitet wurde. Man wird kaum fehlgehen in der Annahme, daß diese Gerätschaften auch zur Herstellung von Bekleidung verwendet wurden. Klingen zum Ritzen von Geweih und Knochen sind gefunden worden; auch eingeritzte runde Brustbeinknochen, in die Steinklingen eingelegt waren – wohl um als eine Art Sichel zu dienen. Harpunen aus Stein und Knochen sowie Pfeile sind erste zusammengesetzte Werkzeuge, denen ein Konstruktionsplan zugrunde gelegen haben muß; ein organisatorisch durchdachtes Regime mit Vorbereitung, Teilverbindung, Fertigung und Gebrauchswertkontrolle. Mit der Verfeinerung der Geräte treten auch Qualitätsunterschiede deutlicher zutage. Und mit ihnen auch die soziale Bewertung des individuellen Leistungsvermögens, das sich als „Ansehen", das heißt als Angesehensein um der Leistung willen auch im Selbstbewußtsein des Herstellers niederschlägt. Im Sozialgefüge wird die soziale Belohnung ein mächtiger Stimulator des Selbstgefühls und die stärkste Motivbasis für Verhaltensentscheidungen auch unter Risiko. Sozial motivierte Tätigkeit kann biologisch motivierte überwinden: gegen Hunger und Durst oder Schutz und Sicherheit; ja, gegen das eigene Leben kann für die Gruppe entschieden werden. Aber nur, oder vor allem, wenn die Entscheidung eine hohe Bewertung durch die Stammesgenossen erfährt. Hohe persönliche Leistung für das Gemeinwesen ist mit sozialer Kompetenz verbunden, mit der gehobenen Zuständigkeit des einzelnen für die Gruppe. Aus der Natur der Lernmechanismen ergibt sich, daß nicht die Einmaligkeit, sondern die Permanenz des „Hervor-Ragens" die entspannende Sicherheit eines hohen Eigenwertgefühls schafft. Diese Motivbasis drängt zu hoher Leistung. Sie wird ermöglicht durch Training. Training schafft Spezialisierung. Spezialisierung erzeugt das Plus für die Gruppe, jeweils über den

1.13 Werkzeugherstellung für unterschiedliche Zweckbestimmungen und Funktionen. Verschiedenen Zielstellungen entsprechen teils unterschiedliche Niveaustufen der Herstellungstechniken (vergleiche dazu auch Abbildung 1.14). (Aus Herrmann und Ullrich, 1991.) ▶

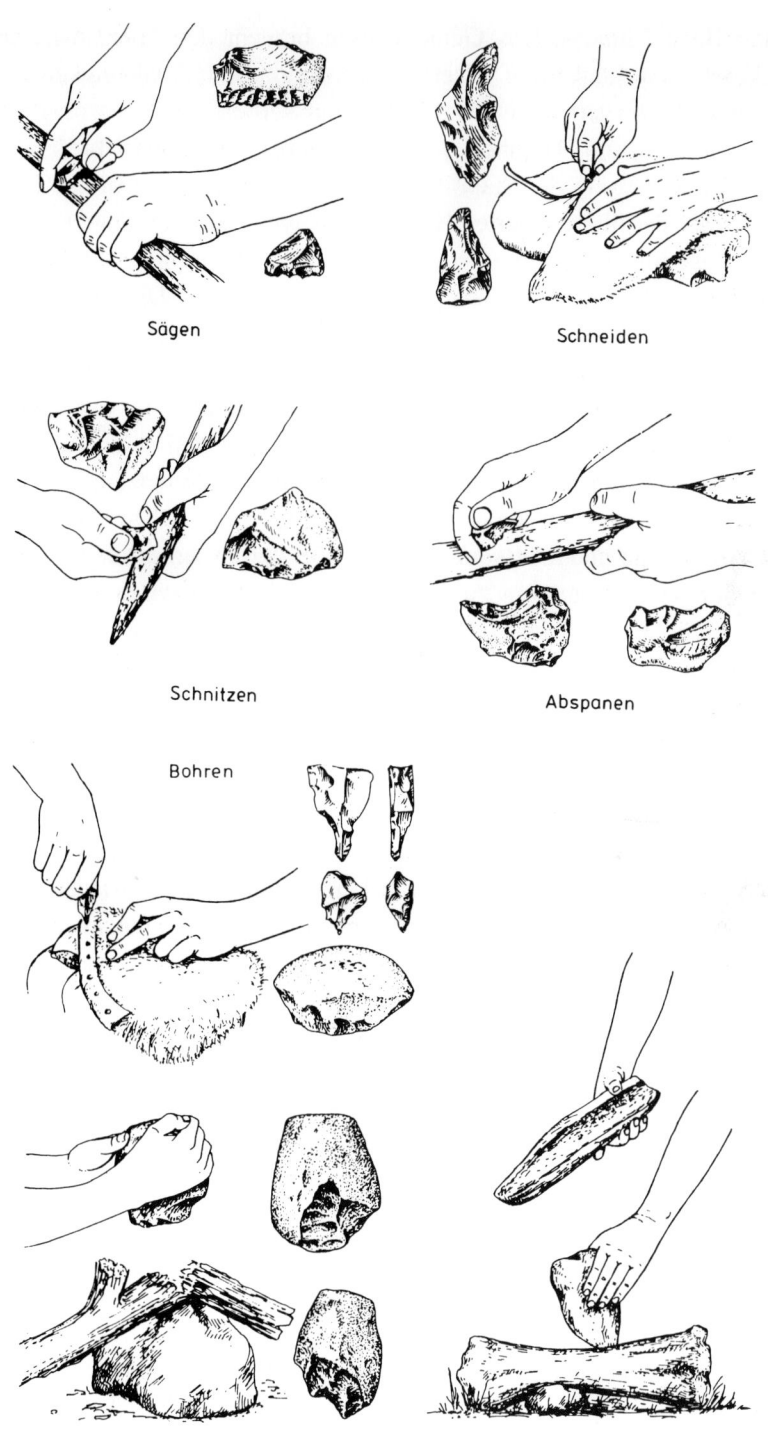

Sägen

Schneiden

Schnitzen

Abspanen

Bohren

Hacken

Spalten eines Knochens

eigenen Bedarf hinaus. Das Gemeinwesen braucht den Spezialisierten und umgekehrt: Spezialisierung erzeugt Überschuß und Abhängigkeit. Dieses Wechselspiel erfordert Regelung, Gebote und Verbote. Und es ermöglicht Bevölkerungswachstum. Darüber später Genaueres. Wichtig ist hier folgender Punkt: Die Sicherung der Stabilität der Lebensbedingungen in der Urgesellschaft bedarf der differenzierten Handlungskompetenz ihrer Angehörigen. Die aber erzeugt im Sozialgefüge spezifische Lernmotivationen, die Fähigkeitsspezialisierungen nach sich ziehen. Mit anderen Worten: Die Differenzierung der Fähigkeiten in der Urgesellschaft ist das Spiegelbild des sozialen Bedarfs an erlernten und darum spezialisierten Fähigkeiten und Handlungen. Dem entspricht der Übergang von der koordinierten Tätigkeit zu sozial organisierten Kooperationsformen. Die gesellschaftlichen Bedürfnisse an Arbeitshandlungen und -leistungen werden durch die Prinzipien der sozialen Bewertung auch zu Lernmotiven für die heranwachsende Generation. Die Organisationsformen der Arbeit und die Regelungen des sozialen Zusammenlebens reproduzieren sich von Generation zu Generation, indem sie durch Erziehung die Leitlinien für die Fähigkeitsdifferenzierung der Jugend von Kindheit an bestimmen. Die Wirksamkeit dieser Leitlinien ergibt sich aus den Grundgesetzen der Lernmotivation. Das gilt schon für die in der Sippe oder im Gemeinwesen aufwachsenden Kinder.

Seitdem Anschauungs- und Vorstellungswelt durch Gedächtnisbildung in der Lage sind, einem momentan wahrnehmbaren Zustand zeitlich vorauszueilen, gibt es ein individuell und sozial tief verwurzeltes Bedürfnis nach der Voraussagbarkeit künftiger Ereignisse. Ungewißheit oder Unsicherheit angesichts einer notwendigen Entscheidung gehören zu den emotional am schlechtesten bewerteten Situationen. Das Motiv, solche Konflikte zu vermeiden, hat zu rationalen wie irrationalen Strategien geführt, Künftiges zu bestimmen. Totemismus, Zauber und Magie stehen in ihren Diensten. Auch darüber wird noch zu sprechen sein.

In einem weiten Bogen haben wir jenen Prozeß umspannt, der mit der biologischen Ausstattung und den Selektionsbedingungen im Miozän, also vor 25 Millionen Jahren, beginnt und der mit der Herausbildung des Jetztmenschen endet. Es ist nun unsere nächste Aufgabe zu zeigen, wie in diesem Prozeß jene Faktoren wirken, von denen auch die Impulse zu den intellektuellgeistigen Leistungsfähigkeiten des Jetztmenschen ausgegangen sind. Insbesondere müssen wir dabei zeigen, inwiefern in vormenschlichen Entwicklungsstadien *Möglichkeiten* vorhanden waren, an denen der Selektionsdruck derart ansetzen konnte, daß kognitiv immer leistungsfähigere Lebewesen entstehen mußten. Aus diesem Grunde wird der Analyse der Leistungsfähigkeit

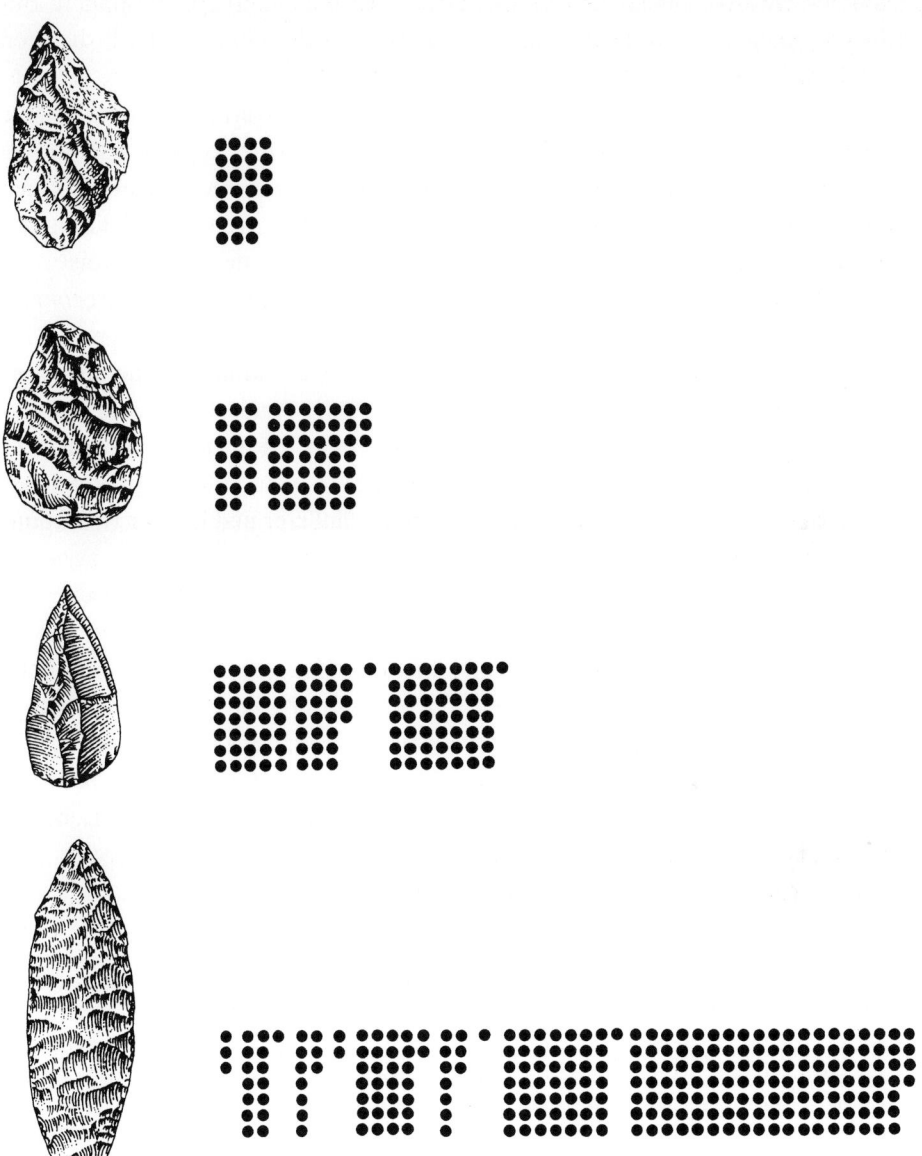

1.14 Beispiele für Klassen von Gerätekulturen, die verschiedene Technologien der Feuerstein-Behandlung erkennen lassen. Die Anzahl der Punkte gibt die Anzahl der Schläge wieder, während die Punktegruppen die Anzahl der verschiedenen Arbeitsgänge erkennen lassen. Die oberen beiden sind Homo-erectus- und Neandertal-Werkstücke. Das dritte entstand in der späten Neandertal-Periode (sogenannte Moustérien-Technik). Das vierte ist ein Cro-Magnon-Messer, so scharf wie Stahl an seiner Schneidkante (sogenannte Aurignac-Technologie. (Nach Constable, 1977.)

von gegenwärtig lebenden Menschenaffen (den Pongiden) eine besondere Bedeutung beigemessen. Doch zunächst müssen wir der Grenzen der bisherigen Betrachtungen innewerden:

Anhand von Funden, Fakten und Extrapolationen wurde beschrieben, wie die *Randbedingungen* ausgesehen haben, die die Funktion kognitiver Prozesse aus der Bindung an die biologischen Evolutionsmechanismen herausgehoben und damit die Voraussetzung für eine eigengesetzliche Weiterentwicklung geschaffen haben. Diese evolutionären Kräfte sind bislang vorzugsweise von außen, von den Rahmenbedingungen her betrachtet worden. *Die Ergebnisse ihres Einflusses* wurden betrachtet, ihre verändernden Wirkungen wurden registriert. Aber das ist nur die eine, die veranlassende, stimulierende, differenzierende Seite. Sie muß ergänzt werden durch die Analyse der anderen, der inneren Komponenten und Faktoren. Wir wenden darum jetzt den Blick zu jenem innerorganismischen Wirkungsgefüge, dessen Funktionsprinzipien eben diese Leistungen aus der Wechselwirkung äußerer und innerer Bedingungen hervorbringen konnte.

Wir haben Etappen und Phasen beschrieben, in denen die biologische, die Evolutionsgeschichte der Arten in die sozial-organisatorische, die gesellschaftliche Geschichte der Menschheit einzumünden begann. Die wesentliche *innere* Systembedingung, die diesen Übergang ermöglicht hat, ist die Fähigkeit des Nervensystems zu lernen. Es erscheint angebracht zu untersuchen, weshalb die Mechanismen des Lernens die Funktionsprinzipien der instinktiven Verhaltensorganisation der Arten mit der Höherentwicklung der Lebewesen überwunden und an Bedeutsamkeit übertroffen haben.

---

[1] Man kann dabei auf eine gewisse Parallelität zu einer Erscheinung im Säuglingsalter des Menschen verweisen: Mit dem Einsetzen der Koordination von Auge und Hand in der zweiten Hälfte des ersten Lebensjahres nimmt die kognitive Erfassung der Umgebung und ihrer Eigenschaften sprunghaft zu.

[2] Es ist oft betont worden, daß für die Entwicklung der Intelligenz beim Kinde die Vervollkommnung der sensomotorischen Koordination eine große Bedeutung habe. Piaget (1966) hat sie sogar als Basisfunktion für die gesamte Intelligenzentwicklung betrachtet. Bei unserem historischen Rückblick drängt sich dabei die Frage auf, ob der qualitativ neuartigen sensomotorischen Koordination, wie wir sie hier angetroffen haben, eine ähnliche Bedeutung für die evolutionsgeschichtlichen Triebkräfte der Intelligenzentwicklung zukommen könnte.

[3] Man kann davon ausgehen, daß dieser Prozeß schon von den Australopithecinen an auch mit genetischen Veränderungen verbunden war. Sie könnten die Materialbasis für die Auswahl (Selektion) und Wirkungen der Leistungseigenschaften verändert haben. Auf Veränderungen der Befruchtungsfähigkeit von Weibchen und deren Bedeutung für die Entstehung der Urfamilie gehen wir noch ein. Auch muß man an eine genetisch bedingte Verlängerung der Kindheits- und Jugendperiode und deren Einfluß auf das werdende Menschsein denken (Hinweis von H. Bach).

[4] Neuerdings (Blumenschine und Cavallo 1992) ist die Behauptung aufgestellt worden, daß sich frühere Menschengruppen vorwiegend vom Fleisch toter Tiere ernährt hätten. Da kann man Zweifel anmelden. Es mag schon sein, daß ein frisch gerissenes Tier zuweilen auch als Nahrung angenommen wurde. Aber wenn man bedenkt, wie sensibel besonders höhere Säugetiere gegen den leisesten Hauch von Verwesung Abneigung zeigen (von ausgesprochenen Aasfressern abgesehen) und dazu noch bedenkt, daß Verwesungsprozesse in warmen oder heißen Zonen besonders rasch einsetzen, da scheint die Annahme einer vorzugsweisen Kadaverernährung doch zweifelhaft. Und noch eins kommt hinzu: Frisch geschlagene Tiere werden oft auch von Raubtiergruppen erlegt und verzehrt. Wenn nun eine Vormenschengruppe in der Lage gewesen sein sollte, ein Löwenrudel vom Aas zu verscheuchen, dann ist sie auch findig genug gewesen, einen Büffel oder ein Faultier selbst zu erlegen und das frische Fleisch als Nahrung zu nutzen.

[5] Wobei wir anthropologisch gleichrangige Formen in diesem Rahmen nicht unterscheiden.

[6] Darauf wird im Teil II, Kapitel 1.3 folgende genauer eingegangen.

[7] Dieses „fast" läßt gerade den Anteil zu, durch den individuelles Wissen über den erreichten gesellschaftlichen Stand hinausgelangen und ihn dabei bereichern kann.

2. Komponenten der instinktiven Verhaltensregulation: Die Ausgangsbasis für die Evolution geistiger Prozesse

Wir beschreiben zunächst einige Wirkungsprinzipien der instinktiven Verhaltensregulation, um daraus das Gefüge ihrer Funktionsweise herzuleiten. Danach werden wir begründen, weshalb in der Evolutionsgeschichte das Vorherrschen einer (scheinbar optimalen) instinktiven Verhaltensregulation durch den Einfluß von Lernprozessen zurückgedrängt worden ist.

2.1 Über die Optimalität instinktiver Verhaltensmuster

2.1.1 Erkennen und Verhalten in vererbten Kreisprozessen zwischen Organismus und Umwelt

Die Fähigkeit, Umgebungseigenschaften zu registrieren, auf die Einwirkung physikalischer Signale anzusprechen, ist eine allgemeine Funktion der Sinnesorgane. Sie vermitteln unter anderem die Wahrnehmung der Umgebung. Die von der Wahrnehmung abhängige Verhaltensantwort ist der Prüfstein für die Brauchbarkeit ihrer Anwendung. Entspricht sie den durch die physikalischen Reize vermittelten Umgebungseigenschaften, ist sie ihnen „angepaßt", dann können die Wahrnehmungseigenschaften der Dinge als Informationsbasis für erfolgreiche Aktivitäten fungieren; tut sie das nicht, vermindert sie die Überlebenschance. Fehlinformierendes Wahrnehmen fällt der Selektion zum Opfer, denn es richtet ihren Träger zugrunde und umgekehrt: Das zuverlässige Erkennen relevanter, das heißt für die Verhaltensentscheidung wesentlicher Umgebungseigenschaften stellt einen starken Selektionsvorteil dar und verfeinert sich darum in der Evolutionsgeschichte. Die adäquate Rekonstruktion und damit auch Repräsentation des gegebenen Umweltausschnitts durch die Wahrnehmung ist vom evolutionsgeschichtlichen Standpunkt aus eine Notwendigkeit. Sie ist eine Überlebensvoraussetzung.

Jede Bewegungsweise, insbesondere die Fortbewegung, ist durch Wahrnehmung und motorische Steuerung jederzeit mit den Feinheiten der Umgebung konfrontiert. Die aktive Verhaltenssteuerung entscheidet über die Erreichbarkeit vorteilhafter Nahrung. Auch hängt die erfolgreiche Flucht vor einem Raubtier letztlich von motorischen Verhaltensprogrammen ab. Die aber werden wiederum von der Wahrnehmung gesteuert. Damit werden die Angriffspunkte für den Selektionsmechanismus klar: Die über den Erfolg von Aktivitäten entscheidende Sensomotorik hat neben ihrer eigenen Präzision die Zuverlässigkeit der Wahrnehmung zur Voraussetzung – und bewirkt sie mit.[1]

Die sensomotorische Steuerung bildet ein geschlossenes Wirkungsgefüge, dessen Qualität im ganzen der Selektion unterworfen ist, was auch bedeutet, daß schlechte Teilleistungen einzelner Systemkomponenten durch besondere Leistungsgüte anderer kompensiert werden können (gute Tarnung bei schlechter Bewegungsfähigkeit zum Beispiel oder umgekehrt). Die Bewegungskoordination selbst unterliegt einer Entwicklung in der Phylogenese. Lorenz (1973) hat eine Klassifizierung evolutionsgeschichtlicher Stufen von Bewegungsweisen versucht, die hier von Interesse ist:

Als primitivste Klasse wird die amöboide Reaktion angegeben. Nahrungs-aufnahme und Bewegung beruhen auf dem gleichen Mechanismus: Eine Plas-maverdünnung führt zum Umfließen des Nahrungspartikels, die Plasmaver-dickung zum Stillstand der Bewegung und zur Verdauung. Die nächsthöhere Stufe ist die Kinesis. Sie findet sich unter anderem bei Bakterien und Infuso-rien. Guter Nährboden (zum Beispiel Fäulnisstoffe) führt zu einer Verlangsa-mung der Bewegung, schlechter Boden zu einer Beschleunigung. Dadurch erhöht sich die Aufenthaltsdauer an nährstoffreichen Orten. Die folgende Stufe bildet die phobische oder Fluchtreaktion. Eine als gefährlich „erkannte" Zone (zum Beispiel ein elektrischer Leiter in einer Paramaecium-Ansamm-lung) bedingt eine Aktivitätsverstärkung, die eine Richtungskomponente ent-hält: das „Wegkommen" vom gefährlichen Ort führt zum Nachlassen der Be-wegungsaktivität. Und schließlich die topische Reaktion beziehungsweise die gerichtete „Taxis"-Aktion zum Beispiel auf eine Nahrungsquelle oder einen Eiablageplatz hin (bei Insektenarten oder Fischen zum Beispiel). Man findet sie besonders durch die symmetrischen Registriereigenschaften paarig ange-legter Sinnesorgane realisiert. So wird zum Beispiel die Herkunftsrichtung von Duftstoffen durch Einstellung der Körperlängsachse dadurch bestimmt, daß die gleiche Konzentration bei symmetrischer Fühlerstellung auf die Sen-soren trifft. Analoges gilt für Körpereinstellungen zur Strömungsrichtung der Luft oder des Wassers.

Alle Klassen von Bewegungsweisen sind Aktivitäten, die durch einen sen-sorischen Reiz ausgelöst werden und streng mit ihm verbunden bleiben.

Um den Weg zu höheren Leistungen sensomotorischer Aktivitäten zu ver-stehen, muß man die Mittlerstellung der Nervenzellen beachten, die zwischen sensorischer Meldung (und Erkennung) sowie motorischer Aktivität (und Ver-halten) in Funktion treten. Sie beginnt mit der Verselbständigung von Nerven-knoten und Muskelsystem bereits bei Würmern (im Kambrium vor etwa 6×10^8 Jahren). Die Grundfunktion einer Nervenzelle besteht in der Erzeugung eines Impulses (einer „Antwort") aufgrund innerer und äußerer Aktivierungs-bedingungen. Die Antwort hängt im besonderen von der Ladungsverteilung durch einlaufende Impulse am Zellkörper ab. Das kann unter natürlichen Be-dingungen in gewissem Sinne als Erkennung betrachtet werden. Wobei die elektrische Impulsverteilung an der Zelloberfläche als Kode für die Informa-tionserkennung gelten kann.

Die elementarste selbständige Funktion von Nervenzellknoten besteht in der Generierung einer Alternative zwischen Erregungsbildung und Entladung auf der einen und wechselseitiger Hemmung der Zellen und Unterdrückung einer Aktivierung auf der anderen Seite. Der Totstellreflex mancher Insekten ist ein schon komplexes Beispiel für diese Funktion. Die eigentliche und charakteristische Funktion der Nervenzellknoten besteht jedoch nach dem Ansprechen auf einen Reiz („der Erkennung") in der Alternativenbildung für eine Verhaltensentscheidung. In der natürlichen Verhaltenseinbettung zeigt sich das in einer ausgelösten oder unterdrückten Aktivität, je nachdem, ob das Sensorium zum Beispiel Raub- oder Beutetiereigenschaften „erkennt". Entscheidungen dieser Art beruhen auf interzellulären nervalen Verschaltungen (vergleiche dazu Matthies und Ott 1978; Matthies 1983; Kandel 1992). Ein instruktives Beispiel dafür ist von Roeder (1968) untersucht worden: die Interaktion von Motten (oder Nachtfaltern) und Fledermäusen. Die Fledermäuse senden Ultraschall-Laute aus zu ihrer Orientierung. Die Auswertung des Echos gestattet ihnen zu unterscheiden, ob Hindernisse im Umkreis sind, denen sie ausweichen müssen, oder Beutetiere, die sie verfolgen können. Die Motten sprechen mit ihrem Hörsystem sehr sensibel auf Fledermauslaute an. Die Frequenzeigenschaften aller Signale und so auch dieser Laute hängen vom Abstand ab. Gerade dies können die Nervenzellen der Motten unterscheiden. Einer ihrer Zellknoten spricht maximal an auf Frequenzeigenschaften, wie sie für Entfernungen von über 40 Metern charakteristisch sind. Treffen diese Signale ein, dann wendet die Motte und orientiert ihre Flugrichtung weg von der Schallquelle. Bei Frequenzeigenschaften, wie sie für Abstände innerhalb von zehn Metern typisch sind, spricht ein anderer Zellknoten maximal an. Er steuert ein anderes Verhaltensprogramm: Es führt zu einer Art hüpfendem Trudelflug des Tieres. Damit wird die Gefahr eines Erfaßtwerdens durch die Fledermaus deutlich erschwert, denn ihr Echolotprinzip beruht auf der Extrapolation von Richtung und Abstand des erkannten Objekts. Eine analoge Verschaltung von Nervenzellgruppen haben Grüsser und Grüsser (1968) beim Frosch gefunden: Eine schwarze Fläche geringer Größe und vor hellem Hintergrund affiziert Neuronensysteme, die Richtbewegung und Beutefang veranlassen; bei größerem Durchmesser solche, die Fluchtbewegungen auslösen. Grüsser und Grüsser können zeigen, daß die kritischen Reizgrößen unter natürlichen Wahrnehmungsbedingungen mit Merkmalen von Beutetieren (Fliegen) oder Räubern (zum Beispiel auffliegenden Störchen) verbunden sind.

Die Zuverlässigkeit solcher nervaler Entscheidungsmechanismen stellt ohne Zweifel einen starken Selektionsvorteil dar. Es ist ein Selektionsfaktor, durch den die Genauigkeit des Erkennungs- und Entscheidungssystems gesteigert wird – eine Leistungssteigerung, die schließlich die Funktion und damit die Ausbildung des Nervensystems als Ganzes betrifft.

Das Zusammenwirken dieser drei Systeme: der sensorischen Erkennung, der Entscheidungsinstanz und der motorischen Aktivierung, ist in seiner ursprünglichen Form sequentiell, wie eine Steuerkette verschaltet.[2] Das Motte-Fledermaus-Beispiel ist typisch dafür: Die sensorische Information über die Entfernung (die Frequenzverteilung des ausgestoßenen Schalls ändert sich mit der Entfernung) liefert die Daten für die Entscheidung. Dadurch kann das jeweils günstigste Verhaltensprogramm ausgelöst werden. Von seiner Effektivität hängen die Überlebenschancen ab. Es ist ein durch Selektion entstandenes und daher umgebungsangepaßtes Zusammenwirken zwischen der sensorischen Komponente, der Alternativenwahl (oder der angeborenen Entscheidungsbildung) und dem Aufruf des Antwortprogramms.

Eine gleiche Wirkungskette der Informationsübermittlung liegt beim sogenannten Schwänzeltanz der Bienen vor, mit dem die Richtung der Futterquelle relativ zur Sonne sowie ihr Abstand übertragen werden. Die der Vorgängerin nachfolgende Biene nimmt diese Information auf und fliegt ihr gemäß. Es scheint keinen Einfluß ihres Zustandes oder Verhaltens auf die Informationsabgabe oder -umsetzung zu geben (vergleiche Frisch 1965, Abbildung 3.1). Keine aktuelle Motivgrundlage scheint dahinter zu stehen, keine Emotion ist merklich. Nun wissen wir, daß auch innerhalb der instinktiven Verhaltensregulation, besonders bei komplizierteren Verhaltensweisen (schon bei Fischen oder Amphibien zum Beispiel) in starkem Maße eine dynamische oder vitale Bedürfniskomponente die Verhaltensentscheidung beeinflußt. Man faßt dies im weiten Sinne des Wortes als die Motivgrundlage der Verhaltensentscheidung und der Verhaltenssteuerung auf. Wo aber kommt nun diese für die Verhaltensregulation so wesentliche Komponente der angeborenen Verhaltensregulation her?[3]

2.1.2 Ursprünge der Motivbasis für situationsbestimmtes Verhalten

Neben der Entscheidungsinstanz des Nervensystems bildet sich in der Phylogenese eine zweite, davon zunächst unabhängige Quelle der Verhaltensbeeinflussung heraus, die homöostatische Regulation. Homöostatische Regelung ist schon auf niedrigstem organismischen Niveau als Regulationsmechanismus vorhanden: Mangelmilieu führt zu einem Gewebedefizit, das aktivierend auf die Fortbewegungsmöglichkeiten wirkt und Flucht oder Suche auslöst. Extreme Strahlungen, Temperaturen und ähnliches veranlassen zum Beispiel Ausweichaktivitäten weg vom Wärme- oder Kältepol. Die homöostatische Regulation beruht auf einer Art Messung der Abweichung des momentanen organismischen Zustands vom Bezugswert der Bedarfs- oder Bedürfnislosigkeit. Diese Differenz, vor allem aber ihre Verschiebung zu einem aktuell schlechteren Zustand hin, kann zum Aktivator des motorischen und des sensorischen Systems werden: Schwefelbakterien zum Beispiel versammeln sich im Licht, von dem sie ihre Stoffwechselenergie beziehen. Sie verlassen es, wenn die „verdaubare" Menge aufgenommen ist. Manche Insektenarten (zum Beispiel die Küchenschabe) suchen dunkle und wohltemperierte Plätze und kommen erst hier zur Ruhe. In sauerstoffarmem Milieu wird die Atmung beschleunigt, in sauerstoffreichem verlangsamt. Diese und viele weitere Beispiele[4] zeigen: Der homöostatische Regelmechanismus beruht auf einer Art intern erzeugtem Signal, dessen Stärke den Grad der Abweichung vom Gleichgewicht lebenswichtiger Prozesse anzeigt, dabei Unruhe, Erregung sowie zunehmende Aktivität auslöst und auf diesem Wege die Veränderungsnotwendigkeit des Gegebenen im Verhalten durchsetzt. Der Regelmechanismus zur Herstellung homöostatischen Gleichgewichts ist, wie die Beispiele zeigen, schon bei Einzellern nachweisbar. Er ist genetisch vor der Erkennungs- und Entscheidungsfunktion des Nervensystems vorhanden. Es ist jedoch von fundamentaler evolutionsgeschichtlicher Bedeutung, daß bereits bei niederen Wirbeltieren, wohl auch schon bei Insekten, die homöostatische Regelung mit der Erkennungsfunktion des Nervensystems in Wechselwirkung tritt. Indem dabei die homöostatischen Signale in die Funktionsweise des Nervensystems integriert werden, erhalten beide als Teilsysteme Informationen über die Zustände des anderen. Sensorischer Informationsmangel oder Entscheidungsunsicherheit werden in der „organismischen Lage" als Bedarfsmeldung registriert, und zum anderen werden innere Mangelzustände oder Bedürfnisse als Informationen in der Funktionsweise des Nervensystems wirksam. Das dadurch ausgelöste Suchen kann diesen Mangel gezielt beheben. Die Erkennungs- und Steuerungsfunktion des Nervensystems wird damit in den Dienst der Reduktion von Bedürfniszuständen gestellt. Dies ist die phylogenetische Basis für die Entstehung von Verhaltensmotivationen.

Auf einer Entwicklungsstufe, in der die nervale Repräsentation der Umgebung erlebbar wird, wirkt der Einfluß dieser Instanz als emotionale oder affektive Komponente der Situationsbewertung. Sie drückt auf die Verhaltensaktion oder hemmt sie. Das evolutionsgeschichtliche Resultat dieser Wechselwirkung besteht in der Ausbildung bedürfnisabhängiger oder triebspezifischer Aktionsprogramme. Zudem erzeugt die Wechselwirkung von Entscheidungs- und homöostatischer Bewertungsinstanz eine qualitativ neue Komponente der Verhaltensregulation: die Bewertung des Erfolges einer Aktion durch deren Rückwirkung auf die Veränderung der homöostatischen Lage. Man kann das einfach als Verbesserung oder Verschlechterung des allgemeinen Befindens ansehen. Erfolgreiche Bewegungsmuster werden dadurch erkannt, daß sie das negativ bewertete Ungleichgewicht eines inneren Gesamtzustandes vermindern oder aufheben. Mißerfolge hingegen treten ein, wenn von negativer Befindlichkeit aus keine Annäherung an den Gleichgewichtszustand feststellbar ist oder gar eine Verschlechterung eintritt. Entsprechend dem bestehenden Bedürfniszustand werden danach auch die Veränderungen der sensorisch zugänglichen Informationen bewertet. Es kann getrennt werden zwischen Merkmalen, die bezüglich eines bestehenden Mangelzustandes und der Art seiner Beseitigung relevant sind und solchen, für die das nicht zutrifft.

Wenn hungrige und durstige Ratten in ein T-förmig aufgebautes Labyrinth laufen, in dem rechts Wasser und links feste Nahrung ist, gehen sie nacheinander in beide Richtungen. Sind sie in einem nachfolgenden Versuch entweder nur hungrig oder nur durstig, dann wählen sie sofort die Seite, an der sich die dem Bedürfnis entsprechende Nahrung befand: Bei Durst laufen sie nach rechts, bei Hunger nach links. Mit der Triebbefriedigung wurden Ort *und* Verhaltensrichtung gespeichert, die zur Triebbefriedigung führten.

Durch die Wechselwirkung mit zentralnervalen Prozessen wird die homöostatische Regulation zu einer Bewertungsinstanz des Nervensystems. Sensorisch vermittelte Merkmale, Entscheidungen und Aktionsprogramme erhalten ihre Bedeutsamkeit für den Organismus durch die Bewertungsfunktion. Wir werden in einem späteren Zusammenhange die anatomisch-physiologische Basis dieser Systemkomponenten aufzeigen und weitere funktionelle Aspekte ihres Zusammenwirkens darlegen. Es bleibt zu ergänzen, daß homöostatisch bestimmte Bedürfnislagen nur *eine* Komponente in der motivationalen Verhaltenssteuerung darstellen. Sozial bedingte Motivkräfte wie Leistungsstreben, Streben nach Lohn beziehungsweise Abwehr von Strafe oder die Realisierung von Prestige haben andere Quellpunkte für ihre verhaltenssteuernden Wirkungen. Triebspannungen für Sexualverhalten aber werden von beiden Komponenten gespeist: vom Hormonspiegel als Teil homöostatischer Regulationen zum einen und von sozialen oder ästhetischen Faktoren zum anderen.

In ihren Grundzügen sind damit die Komponenten der Entstehungs- und Funktionsweise instinktiver Verhaltensregulationen gekennzeichnet. Abbildung 2.1 veranschaulicht das Wirkungsgefüge und einige wesentliche Aspekte seiner Funktion: Die in der Realität auftretenden Situations- oder Objekteigenschaften (OE; O Objekte, E Eigenschaften) werden von den Sinnesorganen (den Rezeptoren R) in Merkmale zerlegt und der Erkennungsinstanz (EKI) zugeführt. Zugleich erfolgt eine Abzweigung der Information für die Bewertungsinstanz (BI).[5] Das Ergebnis von Erkennung und Bewertung wird der Entscheidungsinstanz (EI) zugeführt. Von ihr aus wird das als adäquat identifizierte Verhaltensprogramm angeregt (VP), dessen Ausführung sich in einer

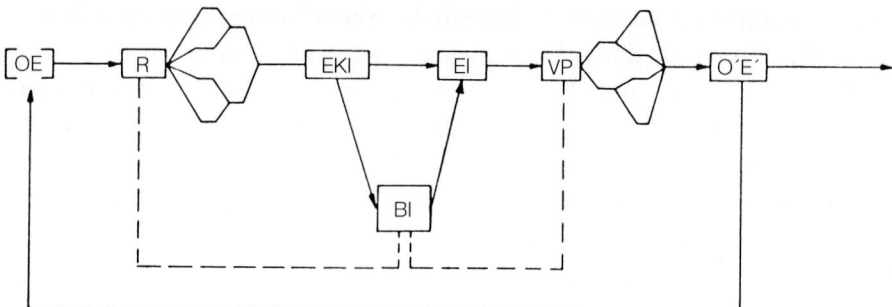

2.1 Wirkungsgefüge der instinktiven Verhaltensregulation. OE: wahrnehmbare Objektei-genschaften; R: Rezeptoren; EKI: Erkennungsinstanz; EI: Entscheidungsinstanz; O′E′: neue Umgebungseigenschaften, die durch Aktionen oder Verhaltensprogramme (VP) ent-stehen. BI: Bewertungsinstanz, wesentliche Quelle der Verhaltensmotivation.

Serie paralleler und sequentieller Aktivitäten verzweigt. Durch seine Einwir-kung auf Umgebungsbedingungen entstehen neue Situationseigenschaften O′E′, die wiederum wahrgenommen werden. Die neuen Eigenschaften kön-nen in höherem Grade befriedigend, neutral oder noch unbefriedigender sein als die zuvor erkannten. Dieser Effekt wird registriert und kann nachfolgende Entscheidungen beeinflussen.

Ein wichtiger Aspekt der Abbildung betrifft die punktierten Linien von BI zu R und VP. Sie drücken aus, daß homöostatische Mangel- oder Bedürfniszu-stände des „inneren Milieus" eines Organismus bis in die Funktionsweise der Rezeptoren hineinwirken. In der Tat können starke Trieb- oder Bedürfniszu-stände die Wahrnehmungsschwellen für motivational bedeutsame Objektei-genschaften senken – bis zum Halluzinieren der bedürfnisgerechten Objektei-genschaften. Auf der anderen Seite wirkt der Bedürfniszustand auch auf die Ausführung der motorischen Endhandlung. Er beeinflußt je nach dem Grade des Mangelzustandes die Stärke und Geschwindigkeit der Ausführung. Im extremen Falle hat man sogar Leerlaufbewegungen beobachtet (Lorenz 1973): Ein Star fixiert etwas für den Beobachter Unsichtbares und gebärdet sich wie beim Fangen und Verzehren einer Fliege (sogenannte Leerlaufreaktion). Überhaupt ist die Dynamik instinktiver Verhaltensentwicklung vor allem durch den Einfluß der Bewertungsinstanz bestimmt. Nahrungsmangel löst Suchaktivitäten aus nach Merkmalen, die für Verzehrbares charakteristisch sind. Indem er die Sensibilität der Rezeptoren für diese Merkmale steigert, wird die Gefahr gesenkt, Beuteobjekte oder überhaupt Nahrhaftes zu überse-hen. Zugleich erhöht sich aber das Risiko einer Fehlerkennung, eines „fal-schen Alarms". Man hat diese dynamische Funktion der Bewertungsinstanz auch experimentell untersucht: Künstliche Veränderungen des homöostatischen Gleichgewichts durch Hormongaben (vergleiche Tinbergen 1952, Seite 59) führen zur Auslösung fehlorientierter Verhaltensprogramme: zum Beispiel Begattungsverhalten von Junghennen gegenüber Althennen bei Testosteronproprionatgaben.

Übrigens wird eine Entscheidungsinstanz in der ethologischen Literatur nicht angenommen. Es ließe sich jedoch im Detail nachweisen, daß viele Befunde, insbesondere die sogenannten Übersprungbewegungen, die Abtrennung dieser Funktion von der Erkennungsleistung erforderlich machen.

Im Schema der Abbildung 2.1 ist die hierarchische Merkmalsverarbeitung der Rezeptoren angedeutet: Zuerst werden Einzelmerkmale identifiziert, die dann zu komplexeren Merkmalen zusammengeführt werden (markiert durch die konvergierenden Linien). Diese Art der sensorischen Informationsverarbeitung ist für alle komplexen Erkennungsleistungen charakterisiert, auch bei instinktiven Verhaltensregulationen.

Das Prachtkleid des Stichlingsmännchens zeigt im Frühjahr eine rote Bauchseite. Eine längliche Körperform und „Unterseite rot" genügen als Merkmale, um in der Laichzeit Kampfstimmung und Angriffsverhalten auszulösen – vorausgesetzt, diese Rivalenmerkmale befinden sich an der Grenze zum oder im eigenen Revier. Wir haben also zunächst Einzelmerkmale des Reviers und des Rivalen. Sie werden zu Merkmalssätzen verarbeitet, die die Objektcharakteristik im Territorium fixieren. Dies sind Strukturen höherer Ordnung. Eine analoge Erkennungsprozedur hat Tinbergen (1953, Seite 72 folgende) für die Auslösung der Bettelbewegung junger Silbermöwenküken nachgewiesen: Schnabelform, -stellung und roter Fleck bilden als Merkmalssatz das Auslöseschema für das Schnabelsperren.

Spiegelbildlich dazu ist die Struktur der Bewegungsabwicklung auf der motorischen Seite organisiert. Hier stehen die generellen Richtungs- und Bewegungsintentionen am Anfang. Sie differenzieren sich dann in Teilbewegungen einzelner Gliedmaßen, um – koordiniert und zentral gesteuert – einem Zieleffekt zuzustreben. Unter vielen möglichen Beispielen kann hier das Nestbauverhalten angeführt werden. Durch interne, hormonale Signale setzen mit der Paarbildung und der Befruchtung homöostatische Zustandsverschiebungen ein, die als Brutpflegestimmung beschrieben werden. Die Suche nach dem Nistplatz, seine Festlegung, die Auskleidung des Grundpolsters und des Gelegebodens (mit flauschigem Material), das Festtreten der Eiablage, das Einmulden des Körpers – all das sind Folgen von Aktivitäten, die vom Startsignal der Grundintention, sozusagen dem Basismotiv, ausgehen und sich von hier aus in Teilaktivitäten aufgliedern und die trotz dieser Aufsplitterung aufgrund dieses Basismotivs zu einem Ziel hin koordiniert sind. Es wird sich später zeigen, daß auch der Aufbau einer Abfolge sprechmotorischer Äußerungen gewisse Ähnlichkeiten mit diesem Strukturschema hat. Ob sie zufällig sind oder ob sie hier ihre gemeinsame evolutionsgeschichtliche Quelle haben, das ist eine offene Frage.

2.2 Über den Selektionswert elementarer Lernprozesse

Wie alle Verhaltenseigenschaften, so sind natürlich auch die angeborenen Verhaltensregulationen einem Selektionsdruck ausgesetzt. Er greift unmittelbar an den sensorischen und motorischen Kontaktstellen des Verhaltens mit der Realität an: an den Aktionsprogrammen und an den sensorischen Erkennungsleistungen. Jedoch: Indem diese durch Selektion präzisiert oder abgewandelt werden, ändert sich damit die Funktionsweise des gesamten Wirkungsgefüges; dazu gehören insbesondere die „hinter" diesen Kontaktstellen liegenden Kontroll- und Steuerungsfunktionen des Nervensystems. Entsprechend den möglichen Richtungen des Selektionsdruckes auf der Erdoberfläche haben sich die mannigfaltigsten Gliedformen für die Abwicklung von Bewegungsprogrammen herausgebildet: Flügelformen, Flossenarten, Schaufeln zum Eingraben, Krallen, Tatzen, Füße, Hände, um nur einige Grundmuster zu nennen. Man sieht, wie die realen Eigenschaften der Lebensräume diese unterschiedlichen Typen von Organen zur Körperbewegung herausgezüchtet haben. Die im Verhältnis dazu relative Gleichförmigkeit der Eigenschaften des Lichts als sensorische Informationsquelle über dieselben Umgebungseigenschaften hat dagegen vor allem zwei prinzipiell verschiedene Konstruktionsprinzipien für Sehorgane herausgebildet: das Facetten- und das Linsenauge. Gleichwohl gibt es innerhalb dieser beiden Typen breite Differenzierungen in der Anatomie wie in der Leistungscharakteristik.

Die Beispiele zeigen, wie die natürlichen Variationsbreiten der Merkmale durch den Selektionsdruck bestehender Umgebungsbedingungen in verschiedene Richtungen spezifiziert werden: Je gleichförmiger der Umgebungstyp, um so gleichartiger ist zum Beispiel der zugehörige Bewegungsapparat. So haben Maulwurf und Maulwurfsgrille durch konvergente Entwicklung nahezu gleichförmige, „analoge" Vorderextremitäten ausgebildet. Dieses Spezialisierungsprinzip gilt für alle Arten von Merkmalen: für morphologische wie für funktionelle. So sind auch die Aktionsprogramme und die Realisierungen ihrer Verhaltensmerkmale auf die zu erwartende, wahrscheinlichste Umgebung hin eingestellt. Sie sind *auf den Typ eines Lebensraumes hin spezifiziert.* Es findet eine Selektion der erblichen Merkmalsbildung auf eine durchschnittlich zu erwartende Umwelt hin statt, ein Durchschnitt, der aus der Regelhaftigkeit der Umgebungswirkungen auf die Verhaltenseigenschaften während langer Generationsfolgen gebildet ist. Die Rückmeldung der Umgebung und deren Wirkung auf Auswahl und Unterdrückung von Merkmalen findet ja auch über Folgen von Generationen statt.

Nun gibt es aber auch kurzfristig gültige Regelhaftigkeiten einer Umwelt, Eigenschaften, die nur *innerhalb* des Lebens einer Individuengruppe oder die nur speziell im Lebensraum eines einzelnen Organismus für kurze Zeit gelten. Jedes Verhaltensprogramm muß sich doch in den Spezifitäten einer *konkreten* Umwelt bewähren. Das aber können sie nur zum Teil, das heißt nur insoweit, wie diese Spezifitäten mit der Durchschnittsumwelt übereinstimmen, auf die die Erbprogramme eingestellt sind. Die Berücksichtigung des kurzfristiger wechselnden, spezifischen Teils der Umwelt im Verhalten fordert eine funktionelle Eigenschaft des Nervensystems an, die biologisch tief verwurzelt ist und die schon bei der Bildung des Artgedächtnisses in der Phylogenese eine Trägerfunktion ausübt: die Fähigkeit der Nervenzellen, durch neue interzelluläre Verknüpfungen Information zu speichern. Allein dadurch, daß ein unnütz gewordenes Verhaltensprogramm gehemmt beziehungsweise unterdrückt wird, entstehen vorteilhafte Korrekturen angeborenen Verhaltens. Es ist deutlich, daß die damit verbundene Auftrennung von Erkennungsfunktion und Entscheidungsaktivierung eine neue, die adaptive Qualität der Verhaltensregulation begründet. Durch die Registrierung und Speicherung von erfolgreichen Aktivitäten mit zugehörigen perzeptiven Merkmalen gewinnen Nervenzellgruppen Informationen über relevante und regelhafte Zusammenhänge in der Umwelt. Das begünstigt die Entscheidung für eine dieser Umgebung gemäße Variante aus verfügbaren Verhaltenskomponenten. Die Abwicklungen der einzelnen Bewegungsfolgen, die Verkettungen ihrer Komponenten sind *mehr oder weniger* starr, das heißt auch: immer bis zu einem gewissen Grade anpassungsfähig. Indem nun diese adaptiven Varianten von Bewegungsmustern mit den zugehörigen sensorischen Eigenschaften der Umgebung *im Gedächtnis assoziiert* gespeichert werden, können die sensorischen Merkmale über die Erkennungsinstanz mit eben den besonders geeigneten Bewegungsmustern verbunden werden. Es entsteht *individueller Gedächtnisbesitz* als Resultat der sensorischen Erkennung motorisch günstiger Wirkungen auf die Umwelt und ihrer Fixierung im Gedächtnis. Das ist Lernen. Es sind neue Erkennungs-

Entscheidungs-Varianten, die als Resultat dieses elementaren Typs eines Lernprozesses entstehen.

Doch was sind „motorisch günstige Wirkungen"? Wodurch wird die erfolglose und die erfolgreiche, die weniger günstige und die günstigere Aktion „erkannt"? Nun, dies eben geht auf die Funktion der in Zusammenhang mit Abbildung 2.1 erläuterten Bewertungsinstanz zurück. Sie vermittelt dem Nervensystem bereits im instinktiven Verhaltenskreislauf die homöostatische Lageinformation; sie zeigt das Ungleichgewicht eines Bedürfnis- oder Triebzustandes in jedem Falle an: sei es ein Gewebedefizit wie bei Hunger oder Durst, sei es eine Verschiebung des Hormonspiegels wie im Falle des Sexualtriebs. Und sie zeigt auch jede innere Zustandsänderung an, die als Folge erfolgreicher (oder erfolgloser) Ausführung eines Verhaltensprogramms eintritt. Die Funktion dieser Instanz ist bei Lernvorgängen die gleiche wie bei der Instinktregulation. Denn die Wirkung einer adaptiven Verhaltensänderung auf den Bedürfniszustand des Organismus wird in beiden Fällen auf dieselbe Weise registriert und bewertet, – sei es als Bedürfnisbefriedigung oder als Verstärkung eines bestehenden Ungleichgewichts. Wir werden noch zeigen, daß der Grad oder die Stärke dieser Verschiebung einen wesentlichen Einfluß auf Geschwindigkeit und Stärke des Lernvorgangs und damit auch der Gedächtnisbildung hat. Die Re-Aktivierung des gespeicherten Zusammenhangs von Situation und Verhaltensweise im Gedächtnis erfolgt durch die Wahrnehmung der Umgebungseigenschaften, wenn die Verhaltenskorrektur positiv bewertet wurde; sie wird blockiert und gemieden, wenn die Misere vergrößert wurde. Die Aktivierung kann aber ebenso auch vom Bedürfniszustand aus erfolgen, indem der Motivationsdruck Suchprozesse auslöst, die erst zur Ruhe kommen, wenn die sensorisch angezeigten Umgebungsmerkmale mit jener Gedächtnisstruktur übereinstimmen, die durch zurückliegende Bekräftigung mit einem bedürfnisreduzierenden Verhaltensprogramm assoziiert wurde. (In Zusammenhang mit der Darlegung der anatomisch-physiologischen Systemgrundlage wird auf diesen Mechanismus genauer eingegangen.) Die Erkennungsinstanz nimmt im Rahmen ihrer Funktionsweise Anteil am Aufbau organismischer Lernprozesse: Angelegt dazu, den Übereinstimmungsgrad zwischen vorliegenden Objektmerkmalen und den phylogenetisch herausgebildeten Standardmustern des Artgedächtnisses zu bestimmen, gewinnen nun auch die im Gedächtnis neu hinzukommenden spezifischen Merkmale Bedeutung für den Erkennungs- und Entscheidungsvorgang. Nach demselben Prinzip können dann auch neu erworbene, *im individuellen* Gedächtnis fixierte Objekteigenschaften erkannt werden.

Die Funktion des Entscheidungssystems ändert sich bei diesen einfachen Lernprozessen nicht, nur, daß sie eben bei neu erworbenen und nicht angeborenen Merkmalseigenschaften wirksam wird: Indem die relative Häufigkeit des „Zusammenpassens" von perzeptiv erkannten Merkmalen und einer bestimmten Verhaltenseinheit (oder einem korrigierten Verhaltensprogramm) registriert wird, ergibt sich ein Kriterium für die Zuverlässigkeit der Bindung eines perzeptiven Signalelements an eine Verhaltensentscheidung. Das Überschreiten eines Schwellenkriteriums ist die einfachste Form der Entscheidungsbildung und ebenfalls ein in der elementaren Funktionsweise des Nervensystems verfügbares Prinzip.

So verbindet sich in den einfachsten Lernleistungen das Individualgedächtnis mit dem Artgedächtnis. Zwei Beispiele dafür:

Geschlüpfte Silbermöwen erkennen durch ihr Artgedächtnis ihre Eltern als Lebewesen ihrer Art. Ein langer, gelber Schnabel mit einem roten Punkt vor der Spitze; das genügt fürs erste Schnabelsperren. Sie lernen danach in den ersten fünf Lebenstagen, ihre Eltern von anderen Artgenossen zu unterscheiden. Das geschieht dadurch, daß zu den Artmerkmalen die spezifischen individuellen Form- oder Farbvarianten ihres Aussehens im Gedächtnis, und zwar nur in ihrem *individuellen Gedächtnis*, gespeichert werden. Diese spezifischen Merkmale werden schließlich zu den kritischen Auslösern des Schnabelsperrens. Sterben die Eltern plötzlich, dann geht diese Spezifizierung zurück. Sie war nur zeitweilig gültig und wird vergessen, wenn der Zusammenhang zwischen Füttern und spezifischen Elternmerkmalen nicht mehr gilt. So wird eine Erkennungsstruktur durch Lernen und Vergessen adaptiv korrigiert.

Sozial lebende Tiere bilden Rangordnungen aus. Die Artausstattung legt fest, wie man sich einem Ranghöheren gegenüber verhält, nicht aber, wie er im spezifischen Falle aussieht. Diese Rolle kann im übrigen auch wechseln. Also müssen die spezifischen Merkmale jeweils ranghöherer Tiere erlernt werden. Tatsächlich kommt es bisweilen zum „Vergessen" der neuen Rolle zum Beispiel eines Rudelmitglieds, das sie dann dem Vergeßlichen rasch „begreiflich" macht, das heißt für die harte Rückmeldung bei einer „aufmüpfigen", also falschen Verhaltensentscheidung sorgt. Die Härte der Rückmeldung registriert die Bewertungsinstanz, die eine neuerliche Fixierung im Gedächtnis veranlaßt und die dadurch die weitere Entscheidungsbildung beeinflußt. So entsteht erster Gehorsam.

Bevor wir auf den hohen Selektionsvorteil eingehen, den bereits diese einfachen Lernprozesse für eine situationsgemäße Verhaltensanpassung einbringen, sei das Wesentliche des Ganzen in Form eines einfachen Schemas betrachtet:

Wir betrachten einen Organismus mit einem einfach gebauten Nervensystem, eine Schnecke zum Beispiel. Aus ihrer Umgebung treffen zwei Sorten von Einwirkungen ein, eine Reizsorte S_i, auf die sie mit einer Reaktion R_i antwortet (zum Beispiel Zurückziehen der Fühler) und eine Reizart S_j, die für sie neutral ist und auf die sie nicht antwortet. S_j ist für ihr Verhalten ursprünglich bedeutungslos. Das kann zum Beispiel ein Wechsel der Beleuchtung oder eine Temperaturänderung sein. Es gilt also, daß auf S_i eine Reaktion R_i und auf S_j keine (R_o) erfolgt:

$$S_i \longrightarrow R_i \quad \text{und}$$
$$S_j \longrightarrow R_o.$$

Diese zwei Reaktionsweisen sind angeboren, wobei wir auch die Nullreaktion als eine Alternative ansehen. R_i hingegen ist eine Reaktion, die irgendwie auf S_i bezogen ist, wie zum Beispiel ein Schutzreflex, der eine Schadwirkung vermeidet oder verkleinert. Diese Reaktion R_i kann ausbleiben oder genauer: gehemmt werden. Das geschieht dann, wenn auf S_i hin regelmäßig nichts passiert, wofür R_i in irgendeinem Sinne adaptiv wäre. Das ist hier symbolisch durch S_j ausgedrückt. In der Ereignisbindung kann man das so notieren:

$$[S_i \longrightarrow R_i \longrightarrow S_j \longrightarrow R_o].$$

Wenn nun stattdessen S_i regelmäßig mit dieser Nullkonsequenz zusammen auftritt, bleibt die Reaktion darauf allmählich aus:

$$\{S_i \longrightarrow S_j\} \longrightarrow (S_i \longrightarrow R_o).$$

Dieser Vorgang heißt Habituation oder Gewöhnung. Es ist der einfachste Lernvorgang. Er beruht auf einer Hemmung. Im Sinne unseres Schemas von Abbildung 2.1 ist es eine Unterbrechung zwischen dem Erkennen und dem Starten eines Antwortprogramms. Bleibt die Nullsituation S_j jedoch einmal aus und folgt auf S_i ein Schadreiz S_k, dann ist auch die Schutzreaktion R_i nach S_i wieder zur Stelle, die angeborene Verhaltensantwort, hier eine Schutzreaktion, wird wieder aktiviert. Wir erkennen daran, daß Vergessen ein höchst adaptiver Vorgang ist. Er ermöglicht die Verhaltensanpassung an eine möglicherweise nur vorübergehend gültige Verknüpfung von Umweltereignissen:

$$\{S_i \longrightarrow R_o\} \longrightarrow \{S_i S_k\} \longrightarrow S_i \longrightarrow R_i.$$

In neuerer Zeit ist es gelungen, auf molekularem biologischen Niveau die Bedingungen und Verlaufsgesetze von solchen Lernvorgängen zu analysieren.

Als Versuchsobjekt dient die Wasserschnecke Aplysia. Die Experimente wurden vor allem von Kandel (1976, 1979, 1981, 1992) und seiner Gruppe durchgeführt.

Daß Aplysia als Versuchstier gewählt wurde, lag vor allem daran, daß sich durch die Lage der Nervenzellknoten die Veränderungen sensorisch-motorischer Nervenzellverschaltungen als Folge von Lernprozessen besonders gut studieren ließen. Man kann annehmen, daß den erzielten Ergebnissen weitreichende Bedeutung zukommt.

Abbildung 2.2 zeigt die Wasserschnecke mit Kiemen, Kiemendeckel und Siphon (die Kiemenröhre). (Durch ruckartiges Zusammenziehen des Siphons kann sich Aplysia stoßartig im Wasser fortbewegen.) Wie alle Tiere mit einem Nervensystem, so verfügt auch unsere Wasserschnecke über einen Schutzreflex. Immer wenn Kiemendeckel oder Siphon berührt werden, zieht Aplysia ihre Kiemenhülle mit einem Ruck bis auf eine kleine Fläche zurück. Das ist, von der Verhaltensebene aus betrachtet, eine Schutzreaktion, die vorzugsweise bei plötzlichen Körperberührungen zu beobachten ist. Der Selektionswert einer solchen Schutzreaktion ist handgreiflich.

Wenn man nun einen solchen plötzlich auftretenden Reiz beständig wiederholt, dann treten die Schutzreaktionen immer schwächer auf, bis sie ganz verschwinden. Dies eben ist die mit dem Schema besprochene Habituation

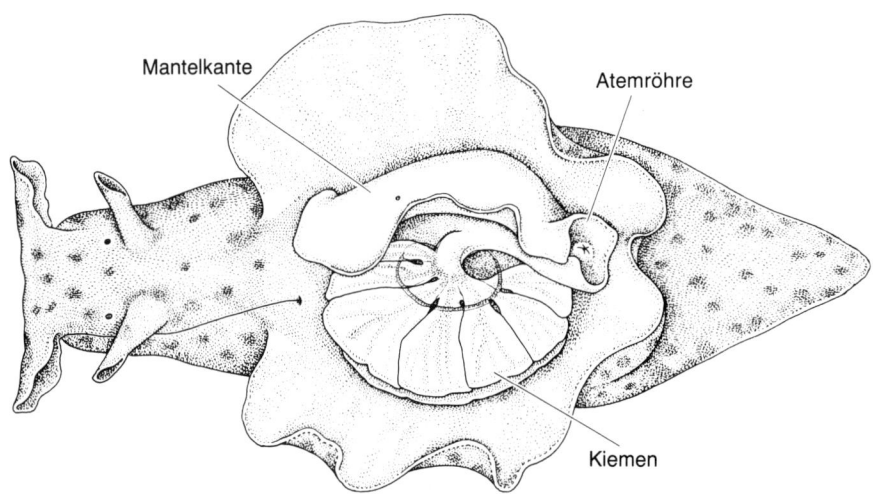

2.2 Aplysia californica, eine Wasserschnecke mit Kiemen, Kiemendeckel und -röhre. Das Tier ist eines der Hauptforschungsobjekte bei der neuronalen und biochemischen Analyse elementarer Lern- und Vergessensprozesse. (Aus *Spektrum der Wissenschaft*, 11/79.)

oder Gewöhnung. Sie ist Ausdruck eines korrigierten, individuell erworbenen Gedächtnisbesitzes. Ein ehemals unbekannter, überraschender Wahrnehmungseindruck ist zu einem bekannten beziehungsweise zu erwartenden Ereignis geworden. Dieser Vorgang erfüllt vollständig das eingangs definierte Kriterium des Lernens.

Wir betrachten nun den neuronalen Hintergrund dieses Vorganges. Uns interessiert, wie dieses kleine Nervensystem eine solche adaptive Leistung hervorbringt.

Aplysia besitzt unter anderem einen Nervenzellknoten an der Körperunterseite (sogenannter Abdominalknoten). Die in ihrer Funktion bestimmten Neu-

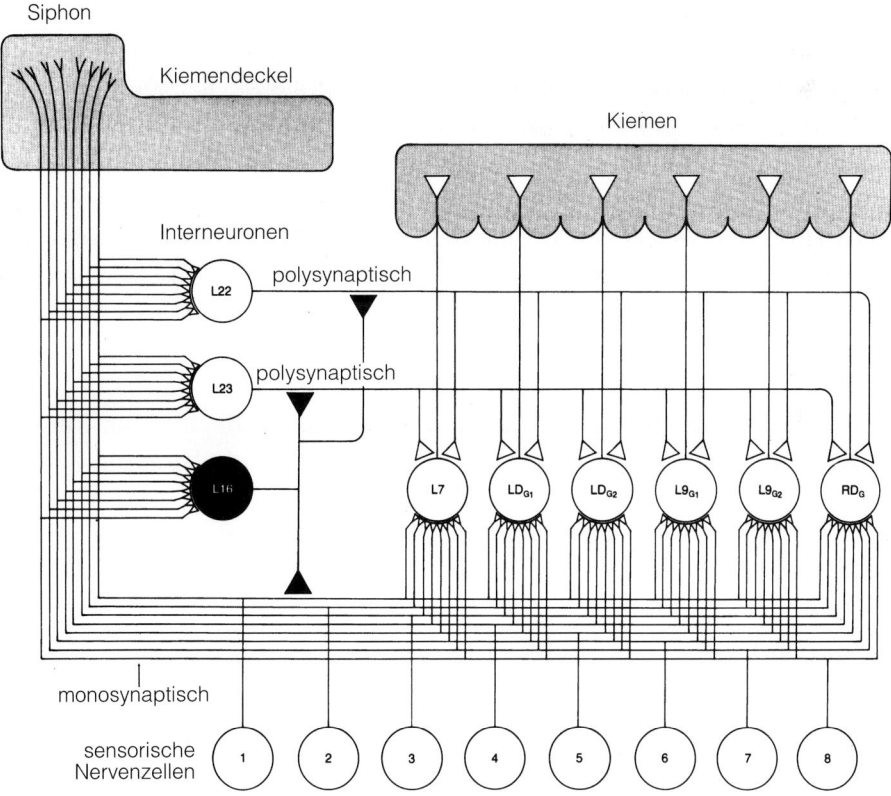

2.3 Neuronale Verschaltung bei einem Schutzreflex von Aplysia. In der Oberfläche von Siphon und Kiemendeckel liegen sensorische Neurone (acht von 24 sind gezeichnet). Bei plötzlicher Berührung übertragen sie die entstehende Erregung auf motorische Neurone (L7 bis RD$_G$). Interneurone (L22, L23) und ein hemmendes Zwischenneuron (L16) beeinflussen die Stärke der motorischen Reaktion beim Einziehen des Kiemendeckels. (Aus *Spektrum der Wissenschaft*, 11/79.)

rone sind in Abbildung 2.3 mit Buchstaben bezeichnet; bei einigen ist neben der Numerierung angegeben, welche die Kiemendeckel innervieren und durch ihre Impulse Bewegungen auslösen. Die Abbildung zeigt die neuronalen Verbindungen im Schema. Es sind im wesentlichen die sogenannten prä-postsynaptischen Übergänge eingetragen. Das sind Übergänge, die sozusagen die Brücken zwischen sensorischer (reizbedingter) Erregung und der Impulserzeugung für die Innervationen des Kiemendeckels bilden. (Erregende Verbindungen sind weiß, hemmende schwarz eingetragen.)

Habituation, so sagten wir eben, besteht in der schrittweisen Gewöhnung an ursprünglich neuartige Reize; sie ermöglicht die vorzugsweise Zuwendung zu lebens- oder gar überlebenswichtigen Umweltereignissen. Das Erkennen der Wirkung unwichtiger Vorgänge als bedeutungslos ist dafür eine wesentliche Voraussetzung.

In den Habituationsexperimenten wurden Aplysia zehn bis 15 Reize auf Siphon oder Kiemendeckel gegeben. Zunächst erfolgt rasches Zurückziehen. Allmählich aber bleibt die Reaktion aus. Das „Gedächtnis" für die Bedeutungslosigkeit dieses Reizes ist freilich relativ kurzlebig. Nach gut einem Tag tritt der Schutzreflex wieder voll auf. Dieses Wiederauftreten der „abgewöhnten" Reaktion entspricht einem Vergessensvorgang. Durch feine Mikroelektroden an den synaptischen Übergängen (das sind Übergänge zwischen Nervenendungen und nächstem Neuron) kann man die Impulsgröße messen, die vom sensorischen Neuron überspringt. Dabei sind zwei Meßwerte bedeutungsvoll: 1) Was kommt von der sensorischen Seite her an, und 2) was wird vom motorischen Neuron aufgenommen und als Impuls zum Muskel weitergeleitet? (Zur Erläuterung: Ein Nervenimpuls wird übertragen, indem am Nervenzellende eine Überträger- oder Transmittersubstanz freigesetzt wird, die, in den synaptischen Spalt entlassen, dort sehr rasch eine chemische Brücke schlägt und die „Rezeptoren" auf dem gegenüberliegenden Nervenzellkörper anregt. Solche Rezeptoren auf Nervenzellkörpern sind Orte auf der Zellmembran, deren chemische Struktur auf die Transmittersubstanz reagiert und durch Polarisierung von Zellinnen- gegenüber -außenfläche ein Aktionspotential aufbaut.) Es dauert nur Bruchteile einer Sekunde bis diese Potentialdifferenz zusammenbricht. Die freiwerdende Energie wird als Aktionspotential von der Nervenzelle aus an eine ableitende Nervenfaser abgegeben. Ihre schließliche Wirkung hängt vom Empfängerorgan ab. In unserem Falle ist es eine Muskelspindel im Kiemendeckel, die (mit anderen) zusammenzuckt und damit den sichtbaren Teil des Schutzreflexes auslöst.

Die Abbildungen 2.4 und 2.5 zeigen den Verlauf der Meßwerte: Das sensorische Neuron überträgt zunächst seinen Erregungszustand auf den motori-

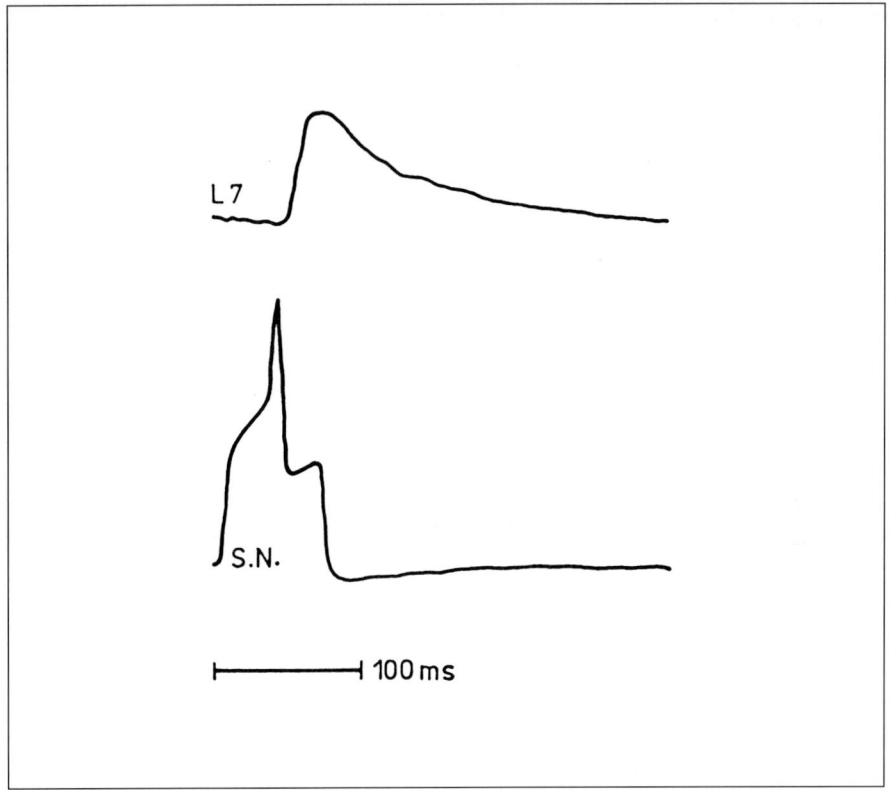

2.4　Neuronale Darstellung eines Schutzreflexes. Das sensorische Neuron (S.N.) ist erregt und überträgt diese Erregung durch eine Transmittersubstanz (Azetylcholin) auf das Motoneuron L7. In Verbindung mit anderen Motoneuronen bewirkt diese Erregungsübertragung das Zusammenziehen des Kiemendeckels. (Aus *Spektrum der Wissenschaft*, 11/79.)

schen Anteil der Verschaltung (Abbildung 2.4). Im Laufe der wiederholten Reizanwendung nimmt das motorische Neuron diese Erregung nicht mehr auf. Es zeigt sich, daß das sensorische Neuron bei allen Reizanwendungen in konstanter Größe aufgeladen wird. Die neuronale „Erkennung" des Reizes bleibt also bestehen. Die Entladungen des motorischen Neurons werden schrittweise schwächer. Abbildung 2.5 zeigt das: Unabhängig von der Anwendungsdauer eines immer gleichen Reizes lädt das sensorische Ganglion nach jedem Reiz mit gleicher Stärke auf. Das Potential des motorischen Neurons (L7) wird (Schritt um Schritt) kleiner. Dieses Potential beeinflußt unmittelbar die Muskelaktion, im ganzen also den Schutzreflex. Die Parallelität zwischen Verhaltensebene und Arbeitsweise des Nervensystems ist offenkundig; hier ist auf neuronaler Ebene ein Lernvorgang registriert. Der bedeutsame nächste

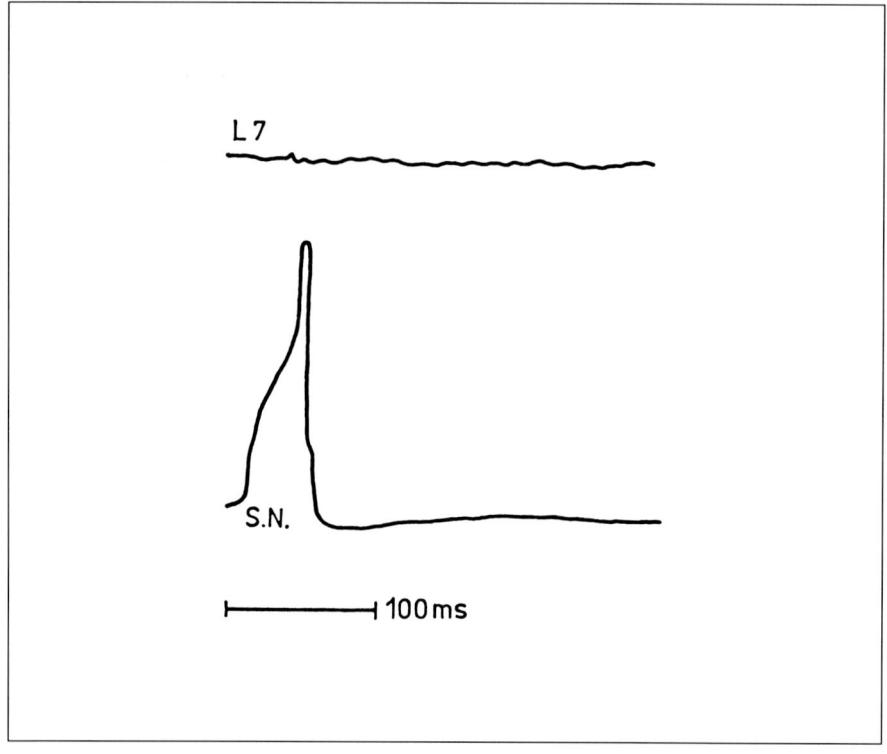

2.5 Neuronale Darstellung eines einfachen Lernvorgangs (Habituation). Bei wiederholter Anwendung eines motorischen Reizes bleibt die Erregung des sensorischen Neurons (S.N.) voll erhalten. Aber die Aktivierung sowie Ausschüttung von Transmittersubstanz nimmt ab. Damit ist die Verminderung der neuronalen Erregung im Motoneuron (L7) verbunden. Dies wiederum verursacht die schrittweise Verminderung der Schutzreaktion, bis sie schließlich ganz ausbleibt. (Aus *Spektrum der Wissenschaft*, 11/79.)

Schritt besteht nun in der molekularen oder biochemischen Analyse derjenigen Mechanismen, die diese neuronalen Reaktionsänderungen bewirken. Dies geschieht wie folgt: Vor dem sogenannten synaptischen Spalt gibt es kleine Hohlräume (Vesikel). In ihnen befinden sich bestimmte Mengen (Quanta) molekularer Transmittersubstanz. Jedes Quantum eines Vesikels erzeugt eine winzige postsynaptische Potentialdifferenz. Die Größe dieser Substanzmenge ist ein Indikator dafür, wie das gegenüberliegende motorische Neuron reagieren wird. Die neuronale Steuerung dieses Vorgangs liegt auf der präsynaptischen Seite. Damit konzentriert sich das ganze Problem auf die Frage, welcher Mechanismus die Ausschüttung der Transmittersubstanz regelt. Kandel fand heraus, daß die Menge der freigesetzten Transmittersubstanz von der Konzentration der freien Calcium-Ionen am präsynaptischen Ende abhängt. Der Anstieg der Depolarisation bei einem Aktionspotential ist hauptsächlich durch den Einstrom von Natrium-Ionen, aber ebenso auch durch den verzögerten Zustrom von Calcium-Ionen bestimmt. Nun zeigte sich weiter, daß die wiederholte Anwendung eines Reizes auf ein sensorisches Neuron zu einer Verminderung der Calcium-Komponente führt. Wie wir schon wissen, vermindert dies die Menge der freigesetzten Transmittersubstanz, dies wiederum reduziert die Größe des postsynaptischen Aktionspotentials, das seinerseits die motorische Aktion abschwächt. So entsteht Habituation.

Das Gegenstück zu diesem Prozeß der Gewöhnung ist die Sensitivierung; ein Vorgang, durch den ein ursprünglich neutraler Reiz ein Objekt der Beachtung wird, indem auf ihn eine Reaktion folgt. Kandel imitierte diesen Vorgang, indem er neutrale Reize mit schädlichen Lösungen koppelte. Zwar ist hier der Vorgang nicht so einfach wie bei der Gewöhnung; es gibt mehrere biochemische Zwischenstufen. Der Endeffekt jedoch ist ziemlich spiegelbildlich: Der schädliche Reiz erhöht die Calcium-Konzentration. Diese Funktion geht auf den ursprünglichen, neutralen Reiz über. Es wird zunehmend Transmittersubstanz (Azetylcholin) freigesetzt. So entsteht ein motorischer Impuls für eine Schutzreaktion auf einen ursprünglich neutralen Reiz.

Hiermit sind Grundlagen wesentlicher Komponenten elementarer Lernvorgänge betrachtet. Die Frage bleibt: Sind damit Lernvorgänge im letzten Grunde erklärt? Ja und nein, lautet die Antwort. Zunächst: Wir haben zwei verschiedene Betrachtungen desselben Geschehens: Eine molekulare oder chemische und eine verhaltensorientierte oder biologisch-psychologische. Die eine, die molekulare, sagt uns, wie der Mechanismus der synaptischen Erregungsübertragung in einer bestimmten Situation funktioniert, was ihn begünstigt, was ihn hemmt. Sehr wahrscheinlich läuft dieser Prozeß bei höheren Lebewesen in Dutzenden von Organen genauso ab, zumal dort, wo motorische Vorgänge geregelt werden. Und so funktioniert er möglicherweise auch bei der Bewegungssteuerung, wenn das Endorgan an der Sensomotorik irgendwo im Körper liegt. Der Mechanismus kann völlig indifferent gegenüber dem Tatbestand sein, daß *dies hier zugleich ein Lernvorgang* ist. Das entscheidet sich erst auf der Verhaltensebene; erst dort erkennt man nämlich, daß der Vorgang adaptiv ist. Oder, was dasselbe besagt, daß es vorteilhaft ist, einen immer wieder als wirkungslos registrierten Reiz schließlich nicht mehr zu beachten (und daß es ebenso vorteilhaft ist, einen bislang „übersehenen" stark zu beachten, wenn er mit schädlichen Nebenwirkungen einhergeht). Es sind zwei Ebenen, die biochemische und die lernpsychologische; die eine läßt sich nicht auf die andere zurückführen. Gleichwohl kann die Betrachtung beider zu einer vertieften Kenntnis des zugrundeliegenden Wirkungsgefüges im ganzen beitragen.

Für eine solche Problemstellung eignet sich eine vermittelnde Modellebene. Sie kann die entstehenden Nervenzellvernetzungen hypothetisch erklären, zum Beispiel durch Schwellenverschiebungen simultan entladener Neuronen. Sie können bei wiederholter Reizung bevorzugt Muster bilden, deren synchrone Aktivierung sich vor dem Hintergrundrauschen spontaner Nervenzellentladungen abhebt. Solche synchronen Aktivierungen könnten Erkennungsvorgängen zugrunde liegen.

Ein entsprechendes Modell ist schon älteren Datums, aber durchaus aktuell, die sogenannte Hebbsche Synapse (Hebb 1949). Abbildung 2.6, links, zeigt die Idee (nach Kandel 1992): Wenn ein prä- und ein postsynaptisches Neuron gleichzeitig erregt sind, dann wird die synaptische Überbrückung bei nachfolgenden Reizgebungen erleichtert. So können Weichenstellungen zwischen Nervenzellgruppen entstehen, deren Erregungsmuster sich bei passenden Anregungen bevorzugt einstellen.

Kandel hat zudem Evidenz für ein zweites Modell erbracht. (Abbildung 2.6, rechts): Wenn parallel zu einem präsynaptischen Neuron ein zweites sogenanntes modulatorisches Neuron feuert, so kommt es ebenfalls zu einer bevorzugten synaptischen Bahnung. Auch hierdurch können Ensembles si-

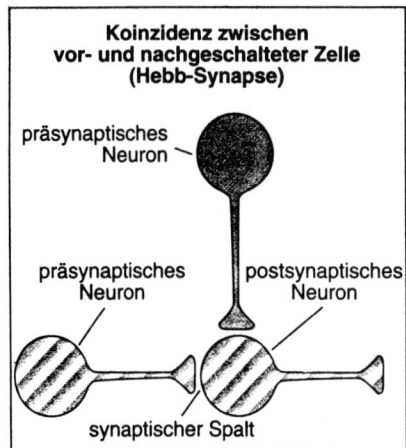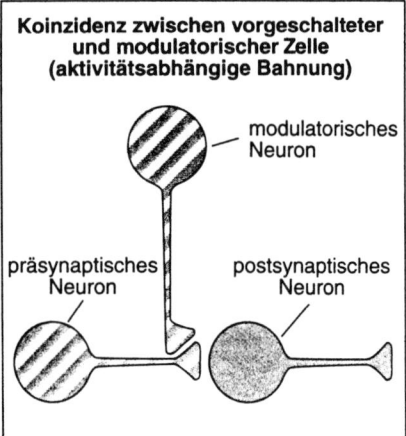

2.6 Zwei Modellgedanken zur Erklärung synaptischer Bahnungen im Nervensystem. Links: sogenannte Hebbsche Synapse: Wenn präsynaptisches und postsynaptisches Neuron gleichzeitig feuern, so bewirkt das eine Bahnung, das heißt Schwellensenkung bei nachfolgender Reizung. Das postsynaptische Neuron wird dann schon bei geringerer Aktivität des präsynaptischen Neurons erregt. Rechts: Modell nach E. R. Kandel: Wenn parallel mit dem präsynaptischen Neuron ein zweites (modulatorisches) Neuron auf die gleiche postsynaptische Zelle feuert, entsteht im gleichen Sinne wie im Hebbschen Modell eine Bahnung. (Aus *Spektrum der Wissenschaft*, 11/92.)

multan feuernder Nervenzellgruppen entstehen, deren synchrone Entladungs-muster Erkennungsvorgänge realisieren. Man spricht in diesem Zusammen-hange auch von Rückwirkungen postsynaptischer Entladungen auf präsynapti-sche Neurone (Kandel 1992, Seite 66 folgende).

So lassen sich Zusammenhänge zwischen beiden Ebenen, der molekular-biologischen auf der einen und der verhaltensanalytischen auf der anderen Seite herstellen. Mit dem synthetischen Blick auf beide Ebenen läßt sich die Vermu-tung begründen, daß es gerade die Angepaßtheit dieser Erkennungskorrektur war, die über die Wirkung der selektiven Auslese die Regulation des Calcium-spiegels für die Hemmung und Bahnung von Reflexen bevorzugt hat. Und man geht natürlich gar nicht fehl, in diesen beiden Wirkprinzipien auch die Basis für die Ausbildung bedingter Reaktionen im Sinne Pawlows anzunehmen. Nur daß hier Habituation und Sensitivierung zu einem einzigen Wirkungsgefüge zusam-mengeschlossen sind, macht wohl den wesentlichen Unterschied aus. Im Sinne unseres Schemas würde das wie folgt darzustellen sein:

$$S_j \longrightarrow R_o, S_i \longrightarrow R_i$$

$$\{S_jS_i \longrightarrow R_i \longrightarrow S_i\}$$

$$S_j \longrightarrow R_i.$$

S_j ist der neutrale Reiz, der nichts veranlaßt. S_i wäre hier der schädliche Reiz, der alleine R_i auslöst, nun aber zusammen mit S_j auftritt. S_iS_j bilden ein Verbundereignis, das zu einer Assoziation im Erkennungssystem führt. Da-durch ist nun S_j auch alleine in der Lage, R_i auszulösen. Ein neues Reizele-ment ist als bedeutsam in das Erkennungssystem eingefügt. Das ist eine, wenn auch elementare Korrektur des angeborenen Artgedächtnisses. Es wird indivi-duelle Erfahrung gespeichert. Auch diese Korrektur kann vergessen werden, nämlich dann, wenn S_j immer wieder ohne Konsequenz S_i eintritt.

Das Modellschema läßt sich auch zur Betrachtung höherer Lernformen ver-wenden. Es wäre hier der Ort, eine systematische Stufung der Lernprozesse und der Lernformen einzufügen. Dies würde jedoch den Rahmen dieser Aus-führungen sprengen. Wir haben das an anderer Stelle ausgeführt (Klix 1992) und wollen uns hier auf einige Hinweise in dieser Richtung beschränken.

Die in den bisherigen Schemata definierten Komponenten reichen für die Erfassung höherer Lernformen nicht. Sie müssen um eine wesentliche Größe ergänzt werden: Bewegungsfähige Lebewesen re-agieren nicht nur, sondern sind auch in der Lage, kraft eigener Bedürfnislagen oder Motivationen

Aktionen auszuführen. Irgendeine Aktion a_i, angewandt auf Situationsbedingungen S_i, kann diese verändern und in andere Situationseigenschaften S_j überführen:

$$[a_i(S_i) \longrightarrow (S_j)] \quad \text{oder kurz:} \quad [a_i(S_{ij})].$$

Wir sprechen hier von Gedächtnistripletts als Ergebnis motorisch-sensorischen Lernens. Das sind Gedächtniselemente, mit denen fixiert ist, wie körpereigene Aktivitäten bestimmte Umweltsituationen verändern können. In der gedächtnispsychologischen Literatur ist vielfach gezeigt, daß man bei höheren Lebewesen, bei Säugern zumal, sehr leicht Verkettungen solcher Gedächtnistripletts beobachten kann (vergleiche Foppa 1966). Das funktioniert so, daß eine durch Aktivitäten erzeugte Situationseigenschaft wieder Auslöser für die nächste Aktion wird. Dadurch entstehen Ketten von Aktions-Situations-Änderungen. Wir haben dann Situationselemente S_i, verschiedene Aktionen a_i und eine Aktionskette A_i mit einer möglichen Schrittfolge:

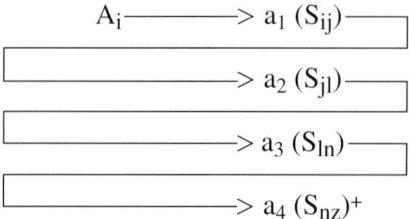

Das sind Folgen von Erkennungs-, Entscheidungs- und Aktionsschritten, wie sie zum Beispiel Ratten beim Durchlaufen eines Labyrinths erlernen oder Affen, wenn sie eine Serie von Riegeln oder Verschlüssen in Folge zu öffnen lernen, wobei in einem Kasten immer der Schlüssel für den nächsten zu finden ist. Für die Gedächtnisbindung einer solchen Folge muß am Ende eine lohnende Bekräftigung erfolgen (+), die das ganze Geschehen zu einem positiven Ziele hin gestaltet. Aber auch Strafreize können eine solche Kette als eine Art Fluchtfolge aufbauen. Man spricht dann von Vermeidungslernen.

Abbildung 2.7 gibt den Vorgang etwas differenzierter und tieferlotend wieder. Wir haben wieder Situationsbedingungen S_i, von denen aus ein entspannter organismischer Zustand, ein lohnendes Ziel $(O_z)^+$ angestrebt werden kann. Die verfügbaren Gedächtnistripletts können auf verschiedene Weise miteinander verkettet werden. Das Ziel ist in vier (rechts innen), in drei (rechts außen) oder gar in zwei Schritten (links) erreichbar. Es kehrt die bestehende Zielspannung in Belohnung um $(O^{(- \longrightarrow +)})$. Schließlich kann durch Übung die ganze Aktionenfolge zu einer einzigen Verhaltenseinheit $A_{iz}(S_{iz})$ verkettet werden.

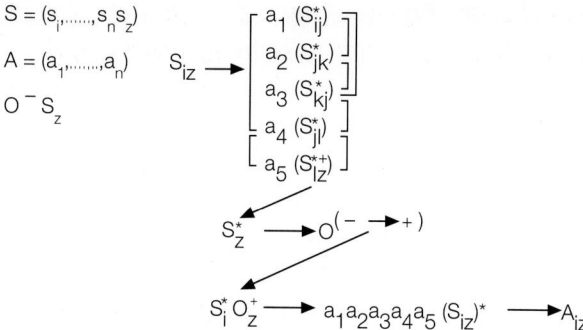

2.7 Aufbau einer Folge von Verhaltensentscheidungen und -schritten (A_{iz} aus a_1, ..., a_5 (S_{iz})). Die Verkettung vom Anfangs- zum Zielzustand hin kann über verschiedene Schritt-folgen oder Wegeplanungen erfolgen (vergleiche die Klammerungen zwischen S_{ij} und S_{iz}). S: Situationsmerkmale, (S^*: ihre subjektive Repräsentation), A: Verhaltensfolgen, O: orga-nismischer Zustand, i, j, k: verschiedene Sitationsbedingungen mit S_z als angestrebtem Zielzustand (weitere Erläuterungen im Text).

Sie ist dann als ein geschlossenes Verhaltensprogramm im individuellen Ge-dächnis verfügbar.

Damit sind wir nun auch wieder beim Einfluß des Bewertungssystems auf die Konstruktion von Gedächtnisbesitz, wie er im Ergebnis komplizierterer Lernvorgänge entsteht. Es wird dabei deutlich, wie die ursprünglich aus ho-möostatischen Gleichgewichtsregulationen herstammenden Bedürfnisein-flüsse als Motivkräfte in den Aufbau von neuen Verhaltensprogrammen ein-fließen. Die Verkettung von Gedächtnistripletts ermöglicht *die interne Kon-strukion* von Zielerreichungsschritten und damit in konkreter Weise auch Voraussicht. Dabei kann es zu Einschachtelungen kleinerer Teilschritte in grö-ßere kommen. Dem entspricht die Abarbeitung von Teilzielen, mit denen Un-terabschnitte eines umfassenderen Zielprogramms verwirklicht werden. Später werden wir das in der hierarchischen Organisation von Handlungsplänen wie-derfinden. Die aktivierten Ziele können sich auf sehr verschiedene Umweltzu-stände beziehen, auch auf die Veränderungen des Verhaltens von Artgenossen oder anderen Lebewesen. Damit wachsen die homöostatischen Treiber des Verhaltens aus ihrer ursprünglichen Funktion vitaler Bedürfnisbefriedigung heraus. Als sozial wirksame Motivlagen gehen sie in die nicht-homöostatische Verhaltensregulation ein (Grossmann 1967; Heckhausen, 1989).

Blicken wir noch einmal auf die Anfänge: Das Zusammenwirken von fünf Grundkomponenten der Verhaltensregulation – die durch Wahrnehmung ver-mittelte Erkennung, die Bewertung der aufgenommenen Information in Abhängigkeit vom bestehenden Bedürfniszustand, die Entscheidung für eine Verhaltensalternative, die Steuerung ihrer Ausführung und die Speicherung ihrer Wirkung – bildet die funktionelle Basis des Lernens, mit der sich die organismische Verhaltensregulation aus ihrer instinktiven Bindung löst. Es ist damit wohl auch deutlich, weshalb die *unter bestimmten Bedingungen* optimal funktionierende, instinktive Verhaltensregulation überwunden wird: Die wichtigste Bedingung ihrer optimalen Funktionsweise ist eine stabile, zeitlich invariante Umwelt. Denn die Erkennungsleistungen und die zugehörigen Verhaltensprogramme sind durch die in Jahrzehntausenden wirksamen Umgebungseinflüsse selektiert und setzen deren beständige Existenz voraus. Die Stationarität ist begrenzt, und zwar auch um so mehr, je differenzierter die Sinnesorgane und die Verhaltensprogramme arbeiten. Eine sich ändernde Umgebung fordert den Verhaltensprogrammen vor allem ihre Variabilität und Anpassungsfähigkeit ab. Variable Umgebungsbedingungen begünstigen den adaptiven Anteil der Motorik.[6]

Die Registrierung einer Verhaltensvariation mit zugehörigen Wahrnehmungseigenschaften führt auf dem besprochenen Wege zu assoziativem Gedächtnisbesitz, der die Tatsachen einer konkreten Wirklichkeit abbildet. Dazu kommt als komplementärer Mechanismus des Lernens das Vergessen: Wiederholt unbefriedigend wirkende Aktionen schwinden aus dem Repertoire möglicher Verhaltensalternativen. Sie gelangen unter die Schwelle ihrer Ansprechbarkeit. Es ist klar: Die aktuellen Vorteile des Lernens werden auch als Selektionsvorteile wirksam. Sie bedingen, daß mit zunehmender Höherentwicklung der Arten der Anteil des Lernens an der Verhaltensregulation zunimmt (vergleiche dazu auch Thorpe 1956).

Alles in allem zeigt sich: Der durch Lernen erworbene Gedächtnisbesitz ist an den *realen*, in den Lebenssituationen des Individuums vorkommenden oder sich *ereignenden* Umgebungseigenschaften orientiert. Die Fähigkeit zu lernen erhöht damit auch die Lebenssicherheit durch bessere Einpassung der Individuen in ihre konkreten Lebensumstände und deren aktuelle Eigenschaften oder Veränderungen. Eine daraus folgende Konsequenz für die Lernmechanismen liegt darin, daß mit der Höherentwicklung der Arten der Anteil des Artgedächtnisses zurückgeht und der des Individualgedächtnisses bei der Entscheidungsbildung mehr und mehr dominiert. Die Wirkung des Lernens auf die Gedächtnisbildung erzwingt eine Erhöhung der Speicherkapazität des Nervensystems. In der Tat nehmen mit dem Ausbau der Lernfähigkeit in der Entwicklung der Arten die relativen Anteile assoziativer Gebiete des Nervensystems zu und die für sensorische Informationsaufnahme ebenso wie die für motorische Steuerung vergleichsweise dazu ab (vergleiche Creutzfeldt und Sakemann 1969).

Die Zunahme der assoziativen wie der konstruktiven Kapazität des Nervensystems durch Lernen führt immer wieder zu neu konstruierbaren Verhaltensprogrammen. Für die Funktion der Sinnesorgane gilt, daß der Grad ihrer Spezialisierung zurückgeht und der der Vielseitigkeit ansteigt. Man kann dies durch vergleichende Betrachtungen verifizieren: Je geringer die Lernfähigkeit einer Art, um so größer ist die Enge (und damit Spezialität) ihrer Wahrnehmung sowie die Starrheit ihrer Verhaltensprogramme. Die Extreme auf der einen Seite finden sich zum Beispiel bei zahlreichen Insektenarten, die auf der anderen zum Beispiel bei der menschlichen Hand oder in der lautsprachlichen Kommunikation.

Letztere erhalten ihren hohen Funktionswert durch die Vielfalt ihrer Anwendungs- oder Verwendungsmöglichkeiten, erstere durch ihre Verläßlichkeit unter verschiedensten Umgebungsbedingungen. Es wäre die Aufgabe einer vergleichenden Evolutionspsychologie aufzuzeigen, wie die so und als Folge evolutionärer Mechanismen zusammengeschlossenen Systemkomponenten zur psychophysischen Leistungscharakteristik von Tierklassen, Familien, Gattungen, Arten und Unterarten beigetragen haben könnten.

Unsere nächste Aufgabe soll darin bestehen aufzuzeigen, wie die Funktion dieses Wirkungsgefüges mit der Ausbildung spezifischer lernabhängiger Verhaltensweisen zur Entstehung und zur Steigerung geistiger Leistungen im Prozeß der Menschwerdung beigetragen hat.

Nach vielem, was Vor- und Frühgeschichtsforschung, Paläozoologie und vergleichende Anthropologie an Fakten und Hypothesen erbracht haben, kann man die Annahme gut begründen, daß die Leistungseigenschaften der rezenten Anthropoiden jenen sehr ähnlich sein dürften, die vor Beginn des Pleistozäns, also vor dem Tier-Mensch-Übergangsfeld, die höchstentwickelten Wesen jener Zeit verwirklicht hatten. Wenn wir die Kenntnis über die Funktion der Lernprozesse mit den Richtungen des Selektionsdruckes an der Schwelle zum Tier-Mensch-Übergangsfeld zusammenbringen, dann müßten sich Bedingungen erkennen lassen, die dem Ausbau kognitiver Leistungen zugrunde gelegen haben könnten. Wir werden zu begründen versuchen, daß dabei psychische Faktoren von großer Bedeutung gewesen sein müssen.

Wie bereits erläutert, kann sich die Entstehung von Gedächtnistripletts auch auf die gezielte Beeinflussung von Artgenossen beziehen, und zwar noch tief in vormenschlichen Entwicklungsstadien der Evolutionsgeschichte.

Wir wollen nun zeigen, wie die Wechselwirkung von Erkenntnisfähigkeit und Mitteilungsbedürfnis (das mit einem Selektionsvorteil bei Mitteilungsfähigkeit einhergeht) auf den Weg gekommen ist. Es entsteht mit dieser Wechselwirkung von Kognition und Kommunikation die wichtigste Quelle für die

Ausbildung höherer, intelligenzintensiver Prozesse und Leistungen in der Menschheitsgeschichte. Durch sie werden die Voraussetzungen für eine sozial organisierte, kooperative Arbeitsteilung wie für die Entwicklung der natürlichen Sprache geschaffen.

Wir wollen zunächst zeigen, wie und wodurch die Notwendigkeiten zur lernabhängigen Ausbildung und Differenzierung kommunikativer Leistungen entstehen und sodann begründen, inwiefern dies mit einer Erhöhung der Lern- und mithin der Erkenntnisfähigkeit verbunden ist und bleibt. Dabei muß man stets beachten, daß kommunikative Prozesse immer (und im weiten Sinne) Sozialbeziehungen voraussetzen, sie steuern und dabei verfeinern.

[1] Kohler (1951) hat Versuche mit Prismenbrillen durchgeführt. Dabei ist die Wahrnehmungswelt gegenüber der Realität in Abhängigkeit von der Blickstellung um einen bestimmten Winkelbetrag verschoben. Die Folge ist, daß die Versuchspersonen um diesen Betrag danebengreifen. Indem sie dies erfahren und den Fehlgriff feststellen, korrigiert sich allmählich die Wahrnehmung, so daß korrektes Ergreifen erfolgt. Nach Abnahme der Brille ist dann die Wahrnehmungswelt in der Gegenrichtung verschoben, so daß wieder eine Neuanpassung erfolgen muß. Dies zeigt, wie von der Motorik aus die sensorischen Leistungen beeinfluß werden. Held (1968) und Saporoshez (1966) haben ähnliche und noch differenziertere Experimente durchgeführt.

[2] Dies gilt unbeschadet der Tatsache, daß die motorische Bewegungsausführung über „kurz geschaltete" Rückmeldungsschleifen gesteuert und auch die sensorische Informationsaufnahme teilweise motorisch geführt wird.

[3] Es ist bei solcherart Fragestellung natürlich zumeist nicht möglich, die Entstehungsgeschichte einer neuen Merkmalsbasis für den Selektionsprozeß anzugeben. Man wird dafür im allgemeinen Mutationen annehmen müssen, von denen *einige* in Wechselwirkung mit Selektionsprozessen neue, adaptive Funktionseigenschaften von Organen oder Organsystemen werden.

[4] So hat zum Beispiel Rössler Hühnern bestimmte Nahrungsstoffe wie Kalk, Eiweiß und anderes entzogen und festgestellt, daß die Tiere gerade jene Nahrung aus verschiedenen Angeboten bevorzugten, die in besonderem Grade diese Entzugsstoffe enthielten (vergleiche Lorenz 1973). Der entsprechende homöostatische Regelmechanismus scheint danach auch die Geschmacksrezeptoren in ihrer Sensibilität zu beeinflussen.

[5] Diese Abzweigung hat, wie wir noch zeigen werden, eine gut untersuchte, anatomisch-physiologische Basis.

[6] Thorpe (1956) hat in diesem Zusammenhang darauf hingewiesen, daß sensorisch-motorische Evolution (wie zum Beispiel der Erwerb der Flugfähigkeit) eine parallele Evolution der Lernfähigkeit erzeugt. Streng vorprogrammierte Flugbewegungen sind im Hinblick auf die Fülle der Flugbedingungen einer adaptiven Start-, Lande- und Manövrierfähigkeit unterlegen.

3. Über Kommunikation und Kognition in der vormenschlichen Verhaltensregulation

Wir haben soeben dargelegt, wie die Ausbildung von assoziativen und konstruktiven Gedächtnisstrukturen in die relative Abgeschlossenheit der instinktiven Verhaltensregulation eingreift, sie aufbricht, korrigiert und so ihre Grenzen schließlich überwindet.

Es ist damit *im allgemeinen* begründet, daß schon die elementaren Lernprozesse gegenüber der instinktiven Verhaltensregulation einen Selektionsvorteil darstellen und daß Lernen daher mit der Höherentwicklung der Arten zunehmend Übergewicht gewinnt. Wir wollen nun darlegen, wie die gleichen Lernvorgänge zur Ausbildung kommunikativer Verhaltensleistungen beitragen. Mit ihnen entsteht der adaptive, an Situationen, Bedürfnisse und ihre Wandlungen *anpassungsfähige* Informationsaustausch zwischen Individuen einer Art, ja sogar zwischen verschiedenen Arten.

Zuerst soll in Zusammenhang mit der Gerichtetheit instinktiv geregelter Verhaltensweisen die Verflechtung von Appetenzen (das sind gerichtete Verhaltenstendenzen) und Prozessen der kommunikativen Signalausbildung aufgezeigt werden. Danach werden Beispiele für Kommunikationsformen bei nichtmenschlichen Primaten verdeutlicht. Schließlich sollen Mechanismen des Entstehens bedeutungshaltiger Verständigungsformen im Zusammenhang mit der Wirkungsweise der besprochenen Lernprozesse nachgewiesen werden.

3.1 Über vererbte und lernabhängige kommunikative Leistungen

Instinktive Verhaltensregulationen haben verschiedene Wirkungsrichtungen, die auch ihren Selektionsvorteil bestimmen. Da sind einmal die im Dienste der Erhaltung der Art stehenden Triebzustände und die zugehörigen Verhaltensprogramme. Suche und Bindung des Sexualpartners, die Erbkoordination zur Befruchtung der Eizelle, Aufzucht der Jungen und Sicherung ihrer Lebensfähigkeit bezeichnen einige charakteristische Verhaltensabstimmungen instinktiver Mechanismen im Dienste der Gen- und der Arterhaltung. Zwar dient die Realisierung arteigener Bedürfnisse, wie die Soziobiologen gezeigt haben (siehe Seite 27 folgende), häufig der Sicherung des eigenen Genbestandes. Aber indirekt damit auch der Erhaltung eines großen Teils der Artausstattung. Die weitaus meisten genetisch vermittelten Artmerkmale haben ja alle Individuen einer Art gemeinsam. Sie sind Voraussetzung, daß sich Individualspezifisches überhaupt erst ausbilden kann. Gleichwohl werden wir den Aspekt der Verwandtenbevorzugung gerade bei kommunikativen Vorgängen im Auge behalten.

Bleiben wir zunächst bei Vorgängen, die deutlich in Zusammenhang mit der Selbsterhaltung stehen (ohne die ja auch die Hilfeleistung für den Artgenossen oder den Verwandten nicht möglich wäre). Dazu gehören die Befriedigung von Hunger und Durst; die Suche von Nahrung; Verfolgen, Töten und Verzehr der Beute, gegebenenfalls auch ihre Hortung oder Weitergabe. Ein weiterer Kreis instinktiver Abläufe bezieht sich auf das möglichst stabile und ständige Erzielen beziehungsweise Erreichen von Schutz und Sicherheit, sei es vor schlechter Witterung, vor Feinden, vor Isolierung oder vor anderen Formen des Ausgeliefertseins. Hier beziehen sich die Abläufe im besonderen auf eine Abstimmung mit dem Partner, sei er Verwandter oder Artgenosse, mit dem, der die gleiche Unbill zu vermeiden, den gleichen Feind zu überwinden sucht. Die geeigneten Koordinierungen entstehen im Schwarm, im Rudel, in der Horde oder in einer zeitweilig koordinierten Gruppierung. Die Erkennungsprozesse sind hier auf die Differenzierung von Kumpan, Partner oder Feind, die Aktionsprogramme auf die Koordinierung von Aktivitäten gerichtet, auf das gemeinsame Fliehen, Verstecken oder Angreifen, auf das Warnen, Verfolgen oder Jagen. Auch hier sind Genauigkeit und Feinheit der Koordinierung von Verhaltensabläufen von selektivem Vorteil. Die Einstimmung auf den Partner und die Abstimmung mit ihm sind für die momentan erreichbaren Grade von Schutz, Sicherheit oder Geborgenheit von höchstem Wert; ihre

Realisierbarkeit hängt in starkem Maße vom situationsgemäßen Austausch von Information zwischen Artgenossen ab. Und da liegt auch die Wurzel des Selektionsvorteils der organismischen Kommunikation in der Phylogenese. Seine Auswirkungen zeigen sich in den verschiedensten Varianten sozialbezogenen Verhaltens. Zudem geht der Vorzug kommunikativer Prozesse auch in andere Instinktbereiche ein, in den der Partnersuche, der Fortpflanzung sowie den der Nahrungssuche und des Beutemachens.

In der Entwicklungsgeschichte der Arten sind, je nach dem Differenzierungsgrade des Nervensystems unterschiedliche, aber in sich jeweils optimale Varianten der kommunikativen Koordination von Verhaltensabläufen ausgebildet worden:

Der Bienenstock zum Beispiel als Heimstatt des Schwarms mit stabilisierter Temperaturregelung durch Verhaltenskoordination[1], Hort für Nahrung, Stätte der Fortpflanzung und der Aufzucht der Brut.

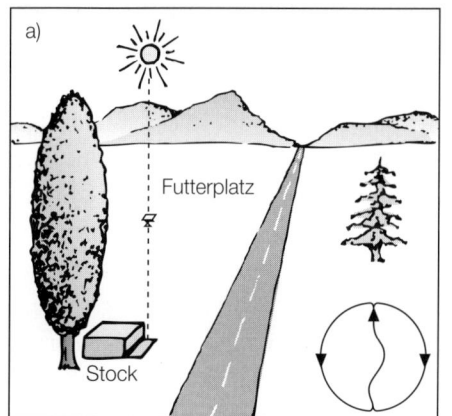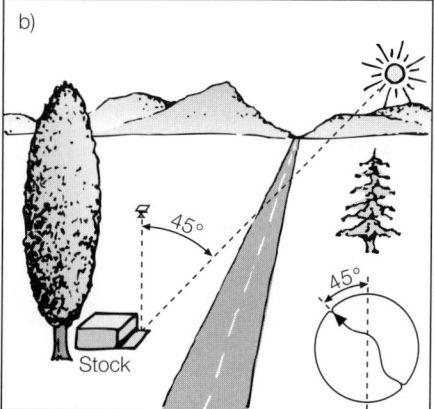

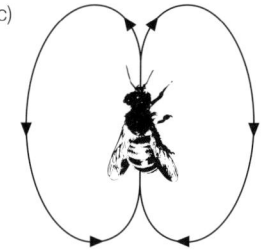

3.1 Einwegkommunikation beim Schwänzeltanz der Bienen. a) 12 Uhr mittags zeigt die zurückkehrende Biene den Futterplatz senkrecht zum Ausflugloch an. b) Nachmittags 15 Uhr weicht die Richtungsangabe um 45 Grad davon ab, eben um den Winkel, den die Sonnenbahn seither zurückgelegt hat. c) Die Richtungsanzeige im Stock um 12 Uhr. (Gezeichnet nach Buchholz, 1982.)

Die Kommunikationsmuster sind angeboren und zumeist einlinig: Der Artgenosse nimmt eine Information auf, deren Erkennung sein Verhaltensprogramm auslöst und abfährt. Man denke an das erwähnte Beispiel des Schwänzeltanzes der Bienen: Das Verhalten der Tänzerin wird durch die folgende Biene, die diese Information aufnimmt und in ein Verhaltensprogramm umsetzt, nicht beeinflußt.

Bei den paar- oder schwarmbildenden Vogelarten sind Lock- oder Warnrufe zwei- beziehungsweise sogar mehrseitig. Die Rudelordnung der Wolfstiere beruht auf fein abgestuften, lernabhängigen Verhaltensmustern (Tembrock 1971a; Schenkel 1948): Drohgebärden und Gesten der Unterwerfung, koordiniertes Rennen hinter Beutetieren, Laute des Drohens, der Beschwichtigung, der Beruhigung und vieles andere sind wohlbekannt (vergleiche Schmidt 1956).

In keinem Falle aber wird der gruppenspezifische Leistungsvorteil der Kommunikation so deutlich wie im Sozialverhalten der Primaten, wobei wir zunächst und ausschließlich von subhumanen Primaten sprechen. Bevor dies im einzelnen begründet wird, seien einige Beispiele für charakteristische Kommunikationsformen angeführt:

Schon für die grüne Meerkatze (Ploog 1972) wurde gezeigt, daß sie über 36 klar unterscheidbare Laute verfügt. 23 davon konnten als verschiedene Mitteilungen für Artgenossen identifiziert werden. Dabei lassen sich bestimmte Gruppen oder Klassen von Lautbildungen unterscheiden. So sind die Lautmuster bei Luftalarm auf typische Weise von denen bei Bodenalarm verschieden.

Eine besonders ausdrucksstarke Variante ist der „Schlangenalarm". Charakteristische Lautbildungen, die nur im Zusammenhang mit bestimmten Situationen auftreten, wurden auch beim Schimpansen gefunden (Lawick-Goodall 1975a, 1975b; Marler 1973; Hockett 1973; Ladygina-Kohts 1958, 1959; Vogel 1989). Schimpansenforscher erkennen viele von ihnen mit großer Sicherheit. Die „Freudenrufe" zum Beispiel bei plötzlich entdeckter Nahrung. Es ist ein lautes Gekreische mit hohen, energiereichen Quiektönen, in das der ganze

3.2 Beispiele für die lernabhängige Bedeutungsausstattung von Warn- und anderen ▶ Lautbildungen bei Meerkatzen. Wie Verhaltenseinstellungen der Affen bei Lautsprecherwiedergaben zeigen, reagieren die Tiere auf die Lautmuster situations-, das heißt „bedeutungsgemäß": Der Leopardenruf führt dazu, daß sie Bäume aufsuchen, der Ruf des Adlers führt zu Blicksuchen im Luftraum. Beim Hören von Lautgebungen der Schlange richten sie sich auf und sondieren mit prüfenden Blicken das Gras um sich. Diese Verhaltensweisen lassen adäquate Bedeutungserkennung vermuten. (Aus *Spektrum der Wissenschaft*, 2/93.)

Trupp einstimmt und wobei man sich, selbst bei großem Hunger, zunächst einmal umarmt, gegenseitig auf Rücken und Schenkel schlägt und sich dabei – oftmals aufrecht gehend und hüpfend – der Nahrung zuwendet. (Die Verzögerung einer Zielerreichung scheint schon hier die Genußfähigkeit zu steigern.) Davon stark verschieden sind die Warnlaute angesichts eines Feindes. Sie werden offensichtlich durchgehend verstanden und in ihrer „Bedeutung" schon früh erworben. Es gibt Laute der Begrüßung nach der Abtrennung vom Trupp, beim Wiedersehen eines Kumpans oder – nach Lawick-Goodall besonders ausdrucksstark – beim Wiedersehen eines Geschwisters nach längerer Trennung. Es gibt das verhaltene, an- und abschwellende Knurren mit Zähnezeigen und eventuell gesträubtem Fell, wenn ein Kumpan eine visuell schon angeeignete Nahrung begehrt oder nach dem besten Bissen, zum Beispiel dem Hirn eines frisch erschlagenen jungen Pavians, langt. Da sind die Schreie um Hilfe eines Abgesprengten oder Bedrohten, die zumeist das ganze Rudel aufhorchen und zu konzentrierter Hilfeleistung in Aktion treten lassen. Der Ruf aus Schmerz ist wohl zu unterscheiden von dem aus Not oder Bedrängnis. Auch Laute des Zuspruchs, des Mitmachens wurden erkannt, zum Beispiel bei der Bekämpfung eines Leoparden (Kortlandt 1968). Hierbei wurden auch emotional ausdrucksstarkes Grunz-Keuchen und gegenseitiges Umarmen beobachtet, bevor der Weg zum Kampf auf Leben und Tod, mit dem Knüppel in der Hand, das dicke Ende körperfern und hoch als Keule gehalten, angetreten wird. Sehr differenziert sind auch die lautlichen Kommunikationsformen zwischen Mutter und Kind: vom leisen Brummen beim gemeinsamen Hinbetten ins Schlafnest bis zum akzentuierten Schnalzlaut bei der Bestrafung eines Jungen, das unerwünscht wegzulaufen versucht oder eines Geschwisters, das sich unerlaubterweise an den gerade geborenen Säugling heranwagt. Am nuanciertesten scheinen jene Lautbildungen zu sein, die in die Gepflogenheiten und Regeln des sozialen Umgangs eingebettet sind: ein Droh-Knurren des Überlegenen, das außer ihm selbst nur ein aufsässiger Rivale riskiert; aber wohl niemals, ohne Kampfstimmung auszulösen. Dann die leisen Knurrtöne unterwegs auf dem Marsch durch die Savanne. Sie melden die Präsenz des Artgenossen. Wenn die Laute aussetzen, signalisiert dies die Isolierung vom Trupp. Hier ist der Fall gegeben, wo das Fehlen einer Signalisierung zur Information wird.[2]

Die lautliche Kommunikation bleibt aber nicht innerartlich begrenzt. Der Lärm einer Schimpansenhorde ist auch eine Informationsquelle für den gefürchteten Leoparden. Half die Lautbildung die Sichtbeschränkung des Gestrüpps der Savanne für die Kommunikation zu überwinden, so bleiben die Gebärde, die taktile Kommunikation und auch die Duftmarkierung höchst sichere und damit relevante Mittel einer geräuschlosen Kommunikation. Von den Halbaffen, die noch zahlreiche Duftdrüsen an Unterarmen, Brust oder Schwanz haben, zu den Pongiden hin (Orang, Gorilla, Schimpanse) geht die Funktion der Geruchsmarkierung als Informationsträger (und damit als Kommunikationsmittel) zurück, während der Anteil von Gesten, Gebärden und Berührungsreizen am innerartlichen Informationsaustausch zunimmt. Die lautlose Kommunikation ist bei den höchsten subhumanen Primaten vorwiegend optisch und taktil, wobei die Rolle der Geruchskomponente natürlich schwerer durch bloßes Beobachten zu bestimmen ist. Es gibt aber im freien Schimpansenverhalten ganz überzeugende Beobachtungsergebnisse über das Bedeutungsverstehen gestischer oder taktiler Signale: Bei einem Fußmarsch durch einen schmalen Savannenpfad kann es vorkommen, daß der vorangehende Hordenanführer die Hand hebt. Ohne sich umzusehen hält er ein; als ob er wüßte, was auch tatsächlich geschah: Zum Zeitpunkt des Armhebens hielt der Trupp an; das Signal war verstanden worden. Es wird berichtet (Lawick-Goodall 1975a), daß sozial ranghohe Tiere bei vorliegendem Nahrungsangebot durch Gesten gegenüber zögernd-furchtsamen Untergebenen diese ermutigen zuzulangen. Eine Schimpansenmutter tippte, ohne hinzusehen, ihrem Jüngsten, das gerade in eine andere als von der Mutter gewünschte Richtung losziehen wollte, auf die Schulter. Der Kleine verstand, denn er hielt ab von seinem Vorhaben und blieb.

Es gibt zahlreiche Gesten der Begrüßung, von der Umarmung bis zum Schenkeleinlegen der Hände. Überhaupt ist die Primatenhand ein bedeutsames Organ sozialen Kontaktes, der immer auch Information einschließt über momentane oder dauernde Beziehungen der Partner. So wird zum Beispiel Fellpflege auch als Zeichen der Unterordnung ausgeführt. Allgemein ist Fellpflege ein wichtiger Indikator normalen, sozial harmonischen und daher reibungslosen Umgangs zwischen Gruppenmitgliedern und wahrscheinlich besonders zwischen Verwandten. Für die Mutter-Kind- und für die Geschwisterbeziehungen ist das sicher. Der Entzug solchen Berührungs-Kontaktes in der frühen Kindheit kann zu schwerwiegenden, sogar neurotischen Verhaltensstörungen führen (Harlow 1964). Auch scheint die gegenseitige Körper- und Fellpflege als taktile Kommunikationsform eine wichtige Rolle bei der Herausbildung eines Selbstgefühls zu spielen. Es dürfte mit eine Basis für ein körperbezogenes Selbst-Konzept sein, über das Schimpansen verfügen. (Sie erkennen sich zum Beispiel im Spiegel.) Auch werden die sogenannten soziogenitalen Verhaltensmuster, das Präsentieren von Vulva oder Analregion, immer wieder auch als unter- beziehungsweise einordnende Gesten beschrieben, die als kommunikative Regulatoren des sozialen Zusammenlebens wirken.

Das letzte Mittel zur Beseitigung einer Unklarheit in der sozialen Rangstellung ist der Kampf. Aber nachdem er Klarheit gebracht hat, werden Dominanzstellung und Unterordnung durch oft sich wiederholende Gesten bekundet. Es gibt dabei individuelle Stile: Der sicher-überlegene Pascha zeigt selten Drohgebärden und fordert damit ebenso selten die Gesten der Unterwerfung; der seiner Dominanz Unsichere hingegen ist daran erkennbar, daß er immer wieder erregt die Geste der Unterordnung herausfordert (sie dabei oft zur stereotypen Routine erstarren läßt, absättigt und dadurch seine dominante Stellung bei der ersten besten Gelegenheit verliert).

Es geht im vorliegenden Zusammenhang nicht darum, das mimische, gestische, lautliche Inventar kommunikativer Verhaltensweisen bei subhumanen Primaten abzuhandeln. Die Beispiele sind ausgewählt worden, um einen Eindruck von der Fülle kommunikativer Kontakte und von der Bedeutung zu vermitteln, die der Informationsaustausch für das Individuum wie für die Gruppe schon im vormenschlichen Zusammenleben hat. Dabei stellt sich die für uns wesentliche Frage, wie Mimik, Gestik oder die Modulation der Atemluft zu Signalen ausgebildet werden, deren „Bedeutung" im ganzen Kommunikationsbereich der Gruppe verstanden wird.

Wir wollen zeigen, daß die genetische wie die lernabhängige Entstehung kommunikativer Signale den Bildungsregeln gehorcht, die wir im Kapitel 2.2 als Funktionsprinzipien elementarer Korrekturprozesse formuliert haben. Eine wesentliche Quelle des Bedeutungserlernens kommunikativer Signale besteht auch hier darin, daß auf der Basis eines vitalen Bedürfniszustandes Verhaltensprogramme variiert und – falls erfolgreich – zusammen mit den erzeugten perzeptiven Merkmalen im Gedächtnis fixiert werden. Der Erfolg der Ausführung wird bemessen nach dem Grade der erzielten Bedürfnisbefriedigung oder Motiventspannung.

In diesem Zusammenhang läßt sich zeigen, daß die ersten organismischen Kommunikationsmittel: Mimik, Gebärde, Berührung, Lautmodulation aus instinktiven Verhaltensprogrammen stammen und sich durch die Wirkung des beschriebenen Lernmechanismus zu verselbständigen vermögen. Wir betrachten dazu einige Beispiele:

Es gibt die sogenannte „Pack-Dich-" beziehungsweise die „Hau-ab-Gebärde". Es ist die Geste des Anspringens. Das Anspringen selber stammt aus dem Verhaltensrepertoire des Kämpfens. Daß schon der Ansatz zum Sprung ausreicht, um den anderen aus dem Felde zu treiben, wird erfahren. Bereits die Andeutung der Ausführung genügt, um den perzeptiv erwünschten und darum auch befriedigenden Effekt zu erzielen. Diese Geste kommt in allen Stärkegraden vor, abgeschwächt bis zur gestrafften Körperhinstellung zum

Partner. Ähnlich ist es mit dem Gähnen. Es ist eine ererbte Bewegungskoordination. Mit ihr wird das gesamte Gebiß freigelegt. Ein zufällig gebildetes Gähnen hat zugleich einen stark einschüchternden Effekt. Die Wirkung ist wahrnehmbar. Der Zusammenhang zwischen Gähnen und Einschüchterung, im Gedächtnis fixiert, ist die Datenbasis für eine neue Anwendung: Die Gähnbewegung wird zur Drohgebärde, unmißverständlich und wirkungsvoll. Selbst abgeschwächt bis zum Verziehen der Mundwinkel, kann sie noch Wirkung zeigen.[3]

Wir haben zunächst als Ausgangspunkt solcher Lernvorgänge die motivgebundene motorische Aktion angenommen. Das kann aber auch die sensorische Aufnahme mit Registrierung des *regelhaft nachfolgenden* Ereignisses sein. Schimpansen reagieren zum Beispiel situationsgerecht auf die Warnlaute der Paviane. Das könnte noch auf eine gewisse Ähnlichkeit mit ihren eigenen Warnrufen zurückzuführen sein. Sie „verstehen" aber im gleichen Sinne die Notrufe der Buschböcke und die Warnschreie von Vögeln situationsgemäß (Marler 1973). Auch die Zusammenhangserfassung von Situationsmerkmalen, spezifischen Reizen und *regelhaft eintretenden, wahrnehmbaren Konsequenzen* oder Folgeereignissen entspricht den im Schema niedergelegten Bedingungen.

Der entscheidende Punkt liegt in der möglichen Entstehungsgeschichte kommunikativer Mittel und mithin in der Beantwortung der Frage, wie angeborenermaßen verfügbare motorische Aktivitätsmuster zu Gesten, Gebärden oder lautlichen Signalbildungen umfunktioniert werden und dabei eine Bedeutung erlangen, die sich als Kommunikationsmittel verfestigt, differenziert und also verselbständigt. Allem Anscheine nach ermöglichen die Beispiele eine Beantwortung dieser Frage:

Verfügbare Aktivitätsmuster erzielen soziale Wirkungen. Wenn sie dabei durch das soziale Umfeld einen bestehenden Motivdruck entspannen, werden sie durch die Funktionsweise elementarer Lernprozesse situationsspezifisch gespeichert. Sie sind danach in ähnlichen Situationen verfügbar. Dem entspricht die Herauslösung eines Verhaltensmusters aus dem ursprünglichen Instinktkreis. Es ist als neues soziales Instrument, wie ein Fern-Wirkungsmittel des Verhaltens verfügbar. Zur Verdeutlichung noch einmal zwei Beispiele aus angeborenen Verhaltensmustern: Für das Männchen einer Paviangruppe ist das Hinkauern eines Weibchens und dessen Präsentieren der Analregion eine Aufforderung zur Kopulation. Dieses Gebaren wird angeborenermaßen „verstanden", das heißt adäquat beantwortet. Die Aktivierung dieses Verhaltensmusters schließt Feind- oder Rivalenstimmung aus. Nun wenden Männchen, die sich in einem Rivalitätskonflikt unterlegen fühlen, das gleiche Verhaltensmuster gegenüber dem Ranghöheren an. Die Wirkung ist eindeutig: Die Kampfstimmung wird pariert, der Konfliktzustand, mit hoher Erregung und Verhaltensunsicherheit verbunden, entspannt sich. Oder noch einmal das „Stop"-Signal: Das Hochheben der Hand gehört in den Verhaltenskontext des Hinaufkletterns. Dies erfolgt in der Regel vom Stand aus. Herausgelöst aus dieser Verhaltenseinheit versteht sich diese Funktion als Signal: „Stehen".

Wie die „Ritualisierung" (Huxley 1954) einer angeborenen Verhaltensweise, so scheint auch ihre lernabhängige Stilisierung zum Kommunikationsmittel von der Wirkung beim Empfänger abhängig zu sein. Die Registrierung dieser Wirkung hat nach den allgemeinen Lernbedingungen Einfluß auf die weitere Gestaltung, auf die *Optimierung des Verhaltens für die Kommunikation*. Indem wirkungslose Anteile des Verhaltensmusters vernachlässigt, wirkungsvolle aber akzentuiert werden, tritt ein Strukturwandel der Signalbildung nach ihren Wirkungen in der Kommunikation ein. Da aber die Gedächtnisstruktur immer mit der Wirkung des Signals und dem Situationsmotiv seiner Anwendung verbunden bleibt, formt sich mit dieser Eigengesetzlichkeit eine spezifische Klasse von Gedächtnisinhalten aus: Aktivitätsmuster, die als Informationsträger für die Kommunikation fungieren. Wie jeder Gedächtnisbesitz, der auf der Registrierung regelhafter Ereignisse beruht, ist auch dieser geeignet, die Wirkung eines Verhaltensmusters zu kennen. Im vorliegenden Falle heißt dies, daß bereits in die ersten gespeicherten kommunikativen Signale (als Gedächtnisinhalte) die Eigenschaften ihrer Wirkungen auf den Artgenossen mit eingehen. Und was für die motorisch-gestischen Verhaltensmuster gilt, das trifft auch für die *lautlichen Signalbildungen* im besonderen zu. Sie sind ursprünglich Begleitphänomene in einem bestimmten Situations-Aktions-Kontext. Ihr Ausdrucksgehalt akzentuiert anfangs vorwiegend die affektiv-emotionale Bewertung der bestehenden Situation. Im Unterschied zu Mimik und Gestik ist Lautbildung weniger fest an Instinktkreise gebunden; ihre Variationsbreite ist groß, der Energieaufwand ist im Vergleich zur Gebärde klein und wirkt durch den Schall auch auf Distanz. Vor allem aber ist die Lautbildung stets auch nebenher, parallel zur Körperaktivität verfügbar; sie hält deren Ausführung nicht auf und ist mithin jederzeit einsetzbar. Ihre Verfügbarkeit ist zeitlich nicht begrenzt; Lautmuster können beliebig wiederholt, aneinandergereiht, aufgebaut, *durch Kombination ihrer Elemente konstruiert* werden, falls sie sich entsprechend der intendierten Wirkung bewähren oder gar steigern lassen. Dies alles prädestiniert die Lautmusterbildung zum Kommunikationsmittel – vorausgesetzt, daß das, was kommuniziert werden soll, auch im Gedächtnisbesitz des Kommunikationspartners gespeichert ist. Denn sonst ist eine Bedeutungsübertragung nicht möglich. Wir werden später zeigen, wie sich der Prozeß der lernabhängigen Bedeutungseinspeisung in die Lautsignale mit der Entstehung kognitiver Strukturen und der Erweiterung ihrer Funktionen differenziert und ausgestaltet.

Fassen wir zusammen:

Im Rahmen der instinktiven Verhaltensorganisation führt die Fähigkeit des Nervensystems, Information zu speichern, zu situationsangepaßten Verhaltensweisen, die der angeborenen Arterfahrung assoziiert werden. Die durch *adaptierte* Verhaltensprogramme *verbesserte* Befriedigung bestehender Bedürfnisse bestimmt den Selektionsvorteil elementarer Lernmechanismen. Selektion fördert die effektvollsten Verhaltensweisen. Ihre Fixierung im Gedächtnis – zusammen mit den relevanten Wahrnehmungsbedingungen – macht die vorteilhaften Verhaltensmuster situationsgemäß verfügbar. Sie werden damit aus den instinktiv geregelten Verhaltensentscheidungen relativ gelöst. Dieses „Aufbrechen" von Erbkoordinationen der Bewegung (Lorenz 1975) schafft Übergänge vom ererbten Verhaltensmuster zur Willkürbewegung. Ihr wesentliches Ergebnis ist die freie Kombinierbarkeit von Handlungselementen. Der gleiche Vorgang spielt sich offensichtlich bei der Ausbildung von Verhaltensweisen ab, die der Kommunikation dienen: Die Wirkung einer Verhaltenseinheit auf das Partnerverhalten und, im Effekt, auf die Entspannung eines bestehenden Bedürfnisses gerichtet, führt zu ihrer Auswahl als Kommunikationsmittel. Im Ergebnis entstehen Gedächtnisinhalte, in denen die Situationsbedingungen und die Verhaltenseinheiten zusammen mit ihrer regulären Wirkung auf das Partnerverhalten als Gedächtnistripletts (Situation-Aktion-Situationsänderung) gespeichert und verfügbar sind. Ihr Einsatz ist auf das Partnerverhalten gerichtet. Es sind die in der Kommunikation entstehenden Verhaltenselemente mit Signalcharakter für den Artgenossen. Derselbe Lernmechanismus, der die Entstehung dieser Kommunikationsmittel ermöglicht, steuert auch das Proben ihrer Wirkungsoptimierung. Die Stilisierung, das heißt die Betonung verhaltensrelevanter und die Vernachlässigung unwesentlicher Komponenten in der Signalbildung, erfolgt ebenfalls in der Kommunikation durch die Variation und die Registrierung der Wirkung einzelner Komponenten. Sie ist nach dem Prinzip des Versuch-Irrtum-Lernens geregelt (vergleiche dazu insbesondere Foppa 1966; Klix 1971, 1992) – nur daß eben *kommunikativ wirksame* Verhaltenselemente erzeugt und ausgewählt werden. Ihre *Verfeinerung ermöglicht auch die Differenzierung der Sozialbeziehungen*, der Verhaltenskoordinationen und schließlich der Kooperation. Inwieweit diese Differenzierungsmöglichkeiten wirklich beansprucht und genutzt werden, hängt von den Feinheiten der in die Signalbildung einfließenden Information ab. Die wiederum ist bestimmt durch die Differenziertheit der internen Zustände des Kommunikationspartners; davon, was seine Bedürfnis- und kognitiven Strukturen mitteilenswert machen oder als informationshaltig erscheinen lassen.

Der Aufbau eines kommunikativen Signals aus der Wirkung einer Verhaltensweise heraus ist der erste Schritt; die eigengesetzliche Optimierung der Signalbildung zu ihrem Zweck hin ist der zweite. Mit ihr wird das kommunikative Signalelement mehr und mehr gegenüber der ursprünglichen Verhaltenseinheit abgewandelt; es *gewinnt den Charakter eines Zeichens*. Der Prozeß der Semantisierung der Kommunikationsmittel, das heißt der Benutzung von Verhaltensweisen als Verhaltensanweisungen, erhält aus den Motiven für die soziale Koordinierung von Aktivitäten seine lernpsychologische Dynamik und Richtung. Im Ergebnis entsteht die Symbolbildung im Inventar der Kommunikationsmittel. Damit wird eine qualitativ neue Form des organismischen Informationsaustausches erreicht. Sie führt – wie noch gezeigt wird – in der Rückwirkung ihrer Einflüsse zu einer außerordentlichen Stimulation geistiger Prozesse und Leistungen.

Der Prozeß der Zeichenbildung der Kommunikationsmittel beziehungsweise der Ausstattung von Verhaltenselementen mit Bedeutung für einen anderen ist ein langwieriger und aufwendiger Vorgang. Es müssen ebenso bedeutsame wie permanente Anforderungen sein, die ihn bekräftigen. Wenn die Impulse dazu aus der sozialen Verhaltensabstimmung kommen, so bleibt die Frage, was denn eigentlich schon in der vormenschlichen Entwicklung eine so starke Zielgerichtetheit der auf Kommunikation hinwirkenden Lernprozesse veranlaßt hat.

Wir glauben nachweisen zu können, daß dies aus der Verbindung von Kommunikation und Gruppenleistung erwächst; aus der Tatsache also, daß die Ausbildung kommunikativer Verhaltenseinheiten in Verbindung mit den hinter ihnen stehenden kognitiven Möglichkeiten (zum Beispiel der intellektuellen Differenzierungsfähigkeit des einzelnen Individuums) *zu einem Leistungsplus der Gruppe* führen kann. Es ist ein Leistungszuwachs, durch den der Erwerb von Nahrung, Schutz und Sicherheit erhöht, die Gefahr des Hungers und die emotional höchst negativ bewertete Lage des Ausgeliefertseins, der Hilflosigkeit oder der Lebensgefährdung vermindert werden. Wir geben dazu einige Beispiele aus Beobachtungen an freilebenden Primaten, aus denen gerade dieser Leistungszuwachs der Gruppe durch kommunikative Mittel – und rückwirkend dann auch für das einzelne Individuum – deutlich wird. Es gibt hinreichend Gründe anzunehmen, daß diese Vorgänge im Evolutionsstadium der

Vormenschen wirksam waren. Bei ihnen dürfte die angeborene Quelle der späteren Sprachenstehung zu suchen sein. Sie hat dann über die Lautkommunikation der Vor- und der Urmenschen ihre Fortsetzung gefunden.

3.1.1 Über Vorteile der Kommunikation

Es ist keine sozial wirkungsvolle Verhaltensentscheidung vorstellbar, in die nicht zugleich *motivationale und kognitive* Komponenten eingehen. Daß dabei die Motiviertheit schon bei den subhumanen Primaten in den Bekräftigungswirkungen ihrer Sozialbezüge selbst wurzeln kann, zeigen die nachfolgenden Beispiele. Einige machen deutlich, wie die Erlangung eines sozialen Vorteils kognitive Leistungen stimuliert, zum Beispiel zu Werkzeuggebrauch anregt; wieder andere lassen erkennen, wie die Zurückstellung momentaner eigener Bedürfnisse zugunsten der Einpassung in Gruppenaktivitäten im verlängerten Atem kognitiver Voraussicht doch den belohnenden Nutzen einbringt.

Im ganzen aber werden die Beispiele verdeutlichen, wie die Verwendung, Verfeinerung oder die Entstehung von Kommunikationsmitteln Gruppenvorteile und – über diesen Umweg der Sozialbezüge zurück – individuellen Nutzen erbringt, also Ereignisse erzeugt, die auch individuell positiv bewertet werden. Dies ist eine ursprüngliche Motivbasis für den Ausbau und für die Verfeinerung von Verständigungsmitteln.

Kummer (1975) beschreibt, wie ein älterer Pavian an einer Felsenwand entlanggeht. Unter ihm spielen auf einem Felsenvorsprung einige Jungtiere. Ein Stein hat sich gelöst und rollt herab. Der alte Pavianmann greift ihn, der auf die Jungtiere gefallen wäre, bleibt stehen, bis diese sich vertrollt haben, läßt den Stein dann fallen und geht seinen Weg.

Jungtiere genießen in Primatengruppen besondere Rücksicht. Noch nicht eingegliedert in soziale Rangpositionen, ist ihnen gegenüber dominanten Tieren der Horde vieles erlaubt, was ihnen nach der Geschlechtsreife Prügel einbringen würde. In der Literatur ist mehrfach beschrieben (zum Beispiel bei Lawick-Goodall 1975a), daß sich ein angedrohtes Weibchen (oder ein niedrig stehendes Männchen in einem aussichtslosen Konflikt) ein Jungtier greift und, dieses an sich klammernd, dem aggressionsbereiten dominanten Tier entgegenblickt – in der Regel mit der konfliktentspannenden Wirkung des hilflosen Kleinen. Kummer (1975) beschreibt, wie ein schwaches Jungtier einen ranghöheren Jungmann reizt. Als der die Herausforderung mit massiver Drohung beantwortet, setzt es sich vor das ranghöchste Männchen, das ja nun – da in derselben Richtung sitzend – mit angedroht ist. Der Effekt ist klar: Das gereizte Tier zieht gegenüber dem provozierten Pascha den kürzeren. Ob der kleine Intrigant dabei eine Art Erfolgseffekt verbucht, ist ungewiß, aber auch nicht undenkbar.

Ebenso weit verbreitet wie gleichartig sind die Mittel zur Gewinnung oder Demonstration sozialer Dominanz. Große, zu eben diesem Zweck abgerissene Äste werden geschwungen, schwächere Bäume geschüttelt, gebogen, abgebrochen und umhergeschleift; es wird auf den Boden getrommelt, das Fell ist gesträubt, rauhe aggressive Laute werden ausgestoßen – und in der Horde regt sich nichts. Man läßt den Wüterich wirtschaften, solange seine dominierende Rolle unangefochten ist. Lawick-Goodall (1975a) berichtet von einem Dominanzwechsel: Mit stark demonstrativem, affektiv-emotionalem Aufwand treibt ein kräftiger Konkurrent Paraffinkanister vor sich her, mit lautem Getöse auf das dominante Hordentier zu – und als dies zur Seite weicht, ist unverkennbar die Frage gestellt: Wer wen? Die eigenwillige Demonstration eines neuen Werkzeugs steht hier ganz eindeutig im Dienste der Eroberung sozialer Dominanz. Aber warum hat das Streben nach dieser Stellung eine so starke motivationale Basis, die sogar Nahrungs- und Sexualtrieb zurückdrängen kann? Daß so etwas wie ein „Selbst-Gefühl" in diesen Aktionen gegenwärtig ist, dessen Steigerung mit motivationaler Kraft ausgestattet ist, werden wir noch an anderen Beispielen belegen.

Neben den antagonistischen Auseinandersetzungen, die in erster Linie der Positionsbestimmung einzelner Individuen dienen und die damit eine gewisse dynamische Stabilität im Sozialverband herstellen, gibt es instruktive Beispiele für kooperative Leistungen. Lorenz (1973) berichtet von einer Situation, wo an zwei relativ weit auseinanderliegenden Seilenden gleichzeitig gezogen werden mußte, um eine begehrte Frucht heranzuholen, die im käfigfernen Innenbogen eines Seils lag. Ein Schimpanse hatte dies allem Anscheine nach begriffen, ein zweiter nicht. Jedenfalls lief der erste zum Partner, ergriff dessen Seilende und versuchte augenscheinlich durch Vormachen den anderen zur kooperativen Handlung zu stimulieren – was auch gelang. Jolly (1975) berichtet vom kooperativen Heranholen einer Futterkiste, die für ein Tier zu schwer war.

Es gibt auch Beispiele für ein kooperatives Jagdverhalten. Eine der interessantesten Beobachtungen sei genauer zitiert (Lawick-Goodall, zitiert nach Jolly 1975, Seite 56): „Eine Schimpansengruppe ruhte im Schatten eines hohen (Feigen-)Baumes. In seinen Zweigen fraß ein junger Pavian, etwa 200 Meter entfernt vom Nest seines Trupps. In dem Augenblick trottete Huxley (ein erwachsenes Männchen) vom Strom auf die friedliche Schimpansengruppe zu. Ungefähr drei Meter vor dem Feigenbaum hielt er an und sah den

3.3 Verhaltensweisen, die die soziale Dominanz eines Leittieres unbezweifelbar machen (quadrupedes Schaulaufen als Imponiergehabe, Auf-den-Boden-Schlagen, Herumdreschen und ähnliche Kraftakte als Demonstration des „Unwiderstehlichen"). (Aus Lawick-Goodall, 1975a.)

Stamm an. Es schien, als ob er den kleinen Pavian auf dem Baum überhaupt nicht gesehen hätte. Dennoch standen die anderen Schimpansen auf, als ob er ihnen tatsächlich ein Signal gegeben hätte. Zwei der Männchen bewegten sich auf die Basis des Feigenbaumes zu; die anderen stellten sich unter benachbarte Bäume, deren Zweige einen Fluchtweg für den Pavian bildeten. Und dann begann Figan, das jüngste der anwesenden Männchen (etwa acht Jahre), langsam, mit unendlicher Vorsicht auf die Beute zuzukriechen ..." Hier endete der Vorfall (im Unterschied zu anderen Beobachtungen) ohne Totschlag; der kleine Pavian schrie aus Leibeskräften um Hilfe (offensichtlich, nachdem er seine ausweglose Lage erkannt hatte). Der Ruf wurde verstanden, denn die kräftigsten Tiere seines Trupps kamen herangejagt und kämpften ihn in einem Höllenspektakel frei. So der Berichterstatter. Kein Zweifel: Das Beispiel belegt, daß es unter subhumanen Primaten ebenso Kommunikation beim Jagen wie beim Schutz oder der Verteidigung von Artgenossen gibt. Die Kommunikation steht hier im Dienste der Kooperation von Individuen einer Horde oder − in Aktion − eines Trupps. Stutzen macht noch die Möglichkeit einer Täuschungsabsicht im Verhalten von Huxley. Hat er wirklich die Intention, das vorgesehene Beutetier durch scheinbare Nichtbeachtung zu beschwichtigen? Es gibt Beispiele dafür, daß Ähnliches unter frei lebenden Schimpansen geschieht: etwa wenn Verfolger mit lautem Geschrei jagen, aber ein kleiner Trupp, der offensichtlich abzweigt, um den Fluchtweg des Beutetieres abzuschneiden, dies mit größter Vorsicht und lautlos tut. Oder wenn sich ein Schimpanse, demonstrativ wegblickend, an einem abgesprengten Rhesusäffchen vorbeibewegt und erst in dem Augenblick und urplötzlich zuschlägt, wenn dies keine Fluchtchance mehr hat. Solche Täuschungsmanöver setzen unstreitig voraus, daß der Täuschende den zu erwartenden Einfluß seines Verhaltens auf den anderen in Rechnung stellt. Es ist wohl wieder das Wissen um die Wirkung des Selbst im sozialen Kontext, die als mentale Basis dahintersteht.

Es gibt auch Beispiele, bei denen nicht klar ist, wie die Information weitergegeben, welche Signalcharakteristik angewendet worden ist. Die Wirkung auf den Kontaktpartner jedenfalls sagt aus, daß eine Information übertragen wurde. Wir geben dazu ein Beispiel, ausnahmsweise von Zoo-Schimpansen (Motterstaedt 1957, zitiert nach Ploog 1972, Seite 169): „Es bekam ein Schimpanse im Zoo durch Zufall einen Schlag an einem in einem Wassergraben neu errichteten, elektrisch geladenen Zaun. Vorsichtig prüfte er den Zaun noch einmal und ging dann zu jedem Mitglied der Gruppe und umfaßte es mit dem Arm. Die Angesprochenen begaben sich an die Stelle des Wassergrabens, an der das Männchen seine Erfahrung gemacht hatte. Als alle dort versammelt waren, ergriff der größte Schimpansenmann einen (nassen) Zweig, berührte damit den Draht und erhielt ebenfalls einen Schlag. Daraufhin ist niemals beobachtet worden, daß ein anderer Schimpanse den Zaun berührte." Man sollte den Aussagewert dieses Beispiels nicht überstrapazieren. Aber sicher scheint damit so etwas wie eine Erfahrungsweitergabe an die Horde *durch Zeigen oder Vormachen* belegt. Dies setzt natürlich auf der Seite des Kommunikationspartners die Befähigung zur Nachahmung voraus. Auch dies ist durch zahlreiche Beispiele belegt.

Weithin bekannt wurden die Untersuchungen an japanischen Makaken (Kawai 1965, 1975; Vogel 1988; Immelmann, Scherer et al. 1988). Ein Jungtier hatte gelernt, eine Süßkartoffel ins Wasser zu halten und abzuwaschen. Diese Verhaltensweise wurde wie durch ein Netz von unsichtbaren Affinitäten (Kummer 1975) unter gleichaltrigen (also Jungtieren) verbreitet. Nur wenige Weibchen (18 Prozent) der älteren Generation übernahmen diese Gewohnheit. Die alten Männer übernahmen sie nicht. Ganz ähnlich war es, als ein Tier erschmeckt hatte, daß das Salzwasser die Süßkartoffel würzt: Nach jedem Bissen wurde die Kartoffel erneut ins Meerwasser gesteckt. Oder als das gleiche weibliche Jungtier einmal sandigen Weizen ins Wasser gehalten hatte: Der Sand war rasch gesunken, die Spreu schwamm, und der reine, schmackhafte Samen blieb in der Hand. Auch dies verbreitete sich in der Horde als Gewohnheit und wurde verfeinert: Man behält den Weizen in der hohlen Hand und zieht ihn bei ein wenig geöffneten Fingerspitzen durch das Wasser. Dies beschleunigt die Reinigungsprozedur. Es ist ein optimiertes Verhaltensmuster, – wie bei der Stilisierung der Lautbildung.

Für Nachahmung unter Schimpansen gibt es noch differenziertere Beispiele, wenngleich so eine Art Traditionsbildung wie bei den japanischen Makaken sonst noch nicht beschrieben wurde – was wohl mehr auf mangelnde Gelegenheit der Beobachtung zurückzuführen sein dürfte. Aber Gesten, Rufe, Zeige- und Körperbewegungen können sie nachahmen – bis ins Detail des menschlichen Gebarens beim Zigarettenrauchen, wobei man im letzen Falle zwar nicht den Wert des Beispiels, wohl aber den seiner Erzeugung bezweifeln muß.

Wichtig ist in diesem Zusammenhang die Beantwortung der Frage: Was ist Nachahmung? Wieso kommen diese zuletzt beschriebenen Formen nur beim Menschen und bei höheren Affen vor? Was macht sie so vergleichsweise schwierig? Wahrscheinlich dies: Der Vorgang der Nachahmung beruht auf einer Transposition, einer Art Umsetzung von Fremdeindruck in Selbstausdruck. Dies setzt, vor allem im Pantomimischen, so etwas wie ein Selbstbild voraus.[4]

Man kann als erwiesen ansehen, daß es dies bei den Pongiden gibt. Dies zeigt sich, wie schon erwähnt, darin, daß sie ihr Gesicht und überhaupt ihr Erscheinungsbild im Spiegel als „Selbstbild" erkennen.

Die Beispiele sollten unter verschiedenen Aspekten verdeutlichen, daß und inwiefern die Ausbildung von Signalen zur Kommunikation mit Artgenossen Vorteile für die Überlebenschancen vor allem der Gruppe oder der Horde und damit auch für das Individuum schafft. Nun gibt es ja auch ein differenziert ausgebildetes Sozialverhalten und mithin auch soziale Kommunikation zum Beispiel bei den Katzen- oder Hundeartigen. Sexual-, Spiel-, Kampf- und Pflegeverhalten sind durch veränderte Signalisierungsmittel geregelt (vergleiche Tembrock 1971a; Schenkel 1948). Der für uns bedeutsame Unterschied zu den Pongiden liegt weniger in der Leistungscharakteristik als in den Startbedingungen. Was jenen genannten Säugetierarten so vorteilhaft verfügbar ist, hat sich vorzugsweise auf instinktiver Basis, in ihrer Erbausstattung verfestigt. Dem steht das Defizit an Erbkoordinationen im Sozialverhalten der Primaten gegenüber. Deren Vorteil bei sozial bezogener Verhaltensabstimmung, zusammen mit der kognitiven Disposition ihn auszubilden, ist aber allem Anscheine nach eine starke Motivbasis für die Kompensation dieses Defizits durch Lernen. Mögen die ersten Realisierungsformen manchmal grobschlächtig erscheinen gegenüber den glatt eingeschliffenen Signalbildungen auf instinktiver Basis. Aber insofern sie lernabhängig ausgebildet sind, tragen sie die Möglichkeit selbständiger, situationsangepaßter Verfeinerung in sich. Auch hier ist die Basis ihrer potentiellen Überlegenheit durch raschere Adaptivität gegeben.

Zur Verdeutlichung des Gemeinten: Die Schimpansen horten keine Nahrung (wie viele Nager zum Beispiel), aber sie informieren sich, wo welche zu finden ist; sie verteilen ihre Beute selten, aber sie betteln sie sich ab; sie haben keine angeborenen Schemata zum Erkennen ihrer Feinde (sie haben auch nur wenige), aber sie lernen, Zeichen für Gefährlichkeiten zu formen; sie haben keine Rudeljagd in ihrem ererbten Verhaltensprogramm, aber sie bilden die Gruppenjagd trickreich aus, mit hoher Anpassungsfähigkeit an die bestehenden Situationselemente. Der Lernvorgang wirkt dabei in zwei Richtungen:

Einmal, indem sich die verfügbaren Signalisierungsmittel differenzieren. Je differenzierter die Struktur der Signalbildung ist, um so feiner abgestuft, um so nuancenreicher kann die Nachricht sein, die sie vermittelt. Für derartige Verfeinerungen in der Abstufung eignen sich Gestik, Mimik und Lautbildung gleichermaßen. Sie haben kontinuierliche Ausprägungen, und im Grunde kann jede Abstufung „angehalten" und zum Signal ritualisiert beziehungsweise stilisiert werden.

Die zweite Wirkungsrichtung des Lernens differenziert die inneren Zustände in den Repräsentationsweisen der Realität: Je feiner die notwendigen Unterscheidungen, um so nuancierter ist auch der Bedarf an differenzierterer Informationsaufnahme. Kognition und Information, Erkenntnisstand und Feinheitsgrad des Mitzuteilenden bedingen sich gegenseitig. Verfeinerung der Kommunikationsmittel ohne Funktion und Nutzen, ohne entsprechendes kognitives Hinterland ist bloßer Zierat. Kognitive Verfeinerungen ohne Signalisierungsmöglichkeit entstehen selten. Sie isolieren und frustrieren. Sie bleiben ohne Wirkung auf die soziale Verhaltensorganisation und verursachen einen Status der esoterischen Hilflosigkeit.

Die Motivation zur Differenzierung der Signalisierungsmittel wird also von der Verfeinerung der kognitiven Möglichkeiten angeregt. Sie schlägt sich in den Differenzierungen der sozialen Kommunikation nieder. Sie bildet sich auch aus in der Manipulation, im Umgang mit den Dingen der Umwelt und ihren Eigenschaften. Dies werden wir im nächsten Kapitel näher erläutern.

Im ganzen ergibt sich: Sozialbezogene Verhaltensabstimmung schafft einen Wirkungsvorteil für die Gruppenaktion, zumal in kärglichen Lebensräumen. Sie befriedigt auf die Dauer und *im Durchschnitt* individuelle Bedürfnisse nach Nahrung und Sicherheit besser als die Einzelaktion. Darin liegt eine kräftige motivationale Basis für sozial determinierte Lernprozesse, als deren spezifischer Fall die Ausbildung von kommunikativen Verhaltensakten anzusehen ist. Auch hier ist es die Rückmeldung der Wirkung, die den Lernprozeß ausbaut und verfeinert. Die Gedächtnisbildung für die Funktion eines Signalements entsteht in Wechselwirkung ihrer Glieder: Erzeugen zuerst, dann Wahrnehmen, Bewerten, Entscheiden und Beantworten; danach wieder Erkennen der Wirkung und, davon abhängendes, neues Erzeugen bilden eine geschlossene Wirkungskette. Das Repertoire zur ersten Erzeugung besteht ursprünglich aus ererbten Verhaltenselementen. Sie machen einen Funktionswandel von dem aus einem Instinktkreis gelösten Verhaltensmuster zum verfügbaren Signal durch.

Wir behandeln nun den Prozeß der Differenzierung des „kognitiven Hinterlandes" der Kommunikation, die Formierung jener Datenbasis des Gedächtnisses, von der aus die entscheidenden Beweggründe für die Semantisierung der kommunikativen Signale ausgehen. Auch dabei bleiben wir vorerst noch ganz im Gebiet vormenschlicher Leistungsfähigkeit.

3.1.2 Die Anfänge der Begriffsbildung in vormenschlichen Entwicklungsstadien

In Kapitel 1 wurde ausgeführt, daß mit der Entwicklung von niederen zu höheren Affenarten die Vorderextremitäten mehr und mehr ins binokulare Gesichtsfeld gelangen; teils durch das „Nach-Vorn-Rücken" der Augen bedingt, teils durch das „Nach-Oben-Verschieben" von Aktitäen der Vorderextremitäten wie zum Beispiel beim Springen, Hangeln, Halten oder Greifen. Die Entstehung eines überlappenden beidäugigen Gesichtsfeldes führt zur Querdisparation und damit zur Entstehung des binokularen Tiefen- oder Raumsehens. Die Greifhand im binokularen Gesichtsfeld, nicht nur propriozeptiv, über Sinnesorgane an Sehnen und in Muskeln, sondern auch visuell kontrolliert, erlangt eine zuvor nicht mögliche Präzision der Bewegungsausführung. Sie wirkt, durch den Selektionswert ihrer Vorteile bedingt, auf die Verfeinerung des Steuer- und Kontrollorgans zurück. Das aber sind die Funktionen der Zellen des zentralen Nervensystems. Das Ergebnis ist – bedingt durch die Vielseitigkeit der Anwendung von Auge-Hand-Koordinationen – sowohl eine hohe Genauigkeit feinster Bewegungen als auch eine hohe Anpassungsfähigkeit des Sensomotoriums. Das ist neu in der Phylogenese, denn auf niederen Entwicklungsstufen ist entweder das eine oder das andere verwirklicht. Die neue Stufe wird möglich durch die kaum festgelegte Verfügbarkeit von Aktions- oder Reaktionsprogrammen. Flexibilität *und* Präzision zugleich ist jedoch nur als Möglichkeit vererbt, niemals angeboren und muß immer durch Lernen neu austariert werden. Charakteristischerweise ist dafür wiederum die Lust zum Üben sensomotorischer Aktivitätsmuster angeboren. Das Training der Auge-Hand-Koordination hat einen hohen Selbstbekräftigungswert in der frühen Ontogenese. Bühler (1930) hat das Funktionslust genannt. Wir finden das nicht erst beim Menschen. Lawick-Goodall (1975a, b) sah oftmals junge Schimpansenkinder in ihren Nestern auf dem Rücken liegen, Füße und Hände besehend, sie wechselseitig be-greifend, fassend, tastend, ziehend, drehend, tatschend und so weiter und dabei Laute des Behagens von sich gebend. Das Zehenspiel der Schimpansenkinder ist eine ganz reguläre Erscheinung in ihrer Entwicklung. Daß das Training der Auge-Hand-Koordination an den eigenen Gliedmaßen erfolgt, ermöglicht über die Rückmeldung der Tast- und Gelenkrezeptoren *die Erfahrung des Zusammenwirkens* von Bewegungsgefühl und Augenschein. Die Übertragbarkeit dieser Manipulierfähigkeit auf andere Objekte ist dann kaum noch übungsbedürftig: Abpflücken oder Abreißen, Aufheben, Festhalten, Tragen, Aufmachen, Zerkleinern und so weiter werden rasch mit hoher Fingerfertigkeit beherrscht. Die Feinbetastung oder -handhabung eines kleinen Objekts durch Einklemmen zwischen Zeigefinger und Daumen (der sogenannte „Präzisionsgriff" (Napier 1967, siehe Abbildung 1.3) erfolgt in der Regel unter Augenkontrolle und trägt gewiß auch zur tastenden Erkennung feiner Oberflächenmerkmale und ihrer Berücksichtigung bei nachfolgenden Manipulationen bei. (Man sehe nur einmal genau hin, wenn ein Schimpanse eine Erdnuß entkernt und ißt.)

Mit der unabhängigen Aufspaltung oder Zerlegung ererbter Koordinationsmuster wie Greifen, Hangeln, Festklammern sowie dem Training der Kombinierbarkeiten verschiedener Bewegungselemente zu immer neuen Bewegungsabläufen entsteht die wesentliche Basis der Willkürmotorik. Sie eröffnet – in der Registrierung der Rückmeldung – immer neue „Ansichten" der Umwelt. Und sie erschließt neue Verfügbarkeiten zur Befriedigung von Bedürfnissen. Sich bewährende Verfahren werden nach den bekannten Regeln elementaren Lernens bekräftigt und zusammen mit den Situations- und Objekteigenschaften als Situations-Aktions-Bindungen im Gedächtnis fixiert, damit verfügbar und übertragbar auf ähnliche Situationseigenschaften – gleichviel, ob in freier Wildbahn oder im Experimentierkäfig. Harte Palmkerne, die die Hände nicht öffnen können, werden auf harten Boden, womöglich auf einen Stein, geworfen. Sie springen dann bisweilen auf; zuweilen allerdings auch nicht. Häufiges Wiederholen bis zum Gelingen ist eine, wenn auch beschwerliche Möglichkeit. Der gleiche Effekt ist erzielbar, wenn nicht der Kern zum Stein, sondern, spiegelbildlich dazu, der Stein zum Kern geführt wird. Die Wiederholung des Verfahrens ist dann bedeutend einfacher: Der zum Zuschlagen verwendete Stein bleibt fest in der Hand, der Palmkern liegt auf einer harten Unterlage, womöglich in einer kleinen Mulde auf einem Stein. So führt die Umkehrung (Inversion) eines Handlungsschrittes zum Prinzip des „Hammers" und zugleich zu einer *Begünstigung der Zielerreichung*. Dies ist, wie sich an vielen Beispielen zeigen läßt, ein stimulierendes Mittel zur gedächtnismäßigen Fixierung solchen Vorgehens. Es gibt zahlreiche weitere Beispiele für eine werkzeugähnliche Zurichtung von Materialien: Blätter werden zerkaut, in die Hand genommen und zum Auftunken flüssiger oder breiiger Nahrung verwendet; etwa zum Aufsaugen von Wasser oder zum Herausschaben von Hirn aus der Schädelkapsel eines erschlagenen jungen Pavians. Thermalquellen im Wüstensand sind zu heiß, als daß ihr Wasser sofort getrunken werden könnte; abgekühlt ist es längst versiegt. Schimpansen im Innern Afrikas ziehen Nebenfurchen zum Abfluß der Quelle: Sie leiten das Wasser um, es kühlt rascher ab und wird trinkbar vor dem Versiegen. Kleine Äste werden von den Bäumen geknickt, von Blättern und kleinen Seitenästen befreit und in Termitenlöcher gesteckt. Nach einem angeborenen Reaktionsschema klammern sich die Ameisen daran fest; die Schimpansen ziehen dann die Rute vorsichtig aus dem Loch und ziehen sie zwischen ihren Lippen hindurch. Termiten sind als Leckerbissen beliebt, und es wird berichtet, daß an Termitenkegeln ganze Trupps von Schimpansen hocken und „angeln".

Die Beispiele verdeutlichen, daß es hier nicht nur um Präzision und Flexibilität in der sensomotorischen Auge-Hand-Koordination geht. In ihrer Anwendung offenbart sich immer auch ein starkes kognitives Hinterland, eine „treffende" Gedächtnisstruktur, die im Hinterland der Bewegungsabwicklung wirkt und sie dirigiert. Welche Eigenschaften diese kognitive Repräsentation erkannter Zusammenhänge oder Abhängigkeiten hat, das wollen wir im weiteren näher beleuchten. Dabei ist es zweckmäßig, experimentelle Befunde statt der bislang üblichen Gelegenheitsbeobachtungen zu betrachten. Sie lassen diese Hintergründe der kognitiven Steuerung von Handlungen erkennen:

Man weiß, daß Anthropoiden das Hebelprinzip richtig anwenden (Rensch 1973): Stemmeisen drücken sie unter den Deckel einer zugenagelten Kiste und heben ihn hoch; Stöcke, Schirme oder Tennisschläger werden in die Maschen des Käfigdrahtes gesteckt und gedreht, bis diese auseinanderreißen.

Allzu bekannt sind die Pionierexperimente Wolfgang Köhlers auf Teneriffa (Köhler 1917), als daß sie hier noch einmal beschrieben werden müßten: Das Übereinandersetzen der Kisten zum (im allgemeinen sehr wackligen) Turm, von dessen oberster Plattform dann die sonst nicht erreichbare Frucht an der Decke ergriffen oder ersprungen werden kann; das Anspitzen eines Bambusstabes mit den Zähnen, Hineinstecken in einen zweiten, um so mit dem verlängerten Stab die Frucht doch noch heranzuholen. Bedeutsam auch die neueren Experimente von Rensch und anderen (Rensch 1973). Seine Schimpansin Julia lernte schrittweise, in aufeinanderfolgenden Experimenten 14 Kisten nacheinander zu öffnen, um mit der Öffnung der letzten die begehrte Frucht zu erlangen. Dabei ist folgendes wichtig: In jeder Kiste lag das Öffnungsinstrument für die folgende: ein Schlüssel, ein Schraubenzieher (zum Aufschrauben der nächsten), dort eine Metallschere zum Durchschneiden des die nächste Kiste geschlossen haltenden Drahtes, dann ein Metallstab zum Einschieben in eine Sperre (um sie zu lösen) – und das in 13 Schritten. Nachdem einmal eine ganze Folge erlernt war, wurden die Kisten umgeordnet, und zwar ohne Regel. Da lief dann die Schimpansin mit dem Werkzeug aus der letzten Kiste umher, zwischen anderen Kisten herum und suchte jene, auf die eben dieses Werkzeug zum Öffnen anwendbar war. Rensch folgert, daß das Tier eine „Zielvorstellung" (Ziehen 1924) haben müsse, deren Verwirklichung es über die Schrittfolge hinweg anstrebe. Gewiß ist jedenfalls, daß dem Tier mit dem Werkzeug die charakteristische Eigenschaft des zugehörigen Verschlusses anschaulich gegenwärtig sein muß, denn sonst könnte es die zu öffnende Kiste nicht erkennen.

Bedeutsam ist auch ein Doppelwahlversuch von Rensch. Zwei Kisten mit je einem Werkzeug zum Öffnen stehen zur Verfügung. Alle Kisten sind oben mit Plexiglas verschlossen; ihr Inhalt kann also eingesehen werden. Eine von zwei anderen Kisten ist leer, die zweite enthält ein weiteres Werkzeug, das dann in die Kiste paßt, wo die begehrte Frucht liegt. Hier muß die Schimpansin *vom Ziel aus rückwärts* zusammenfügen, muß den Weg zum Anfangspaar her *konstruieren*, um die richtige Erstentscheidung treffen zu können.[5] Und sie tut es: „Bei diesen Versuchen pflegte nun Julia stets erst wechselnd auf die Wahlkiste vor ihr auf dem Sitzbrett und dann ... rückwärts auf die ... Kisten am Boden zu blicken. Das geschah bis zu 5mal. Erst dann wählte sie einen Öffner, und zwar bei 89 Versuchen zu 92 % den richtigen ...“ Man kann kaum fehlgehen in der Annahme, daß das Hin- und Herblicken zwischen Ziel und Anfang dann zur Entscheidung führt, wenn der Handlungsablauf gedanklich (und wahrscheinlich in bildlicher Vorstellung) vorweggenommen, die Schrittfolge der Zielerreichung aus Gedächtniseintragungen *konstruiert* ist. Und wie der Erfolg zeigt, kann diese Konstruktion wohl nur aus der Abfolge von Situation, Entscheidung, Aktion, Situationsänderung, neuer Entscheidung und Aktion bestehen. Das Experiment und sein Ablauf belegen, daß jene Situationseigenschaften vergegenwärtigt, das heißt vorgestellt werden, die als „Folge“ eines Handlungseingriffs entstehen. Diese vor-gestellte Situation ist dann die Daten- oder Merkmalsbasis für die nächste Entscheidung.

Die relevanten Merkmale einer Situation, das Herausfiltern der wesentlichen Komponenten für bedürfnisgerechte Verhaltensentscheidungen – werden sie erkannt? Dies würde ja einer begrifflichen Klassifizierung von Umgebungseigenschaften gleichkommen!

Daß dies so ist, läßt sich aus den Verwendungsweisen von Werkzeugen erkennen. Abermals ein Versuch von Rensch: Mit Holzschrauben verschlossene Kisten enthalten Begehrenswertes. Zum Aufschrauben steht eine Art T-Eisen zur Verfügung, das vorn, wie eine Schneide gestaltet, eine Steckkante hat und darum als Schraubenzieher verwendet werden kann. Durch Versuch und Irrtum wird der Zusammenhang von T-Eisen, Steckkante, Schraubennut und Öffnungsdrehung erfaßt: Wenn nun das T-Eisen nicht, dafür aber äußerlich ähnliche Werkzeuge ohne Steckkante und äußerlich sehr verschiedene „echte“ Schraubenzieher mit Steckkante angeboten sind, so werden die Schraubenzieher gewählt, die anderen Werkzeuge aber zurückgewiesen. Man beachte: Ein langer, handelsüblicher Schraubenzieher mit großem Griff und

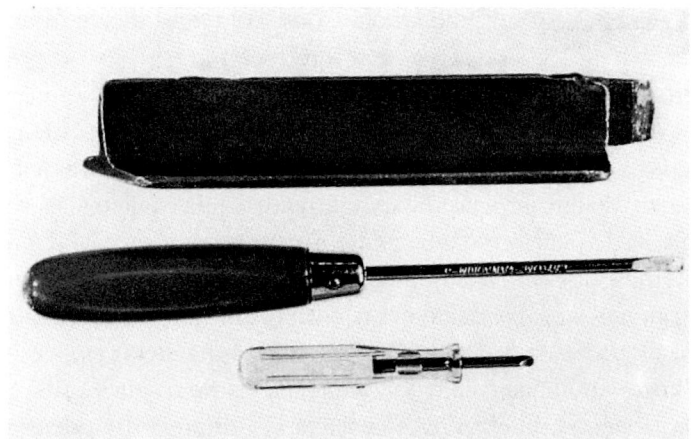

3.4 Äußerlich verschiedene Gerätschaften, die von „Julia" allesamt als gleichwertig in ihrer Funktion als „Schraubenzieher" erkannt werden. Solche Äquivalenzklassenbildungen aufgrund gemeinsamer Merkmale sind begrifflichsanaloge Klassenbildungen (Aus Rensch, 1973.)

ein ganz kleiner, aus rotem, durchsichtigem Material mit einem schmalen Eisenstift werden als völlig gleichwertig behandelt. Ohne zu zögern wird jedes dieser Instrumente form- und funktionsgerecht gehandhabt. Dies *kann* nur dadurch bedingt sein, daß die für unseren Begriff „Schraubenzieher" relevanten Merkmale wie Stab, Steckkante und Drehbarkeit erkannt und im Gedächtnis fixiert sind. Aber die Verknüpfung dieser so bestimmten relevanten Merkmale *ist* der Begriff „Schraubenzieher" – gleichviel, ob ein Wort dafür da ist oder nicht. Genau diese Merkmale bestimmen die Erkennung von der Zielbildung aus für die Verhaltensentscheidung. Sie werden in der Manipulation, im Umgang mit den Dingeigenschaften als relevant erworben und wiedererkannt. Äquivalenzklassen über Objektmerkmalen sind Begriffe. In diesem Sinne erwirbt Julia den Begriff „Schraubenzieher". Ganz ähnlich ist das mit den Dingeigenschaften, die einen zum Öffnen einer Kiste brauchbaren Schlüssel bestimmen.

Es erscheint nützlich, die wesentlichen Eigenschaften dieser ursprünglichen oder primären begrifflichen Klassifizierung im Sinne kognitiver Dispositionen systematisch zu betrachten. Dabei zeigt sich:

1. Die Merkmalscharakteristik der primären begrifflichen Klassifizierungsleistungen entsteht in der Aktivität, im Umgang mit den Dingen. Objekteigenschaften für gleichartige Verwendungszwecke werden als gleichwertige oder

äquivalente Klassifizierungsmerkmale erkannt und im Gedächtnis fixiert. Daraus resultiert der höchst bedeutsame Zusammenhang zwischen klassifizierender Erkennung und zugehöriger Verhaltensentscheidung. (Von vielerlei Gestalt und Form sind die Zweige zum Termitenangeln. Aber eine bestimmte Länge, Stärke und Festigkeit müssen sie alle haben. Dies ist der relevante Merkmalssatz für den Begriff „Termitenangel". So ist es mit den Hebeln, dem Schraubenzieher, den Steinen zum Nußöffnen und so weiter.) Es ergibt sich daraus insbesondere, daß diese Merkmale keine rein statischen Form-, Farb- oder taktilen Eigenschaften sind, sondern daß die Instrumenteigenschaften der klassifizierten Dinge mit den Merkmalen auch invariante Verwendungs- oder Funktionseigenschaften im Gedächtnis binden.

2. Begriffliches Erkennen hängt nicht nur von den Objekteigenschaften, sondern auch vom Bedürfniszustand, vom Motiv ab, das einen gesuchten Verwendungszweck bestimmt. So kann ein Schraubenzieher (im Prinzip) auch als Termitenangel fungieren, als Stock zum Heranziehen einer Frucht wie auch als Waffe beim Wegtreiben eines Rivalen. Seine Merkmalseigenschaften lassen eine multiple Klassifizierung zu.

3. Wie die Experimente von Köhler (1917), Rensch (1968), Watsuro (1948), Ladygina-Kohts (1959), Lethmate (1977) und anderen zeigen, ist die Erkenntnis der Verbindung von Merkmalssatz und Funktionseigenschaft nicht notwendig mit der Ausführung einer Handlung verbunden. Im ständigen Hin- und Herblicken zwischen Zielobjekten und gegebener Situation bildet Julia intern so etwas wie eine Brücke zwischen Situation, Handlungsschritt, neuer Situationseigenschaft, neuem Handlungsschritt – bis die gesuchte Deckungsgleichheit von Zielbild und Wirkung der Handlungsschritte erzeugt ist. Die Herstellung der Identität von Zielbild und Handlungskonsequenz über eine wählbare und vielleicht sogar auswechselbare Folge von Aktivitäten ist eine bedeutsame kognitive Basis bei der Erreichung des Tier-Mensch-Übergangsfeldes. Sie ermöglicht einen bestimmten Grad sensomotorischer Kreativität.

3.1.3 Zeichen für Begriffe:
Möglichkeiten und Grenzen vormenschlicher Lautbildung

Im menschlichen Gedächtnis sind begriffliche Klassifizierungen im allgemeinen benannt. Die Merkmalssätze eines Begriffs sind mit Worten der natürlichen Sprache des jeweiligen Trägers verbunden. Dies bedeutet, daß es zu den begrifflichen Merkmalseintragungen im Gedächtnis wenigstens noch zwei weitere gibt, nämlich eine phonemisch-phonologische (die Speicherung des Wortklangbildes) und eine graphemisch-orthographische (als Gedächtnisfixierung des Schriftbildes beziehungsweise der Schriftzüge). Im Falle von Fremdsprachenkenntnissen erhöhen sich die Doppelbelegungen und ihre Assoziationen. Wie immer diese Wortmarken klingen oder aussehen mögen, sie sind Benennungen für begriffliche Merkmalssätze, die das Kernstück eines Begriffs, seine Struktur ausdrücken. Diese Merkmalssätze sind im Gedächtnis mit Verwendungs- oder Benutzungsweisen der klassifizierten Objekte verknüpft, die, wie wir zeigten, von der Motivation abhängen können. Die Anwendungsmöglichkeiten einer Begriffsstruktur sind für ihren Träger die Bedeutung des Begriffs.[6] Die Menge der realen Dinge, die zu einer Begriffsstruktur gehören und also als Angehörige der gebildeten Klasse erkannt werden, diese Dinge nennen wir Begriffsinhalt. Die erkennungsrelevanten Merkmale bilden die Struktur, und die Anwendungsmöglichkeiten im Handeln, Denken oder Sprechen bilden die Bedeutung.

Die berichteten Versuche zeigen, daß Anthropoiden in der Lage sind, Begriffsstrukturen in der Handlung zu bilden, die zugehörigen Dinge klassifizierend zu erkennen (vergleiche das Schraubenzieherbeispiel) und dabei auch ihre Bedeutung (zum Beispiel für das Öffnen einer Kiste, für Termitenangeln und so weiter) zu realisieren. Aber: Obwohl zur Kommunikation befähigt, bilden frei lebende Anthropoiden keine Benennungen für Dinge oder klassifizierte Objekte aus. Es hat nicht an Versuchen gefehlt zu prüfen, wie weit sie bei systematischer Belehrung in der Lage sind, Lautformen für die Benennung der Dinge oder klassifizierten Objekte zu erlernen. Die ersten Experimente (vergleiche Kellogg und Kellogg 1967; Hayes 1951; Gardner und Gardner 1965), Schimpansen eine Lautsprache beizubringen, führten zu kläglichen Resultaten. Hayes' Schimpansin Viki konnten nur drei Wörter angelernt werden: „Mama", „Papa" und „Cup" (Tasse), die sie, heiser hauchend, mehr ausstieß als sprach. Die Melodik menschlich-kindlicher Lautbildung fehlte ihr völlig.

Schimpansen imitieren; aber kaum Lautliches, sondern nur Gebärden. So lag die Annahme nahe, daß sie angesichts ihrer sensomotorischen Kreativität wohl zur Benennung von Dingen oder begrifflichen Klassifizierungen, aber eben nicht zur lautlichen Ausdrucksweise befähigt seien.[7]

Insbesondere Experimente mit zwei Schimpansen haben in den letzten Jahren Klarheit darüber erbracht, daß dem so ist. Das Ehepaar Gardner (Gardner und Gardner 1965) lehrte seinem Schimpansen Washoe die Taubstummensprache ASL. Sie besteht aus Handstellungen, Fingerrichtungs- und Handlungsanzeigen, insgesamt aus 55 unterscheidbaren Figurteilen, den sogenannten Cheiremen. Dabei ist zum Beispiel die spitz zulaufende Hand eine Grundstellung, die sich dann in Fingerpositionen oder -bewegungen differenziert. Jede solche Figur entspricht einem Wort. Bis zum sechsten Lebensjahr lernte Washoe 90 verschiedene Stellungen als Zeichen für Dinge, Handlungen oder Ereignisse. Unter anderem auch den Selbstbezug des Wortes „ich". Ein Satz wie „Wen kitzle ich … mich", konnte – wie berichtet wird – gebildet werden. Daß Washoe seine Fingerfiguren als Zeichen für etwas versteht, ergibt sich aus zahlreichen Beobachtungen: Man war zu Besuch. Washoe sah von weitem eine Zahnbürste und signalisierte „Zähneputzen". Oder: Das Tier läuft sehr rasch durch einen größeren Raum. Während es läuft, signalisiert es mit der Hand das Zeichen für „schnell". Es ist auch vorgekommen, daß ein Zeichen selbst gebildet wurde, zum Beispiel durch Handbewegung um Nacken und Brust das Symbol für „Lätzchen". Taubstumme Fremde konnten Washoes Gesten bis zu 70 Prozent verstehen. Seine Fähigkeit, neue Worte zu lernen, vergrößerte sich sprunghaft, als ihm die Hand- und Fingerstellungen nicht nur vorgemacht, sondern geführt beziehungsweise „eingestellt" wurden. Es kam auch vor, daß Washoe sinnvolle Fingerfiguren aneinanderfügte wie Gabeln und Löffel, Knöpfe und Schrauben. Auch konnte Washoe bekannte Dinge auf Fotografien wiedererkennen und ebenso bezeichnen wie die realen handgreiflichen Gegenstände.

Von prinzipieller Bedeutung für das Verständnis der kognitiv erreichbaren Dispositionen vormenschlicher Primaten sind die Experimente von Premack (1973, 1977). Auch er umgeht die Lautbildung bei der Benennung von Klassifikaten. Er wählte kleine Kunststoffblättchen als „Wörter" für Dinge und – wie sich zeigen wird – als Zeichen für Begriffe. Die Plättchen können Dinge, Eigenschaften, Vorgänge, Oberbegriffe, Negationen, Relationen zwischen Dingen bezeichnen.

Mehrere Jahre lang wurde die in Afrika geborene, sechsjährige Schimpansin Sarah darauf trainiert, Plastikplättchen an eine magnetische Tafel zu heften, damit etwas zu beschreiben oder dort stehende Zeichenfolgen zu lesen und mit einer ihrem Sinn entsprechenden Handlung zu beantworten.

Am Anfang werden Wörter mit Dingen „assoziiert": Immer wird das gleiche Plättchen neben die gleiche Frucht gelegt: dies zum Apfel, das zur Birne und immer wieder dasselbe zur Banane. Dann sucht Sarah unter den Plättchen, sie erhält die Frucht für das richtig Herausgefundene. Mit der Wahl einer Frucht wird dann das Plättchen an die Tafel geheftet.

Es ist die Frage zu stellen, welche Funktion ein solches Plättchen, nach dem Einlernen der Assoziation mit der Frucht, im Gedächtnis erhalten hat; ob es tatsächlich die Bedeutung des Objekts (oder besser: der Objektklasse „Apfel" zum Beispiel) ersetzt? Dies wurde geprüft in zwei Vergleichstests.

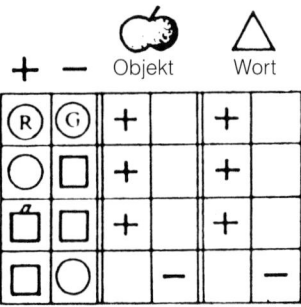

3.5 Erlernen eines Zeichens (Dreieck als „Wort" für den Begriff „Apfel"). Die Schimpansin Sarah bekommt zwei Figuren vorgelegt (linke zwei Spalten) und ist darauf „eingelernt", diejenige auszuwählen, die dem Apfel jeweils ähnlicher ist. Sie wählt (+) „Rot" vor „Grün", „rund" vor „quadratisch", „Stiel" vor „ohne Stiel". Entscheidend ist, daß dieselben Bevorzugungen auch gegenüber dem blauen Dreieck gezeigt werden, nachdem es als Zeichen für den Begriff „Apfel" erlernt wurde. Anthropoiden können also die Bezeichnungen für Begriffe (und nicht nur für Einzeldinge) erlernen. (Aus Premack, 1973.)

Das Tier bekam zuerst einen Apfel gezeigt und hatte ihm aus insgesamt vier Alternativenpaaren das jeweils ähnlichere Merkmal zuzuordnen. (Solche Zuordnungsexperimente wurden zahlreich durchgeführt, und das Tier war vertraut mit der Aufgabe, einem Objekt das ähnlichere von zwei entsprechenden Merkmalen zuzuordnen.) Im vorliegenden Beispiel waren bessere Übereinstimmungen zwischen jeweils „Rot" oder „Grün", „rund" oder „viereckig", „rein viereckig" oder „mit Stiel", „rund" oder „viereckig mit Stiel" zu wählen. Abbildung 3.5 zeigt, wie die Merkmalsbevorzugungen für den Apfel jeweils vergeben wurden: „Rot" vor „Grün", „rund" vor „viereckig", „mit Stiel" vor „fehlendem Stiel". Nach einer gewissen Zeit wird derselbe Versuch wiederholt, nur, daß an Stelle des Apfels das Zeichen für ihn steht: ein kleines blaues und dreieckiges Plastikplättchen. Wieder sind die ihm „ähnlicheren" Merkmale aus den vier Alternativen auszusuchen. Die rechte Seite der Abbildung zeigt: Es sind genau die gleichen Merkmale, die angesichts des Plättchens ausgewählt werden. Dies besagt, daß die Marke als Zeichen für den Begriff „Apfel" im Gedächtnis fixiert ist: Sie belegt die gleiche Merkmalsstruktur, die auch der Objektmenge „Apfel" eigen ist. Das Zeichen substituiert den Begriffsinhalt, und es hat (im definierten Sinne) seine Bedeutung übernommen: Will Sarah einen Apfel, sucht sie das Plättchen und heftet es an. Schließlich konnte Premack zeigen, daß dieselben Merkmalsbevorzugungen gewählt werden, wenn man unter den Wortmarken für die Merkmale wählen läßt, also das Wort für Rot und Grün legt und so weiter.

Welche Zeichen- oder Wortkombinationen kann nun ein Schimpanse mit dieser Methode verstehen oder gebrauchen lernen? Es ist viel und Erstaunliches, was er begreift; jedenfalls mehr als begründetermaßen angenommen werden konnte. Dies sei hier in einigen Aspekten gekennzeichnet.

Neben Plättchenfolgen als Aussagen werden Fragen verstanden (weil richtig beantwortet). Nach dem Erwerb von Begriffen können Oberbegriffe erlernt werden: nach der Kenntnis von „Rot", „Grün", „Blau" – das Wort für Farbe (in der Anordnung dann: „? ist Farbe von Apfel" wird „?" ersetzt durch „Rot").

Analoges gilt auch für die Begriffe „Form" und „Größe". Der Begriff „Wort für" oder „Zeichen für" wird erworben. Es gelingt die Verneinung von Bezeichnungen: „Rot ist nicht Farbe von Banane" mit einem eigenen Negationszeichen. Kopulae werden als Zeitwortformen zwischen Subjekt und Prädikat eingeschoben. An Mengenbegriffen werden unter anderem erlernt: „alle", „kein", „eins", „mehrere"; ferner die „Wenn-Dann-Beziehung" innerhalb und zwischen Aussagen.

Einige Beispiele, die die Tiefe der erlernbaren semantischen Bezüge von Zeichen ausloten sollen, seien genannt: Sarah lernt die Begriffe „ist gleich" und „ist verschieden": Belehrt an fünf Obstsorten, was gleich und was verschieden ist, hat sie den Inhalt dieses Begriffs erfaßt, denn sie kann die so bezeichnete Relation auf beliebige Dinge übertragen und sofort entscheiden, daß zwei Büroklammern gleich, ein Schlüssel und ein Kamm aber ungleich sind, obwohl sie diese Paarbildung zuvor nicht gesehen hatte. Sie kann die Gleichheit „x = x" mit „ja" belegen sowie die Aussage „x ist ungleich x" verneinen, wobei letzteres wesentlich schwerer zu erlernen ist und länger mit Fehlern behaftet bleibt. Sarah erlernt die Präpositionen „auf" und „vor". Das Verneinungswort „nicht" wurde ihr anfangs als Verbot beigebracht. Sie überträgt es auf Dingeigenschaften wie Farb- oder Formmerkmale. Relationen zwischen anschaulichen Klassifizierungen (Keks ist „nicht Frucht") werden leicht erlernt; schwer hingegen analoge Attribute von Begriffen (rund ist „nicht Farbe"). (Man kann daraus wie aus anderen Experimenten schließen, daß das Verlassen des anschaulich Vorstellbaren beim Benennen nur sehr schwer oder gar nicht möglich ist.) Verkettete Handlungsanweisungen werden prompt befolgt: „Sarah legen Braun (eins von sechs verschiedenfarbigen Holzplättchen) in rote Schüssel" (zur Auswahl stehen zwei verschiedenfarbige). Sarah liest und tut es. Beachtlich ist das Verstehen von Implikationen, von „Wenn-Dann-Beziehungen". „Wenn Sarah nehmen Apfel, Sarah bekommen Schokolade" wird aus dem komplizierteren Gegensatz: „Wenn Sarah nehmen Banane, Sarah bekommen nicht Schokolade" abgeleitet und beides folglich verstanden: An sich zieht sie die Banane dem Apfel vor, aber sie wählt den Apfel und erwartet dann die noch stärker bevorzugte Schokolade.

Auch bei den Wortkombinationen gibt es charakteristische Unterschiede in der Geschwindigkeit des Erlernens. Anschaulich leicht überschaubare Sachverhalte werden rasch erlernt, gleichviel ob für Dinge oder Relationen. Daß es auf der Metaebene, bei der Klassifizierung von Begriffen (statt von Dingen) Schwierigkeiten gibt, muß nicht nur mit der Vorstellbarkeit des Bezeichneten zusammenhängen. Es ist auch schwerer, die Motivation für das Lernen an sich vergleichbar aufrecht zu erhalten, denn von einer Selbstmotiviertheit für die Schließung von Wissenslücken (und dies zumal für ein Affenleben) kann hier noch keine Rede sein. Auch dafür gibt es Beispiele: Es fällt Sarah sehr schwer, Sätze zu konstruieren, nach denen ein Leckerbissen von ihr an einen Dritten gegeben werden soll. Es kommt vor, daß sie sich weigert, solche Sätze anzuheften; und übrigens auch, wenn etwas Schmackhaftes zerstört werden soll. Sehr schwer ist es offensichtlich, den Wechsel der Zeiten in den Aussagen zu begreifen. „Sarah wird Schokolade bekommen" läßt offen, wie lange Sarah warten muß. Der Zeithorizont ihrer Motivierbarkeit ist ungewiß. Auch die Bedeutung der Vergangenheit von Aussagen ist kaum zu erwerben: „Sarah bekam Schokolade" ist schwerlich über die Befriedigung eines Nahrungsbedürfnisses zu bekräftigen. Gleichwohl scheint es Ansätze zu geben, auch diese Enge der Motivierbarkeit zu erweitern. Dies ist bedingt durch die starke soziale Bindung im Lernexperiment. Augenscheinlich sind ihr Zuspruch, Ermutigung, Wohlwollen nach einer gelungenen Leistung zuweilen bedeutsamer als die Fütterung. Ebenso werden Unmut über ein Mißlingen oder gar Tadel im Stimmlich-Atmosphärischen des Versuchsleiters als Bestrafung erlebt. Im Experiment spielt das Bedürfnis nach Zuspruch und Ermutigung namentlich in schwierigen und affektiv gespannten Situationen (und das sind solche Lernbedingungen zumeist) oftmals eine größere Rolle als ein guter Leckerbissen. Nach den Berichten zahlreicher Autoren, die Lernexperimente an Anthropoiden durchführen, ist der soziale Kontext der Verhaltenseinbettung von höchster Bedeutung für die Lernmotivation (Premack 1977). Daß nicht mehr nur Nahrungs-, Trieb- und aktuelle Schutzbedürfnisse unmittelbar bekräftigend wirken für Lernprozesse, ist wesentliche Voraussetzung dafür, daß der Motivkreis des Handelns und Lernens den engen Radius im Hier und Jetzt der Primärbedürfnisse verlassen kann. Die soziale Motivation des Lernens bringt den Wunsch nach Einfluß auf die Zukunft mit sich.

Ohne Zweifel vermögen die Experimente von Premack ein gutes Stück Klarheit über die kognitiven Potenzen zu erbringen, die in der kombinatorischen sensomotorischen Kreativität dieser höchstentwickelten vormenschlichen Lebewesen zum Ausdruck kommen. Die Ausbildung klassifizierender, begrifflicher Merkmale in der aktiven Auseinandersetzung mit den Eigenschaften der Dingwelt, die Bindung dieser klassifizierenden Merkmale an Verhaltensweisen im Gedächtnis, die dadurch erreichte Verfügbarkeit von Dingfunktionen in Abhängigkeit von der Motivationslage – dies alles unterscheidet diese kognitiven Strukturbildungen nicht von den Primärbegriffen, wie sie sich in der frühen Kindheit beim Menschen bilden. Und das ist ja noch nicht alles.

Wir betrachten noch einmal das zweifelsfreie Verständnis des Wörtchens „nicht". Es zeigt sich in seiner verhaltensregulierenden Wirkung: „Wenn S. nehmen A, S. bekommen B *nicht*." Aber B ist begehrter; B ist durch die ursprüngliche Motivation als Ziel gesetzt. Daraus folge: „*Nicht* nehmen A, bekommen B." Logisch gesehen ist dieser Schluß falsch. Die Entscheidung verrät aber die Befähigung zu einer für logisches Vorgehen notwendigen Voraussetzung: Es ist die interne Anwendung einer Operation auf vorhandenes Wissen, *die Wahl der Negierung* einer Handlung (um einer Zielerreichung willen). Beides entsteht in der aktiven Manipulation: die begriffliche Klassenbildung aus den *invarianten Eigenschaften* der Dinge, den Merkmalen, die allen Objekten gemeinsam sind. Die kognitiven Operationen hingegen entstehen aus den invarianten oder *regulären Veränderbarkeiten* der Dinge und Situationseigenschaften. Dabei ist das „nicht" der Verzicht auf eine mögliche Aktivität und die Entscheidung für die Alternative (im vorliegenden Beispiel). Begriffliche Klassenbildungen und Operationen an oder mit den Merkmalen gehören in der sensomotorischen Erfahrungswelt zusammen. Und das Wechselspiel zwischen beiden ordnet am Gedächtnisbesitz den Zusammenhang von Wissen und Können. Die Repräsentation der Eigenschaften von Dingen durch Merkmale und die Registrierung ihrer Veränderbarkeiten durch Aktionen, zusammen gespeichert als Gedächtniseinheit, verkörpert das individuelle Wissen um das in einer Situation Erreichbare; sie verkörpert die Möglichkeit des Machbaren. Aber dies eben nur über eine kurze Zeitspanne hinweg. Die Begrenzung ist wohl stark durch die Bindung des Begrifflichen an das Anschauliche gebunden, auch an das Vorstellbare einer Aktivität. Wir werden noch begründen, daß und weshalb die Begrenzung des geistigen Lebens im Hier und Jetzt erst durch die Sprache und ihre kognitive Funktion überwunden werden kann.

Alles in allem stehen wir vor einem merkwürdigen Tatbestand: Schimpansen bilden lernabhängig Kommunikationsmittel aus; sie signalisieren sich Gefahr, Nahrung, Beute, verschieden je nach Art und Qualität. Auf der anderen Seite erlernen sie in der Manipulation, im sensomotorischen Umgang mit den Dingeigenschaften der Umwelt begriffliche Klassifizierungen. Sie binden Objektmengen im Gedächtnis nach deren motivations- und verhaltensrelevanten Eigenschaften. Aber sie bringen beides nicht zusammen. Die Kommunikation bleibt dem augenblicklichen Zustand, der Lage, dem Einzelereignis verhaftet. Gedankliche Konstruktionen, zu denen sie ja fähig sind, gehen in die kommunikativen Signale nicht ein. Wenn sie dies täten, dann wäre Sprache im Sinne eines Zeichensystems für Kommunikationszwecke vorhanden. Und gerade die bilden sie nicht. Sie haben im Gedächtnis gegenwärtig, wie eine Termitenrute aussieht; sie stellen sie her; sie machen es sich vor, blicken sich und die zubereitenden Hände wechselseitig an; Neulinge ahmen das nach; jeder „weiß" es, aber keiner kann sagen: „Das ist ein Stab für Termiten"; oder auch nur „Mach den Zweig so". Premacks Sarah zeigt, daß sie das lernen könnte. Die kognitive Potenz ist unzweifelhaft vorhanden. Es muß der entscheidende Anreiz dafür fehlen, Denken und Lautbildung zusammenzubringen. Wir meinen, daß diese Stimulierung vom sozialen Zwang zur Kooperation durch Kommunikation ausgegangen ist. Die Gründe dafür wollen wir im nächsten Kapitel behandeln.

3.1.4 Exkurs über die entstehende Wechselwirkung von vorsprachlichem Denken und Kommunikation

Wir stehen der Tatsache gegenüber, daß die Ausbildung und Differenzierung kognitiver Prozesse in ihren ersten Schritten unabhängig von der Lautbildung verläuft. Die Entstehung des Denkens erfolgt weit vor der Entwicklung der Sprache. Die ersten begrifflichen Klassifizierungen werden als Erkennungsstrukturen im sensorisch-motorischen Umgang mit den aktiven oder passiven Eigenschaften von Dingen, Lebewesen oder Partnern durch Lernen gebildet. Sie beanspruchen die assoziative Kapazität des Nervensystems, die Bindungs- und Differenzierungsmöglichkeiten in der Informationsspeicherung. Die invarianten, regelhaft wiederkehrenden Eigenschaften der Dinge und Vorgänge sind es, die dem lernenden Nervensystem als Ankerpunkte des Klassifizierens dienen.

Die Lautbildung ist bei den höchstentwickelten vormenschlichen Lebewesen noch vergleichsweise grob. Ihr Differenzierungsgrad ist kaum höher als bei Entenvögeln (Lorenz 1973). In beiden Fällen bestimmt auch der Effekt auf den Partner die Ausgestaltung der Signalgebung und nicht der Inhalt des Mitzuteilenden. Die Signalbildung ist noch nicht von der Situation und der zugehörigen Emotion gelöst. Die Übertragung von Erfahrungen ist an die

Anwesenheit des Objekts gebunden, über das Information ausgetauscht werden kann. Allem Anscheine nach ist die Umwandlung der akustischen Signalisierung in Lautsprache nicht durch die Lernabhängigkeit der Lautbildungsprozesse selber bedingt. Die Entstehung der Lautsprache kann nicht auf die Selbststimulierung zur Verfeinerung der Lautbildungsmechanismen zurückgeführt werden. Das führen uns die Papageien vor. Also kann nur die Differenzierung des Mitzuteilenden den Beweggrund für die Verfeinerung der Kommunikationsmittel gebildet haben.

Es ist schon begründet worden, daß der Zwang zu koordinierten Aktivitäten als Selektionsdruck die Auswahl von kommunikativen Signalen stimuliert. Und wir haben auch gezeigt, wie Lernprozesse im sozialen Verband zur Differenzierung von Fähigkeiten führen, die eine wesentliche Basis für die entstehende Kommunikationsfähigkeit sind. Die frühen Arbeits-Handlungen sind vor allem physische Aktivitäten. Sie binden Gliedmaßen, Arme, Hände und die Bewegungsweise des Körpers. Das einzige, stets verfügbare Kommunikationsmittel ist die Lautbildung. Dabei dürften auf der Materialbasis genetischer Veränderungen Selektionsdruck und Kooperationszwang in gleicher Richtung gewirkt haben, denn es sind auf dem Wege zur Menschwerdung auch anatomische Veränderungen der Organe der Lautbildung feststellbar: Die primären Funktionen des Kehlkopfes stehen im Dienste der Atmung, die Rezeptoren in diesem Gebiet teils noch in dem des Schmeckens und Riechens. Die Fasern der Muskeln zwischen Schildknorpel und Stellknorpeln setzen beim Schimpansen nicht an den Stimmbändern an (Wind 1973). Erst beim Menschen schieben sich in der Embryonalentwicklung die Fasern der Stimmbänder in die Fasern des Kehlkopf-Ringmuskels, der schon bei den Amphibien vorhanden ist (Goerttler 1973). Dadurch ist erst die periphere anatomische Voraussetzung für die Erzeugung und damit für das Erlernen der Lautsprache gegeben, um deren Ausbildung man sich deshalb auch beim Schimpansen vergeblich bemüht hat. Doch die zentralen, an Funktion und Arbeitsweise des Nervensystems gebundenen Veränderungen sind nicht weniger bedeutsam. Weite Gebiete der Großhirnrinde (siehe Abbildung 3.12), der sensorischen wie der motorischen Teile, sind durch Steuerung und Kontrolle sprechmotorischer Aktivitäten funktionell spezialisiert. Die Normierung der Lautbildung ist ein langwieriger, selbst für das menschliche Nervensystem schwieriger Lernprozeß. Die Stabilisierung von Tonhöhen, Tonhöhenänderungen und wohlbestimmter Zusammensetzung von Schwingungen durch variable Resonanzräume eines nichtlinear schwingenden Systems mit hoher Dämpfung (Flanagan 1965; Tscheschner 1975; Sataloff 1992) erfordert selbst in Phasen höchster Lernbereitschaft des Zentralnervensystems drei bis vier Jahre intensiven Trainings. Für die Möglichkeit, immer neue Innervationsmuster mit immer neuen lautlichen Variationen zu bilden, um dann diejenigen als sprechmotorische Steuerimpulse auswählen und – entsprechend bekräftigt – im Gedächtnis fixieren zu können, die ein wohlbestimmtes Klangmuster der eigenen Stimme erzeugen, sind *drei* Rückmeldungsschleifen als Leit- und Korrekturinstanzen des Lernens ausgebildet. Es sind dies:

1. die Reaktion des Partners auf die Lautbildung, durch die die Trefferwirkung des Gewollten oder Gemeinten angezeigt wird.
2. Das Hören der eigenen Stimme, durch die zum Beispiel die lautlichen Abweichungen des normgerecht vorgestellten (weil gespeicherten) Klangbildes mit dem des sprechmotorisch wirklich erzeugten geprüft und korrigiert werden können. Die kurzzeitige Zwischenspeicherung des akustischen Merkbildes wurde in jüngerer Zeit vor allem von Baddeley (1985) untersucht.
3. Schließlich die propriozeptive oder kinästhetische Rückmeldung über die Sehnen- und Muskelspannungen. Sie ermöglichen es, die Übereinstimmung zwischen *sprechmotorischem* Gedächtnisbild und realisiertem Klangbild zu prüfen und zu korrigieren. Das könnte im Rahmen der kurzzeitigen Zwischenspeicherung erfolgen (vergleiche Punkt 2).

Was die Entstehung der Wechselwirkung zwischen Lautbild und Begriffsstruktur anlangt, so gibt es Gründe anzunehmen, daß ursprünglich stärkere Ähnlichkeiten zwischen beiden bestanden haben als später. Dies verweist auf die Konstruktion des Lautbildes von den akustischen Merkmalen des Begriffs her. Jeder Versuch, eine Sprachevolution zu beschreiben, muß diesen Prozeß der Trennung von begrifflichen und lautlichen Ähnlichkeiten berücksichtigen.

Bunak (1951, 1966, 1973) hat Argumente und Gründe dafür zusammengetragen, daß die frühesten Begriffe keine streng abgrenzbaren Klassenbildungen waren, sondern vielmehr anschaulich-bildliche Repräsentationen von Ding- oder Ereigniseigenschaften, zusammen mit eidetischen Vorstellungen von ihren Veränderbarkeiten durch Handlungen. Er sieht das eidetische Gedächtnis als die entwicklungsgeschichtliche Primärform der menschlichen Gedächtnisbildung an. Archaische Gedächtnisstrukturen sind danach anschaulich wie die Bilder und Bildstreifen eines Traumes. Dem würde die klanglich-phonemische Entsprechung onomatopoetischer Lautbilder entsprechen. Die frühesten Lautbildungen sollen danach vorwiegend unscharf getrennte, vokale und konsonantische Merkmale enthalten, die mehr Bescheibungen typologischer als distinktiver Art zulassen – und darum eben auch *Klassen von*

Ereignissen bezeichnen; Ereignisse, die klingen, tönen, rauschen, poltern, schnalzen und so fort. Zu denken ist dabei auch an Signalbelegungen von Einzelereignissen, womöglich mit Affekt- und Zeigegeste, deren Ausdrucksform unter sprachlichem Aspekt noch ganz im Vormenschlichen verhaftet ist (Révész 1946).

Eine wichtige Lernbedingung für den Heranwachsenden ist die *Nachahmung* der gehörten, vielleicht sogar der vorgemachten Lautfolgen. Es ist eine willkürmotorische Leistung, die am Beispiel von Gestik und Gebärde schon beschrieben wurde. Bei der Lautbildung, der Modulation der Atemluft, fungieren die variablen Hohlräume des Rachens als Resonatoren, die Stimmbänder als tonlagenbildende Vibratoren. Das ist, wie gesagt, die periphere, die sprechmotorische Seite. Die erzeugten Schallmuster verursachen aber auch Sinneseindrücke, die perzeptiv aufgenommen und gespeichert werden. Ihr sensorisch-motorisches Gedächtnisbild für die Nachahmung formt sich nach den gleichen Regeln wie das sensorisch-motorische für die Benennung von Dingeigenschaften oder die zugehörigen Handlungsweisen. Nur daß es getrennte Lernobjekte sind, von denen aus die entsprechenden Gedächtnisbilder aufgebaut werden. Lautliche Dingeigenschaften sind als Merkmale eines Objekts schon früh eine Art Brücke zu seiner Benennung. In dem Maße, wie in der kommunikativen Kooperation, der arbeitsteiligen zumal, wie bei der Werkzeugherstellung, der Einweisung in seine Verwendung, bei den Anweisungen für das Verhalten während der Jagd und so weiter, in dem Maße also, wie dabei differenzierte Verhaltensweisen zweckdienlich-begrifflich unterschieden werden müssen, im gleichen Maße wird auch eine Differenzierung der phonetisch-lautlichen Benennungsformen zum Bedürfnis. Denn die Lautbildung vertritt schließlich das begrifflich Gemeinte, und wenn sich dieses verfeinert, muß die Lautbildung folgen. Lautfolgen werden zum Wort, indem sie einen gedanklich gebildeten Begriff durch seine „Be-Zeichnung" ersetzen, das heißt seine Bedeutung substituieren. Diese Begriffsbezeichnung betrifft *die Bedeutung des Wortes*. Lautbildung und Begriffsbildung, das Klangbild und seine Bedeutung geraten, nachdem sie einmal im Gedächtnis aufeinander bezogen sind, in gegenseitige Abhängigkeit, in ein assoziatives Wechselwirkungsverhältnis, das seitdem unauflösbar ist und eine wesentliche Grundlage für die Steigerung der geistigen Leistungsfähigkeit auf dem Wege zur Menschwerdung hin gebildet hat. Dies ist die eigentliche neue Qualität des Homo sapiens. Dabei müssen wir uns von der Vorstellung frei machen, daß die Begriffsinhalte der ersten Lautbildungen Bezeichnungen für Dinge gewesen sind, wie etwa dieses Wort für „Baum", jenes für „Strauch" und so weiter. Vielmehr dürfte (neben dem Kommando, der strikten Aufforderung: „Tue dies", „Mache nicht das") die Benennung eines Vorgangs, einer Szene die wesentlich urtümlichere Form sein; die lautliche Fassung eines Ereignisses auch, das wir in der heutigen Sprachgewohnheit zumeist in der Form eines Satzes oder einer Aussage wiedergeben: „Es brennt", „Er ist stark", „Wir gehen zusammen", „Es ist Schluß für heute", „Fange ihn" und ähnliches. Stopa (1935, 1973; vergleiche Schwidetzky 1973) hat versucht, eine Brücke zu schlagen zwischen Lautstrukturen in Primatenäußerungen und Lautbildungsformen in der menschlichen Urgesellschaft.

Schimpansen produzieren Vokale, die denen unserer e-, a(ou-), u-Laute ähnlich sind (kein i jedoch); sie bilden Nasale wie m, ng; Konsonanten wie g(h), k(h), k(h)x und das ejektive kx'(k'). Ihre Verteilung (also ihre Häufigkeiten, nicht ihre Verknüpfungs- oder Folgeformen) auf Situationen der Freude beim Finden von Nahrung, der Warnung bei Gefahr, bei der Begrüßung der Geschwister, des Kontakthaltens, des Schmerzes und anderes ist untersucht worden (Hockett 1973). Die Zuordnung von Situationen aus der Lautbildung heraus ist in der großen Mehrzahl aller Fälle ziemlich eindeutig möglich. Stopa glaubt nun zeigen zu können, daß die Buschmänner in Zentralafrika eine Sprachform und Lautbildung haben, die der stammesgeschichtlichen Ursprache im Tier-Mensch-Übergangsfeld ähnlich ist und die er als Abkömmling einer hochentwickelten Pongiden-Kommunikationsform ansieht. Ohne zu dieser zweifelsfrei kühnen Hypothese hier Stellung nehmen zu wollen, ist unbestreitbar, daß Stopa dabei eine bedeutungsvolle Kennzeichnung von Primitivmerkmalen einer genetisch frühen Sprachform gelungen ist. Es sind dies (teils von uns gekürzt, zusammengefaßt und geringfügig ergänzt) die folgenden:

1. Die teilweise Einbindung einer Lautäußerung in Gestik und Gebärde, ihre zeitweilige Abhängigkeit von Zeigen und Vormachen als Verdeutlichung. (Ein Beispiel dafür, wie wir meinen, daß diese Lautformen eine hinlängliche Differenzierung für die Äußerung des Gemeinten nicht leisten können.)
2. Das Vorherrschen in der Phonetik der Lautbildung von Schnalzlauten, ejektiven, gepreßten Vokalen und einer semantischen Tongebung (eine Tonlageneinstellung, die mit den Bedeutungseinheiten wechselt. Das ist in der Schrift-Sprech-Bedeutungsbildung im heutigen Chinesischen noch aktuell).
3. Die Reduplikation (Wiederholungsform) als wort- und bedeutungsbildender Vorgang. Zum Beispiel heißt „ngum-ngum" im Pygmäischen „donnern". Die Buschmänner sagen „tu" für „Mensch" oder „Gesicht", „tu-tu" für „Menschen" (mehrere) und „tu-tu-tu" für „sehr viele Menschen".
4. Der Mangel an Zahlwörtern.

5. Die relative Gebundenheit der Lautbildung an die Situation, an Emotionen und anschauliche Eigenschaften der Szenerie. In der Ewe-Sprache (Thurnwald und Westermann 1940) wird der Satz: „Ich stelle die Suppe vor meinen Großvater und die Speise (das ist Puddingartiges) daneben" in wörtlicher Übersetzung so ausgedrückt: „Ich nahm Suppe – nahm, ging, kam, – Großvater mein – Vorngesicht – gab ihm – kam, nahm Speise – nahm und ging und stellte Suppe Seite – stellte Großvater mein – Vorngesicht – und gab ihm". Es fällt auf, daß die Aussagephrasen aneinandergereiht, agglutiniert sind und daß da, wo wir Rückbezüge bilden, Reflexivpronomina verwenden, wiederholt wird. Es ist eine Szenenfolge mit ihren *Ansichten vom Handelnden aus beschrieben.* Ein gewisser Bedarf an mimisch-gestischer Vereindeutigung ist für uns als Leser jedenfalls nachvollziehbar. Wir halten fest: Ein wichtiges Element ursprünglicher sprachlicher Formenbildung ist die Reihung; die Aussagenfolge ist nebengeordnet, parataktisch aufgebaut; die Worte begleiten sozusagen den Ablauf anschaulicher Handlungsabschnitte; syntaktische Bildungen eilen ihnen weder voraus, noch schließen sie rückläufig Vorangestelltes ab. Kurz: Die Sprachform hat noch keine hierarchische Struktur.

6. Ein weiteres Merkmal einer Primitivsprache ist ihre relative Vieldeutigkeit. Im Buschmännischen heißt (immer nach Stopa) „gons": „Sonne", „warm" oder „durstig" oder alles zugleich (man beachte die Szeneneinbettung der Wortbedeutung); „ne-ni" heißt: „Auge", „sehen", „dieser da".

7. Die mehrfache Funktion einzelner Wörter. Zum Beispiel heißt im Buschmännischen „/na" soviel wie geben. Gleichzeitig wird „/na" als Dativpartikel verwendet (soviel wie „bekommen"). Auch in der Ewe-Sprache wird der (semantische) Dativ durch das Verbum „na" („geben") ausgedrückt (Stopa 1973, Seite 159).

8. Der Mangel an Gattungsnamen oder Oberbegriffen. Die Buschmänner haben viele Bezeichnungen für verschiedene Früchte, aber sie haben kein Wort für Frucht.

9. Die Übertragung anschaulicher Ähnlichkeiten in die Wortbedeutungen. Im Buschmännischen steht der bildhafte Ausdruck „/ka-/na" für Finger und heißt wörtlich übersetzt „das Haupt der Hand"; Hunger heißt in der Übersetzung: „der Bauch tötet den Menschen"; der Elefant heißt wörtlich das „den-Baum-Zerschmetterer-Tier". Man beachte auch hier das szenische Element selbst in den Wortbedeutungen für einzelne Dinge.

Es gibt weitere Kennzeichen für urtümliche Formen der Sprachverwendung. Dies schienen uns die wichtigsten. Stopa hat weiterhin Kennzeichen angegeben, die den Entwicklungsgang einer Sprache von den Primitivmerkmalen zu den Eigenschaften einer Hochsprache hin markieren. Es sind dies:

1. Die Abnahme des Energieaufwandes in der Sprechsituation. (Dies hängt auch mit der zunehmenden Optimierung der Lautgestaltung zusammen: Gewährleistung höherer Erkennungssicherheit (bei vermindertem Energieaufwand) durch Verknüpfung distinktiver, leichter unterscheidbarer Lautmerkmale in der Lautabfolge). Das ist zweifellos ein Ergebnis sensomotorischen Lernens.
2. Die globale, ungenaue Symbolisation tritt zugunsten höherer Präzison in der Gestaltung zurück. (Dabei bezieht sich „ungenau" oder „unscharf" sowohl auf das begriffliche Gedächtnisbild der Lautfunktion als auch auf das geäußerte Lautmuster selbst.)
3. Die emotionale Expressivität in der Lautgebung tritt zugunsten einer stärker affektneutralen Mitteilungsform zurück.
4. Die nur grob unterscheidenden Lautkomplexe (vergleiche Punkt 2) werden durch kleinere Einheiten mit feineren, stärker diskreten und distinktiven Merkmalen ersetzt.
5. Alte, urtümliche Formbildungen sterben aus und werden durch Neubildungen entsprechend den genannten Kriterien ersetzt.

Wenn man diese Merkmale zu einer *allgemeinen Evolutionscharakteristik* für archaische lautlich-sprachliche Kommunikation zusammenfaßt, so lassen sie sich als Tendenz zur Präzison der Lautbildung durch Verknüpfung zunehmend diskreter und kürzerer Lautmerkmale begreifen. Bei gleichzeitiger Erhöhung des lautlich Darstellbaren werden Aufwand und Anstrengung in der Kommunikation gesenkt. Das Prinzip, nach dem die Ausdrucksfähigkeit lautlicher Äußerungen gesteigert wird, dürfte damit klar sein: Aufspaltung der Lautkomplexe in möglichst kleine (aber gut unterscheidbare Einheiten (wofür die Rückmeldung sorgt)) und Verknüpfungen dieser lautlichen Einheiten durch immer neue Kombinationen. Diese Verknüpfungen bilden den Anfang für die eigentliche Wortbildung in der Lautsprache. Damit ist ein weiterer, für uns höchst bemerkenswerter Vorgang verbunden: Es ist die Lösung des Signalsystems Lautsprache vom Aktionssystem der Handlungs- und der Verhaltensformen, die Ablösung der ungebrochenen Signalisierung eines inneren Zustandes durch die symbolische Benennung, durch das Zeichen. Es ist der Prozeß der Substitution von inneren Zuständen (seien es Wahrnehmungen, Begriffe, Bewertungen oder Handlungsschemata) durch symbolische Zeichenformen. Sie sind in ihrer Gestalt von der ersteren mehr und mehr verschieden, und sie folgen dabei eigenen Gesetzen der Ausgestaltung.

Stimuliert werden die Veränderungen der äußeren Sprachgestalt durch die Verfeinerung der begrifflichen Strukturbildungen des Langzeitgedächtnisses. Gleichwohl *eröffnet* und *erweitert* auch die Variabilität der Lautbildung die Nuancierbarkeit des Mitzuteilenden. Dies macht die wechselseitige Abhängigkeit der beiden Seiten der Sprache aus: kognitive Kompetenz auf der einen und lautlich-stimmliche Modulationsfähigkeit auf der anderen Seite.

Die von Stopa beschriebene Aufspaltung größerer Lautkomplexe in kleine distinkte Einheiten, mitbedingt durch die notwendige Verfeinerung des Auszudrückenden, führt, historisch gesehen, zu einer bedeutsamen Konsequenz. Willkürmotorisch gestaltete, kleine Lauteinheiten können leicht *kombiniert* werden, wobei jede Permutation eine andere Struktur bezeichnen, eine andere Bedeutung tragen *kann*. Mit anderen Worten: Die Differenzierung der Lautkomplexe in kleine Einheiten ermöglicht die *konstruktive* Gestaltung von Zeichen als Kombinationen aus einem Grundinventar.

Es ist im Prinzip der gleiche Vorgang, der sich in der Schrift beim Übergang von den Piktogrammen, den ikonisch-hieroglyphischen Zeichen für Begriffe oder Begriffskomplexe zum Alphabet der Buchstabenschrift zwischen 3 200 und 1100 vor Christus vollzieht. Ein Prozeß, der also spät erst in der geschriebenen Geschichte geschieht und mit dem phönikischen Alphabet (eine überlieferte Form ist um 650 vor unserer Zeitrechnung zu datieren) einen ersten Abschluß findet.

In der lautlichen wie in der schriftlichen Zeichenbildung ist dieser Prozeß die wesentliche Grundlage für die Ausbildung der Grammatikalität einer Hochsprache, die unter anderem die Möglichkeit schafft, *in der Symbolfolge* Zeichen mit Verweis auf spätere oder frühere Bedeutungseigenschaften *einzubauen*. Referenzen, Bezugsetzungen zu Anzahlen, Genus, Zeiten, Wirklichem oder nur Möglichem und so fort setzen *konstruktive* Zeichenbildungen voraus.[8] Dies lehrt schon ein kurzer Blick auf die Morphologie einer Hochsprache (vergleiche Ross 1991).

Wir haben dargelegt, aufgrund welcher Zwänge zwei ursprünglich getrennt verlaufende Lernprozesse zueinander hin konvergieren und in Wechselwirkung treten: das Erlernen von kommunikativen Signalen auf der einen und von begrifflichen Klassifizierungen in Form von Verhaltenseinstellungen auf invariante Objekteigenschaften auf der anderen Seite.

Die einschlägigen Lernprozesse verlaufen zunächst getrennt, weil sie ganz unterschiedlich motiviert sind: Der eine erhält seine Bekräftigung im Sozialbezug des Verhaltens durch Artgenossen, der andere durch die Rückmeldung von Aktivitäten über die Bewältigung von Anforderungs- oder Problemeigenschaften der Umgebung.

Lernen gestaltet Gedächtnisbesitz, welcher Art das Lernen auch immer ist. Der Zusammenhang und die mögliche Wechselwirkung zwischen den hier in Rede stehenden beiden Lernleistungen entstehen im Gedächtnis. Indem Verhaltenserfahrungen in die Signalbildung eingehen, werden diese zu Zeichen für interne Strukturen und im besonderen für die Begriffe. Dies ist *die kognitive Quelle*, aus der die Entstehung von Sprache resultiert. Welche Bedeutung der Wechselwirkung beider Systeme bei der Steigerung der geistigen Leistungsfähigkeit des Menschen zukommt, davon wird in späteren Kapiteln noch ausführlich die Rede sein. Vorerst ist damit nur eine dynamische Komponente dieses historischen Prozesses vom Homo habilis zum Homo sapiens bestimmt.

Es wurde schon angedeutet, daß bei diesem Prozeß zwei Zwänge zusammengewirkt haben: biogenetische Selektion und soziale Notwendigkeiten, wie sie aus der Kooperation bei Nahrungssuche, Jagd oder Hausbau oder auch nur beim Vor- und Nachmachen resultieren. Vor allem die stark selektive Komponente dürfte bewirkt haben, daß sich der Prozeß der Sprachentstehung beim heutigen Menschen geradezu umgekehrt hat: Die erwachende Funktionsfähigkeit weiter Hirnregionen (siehe Kapitel 3.1.5) führt zu einem sprachlichen Ausdrucksbedürfnis, zu einer vitalen Neigung sich mitzuteilen noch bevor die kognitiven Voraussetzungen dafür im Semantisch-Begrifflichen gegeben sind. Historisch gesehen hat die Sprachintention und ihre Inhalte die Sprachform geschaffen; ontogenetisch betrachtet ist das Gefäß vor dem Inhalt da. Das verweist auf die ererbte Grundausstattung für die Ausbildung von Sprache beim Menschen. Die Disposition betrifft allem Anscheine nach in starkem Grade die Motivation für die kommunikative Seite der Sprache, das Bedürfnis nach Mitteilung. Die begriffliche Basis kognitiver Prozesse bildet sich auch beim rezenten Menschen zuerst in der eigenen Aktivität, im Handlungs- und Verhaltensraum der ersten Lebensmonate. Erst *nachdem* die ersten sensorisch-motorischen Klassifizierungen vollzogen sind, wird die Benennungsfunktion der Worte in der Mitte des ersten und zweiten Lebensjahres erfaßt, und erst danach kann das für die weitere individuelle geistige Entwicklung so wesentliche Wechselspiel zwischen kognitiven Prozessen und Sprachfunktion beginnen (vergleiche Luria 1963; Wygotsky 1934). Die Basis des Zusammenwirkens von Kognition und Kommunikation ist jeder individuellen Entwicklung als Ergebnis biologischer und sozialer Geschichte vorgegeben. Bevor wir im weiteren auf den letzten Aspekt genauer eingehen, sei noch eine Systemkomponente der Verhaltensregulation betrachtet, die bei der Integration dieser beiden Grundvoraussetzungen intellektueller Leistungsfähigkeit eine entscheidende Rolle spielt: die Funktion des Bewertungssystems als Regulator der Verhaltensmotivation, der Lerneinstellung und der Gedächtnisbildung. Mit diesen Erörterungen werden wir auch einen neuen Zugang finden für das historische Verständnis der Sozialisierungsprozesse im Tier-Mensch-Übergangsfeld.

3.1.5 Die Bewertungsfunktion tiefliegender Hirnstrukturen und die motivationale Basis kognitiver und kommunikativer Prozesse

Die Hemisphären des Großhirns haben sich aus dem relativ undifferenzierten Endhirn (Telenzephalon), dem ursprünglichen Riechteil des Hirnstammes, entwickelt. Mit dem verminderten Anteil des Riechhirns am Großhirn hat sich auch die Funktion der Chemorezeption und des Geruchssinns als Kontroll- und Steuerorgan der Verhaltensregulation zurückgebildet. Der älteste Teil des Hirnmantels, bei Ratte und Katze noch den größten Teil der inneren und unteren beiden Hemisphärenregionen einnehmend, ist das limbische System. Seine anatomische Struktur und seine Verbindungen sind von den primitivsten bis zu den höchsten Säugern einschließlich des Menschen kaum verändert. In gewissem Sinne ist auch die Funktion dieses Systems unverändert: Es ist das

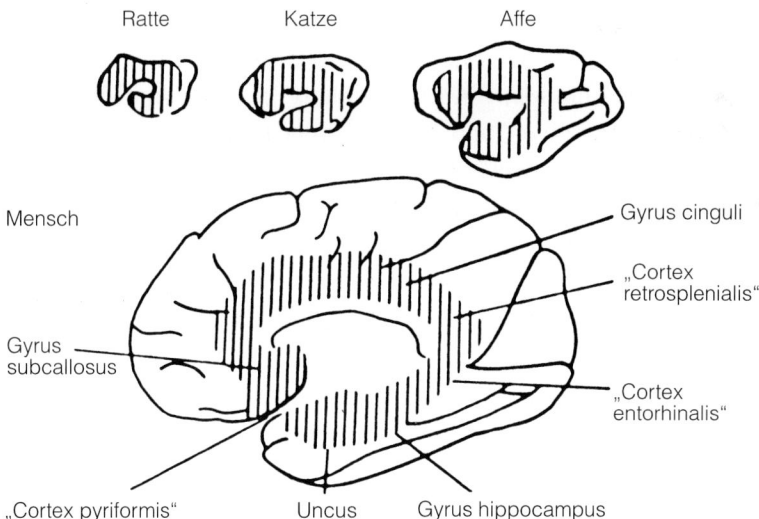

3.6 Anteile des limbischen Systems bei Ratten, Katzen, Affen und beim Menschen relativ zum übrigen Kortex. Es zeigt sich eine deutliche Proportionsverschiebung zugunsten der höheren kortikalen Anteile mit zunehmender Entwicklungshöhe. (Nach McLean, aus Birbaumer, 1975.)

in Kapitel 2 besprochene Bewertungssystem für die intersensorische Information, für die Entscheidungsbildung wie für die Qualität der Verhaltensprogramme. Seine allgemeine wahrnehmungs- und verhaltensorientierende Funktion haben wir im Zusammenhang mit der Modifizierung der Instinktregulation durch Lernprozesse betrachtet. Gleichwohl erreicht seine Funktion beim
Menschen eine neue Qualität. Dies rührt daher, daß es in Wechselwirkung
tritt mit den neu sich bildenden, höchsten zentralnervösen Abschnitten, insbesondere mit dem Frontalhirn. In diesem Hirnrindengebiet liegen die höchsten
Abschnitte für die zentrale Integration von Situationsdaten und Willensent-
scheidungen. In sie wie in die Auswahl sprachlicher oder anderer kommunikativer Mittel greift das limbische System ein. Es dürften hier auch die Quell-
erregungen für sozial motiviertes Verhalten, für die Selbst-Motivation des
Handelnden liegen; für sein Streben, eigenes Wissen oder Können zu vervoll-
ständigen beziehungsweise zu verbessern. Es liegen dort auch Gebiete, die
mit der Repräsentation des Selbst des Wahrnehmenden und Handelnden, mit
dessen Zielen in verschiedenen Situationskontexten zu tun haben.

Im Konnexionsgebiet des limbischen Systems liegen auch Areale, in denen
die Koordination der Information aus verschiedenen Sinnesgebieten stattfindet: Sehen, Hören, Riechen und Schmecken (vergleiche Freeman 1991). Bei
jedem Ereignis gelangen die Wahrnehmungsdaten aus den verschiedenen Sinnesgebieten in diese Region, und sie werden aller Wahrscheinlichkeit nach
hier zu einem Gesamtkomplex an Erregungszuständen verdichtet.

Das limbische System hat eine zentrale Funktion beim Zusammenwirken
von Kognition und Emotion, von Entscheidungskriterien und Motivation. Die
Bedeutung der integrativen und koordinierenden Funktion im Prozeß der
Menschwerdung kann schwerlich überschätzt werden. Um dies etwas deutlicher herauszuarbeiten, müssen seine Einbettung in der Architektur eines Nervensystems näher betrachtet werden.

Das limbische System überlagert und umgibt nach der Seite hin Zwischenhirn und Thalamus. Seine kreisförmige Struktur (der sogenannte Papez-Kreis)
ist in Abbildung 3.7 wiedergegeben. Es ist vom Hirnmantel des Neuhirns
auch durch seine Zellstruktur unterschieden: Statt der zumeist sechs Zell-
schichten im Kortex finden sich hier nur vier bis fünf, teilweise gar nur zwei
bis drei.

In seiner Ummantelung wird auch äußerlich kenntlich, daß es unter anderem ein Durchgangsgebiet zwischen höchsten und tiefsten Hirnabschnitten
jenseits der reinen sensomotorischen Umschaltkerne, zum Beispiel im Thalamus, darstellt. Es ist aber viel weniger ein Umschalt- als vielmehr ein Verar-
beitungsorgan mit einer Funktion, die wechselseitig zahlreiche Hirnabschnitte,

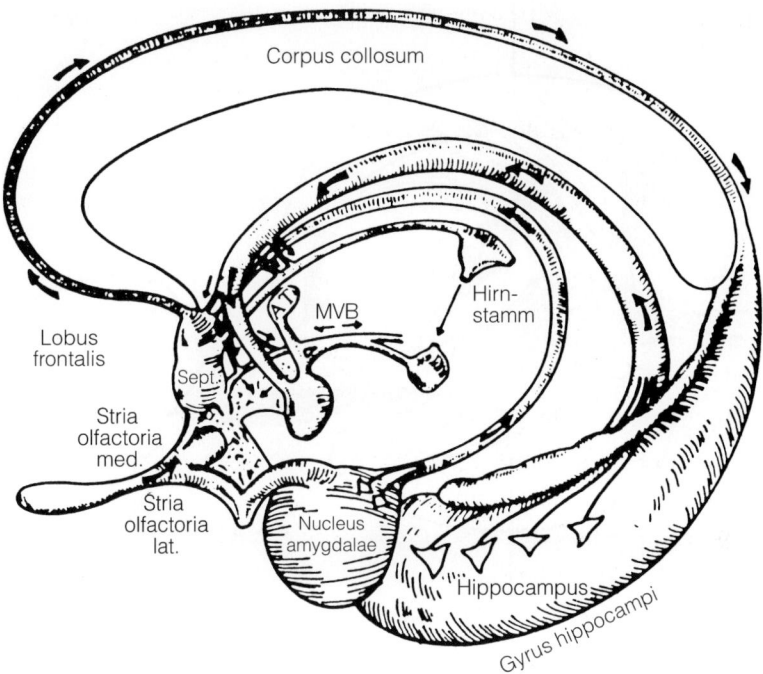

3.7 Der sogenannte Papez-Kreis, der das limbische System kennzeichnet. Links das Riechhirn, darüber und seitlich der Frontallappen (Lobus frontalis). Drei bedeutsame Teilsysteme sind das Septum (Sept.), Nucleus amygdalae und die Hippocampusregion. Das mediale Vorderhirnbündel (MVB) verbindet Zwischenhirn, Amygdalae und Septum mit dem Frontalhirn und mit der Formatio reticularis. (Nach McLean, aus Birbaumer, 1975.)

tiefer- wie höherliegende, in ihren Aktivitätsmustern beeinflußt und daher allem Anscheine nach auch koordiniert.

Die Teilgliederung des limbischen Systems wird aus Abbildung 3.7 gut kenntlich: Darüber und ein wenig seitlich vom stark zurückgebildeten Riechhirn liegt das Septum, darunter Nucleus amygdalae, darunter, und etwas zum Hirnstamm hin versetzt, Hippocampus. Über diesem Gebiet, nach unten und innen gewölbt, liegt der Temporallappen der Großhirnhemisphären. Das mediale Vorderhornbündel (MFB, Abbildung 3.8) verbindet den Hypothalamus (der unter anderem mit der Hormonregulation des Körpers zu tun hat) mit dem Mandelkern (Nucleus amygdalae) und dem Septum; es stellt die Verbindung zum Mittelhirn her (das mit der automatisierten motorischen Bewegungssteuerung zu tun hat) und zur Formatio reticularis (die starken Einfluß auf den allgemeinen Aktivierungszustand weiter Hirnrindenabschnitte ausübt). Es verbindet ferner (wie schon angedeutet) tiefliegende Hirnstrukturen,

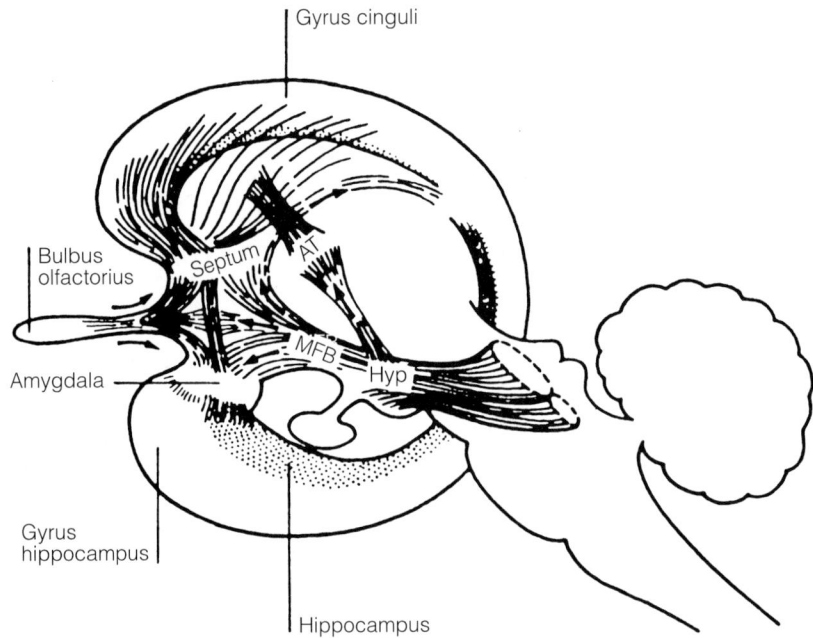

Gyrus cinguli

Bulbus olfactorius

Septum

AT

MFB

Hyp

Amygdala

Gyrus hippocampus

Hippocampus

3.8 Blick auf die Verbindungen des limbischen Systems mit dem vorderen Thalamus, dem Hypothalamus und dem Mittelhirn, dem Gyrus cinguli, dem Hippocampus, dem Septum und dem Nucleus amygdalae. (Nach McLean, aus Birbaumer, 1975.)

zum Beispiel auch im verlängerten Mark (Steuerung des Blutdruckes, der Atmung und anderer Lebensfunktionen), mit den höchsten Abschnitten des zentralen Nervensystems, insbesondere dem Frontalhirn. Schließlich liegen hier auch die für die weiteren Betrachtungen wesentlichen Verbindungen zwischen Hippocampus und Temporallappen. (Sie sind von wesentlicher Bedeutung für die Einlagerung von Gedächtnisbesitz.)

Eine Reizung des limbischen Systems durch Einstichelektroden kann eine generelle Zunahme der elektrischen Aktivität der Hirnrinde wie auch direkte fronto-kortikale Erregungsmuster im Großhirn erzeugen, je nachdem, an welcher Stelle gereizt wird. Ist dies (zum Beispiel bei Hirnoperationen) am Menschen möglich, sind damit subjektiv häufig emotional-affektive Erlebnisse verbunden: solche des Zorns, des Wohlgefühls, des Ärgers oder der Lust – ohne daß der (bei Bewußtsein befindliche) Patient angeben kann, worauf seine emotional veränderte Grundverfassung zurückzuführen wäre. Wie weitere Beobachtungen und Experimente belegen (siehe unten), sind die mittleren und unteren Teile des limbischen Systems, besonders Septum und Amygdala, bedeutsame Regulatoren emotionaler Zustände und – bei rascherem Anstieg und

Abfall der Emotionen – auch von Affektverläufen. Bei intakter Funktion des Nervensystems bleiben die emotional-affektiven Zustandsänderungen immer mit sensorischen Lagemeldungen über Umgebungseigenschaften, mit der Rückwirkung der Umgebung auf Verhaltensakte oder auch mit dem Wechsel innerer Bedürfniszustände verbunden. Insofern emotionale Zustände oder affektive Spannungen mit dem Setzen von Handlungszielen verbunden sind und sich mit deren Erreichen lösen, erzeugen sie die Motivdynamik des Verhaltens. Phylogenetisch aus homöostatischen Regulationen herstammend, behalten die emotionalen Zustände ihre Bewertungsfunktion bezüglich der organismischen Lage; durch ihre Einbettung in die kognitive Verhaltensregulation gewinnen sie die neue Funktion der Motivationsbasis des geistigen Verhaltens, des Handelns und Lernens. Die Bewertung bleibt darin erhalten, daß erreichte Handlungsziele als Erfolge, nicht Erreichtes als Mißerfolg durch den Affekt ihre positive oder negative Valenz erhalten. Aber Motivation ist natürlich mehr als Affekt: Das Setzen von Zielen, besonders von Leistungszielen, ihre Auswahl nach Beachtung des Risikos und der Erreichungschancen als Leistungsmotivation, die Kalkulation des Schwierigkeitsgrades, zum Beispiel beim Problemlösen, verweisen auf die Funktion kognitiver Komponenten in der motivierten Tätigkeit. Jedoch: Kognitive Prozesse sind ohne die affektive Komponente der Motivation kraftlos; und die Dynamik des Affekts ist ohne kognitive Richtung blind. In der Tat ist das erlebbare Wechselspiel von Motivation und Kognition, des Strebens nach Steigerung des Selbstgefühls durch Leistung (interindividuell vorwiegend sozial vermittelt) und die Tendenz zur Vermeidung von Diskriminierung durch Leistungsabfall ein Verweis auf die Unlösbarkeit der beiden Komponenten in der natürlichen (im Sinne von nicht-experimentellen, nicht-pathologischen) Verhaltensregulation. Biologisch begründet ist dies durch die Wechselwirkung des limbischen Systems mit den höchstentwickelten Anteilen des Zentralnervensystems. Sozial determiniert wird dies dadurch, daß Kommunikation und Kooperation oder – ganz allgemein – daß das Zusammenleben verhaltensbestimmende Wirkungen setzt, auf die dieses Bewertungssystem anspricht, ebenso wie die homöostatischen Regulationen auf Nahrungs-, Wasserentzug oder physische Beschädigungen und auch auf Begünstigungen oder Privilegierungen in diesen Triebbereichen ansprechen.

Um einen gewissen Überblick in der Fülle der damit verbundenen psychologischen und psychophysiologischen Teilprobleme zu behalten, betrachten wir die regulativen Einflüsse dieses Systems unter drei Aspekten. Der erste (1) betrifft die Frage nach der Art der regulatorischen Dynamik: Wie arbeitet dieses System als dynamische Basis der Motivation? Der zweite Aspekt (2) handelt von der Spezifik der Bewertung in kognitiven Leistungen; der dritte (3) vom Einfluß dieses Systems auf die Gedächtnisbildung.

1. Der eigentlich bewegende, Verhalten und Handlung stimulierende Auslöser ist nicht die statisch-emotionale Bewertung eines Zustandes des Organismus (sei er mehr äußerer oder innerer Natur), sondern es ist die Registrierung einer Zustands*änderung*. Es ist – vom Erleben her beschrieben – eine Art hedonalgisches Differential[9], das als Auslöser Motivation stimuliert; es ist die Registrierung einer *Verschiebung* im Lust-Unlust-Erleben.

Nach diesem differentiellen Wirkungsprinzip ist es auch nicht die Gewinnung eines neutralen Zustandes oder das Beibehalten eines Zustandes von Lustgefühl schlechthin, auf das hin die Verhaltensregulation ausgelegt ist; es ist vielmehr die Tendenz zur Verschiebung der Lagebewertung *in Richtung* zum positiven Pol, *zur Erhöhung* des Selbstgefühls hin. Aktivität und Handlung finden darin nicht ihr Ziel, aber ihre Erfüllung, die eben nur durch Zielerreichung oder genauer: durch die Erkennung des Fortschreitens zum Ziel hin zu gewinnen ist. Die Wurzel dieses Erlebens ist sowohl mit tiefsten Vitalfunktionen als auch mit höchsten kognitiven Leistungen verbunden: Es wirkt sich aus auf die Steigerung des Selbstwert-Erlebens und des Ich-Gefühls auf der einen Seite und reicht bis zur Veränderung von Blutdruck, Herzschlag und Hormonspiegel auf der anderen. In der gleichermaßen sozialen wie vitalen Einbettung ist das hedonalgische Differential von spezifischer Motivationskraft. Alle verfügbaren Mittel, physische wie kognitive, können von diesem Funktionsprinzip her aktiviert werden, um durch die Rückmeldung ihrer Wirkungen relative Entspannung und Lösung von Erregung, Unruhe oder affektiver Belastung zu gewinnen.

Die Funktion des hedonalgischen Differentials ändert sich in der Evolutionsgeschichte der höheren Säugetiere kaum. Die lösende Wirkung vitaler Triebbefriedigung kann in ihrer entspannenden, relaxierenden Funktion ebenso physische Erregung entkrampfen, wie die Lösung sozial bedingter Spannungen durch Klärung eines Konflikts bewirken. Was sich ändert, sind die Anlässe, die es aktivieren, die Situationseigenschaften, die seine Funktion auslösen oder in Gang halten. Sie überschreiten aber bereits bei höheren Tieren, insbesondere aber beim Menschen die Grenzen der rein innerorganismischen Veranlassung: Soziale, mentale und kulturelle Faktoren erhalten zunehmendes Gewicht. Es läßt sich denken, daß das ästhetische Erleben eines Kunstwerks zum Beispiel in einem Auf und Ab von Spannung und Lösung, von Setzung eines Konflikts und seiner Überwindung im emotionalen Grundgehalt von den Affektionen dieses Systems mitgetragen ist.

Die erwähnte neue Qualität der Systemfunktion, offensichtlich durch die Veränderung der Auslösebedingungen entstehend, ist zunächst vom erlebnismäßig Gegebenen her evident. Sie dürfte in ihrer biologischen Basis vor allem durch die schon erwähnte Wechselwirkung der Zentren des limbischen Systems mit kortikalen Regionen der sensorischen Informationsverarbeitung wie der motorischen Verhaltenskoordination auf der einen Seite, mit denen tiefliegender Lebensfunktionen wie Blutdruck, Herzschlag, Hormonhaushalt auf der anderen verursacht sein. Die jeweiligen Gebiete liegen im Frontallappen, im Mittel- und Zwischenhirn, im verlängerten Rückenmark sowie in okzipitalen und medialen Gebieten der Hirnrinde. Die entsprechenden Verbindungen sind weiter oben beschrieben, und man kann kaum fehlgehen in der Annahme, daß eben darin die funktionelle Integration dieses Systems mit höheren und niederen Hirnregionen ihren Ausdruck findet. Daß es dabei in der Tat um motivierende Handlungs-, Verhaltens- und Zielbewertungen geht, mögen die folgenden Experimente verdeutlichen:

Olds und Milner (1954) haben im Septum der Ratte und später dort auch bei Affen Elektroden angebracht und den Tieren die Möglichkeit gegeben, durch Drücken eines Hebels eine schwache elektrische Reizung in ebendiesem Gebiet auszulösen. Sobald einmal die Wirkung dieser Verhaltensweise erfahren wurde, überwinden die Tiere Hindernisse und Schwierigkeiten, um sich den Zugang zu diesem Hebel zu verschaffen. Und sie bedienen ihn bis zur Entkräftung. Selbst wenn man den Hebeldruck mit einem elektrischen Strafreiz koppelt, stark genug, um sonst Vermeidungsreaktionen zu bedingen, suchen und bedienen sie den Hebel, vergleichbar mit Menschen, die nach Nikotin oder Alkohol gieren, auch wenn sie um die mögliche Schadwirkung beider Stimulantia wissen.[10]

Nachdem so die integrative Funktion und die motivierende Dynamik dieses Systems betrachtet sind, wenden wir uns dem zweiten Aspekt zu:

2. Die Funktion des limbischen Systems bei der Bewertung eintreffender Informationen. Wesentlich ist dabei die Erkenntnis, daß nicht sensorische Reize für sich, also rein objektbezogen, bewertet werden, sondern daß dies im Rahmen der Gesamtsituation und der subjektiven Lage des Organismus in ihr geschieht. Diese Kontextabhängigkeit der Informationsbewertung können einige Experimente belegen:

Wenn im Gebiet des Mandelkerns (Nucleus amygdalae) nach der Implantation von Elektroden gereizt wird, zeigen sich Symptome der Flucht oder Abwehr, der Furcht oder der Wut. Und zwar auch beim Menschen, wenn bei Gelegenheit von Hirnoperationen in dieser Region gereizt wird (Hassler, mündliche

Mitteilung). Bei der Analyse der Bedingungsabhängigkeit dieses Phänomens zeigte sich, daß die Verhaltenswirkung einer elektrisch vermittelten Reizgebung von den Situationsbedingungen *im ganzen* beeinflußt wird. Rosvold (1954) hat Experimente dieser Art in einer Paviangruppe mit fester sozialer Rangordnung durchgeführt. Zum Beispiel hat er Tieren mittlerer Rangposition auf diese Weise elektrische Reize appliziert. Dabei zeigt sich: Tiere mit gereizten Hirnarealen in dieser Region reagieren gegenüber eindeutig ranghöheren Artgenossen mit Furcht oder intensiven Abwehraktionen – obwohl sie nicht angegriffen werden. Gegenüber rangniedrigeren Tieren hingegen reagieren sie mit Aggressivität und Wutaktionen. Aggressive Aktivitäten können aber auch gegen ranghöhere Artgenossen ausgelöst werden, und zwar bei Steigerung der elektrischen Reizstärke. So etwas wie der blinde Mut der Verzweiflung scheint dabei künstlich erzeugt worden zu sein. Rosvold konnte im Ergebnis dieser Experimente eine Umordnung der vor dem Experiment registrierten Rangpositionen in der Gruppe registrieren. Veränderungen in der Sensibilität der Motivierungskräfte verändern das Gleichgewicht des sozialen Gefüges in der Gruppe – wenigstens soweit es die Rangpositionen in Primatengesellungen betrifft. Wesentlich ist, daß auch die Verhaltensentscheidung unter sonst gleichen Bedingungen vom Kontext, von der Einbettung der Wahrnehmungsbedingungen in die objektive und subjektive Gesamtlage abhängt und daß sie durch die Bewertung der zugänglichen Informationen entscheidend beeinflußt wird. Sokolov (1970) hat die Aktivität im Mandelkerngebiet kontinuierlich registriert und gefunden, daß sie bei negativen Versuchsausgängen, speziell bei Strafreizen, erhöht ist. Abtragungen des Kerns hingegen reduzieren die Affektbasis des Gesamtverhaltens, insbesondere stören sie Flucht- und Aggressionstendenzen oder bringen sie ganz zum Verschwinden. Auch das Hippocampusgebiet scheint an der Informationsbewertung von Umgebungsreizen Anteil zu haben, zumeist in einem Gegensinne derart, daß Hemmungen für Emotionalität und Affektivität von ihm ausgehen. Werden nämlich in diesem Gebiet Läsionen gesetzt, so fällt die Habituation aus. Es gibt keine Gewöhnung mehr an immer wiederkehrende Reizeinwirkungen. Die Orientierungsreaktion bleibt erhalten, so, als wären diese Reize immer wieder neu. Dies schließt auch eine ständig affektiv vorherrschende Bereitschaft zu Flucht und Abwehr ein. In letzter Zeit sind neue Forschungsergebnisse und differenzierte Erkenntnisse nach hirnanatomischen Forschungen an Makaken, Rhesusäffchen und Schimpansen gewonnen worden. Darüber haben Mishkin und Appenzeller (1987) berichtet. Danach müssen bei Lernvorgängen und der anschließenden Gedächtnisbildung auch verschiedene Untersysteme in tiefliegenden Hirnregionen zusammenwirken (siehe Abbildung 3.9). Für uns sind einige Befunde von spezifischem Interesse:

146

Mishkin und seine Mitarbeiter haben einen besonderen Typus von Gedächt-
nisleistungen erforscht. Das geschieht durch eine Art von Wiedererkennungs-
experiment, das sie „nonmatching for sample" nennen. Es handelt sich dabei
um folgendes: Ein Affe bekommt ein ihm unbekanntes Objekt vorgelegt (ein
Püppchen, einen kleinen Teddy, eine kleine Ente und ähnliches und lernt
durch Bekräftigung, es beiseite zu legen. Tut er das regelmäßig, dann ist der
Trainingsteil des Versuches abgeschlossen. Danach bekommt er das zuletzt
gezeigte Objekt mit einem wiederum neuen, ihm noch unbekannten Gegenstand vorgelegt. Auch hier muß er, um Futter zu bekommen, das neue Objekt
beiseite legen. Danach bekommt er das soeben Weggelegte mit einem abermals
neuen Gegenstand vor sich hingesetzt. Abermals muß er diesen neuen Gegenstand weglegen, um Futter zu bekommen. So geht das dann mit Paaren von kleinen, wahrnehmungsmäßig gut unterscheidbaren Dingen immer weiter, bis keine
Fehler mehr auftreten: Immer muß das jeweils neue Objekt weggelegt werden.
Das Tier hat danach gelernt, das im vorherigen Versuch jeweils als unbekannt
bestimmte Objekt nunmehr als bekannt zu erkennen und nicht wegzulegen. Das
ist eine Gedächnisleistung, die aus einer einzigen Bekanntschaft resultiert und
die die genannten Affenarten ohne Schwierigkeiten erwerben.

Tiere, bei denen Amygdalagebiet und Hippocampus außer Funktion gesetzt
sind, verlieren die Fähigkeit, diese sofortige Wiedererkennungsleistung zu
vollbringen. Sie haben so etwas wie eine visuelle Amnesie. Einfaches assoziatives Lernen hingegen, wenn also ein Objekt gemeinsam mit einem anderen
bekräftigt wird, bleiben in dieser Verbindung im Gedächtnis haften. Solcherart
bedingte Verbindungen beruhen danach auf anderen Systemfunktionen im
Nervensystem als die „nonmatching-for-sample"-Anforderung.

Im Amygdalakern liegen auch kreuzende Verbindungen, die zwischen verschiedenen Nervenzellknoten vermitteln (Abbildungen 3.7 und 3.8). Es gibt
da Verbindungen zum Diencephalon, zum Hypothalamus und zum Vorderhirn.
In diesem Bereich findet eine Integration von Wahrnehmungsdaten aus verschiedenen Sinnesgebieten statt. Gesehenes, Gehörtes, Getastetes und Ge-
schmecktes wird hier in großen neuronalen Erregungskreisen zu einem nie-
drigschwelligen Erregungsverbund zusammengeschlossen. In solchen geschlossen aktivierten Neuronenkreisen erfolgt auch die Einwebung von
emotionalen Zuständlichkeiten in den Wahrnehmungsvorgang. Im besonderen
ist das beim emotionalen Gehalt von Gerüchen gezeigt worden (Freeman
1991): Wenn im Riechhirn eines Kaninchens die Nervenzellaktivität beim
Einatmen von Fuchsgeruch abgeleitet wird, dann zeigen sich zunächst starke
chaotische Zellentladungen. Fast das gesamte Riechhirn feuert: Allgemeiner
Alarm, erstmal. Allmählich formt sich aus diesen chaotischen Erregungsver-

läufen ein Erregungsmuster heraus, das eine Strukturierung erkennen läßt. Beim neuerlichen Auftauchen von Fuchsgeruch bildet es sich in ähnlicher, wenn auch nicht gleicher Weise. Ein völlig anderes Erregungsbild entwickelt sich beim Riechen begehrter Nahrung. Solche Musterbildungen in Erregungskreisen komplizierter Nervennetze können auch als neuronale Basis einfacher Objekterkennung im Nervensystem vorgestellt werden.

Mishkin berichtet dann auch über Forschungen, die weitere Schritte der Informationsverarbeitung im Nervensystem betreffen. Nachdem die integrierten Objektabbildungen in tiefliegenden Hirnstrukturen vorliegen und im Hippocampus-Temporallappengebiet eingelagert sind für detaillierte Wiedererkennungen, erfolgt eine Art Rückprojektion in die nachgelagerten Einstrahlungsgebiete der Sinnesorgane in der Hirnrinde. Schon dort kann dann die komplexe Vernetzung eines Objekts, mit Geruchs-, Geschmacks-, akustischen und visuellen Erfahrungen gekoppelt, die Wiedererkennung einleiten. Tiefere semantische Vernetzungen und Bedeutungsverzweigungen mit Antwortentscheidungen dürften dann aber wieder im Bereich der Hippocampusregion und im Temporalbereich der Hirnrindenregionen vor sich gehen.

Die außerordentliche Komplexität solcher neuronalen Vernetzungen im Wahrnehmungslernen ist damit noch nicht ausgeschöpft. Durch wechselseitige Anregungen zwischen dem basalen Vorderhirn und dem Frontalhirn können auch egozentrische Einstellungen der wahrnehmenden Person mit den jeweiligen Wahrnehmungsinhalten verbunden werden und auch bleiben. Das gilt schon bei einfachen Objektwahrnehmungen. Da liegt dann nicht bloß ein Fauststein oder ein Speer oder ein Amulett, sondern das sind dann „*mein*

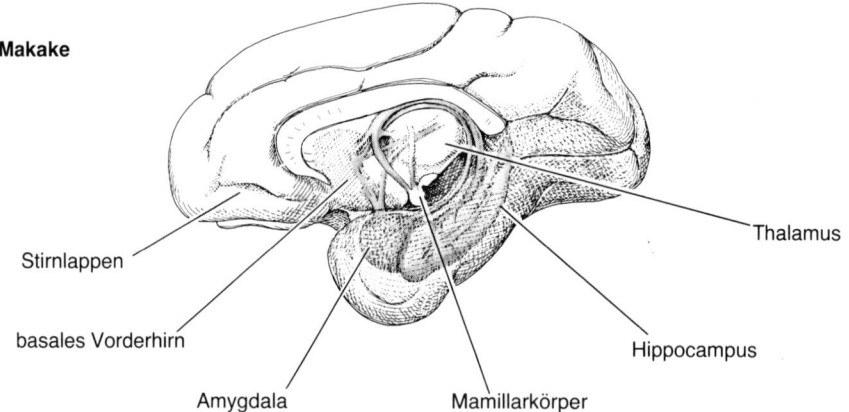

Makake

Stirnlappen

basales Vorderhirn

Amygdala

Mamillarkörper

Thalamus

Hippocampus

3.9 Teilsysteme eines Primatenhirns, die bei Lernvorgängen und Gedächtniseintragungen räumlich und zeitlich zusammenwirken. (Aus *Spektrum der Wissenschaft*, 8/87.)

Faustkeil", „*mein* Speer" oder „*mein* Amulett"; ICH erkenne diese Dinge als mir SELBST zugehörig. Auch das ist eine informationsintegrierende Leistung erkennender Nervenzellverbindungen.

In der Striatumregion, so der Mishkin-Report weiter, sind noch andere Funktionen des Gedächtnisses angesiedelt, vor allem die Aktions-Situations-Verbindungen. Das entspräche unseren Gedächtnistripletts, wie wir sie in Zusammenhang mit dem Erlernen sensomotorischer Verhaltensketten behandelt haben. Dabei handelt es sich um eine evolutionsbiologisch sehr früh anzusetzende Leistung.

So kommen wir nun im ganzen dazu, daß die Gedächtnisbindungen in einem hochorganisierten Nervensystem keine bloße Ansammlung, kein schlichtes Geflecht von Verzweigungen in einem Nervennetz durch Lernen bilden, in dem auf- oder abgerufen werden kann. Gedächtnis, menschliches Erinnern und Wissen zumal, entsteht aus dem koordinierten Zusammenwirken sehr verschiedener Hirnstrukturen mit eigenen Funktionen. In jeweils unterschiedlichen Anteilen bewirken sie Objekterkennung und -unterscheidung sowie Zusammenhangsbildungen zwischen Informationen aus verschiedenen Sinnesorganen. Dazu gehören die Integration von Situationseigenschaften in Erinnerungsbilder und die Einbeziehung der emotionalen Zuständlichkeiten in die Gedächtnisinhalte. Schließlich gehören dazu auch noch die Bindungen des Erkannten an den Handlungsträger mitsamt den Szeneneigenschaften seines Erlebens und Handelns, ob sie erfolgreich waren oder erfolglos, verletzend oder bedeutungslos für das agierende Selbst.

Die Architektur des Gedächnisses und die Funktionen seiner Elemente entstehen beileibe nicht erst mit dem Menschen. Sie bilden sich entwicklungsgeschichtlich in sehr verschiedenen Zeiträumen und Etappen heraus. Das beginnt mit einfachen sensorischen Assoziationen bei Hohltieren und endet (vorläufig) mit den bedeutungstragenden Sprachfunktionen des Menschen und ihrem reflektierenden Zentrum, dem aus der Selbsterfahrung enstammenden Ich-Begriff. Der letzte Aspekt betrifft aber einen sehr geringen Anteil des ganzen Funktionsgefüges, das fast vollständig in vormenschlicher Zeit entstanden ist. Wir werden das im Auge behalten müssen, wenn wir uns mit menschlichen Leistungsdispositionen befassen.

Wir haben unter dem ersten Aspekt vor allem die integrative Funktion des limbischen Systems und, mit dem hedonalgischen Differential, seine handlungs- und verhaltensmotivierende Funktion kenntlich gemacht. Der soeben betrachtete zweite Aspekt zeigt, daß die intersensorische Informationsbewertung in dieser Systemvernetzung entsteht, und zwar in einer Weise, die aus Vergleichen von internem Zustand, bestehenden Motiven und externer Lagemeldung resultiert. Informationsbewertung und Handlungsmotivation werden auf *einer Skala affektiver Gewichtung* abgebildet, einer Gewichtung, die mit ihrer Veränderung die Handlungsdynamik stimuliert und die mit dieser Bewertung das bedeutsamste Bindeglied zwischen Informationsaufnahme und Verhaltenseinstellung beeinflußt, nämlich die Entscheidungsbildung.

Wir sprachen soeben von den Anteilfunktionen der Hippocampusregion beim Wiedererkennen. Wenn keine Nachwirkung von Wahrgenommenem auf unmittelbar nachfolgende Verhaltensentscheidungen eintritt, dann ist auch die Wiedererkennung von Bekanntem gestört. Dies verweist auch auf die Beziehung dieser Systemfunktion zu Einflüssen gespeicherter Information auf das Verhalten, es verweist auf Einflüsse der Gedächtnisbildung bei der Entscheidung für oder gegen eine Handlungsalternative. In der Tat sind die beiden betrachteten Bewertungsinstanzen (teilweise über die Hippocampusregion) mit dem Temporallappen verbunden, der dieses Gebiet von unten und seitlich überdeckt. Dessen Funktion für die Gedächtnisbildung, insbesondere für die Langzeitspeicherung von Gedächtnisinhalten, ist seit längerem bekannt (Creutzfeldt 1971; Pribram 1971; Mishkin 1987).

Erst in letzter Zeit sind neue, wesentliche Einsichten in die Prozesse langzeitiger Gedächtnisbildung erzielt worden (Fischbach 1992; Kandel und Hawkins 1992; R. und H. Damasio 1992; Gershon und Rieder).

Bis jüngst konnte man bei der Langzeitspeicherung nur von der Veränderung synaptischer Verbindungen ausgehen. Die Suche nach Gedächtnismolekülen blieb erfolglos. Zelleigene Proteine werden in Minuten, spätestens im Zeitraum von Tagen, abgebaut (Fischbach 1992, Seite 36). Langzeitiges Behalten aber währt lebenslang. Nun wurde hier mit der Entdeckung einer neuen Genfamilie eine neue, aufregende Idee geboren. Gemeint sind die sogenannten Sofortgene (immediate early genes (IEG's)):

Bei kurzen Salven von Aktionspotentialen werden Gene plötzlich aktiv. Diese Gene kodieren Transkriptionsfaktoren. Das sind Proteine, die die Expression anderer Gene regulieren. Indizien belegen, daß neuronale Aktivität die Expression von Genen verstärkt. Die damit als möglich anzusehenden strukturellen biochemischen Veränderungen im Zellinnern könnten eine Basis für langzeitigen, womöglich lebenslangen Gedächtnisbesitz darstellen.

Einen anderen neuen Aspekt bei der Erforschung langzeitiger Gedächtniseintragungen bildet die Analyse längerwährender Potenzierungen synaptischer Aktivitäten (sogenannte long-term potentials (LTP)). Nach kurzer, mehrfacher Reizung können solche Potenzierungen wochenlang anhalten. Sie kommen zustande, wenn (nach Hebbscher Regel) vorgeschaltete Neuronen gleichzeitig mit nachgeschalteten feuern. Über den Vorgang einer langzeitigen Informa-

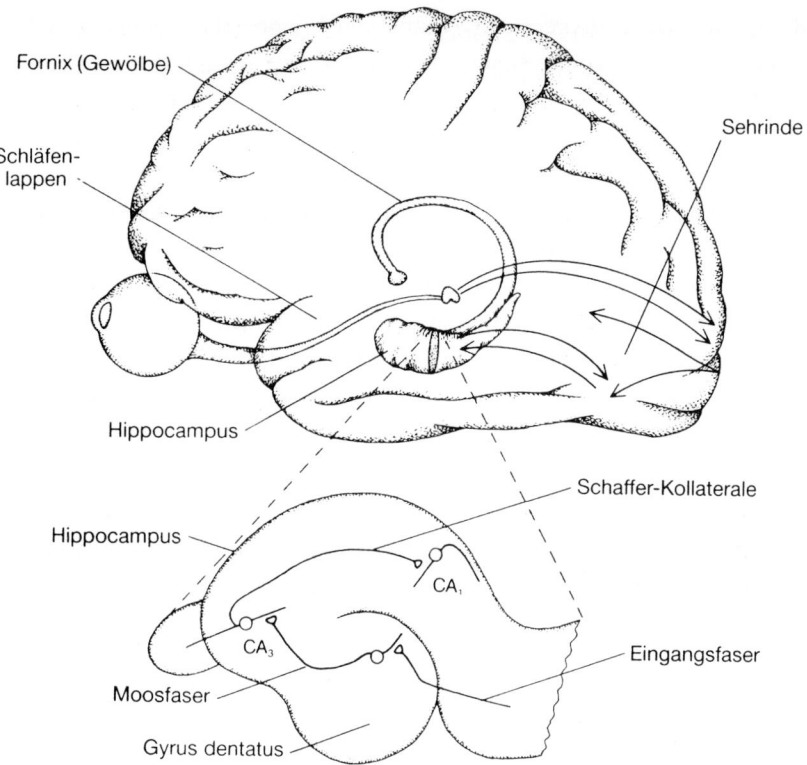

Fornix (Gewölbe)

Schläfen-
lappen

Sehrinde

Hippocampus

Schaffer-Kollaterale

Hippocampus

CA_1

CA_3

Eingangsfaser

Moosfaser

Gyrus dentatus

3.10 Die Langzeitpotenzierung im Hippocampusgebiet bereitet langzeitige Informations-speicherung vor. Nach der Integration von Sinnesdaten in der visuellen Sehrinde erfolgt eine langzeitige Aktivierung von Synapsen in tiefliegenden Hirnregionen (Hippocampusge-biet). Dort erfolgt die weitere Integration aus parallel einlaufenden Meldungen anderer Sin-nesorgane. Schließlich erfolgt eine Rückübertragung dieser komplexen Informationsrepräsentation in Hirnrindengebiete. (Aus *Spektrum der Wissenschaft*, 11/92.)

tionsspeicherung hat sich dazu folgende Vorstellung herausgebildet: Nachdem (zum Beispiel) visuell aufgenommene Reizgebungen von Objekten der Außenwelt die primäre Sehrinde erreicht haben und in nachfolgenden Arealen zu komplexeren Mustern synthetisiert sind, gelangen die Erregungen über assoziative Felder und ihre Bahnen in den Hippocampus (Abbildung 3.10, untere Region). Dort finden in synaptischen Verbindungen Langzeitpotenzie-rungen statt. Wahrscheinlich geschieht in diesen Regionen auch eine Integra-tion mit parallel einlaufenden Erregungen aus anderen Sinnesgebieten, sofern sie vom gleichen Gegenstand herrühren. Danach erfolgt eine Rückübertragung in ein Hirnrindengebiet, zum Beispiel im Temporallappen. Diese Informa-tionsspeicherung dürfte dann als nervale Kodierung komplexer Sinneseindrücke gelten und entsprechend komplexen Wiedererkennungs- oder Erinnerungseindrücken zugrunde liegen. Dies führt zum dritten der hier relevanten Aspekte:

3. Die Gedächtnisbildung ist nicht nur wirksam bei der Wiedererkennung wahrgenommener Gegenstände; sie ist gleichermaßen bedeutsam für Handlungsausführungen zur Erreichung oder Verwirklichung von Zielen. Zahlreiche Ergebnisse der experimentellen Lernpsychologie zeigen, daß die über Rückmeldung bewertbare Verhaltensentscheidung eine bedeutsame, nicht-kognitive Komponente des Behaltens darstellt. Für das Verständnis insbesondere motorischer Lernleistungen ist es höchst bedeutsam, daß die *Ausführung* einer Verhaltensentscheidung auf doppelte Weise registriert und kontrolliert wird: einmal bezüglich der Übereinstimmung der Ausführung (sei es ein Wurf, eine Handstellung, eine Lautbildung) mit dem Gedächtnisbild und ein zweites Mal bezüglich des Erfolgs der Ausführung (sei es ein Treffer, ein geglückter Griff, die beabsichtigte Reaktion eines Partners).

Im ersten Falle, bei der Übereinstimmung der Bewegung mit dem Gedächtnisbild, erfolgt die Rückmeldung über propriozeptive und kinästhetische Sinnesorgane in den Gelenken und Muskeln. Die Re-Afferenzen der Ausführung werden mit dem Ausführungsprogramm des Gedächtnisses verglichen und nach ihrer Übereinstimmung mit ihm bewertet. Hier trägt die Vollkommenheit einer Bewegungsausführung ihren Bekräftigungswert in sich. Auf der subjektiven Bewertungsskala der Erlebnisseite ist es die mit dem Wort „gelungen" zu bezeichnende Qualität einer Bewegungsausführung. (Der hochgeübte Cellist weiß auch ohne Hören des Tons, ob ihm ein Anstrich exakt gelungen ist oder nicht; der Skispringer „weiß" im Moment des Absprungs vom Schanzentisch (wo er über die Sinnesorgane nichts mehr verwertet), was der Sprung „in sich trägt".)

Eine zweite Bewertung völlig anderer Art erfolgt im gleichen System durch die Registrierung der Rückmeldung des Erfolgs einer Bewegungsausführung durch ihr Resultat. Die Höhe der Bewertung hängt hier davon ab, ob das intendierte Ziel erreicht ist beziehungsweise in welchem Grade der angestrebte Nutzen dem tatsächlich registrierten entspricht; sei es nun im Grade einer Triebbefriedigung im engeren Sinne (zum Beispiel den Sättigungswert und die Schmackhaftigkeit einer Beute betreffend) oder sei es im Grade einer Bedürfnisbefriedigung im weiteren Sinne (zum Beispiel den erzielten Punktwert einer Turnübung, den erzielten Ton des Celloanstrichs betreffend und so fort). Jene Information, die durch die getrennte Registrierung von Ausführungsart und Erfolg eines Handlungsprogramms verfügbar ist, gestattet eine

Trennung von (absoluten oder relativen) Mißerfolgsursachen: die schlechte Ausführung einer intendierten Bewegung *oder* die Nichterreichung des Zieles beziehungsweise einiger seiner Eigenschaften – oder auch beides. Dies ist von Einfluß auf nachfolgende Verhaltenskorrekturen und Lernmotivationen. War die Ausführung schlecht und mißlang darum die Zielerreichung, kann die Zielstellung immer noch dem bestehenden Bedürfniszustand optimal entsprechen. Die Lernmotivation setzt hier nicht an der Korrektur der Bewertung des Zielbildes für das Bedürfnis an, sondern am Üben der Handlungs- oder Bewegungs*ausführung*. Im zweiten Falle betrifft die Korrektur den angestrebten Grad der Zielhöhe überhaupt.

Der Einfluß dieser Information auf die Lernmotivation ist das eine, die Korrektur der Gedächtnisstruktur für Handlungsausführung oder Zielbildung ist das andere. Diese Art von Gedächtnisfunktionen schließt die Bewertung gespeicherter Information in der Repräsentation mit ein.

Klüver und Bucy (1939, vergleiche Birbaumer 1975) haben die Vermutung geäußert, daß die Einflüsse limbischer Strukturen in der zentralnervösen Informationsverarbeitung die Möglichkeit der Bewertung von Gedächtnisinhalten selbst bei differenzierten kognitiven Inhalten begründet. Die sprachlich-bedeutungshaltigen Gedächtnisstrukturen des Menschen sind bis hin zu den abstrakten Kategorisierungen mit emotionalen Gehalten befrachtet, wenn man an Begriffe wie Diktatur, Schicksal, Schuld, Qual, Hochzeit oder Taufe denkt. Auch hier pendelt der Pegel zwischen Wohl und Wehe, zwischen attraktiv und aversiv, verschieden je nach Erfahrung oder Belehrung, nach Wissen oder Glauben.

Pribram (1971) hat die Hypothese formuliert, daß in einem positiven Verstärkungssystem des medialen Vorderhirnbündels noradrenerge Synapsen zu Noradrenalin-Ausschüttungen im Falle positiver Rückmeldungen veranlaßt werden. Die würden ihrerseits RNS-Freisetzungen begünstigen. RNS wiederum steuert über Zwischenglieder die Proteinsynthese in Nervenzellen. Die Struktur individualtypischer Nucleoproteide ihrerseits könnte neben den Weichenstellungen an Synapsen auch als Träger langfristigen Behaltens angesehen werden. Strafreize auf der anderen Seite verstärken die Unterlassung von Handlungen durch Ausschüttung von Serotonin, das hemmende Zellen für Handlungsprogramme erregt oder ihre Inhibition aufhebt (vergleiche Birbaumer 1975, Seite 195).

Die funktionelle Bedeutung der Verbindung von Gedächtniseintrag und Bewertung ist klar: Das Motiv zur Selbstvervollkommnung einer Handlungsausführung rührt von den sich wiederholenden Fehlern des Programms zur Handlungsausführung her. *Unabhängig* davon bleibt der Zielwert für eine Verhaltensentscheidung *entsprechend der Bedürfnislage* bei der Aktivierung von Suchprozessen verfügbar.

Damit sind einige Beziehungen von motivational-emotionalen und kognitiven Faktoren der Verhaltensorganisation dargelegt. Das dabei Erstaunliche besteht in folgendem: Wir haben es bei den Bewertungsfunktionen mit einem verhältnismäßig wenig differenzierungsfähigen System zu tun. Es unterscheidet im wesentlichen Intensitätsstufen auf einer polar ausgebildeten Qualitätenskala, die als Emotionen erlebbar sind und deren Veränderungen in Affekten kenntlich werden. Es ist ein System der Lagebewertung des Selbst. In dieser Funktion liefert es eindimensionale Situationscharakteristiken, vorzugsweise Bewertungen von Situations*änderungen* bezüglich ihrer organismischen Gefälligkeit. Die darin begründete motivationale Kraft des Systems bleibt in ihrer Funktion während der Evolutionsgeschichte höherer Nervensysteme weitgehend konstant. Da sich aber die kognitiven Strukturen und ihre Funktionen durch Selektionsdruck differenzieren, gewinnt dieses grob arbeitende System Einfluß auf die Differenzierungsrichtung kognitiver Prozesse und Leistungen – bis in deren feinste begriffliche Verästelung. Indem es die Richtung der Verhaltensdynamik lenkt, durch seine Bewertungsfunktion das zu Lernende selektiert und auf diesem Wege die inhaltliche Auslegung des zu Merkenden (der Gedächtnisinhalte) bestimmt, bleibt es die Motivbasis des Verhaltens in der Evolutions- wie in der sozialen Geschichte des Menschen. Seine Differenzierungsfähigkeit wächst mit der Differenzierung kognitiver Strukturen; wächst gleichsam in sie hinein, treibt ihre Verfeinerung an und erzeugt dabei jene Motivbasis für die kognitive Durchdringung der Realität, die man vom Selbsterleben her als Interesse bezeichnet.

Mit der so dargelegten Kenntnis motivationaler Antriebsfunktionen und ihrer Wirkungen kann der Zusammenhang zu historischen Entwicklungen kognitiver Potenzen wieder aufgegriffen werden. Wir wollen jedoch zuvor, und in gewissem Sinne als Überleitung dahin, einige spezifische Funktionen dieses Systems in Zusammenhang mit der kommunikativen Verhaltenssteuerung, mit Prozessen der Lautbildung und der Lautwirkung betrachten.

Pribram und McGuinnes (1976) haben gezeigt, daß Nucleus amygdalae *in Abhängigkeit vom sensorischen Informationsangebot* den allgemeinen Aktivierungsgrad der Hirnrinde steigern kann. Der Einfluß dieses Systems auf diffuse, viszero-autonome Regulationen wie Schweißausbruch, Herzschlagänderungen (bis zu kurzzeitigem Stillstand), Fellsträuben und ähnliches hängt natürlich mit den schon beschriebenen Verbindungen des Systems zu Hypothalamus und tiefliegenden Gebieten der Formatio reticularis zusammen, die ja bis zum verlängerten Mark reichen. Adey (1969) konnte zeigen, daß der

Thetarhythmus im Hippocampus mit der *Intention, der Absicht* zu einer Bewegungsausführung auftritt. Er scheint an einem Quellpunkt der Bewegungsmotivation zu entstehen. Unter anderem wies McGuinnes nach, daß die negative Aktivierung in der Nähe des Hirnrindenpoles (sogenanntes CNV- oder Bereitschaftspotential) verschwindet, wenn eine motorische Bewegungsausführung *beginnt*. Das gilt auch für die Lautbildung. Die Bereitschaft zur Bewegungsausführung und ihre Motivbasis dürften hier kaum zu trennen sein. Und dies ist auch der Punkt, an dem der Zusammenhang von Emotion oder Affekt und Bewegungsausführung in der stimmlichen Lautbildung und Lautäußerung greifbar wird. Gerade affektiv stark belastende Situationen wie soziale Konflikte, starke Bedrängnis, Schutzlosigkeit und Isolation sind auf der einen Seite mit negativen Symptomen wie Blutdruck- oder Herzschlagänderungen, Schweißausbruch und ähnlichem verbunden; auf der anderen Seite aber mit lautlich-stimmlichen Ausdrucksformen, in denen der die Situation bewertende Affekt gleichsam durchschlägt, sich im Stimmlichen seinen Ausdruck schafft. Das Bemerkenswerte besteht darin, daß diese vom Affekt modulierten Ausdrucksformen der Lautbildung in ihrem Mitteilungswert *unmittelbar* verstanden werden. Eine vitale, unreflektierte Bedeutungserkennung scheint der Sprache der Emotionen in Mimik, Laut und Gebärde zugeordnet. Wesentlich ist in diesem Zusammenhang, daß die emotional bedingte Signalbildung noch vor der lernabhängigen Signalgestaltung liegt und dadurch, daß sie bezüglich ihrer Motivbasis erkannt wird, auch Bedeutung erhält für den Kommunikationspartner.

Nach vorliegenden Untersuchungen muß man davon ausgehen, daß diese affektiv gesteuerten Prozesse der Lautbildung und des Lautverstehens angeboren sind, daß sie in der Evolution „herausselektiert" wurden. Wir beachten, daß die bei den subhumanen Primaten gefundenen Zentren der Lautbildung vorwiegend im zentralen Höhlengrau des Mittelhirns liegen. Wie die Abbildungen 3.11a, b und c (nach Ploog 1972) zeigen, kann man durch elektrische Reizung in diesem Gebiet ein breites Spektrum von wegstoßenden (aversiven) oder anziehenden (attraktiven) Lautäußerungen erzeugen (vergleiche dazu auch Ploog und Melneshuk 1969 sowie Tembrock 1971b). Dabei ist schon die Nähe zu den zentralen Kernen des limbischen Systems ein Indikator für den engen Zusammenhang von Affektregulation und Lautbildung. Die vitalen Lautäußerungen des Menschen wie Schreie aus Angst, Schreck oder auch nur affektgeladene Hilferufe werden ebenfalls von Zentren in diesem Gebiet beeinflußt.

Was die Seite des Bedeutungsverstehens anlangt, so sei erwähnt, daß Funkenstein (1970) Neurone fand in der Hörrinde von Totenkopfaffen, die exklu-

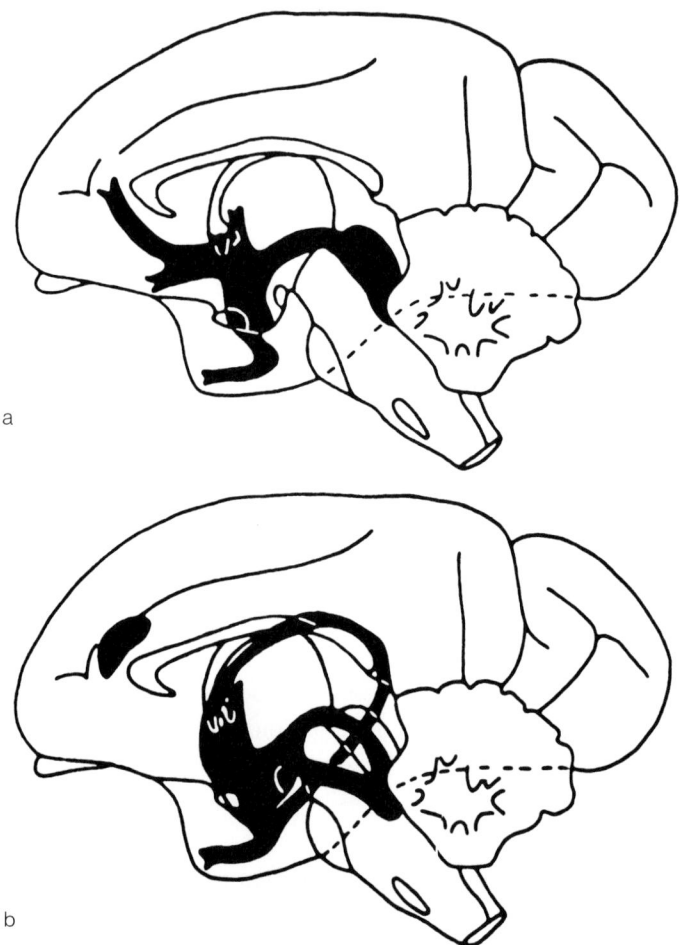

a

b

3.11a/b Regionen im Affengehirn (Totenköpfchen), die die Vokalisation von Affektlauten steuern. Elektrische Reizung in den Regionen von a erzeugen Lautbildungen, die für eine allgemeine Aggressionsbereitschaft sprechen, Reizungen in b erzeugen hingegen gerichtete aggressive Lautbildungen (die die Gerichtetheit des Gesamtverhaltens einschließen). Zusammenhänge mit der Funktion des limbischen Systems sind schon vom Anatomischen her zwangsläufig. (Nach Ploog, aus Gadamer, 1972.)

siv auf Warn- oder Notrufe des Artgenossen ansprechen. Man weiß, daß diese Art der Beantwortung solcher Signalisierungen der Motivlage ihrer Erzeugung folgt: Aggressive Laute werden mit Abwehrhaltung, solche der Isolation oder Vereinzelung mit Zuwendung beantwortet. Daraus ist zu ersehen, daß die Verarbeitung kommunikativer Signale den gleichen Bewertungsprozeß durchläuft wie sensorische Information im allgemeinen. Vielleicht ist dies gerade die

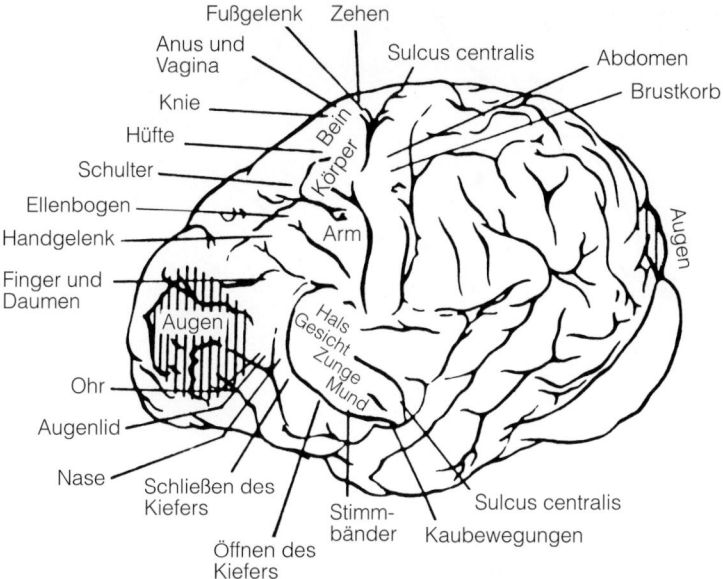

3.11c Elektrisch abgetastete Hirnrinde eines Schimpansen (seitlich von oben gesehen). Unter leichter Äthernarkose konnten in den getönten Gebieten bei schwacher elektrischer Reizung Bewegungen der bezeichneten Körperteile ausgelöst werden. Es fand sich kein Gebiet, von dem aus eindeutig Lautbildungen hervorgerufen werden konnten. (Nach Rasmussen, aus Gadamer, 1972.)

Wurzel dieses ersten, unreflektierten, primitiven Verstehens: Die durch Lautbildung erzeugte Aktivierung des limbischen Systems stimuliert gerade jenen Affekt beim Rezipienten, der dem des Senders homolog ist. Damit wird der in Kapitel 3.1 herausgearbeitete Lerneinfluß auf die Ausgestaltung der Lautbildung natürlich nicht aufgehoben, im Gegenteil. Es ist hier die angeborene Materialbasis aufgezeigt, an der die Lernprozesse ansetzen können, eben an der unreflektierten Variationsbreite der Lautmuster. Lernen bewirkt ihre Akzentuierung und Präzisierung durch die sensorische Registrierung (und Auswahl) optimaler, im Sinne des Bekräftigungsprinzips der Bewertungsfunktion optimaler, Wirkungen.

Die Ausdifferenzierung der Lautbildung für kommunikative Zwecke beginnt in der subhumanen Phase der Evolutionsgeschichte. Dabei greifen die Auswahl wirkungsvoller angeborener Lautgebung sowie die Strukturierung und Akzentuierung durch Lernprozesse ineinander. Gleichwohl sind die Unterschiede zwischen vormenschlichen und menschlichen Lautbildungsprozessen gravierender als die jeder anderen sensomotorischen Koordinationsleistung. Auf die Unterschiede in der Organisation des Kehlkopfes und der Ein-

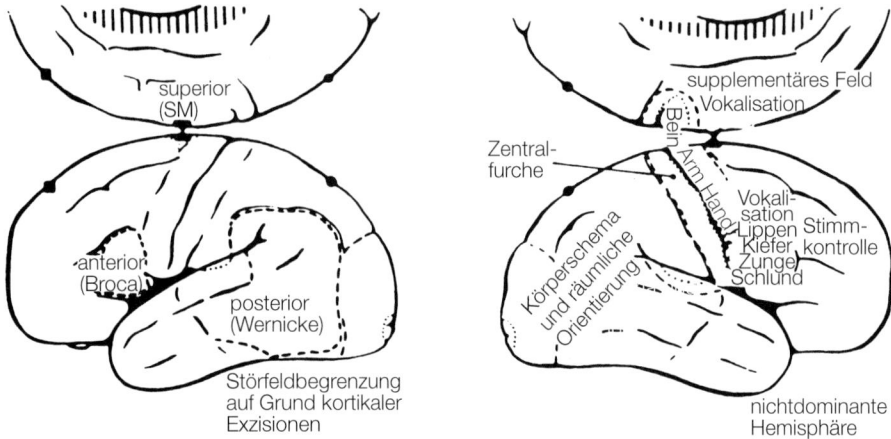

3.12 Linke (dominante) Hemisphäre des Menschen mit motorischer und sensorischer Sprachfunktion und rechts die rechte (nicht-dominante) Hemisphäre. Es sind die Gebiete angegeben, von denen bei elektrischer Reizung Lautbildungen hervorgerufen werden können (rechte Seite). Links sind die beiden bekannten Sprachregionen (für Wortverstehen und motorische Lautbildung) markiert. Eine Störung des Sprechens kann bei Läsionen im supplementären Feld (SM) eintreten (das innere Gebiet der linken Hirnhälfte, die hier sozusagen hochgeklappt ist). Der Unterschied zum Schimpansen scheint nirgend so gravierend wie bei der Repräsentation der Sprachfunktionen. (Nach Ploog, aus Gadamer, 1972.)

lagerung der Stimmbänder in den Ringmuskel wurde schon hingewiesen. Das gilt aber auch für die zentralen Abschnitte, für die Beteiligung der Hirnrindenprozesse an diesem Vorgang. Selbst bei den höchsten vormenschlichen Primaten ist es nicht möglich, durch elektrische Reizungen der Großhirnrinde Lautbildungen hervorzurufen. Auch in der Architektur der Hirnrindenleistungen gibt es zwischen Schimpansen und Menschen keinen augenfälligeren Sprung als den in den Unterschieden jener Hirnrindenanteile, die beim Menschen mit dem Sprachverstehen und der Sprachproduktion verbunden sind.

Für das Verständnis der mit Sprache entstehenden funktionellen Architektur des menschlichen Gedächtnisses ist die Herausbildung einer Aufsichts- und Steuerungsinstanz wesentlich. Es ist eine Instanz, von der aus Zugang und Zugriff zu (explizit) gespeicherten Gedächtnisinhalten besteht, die sie aktivieren und bei Bedarf nutzen kann. Es entsteht ein Metawissen, das sich über dem Wissen ausbildet und das dieses Wissen berichtigen und beurteilen kann. Eine Steuerungsinstanz ist das auch, indem sie Prozesse aktivieren und für die Wissensnutzung oder -beurteilung einsetzen kann: zum Beispiel Ähnlichkeiten zwischen Wissensinhalten feststellen, Operationen auf Begriffe anwenden, sie verknüpfen oder auf lexikalische Eintragungen anwenden, grammatische Regeln benutzen oder die Kommandos zur Bildung von Sätzen für Kommunikationszwecke veranlassen.

Diese Instanz ist mit dem Selbsterleben, mit dem handelnden Ich des Trägers eines Gedächtnisses verbunden: wissend um das eigene Leben und Erleben. Agierend und rezipierend ist es eine letzte Instanz auf dem langen Wege zum denkenden und nachdenklichen Menschen. Nach allem, was bekannt ist, sind diese Funktionen vor allem in der präfrontalen Rinde des Gehirns über den Augen und in den tieferen Lagen des Stirnhirns angesiedelt (Fischbach 1992 sowie Gershon und Rieder 1992).

So ist gezeigt in diesem Kapitel, was zu zeigen war: Die biologische Grundlage der Verhaltensmotivation liegt in der Funktionsweise der Zentren des limbischen Systems begründet. Ihre dynamische Wirkung im Handlungsaufbau ist differentiell: Aktivierend wirkt die *Veränderung* des emotionalen Status. Das System bewertet einlaufende Informationen ebenso wie die Qualität der Handlungsausführung durch Veränderung der emotionalen Zuständlichkeit. Dies geschieht immer in Verbindung mit dem inneren organismischen Status, und es wird nach der Regel: „Was verspricht es, wozu nützt es, was hat es eingebracht?" selektiv aufgenommen, „gefiltert" und gespeichert. Verhaltensprogramme, Handlungen und kommunikative Signale sind den gleichen Grundregeln motivationaler Dynamik unterworfen.

Wir können nun den Prozeß des Übergangs vom Homo faber zum Homo sapiens, vom Werkzeugmacher zum Nach- und Voraus-Denker über Zusammenhänge von Natur und gesellschaftlichem Leben erneut aufgreifen. Verlauf und Wirkungen dieses Prozesses der geistigen Menschwerdung wären ohne die Wirkungsweise der motivationalen Dynamik des Verhaltens nicht zu begreifen gewesen. Dies nun einzubringen in die besprochenen Phasen der psychobiologischen Evolution, ist unser nächstes Ziel. Von der weithin invarianten Funktionsweise dieser Hirnstrukturen aus wollen wir ein Bild gewinnen von den Denk- und Handlungsmotivationen und ihren Inhalten in grauer Vorzeit. Wir möchten zeigen, daß wir von diesen Funktionsbetrachtungen aus den Bogen von den Anfängen menschlichen Denkens bis zu hohen Wissenschaftsleistungen der Neuzeit spannen können. Das ist ein Wagnis, gewiß. Und wir können diese weitgesteckten Zusammenhänge auch nur an einigen wenigen Beispielen erläutern. Eine tiefergehende Analyse und Erweiterungen der hier aufzeigbaren Zusammenhänge soll späteren Darstellungen vorbehalten bleiben. Zuvor wollen wir noch eine Hypothese diskutieren, die derzeit in Zusammenhang mit Menschheitsentwicklung und Sprachentstehung von sich reden macht.

3.1.6 Was hat es mit der „EVA-Hypothese" der Sprachentstehung auf sich?

In Zusammenhang mit genetischen Analysen zu Verwandtschaftsgraden zwischen frühen Menschen und heute lebenden Menschenrassen ist man (vergleiche zum Beispiel Wilson und Cann 1992) zu der Auffassung gelangt, daß erst vor circa 200 000 Jahren die Trennung der eigentlichen menschlichen Gestalt- und Lebensformen von der sprachfreien Menschenaffenlinie erfolgt ist. Cavalli Sforza (1991) ist sogar der Meinung, das sei vor 100 000 Jahren erfolgt. Dem liegen genetische Analysen der DNA-Übereinstimmung in den Mitochondrien der verschiedenen lebenden Menschengruppen zugrunde. (Die Mitochondrien sind Organellen in der Zelle und außerhalb des Zellkerns, die der Energieversorgung derselben dienen. Sie (und damit auch ihre DNS) stammen vom mütterlichen Erbgut her; väterliche Mitochondrien bleiben bei der Befruchtung außerhalb des Eis.) Man benutzt die Mitochondrien-DNA als eine Art genetischer Uhr. Damit hat es folgende Bewandtnis:

Jede Erbsubstanz hat eine sogenannte genetische Drift: Zufallsabhängig treten ab und zu spontane Punktmutationen im Genspektrum auf. Man kann annehmen, daß ihre Häufigkeit unter gleichen Bedingungen über die Zeit gleich verteilt auftritt. Da durch diese mütterliche Vererbung kein Genaustausch zwischen Vater- und Muttergenen stattfindet (in den Mitochondrien sind es nur 37 statt der über 100 000 Gene im Zellkern), kann die Anzahl der Punktmutationen zur Messung der Evolutionszeit genutzt werden, die ein Genbestand durchlaufen hat. So lassen sich auch zeitliche Distanzen bei Gabelungen in der Artenentwicklung abschätzen. Wenn sich zwei Arten trennen, also keinen Genaustausch beziehungsweise gemeinsame Nachkommen mehr haben, dann mutieren die Gene dieser Populationen unabhängig voneinander. Nur Erbänderungen, die innerhalb von Populationen entstehen, werden auf die Nachkommen weitervererbt. Die Differenzen in den lokalen Genbeständen werden mit der Zeit also um so größer, je länger die Trennung zurückliegt. Da sich die Mutationsrate abschätzen läßt, die Gendrift also eine bloße Funktion der Zeit ist, kommt man zu Angaben über Zeitabstände, seit denen die Evolution von vorher gemeinsam sich vermehrenden Populationen getrennt verlaufen ist. Danach hat sich die Trennung des Entwicklungsweges von den Affenarten zum Menschen hin vor 5 bis 7 Millionen Jahren vollzogen. Die innere genetische Variabilität bei den verschiedenen Affenarten ist über zehnmal größer als beim Menschen. Das weist auf eine ungleich längere gemeinsame Geschichte der nichtmenschlichen Primaten und auf eine kürzere in der Gemeinschaft aller Menschen hin; was ja auch stimmt. Und genau so kann man auch zeitliche Distanzen zwischen verschiedenen Menschengruppen bezüglich der Beendigung eines früher gemeinsamen (und später getrennten) Entwicklungsganges abschätzen.

Danach haben alle lebenden außerafrikanischen Menschengruppen zu Schwarzafrikanern die größte genetische Distanz. Oder anders gesagt: Die geringsten Genanteile haben alle lebenden Menschengruppen mit Afrikanern gemeinsam. Dies besagt, daß dort die Trennung des Genaustausches am frühesten erfolgt ist. In Afrika ist danach die Wiege der Menschheit zu suchen. Auf gleiche Weise lassen sich nun auch zeitliche Distanzen zwischen Trennungen von Völkerschaften innerhalb der Menschheitsevolution begründen. So ist abgeschätzt worden, daß vor circa 50 000 Jahren die Trennung zwischen asiatischer und australischer Urbevölkerung erfolgt ist; zwischen 40 000 und 35 000 die zwischen Asiaten und Europäern.

Nun findet in Bevölkerungsgruppen mit Genaustausch, also in Gruppen, die sich untereinander vermehren, in der Regel auch Kommunikation in der Kooperation statt. Man muß sich um der Erreichbarkeit gemeinsamer Ziele willen verständigen. Nicht nur zum Zwecke der Fortpflanzung, sondern auch für Entscheidungen, Planungen und Unternehmungen. Bei solcherart sozialen Beziehungen müssen sich auch Verwandtschaften der Sprachen bilden und, als kulturelle Tradition weitergegeben, in einem übertragenen Sinne „vererbt" werden. Entprechend können genetische Trennung und Fremdelung der Sprachen einander begleiten. Verwandtschaften der Sprachen müssen sich, von den sozialen Beziehungen her gesehen, am deutlichsten in den Idiomen, in der Aussprache und in den Gewohnheiten des Ausdrucks im Umgang miteinander zeigen. Genverwandtschaft und Kommunikationszwänge wirken in gleicher Richtung: Verwandtschaften bildend auf der einen Seite und Verschiedenheiten erzeugend nach der Trennung auf der anderen Seite.

Vor dem Hintergrund solcher Überlegungen haben Cavalli Sforza und andere (1991) von den Sprachähnlichkeiten und den Genverwandtschaften her die Bevölkerungsbewegungen nach dem Entstehen einer gemeinsamen Ursprache verfolgt. Auch danach können zeitliche Trennungen innerhalb der Menschengemeinschaft abgeschätzt werden. Drei große Migrationswellen werden angenommen: von Afrika nach Ostasien, von dort eine Gabelung in Richtung Neuguinea, der polynesischen Inselwelt und Australien. Um 35 000 hat danach eine Abzweigung der Migrationswellen nach Nordeuropa und eine dritte von Asien aus über die Beringstraße nach Nord-, Mittel- und Südamerika stattgefunden. Vereinsamte Sprachinseln, wie das Baskische in den Pyrenäen, oder Trennungen zwischen genetischer und sprachlicher Verwandtschaft durch Kriege oder Eroberungen, wie beim finnisch-ugrischen Sprachkreis, finden dann das besondere Interesse der vergleichenden Sprachforscher. (Das Magyarische gehört zu den Uralsprachen, die durch erobernde Reitervölker im 8. und 9. Jahrhundert in heute ungarischen Gebieten ansässig wurden.)

Da nun die allen Menschen gemeinsamen Mitochondriengene aus mütterlicher Vererbung hervorgegangen sind, muß es am Anfang, und am wahrscheinlichsten in Afrika, Frauen gegeben haben, deren genetische Ausstattung bis auf die heute lebende Menschheit gekommen ist. Man hat von einer Ur-Eva gesprochen, wohl wissend, daß es sich dabei nicht um einen konkreten Menschen, sondern um ein genetisches Abstraktum handelt. Was ist dran an dieser Hypothese?

Sie ist von anthropologischer Seite stark angezweifelt worden, zum Beispiel von Thorne und Wolpoff (1992). Die anthropologischen Altersbestimmungen und Zeitangaben für die Funde stimmen mit den genetisch abgeleiteten Schätzungen nicht überein. Es ist suggestiv an der Kritik, daß die genetische Methodik der Altersbestimmungen und die der Anthropologen erhebliche Differenzen aufweisen. Letztere verwenden die Halbwertszeiten des radioaktiven Zerfalls von Atomen bei der Altersbestimmung von Gerätschaft oder Knochenfunden.

In manchen Punkten, so scheint uns, könnten Kompromisse möglich werden. Es ist vermutbar, daß Australopithecinen und die ersten Werkzeugmacher nicht über eine Sprache mit grammatikähnlichem Regelsystem oder einem analogen System für die Phonemisierung von Gedanken ausgestattet waren. Gestik, Vormachen und begleitende Lautbildung könnten als primitive Kommunikationsmittel in einer Art Vorsprache eine Ad-hoc-Verständigung über das momentan Notwendige ermöglicht haben.

Daß Abwanderungen von Menschengruppen nach Norden hin, über die Nordküste des roten Meeres und an der Ostküste des Mittelmeeres entlang mehrfach stattgefunden haben, ist durch Funde gut belegbar. Möglicherweise haben auch qualitative Umschwünge vom Homo erectus zum Präneandertaler und vor vielleicht 200 000 Jahren die zum Vorläufer des Cro-Magnon hin dort im Südosten Afrikas stattgefunden. Jeweils anschließende Migrationswellen müßten durch weitere Funde erhärtet werden. Dies würde bedeuten, daß auch

3.13 Die wichtigsten Fundorte fossiler Menschenreste. Die „Wiege der Menschheit" befindet sich danach in Südostafrika. Man muß davon ausgehen, daß mit der Austrocknung der südafrikanisch-tropischen Gebiete zu Beginn der Eiszeit eine Wanderung von Gruppen nach Norden, zum Äquator hin, begonnen hat. Die Überquerung der Landbrücke zum Sinai hat die asiatischen und europäischen Gebiete zunächst wohl während der ersten (wärmeren) Zwischeneiszeit erschlossen. (Aus Heberer, 1968.) ▶

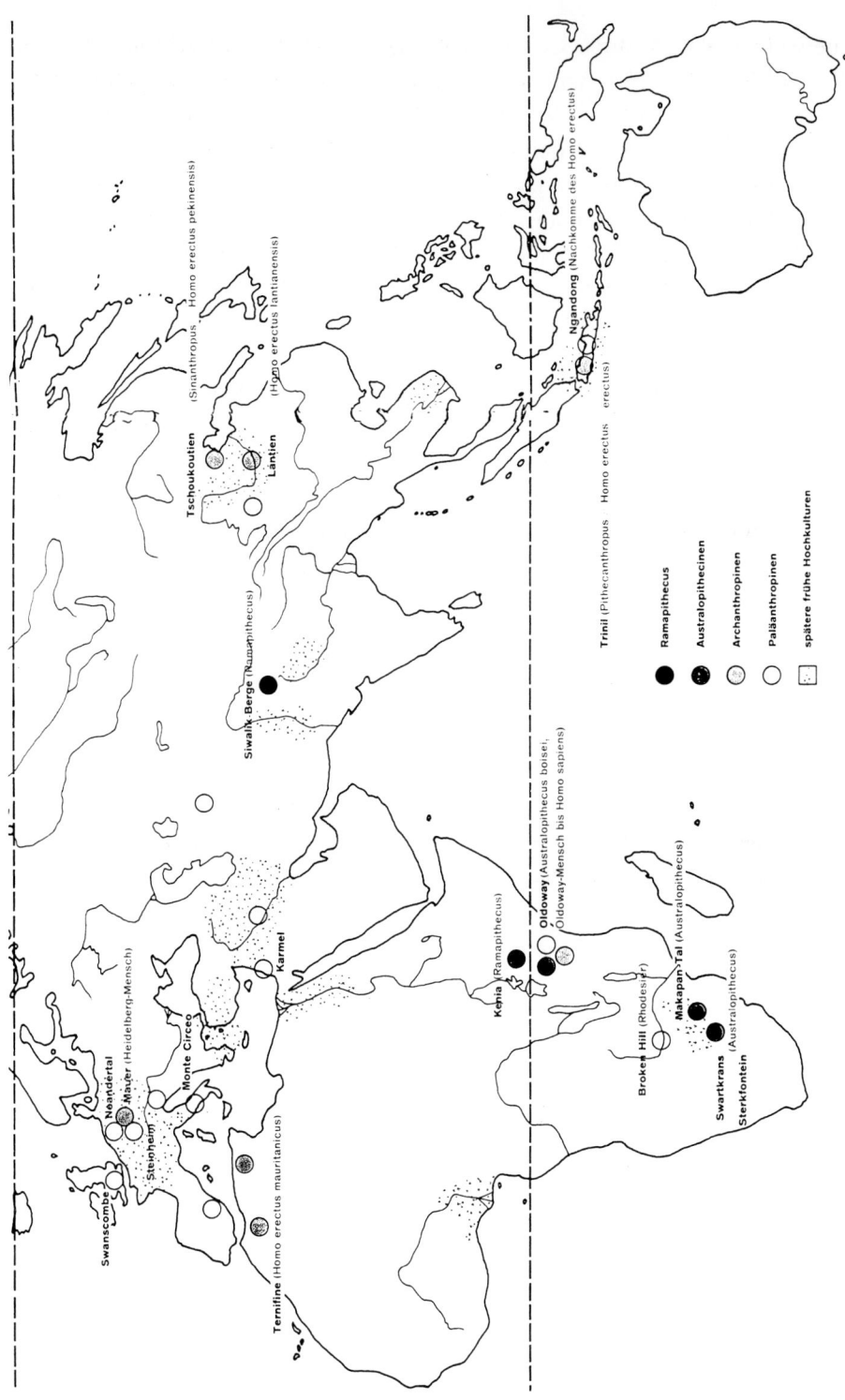

die genetisch wirksamen Evolutionsschübe der Menschheitsentwicklung im Südosten Afrikas begonnen hätten. Das würde aber auch besagen, daß in Niederlassungen, die im Gefolge der Migrationswellen auf einem West-Ost-Erdgürtel in Höhe des Mittelmeeres entstehen, an verschiedenen Stellen verschiedene Sprachtypen entstanden sein könnten. Nicht eine Ursprache hätte es dann gegeben, sondern an verschiedenen Punkten, aber mit gleicher Basismotivation, wären Quellsprachen für nachfolgende Sprachfamilien ausgebildet worden. Die Basismotivation wäre gewesen, ein Instrument zu haben, das der wechselseitigen Verständigung über gemeinsame, fürs Überleben wichtige und dringliche Vorhaben dient. Und das es ermöglicht, gemeinsame Vorhaben zu entwerfen.

Ein wunder Punkt in den Annahmen über die „molekulare Uhr" liegt in der Voraussetzung einer gleichbleibenden genetischen Drift. Die starken Temperaturschwankungen über die Eiszeiten hinweg, Änderungen der Strahlungsintensität der Sonne, Tier- wie Pflanzengifte und Infektionen, das alles sind mutagene Faktoren, die nicht konstant wirken in der Evolution. Oder anders gesagt: Die molekulare genetische Uhr ist zu verschiedenen Zeiten mit unterschiedlicher Geschwindigkeit gelaufen. Das relativiert die Zeitangaben sehr. Man wird abwarten müssen, was eine rein genetische Analyse und Protokollierung der Y-DNA ergeben wird. Sie liegt in rein männlicher Abstammungslinie, zwar genetisch schwächer ausgerüstet als die X-Chromosomen, aber darum nicht notwendig auskunftsschwächer.

Eins bleibt bei alledem aber doch anzumerken: Mit der DNA-Analyse der Mitochondrien von Menschen wurde ein neues Forschungsgebiet eröffnet, in dem sich völlig neue Zusammenhänge zwischen genetischen Verwandtschaften, sozialem Zusammenleben und der Ausbildung geistiger Instrumente, wie zum Beispiel für die Verständigung, auftun.

---

[1] Lindauer (1966) hat gezeigt, daß die Bienen je nach der Temperatur im Stock Flügelzittern auslösen. Bei großer Hitze führt die durch den Luftstrom zur Verdunstung gebrachte Feuchtigkeit zur Abkühlung. Zitterbewegungen des Körpers bei Kühle führen zur Erwärmung. Die Intensität der Bewegung ist eine Funktion der vorherrschenden Temperatur.

[2] Das sprichwörtliche Stocken des Atems angesichts einer Gefahr mag ein Überrest der Urerfahrung sein, daß maximale Lautlosigkeit auch einen Schutz darstellen kann.

[3] Dabei ist immer zu beachten, daß die Verhaltenselemente des Droh-Gähnens angeboren sind. Verschiedene Varianten seiner Ausführung werden vom Erfolg her modifiziert und als Gedächtnistriplett fixiert. Diese Gedächtniseinheiten sind unter den verschiedensten Umständen einsetzbar: dem Rivalen gegenüber oder (als Variante davon) gegenüber dem Zögling.

[4] Bei der akustischen Nachahmung ermöglicht die Rückmeldung über das Hören eine Art Versuch-Irrtum-Lernen, wie es zum Beispiel bei Papageien auch vorkommt. Das ist bei der mimischen oder pantomimischen Imitation ohne Spiegel nicht möglich.

[5] Es ist eine ganz analoge Situation wie bei den Palmkernen, nur komplizierter. Es geht wiederum um eine Umkehr, um die *Inversion* einer Handlungsfolge zum gleichen Ziel hin. Diese Leistung ist auch hier ohne die anschauliche Vorwegnahme des Handlungsergebnisses nicht denkbar.

[6] Bedeutung ist also immer etwas Subjektives. Man kann aber die einer bestimmten Menge von Trägern *gemeinsame* Bedeutung bestimmen und in diesem Sinne von einer vom Individuum beziehungsweise Subjekt unabhängigen Bedeutung sprechen. Ob man dies nun als objektive Seite oder Eigenschaft der Bedeutung definiert oder nicht, scheint wenigstens für den psychologischen Aspekt des Vorgangs der Bedeutungserkennung ohne Belang.

[7] Für diese Annahme gibt es auch anatomische Gründe, denn die Muskeleinbettung der Stimmlippen ist beim Menschen völlig anders als beim Schimpansen.

[8] Es gibt Frühformen in Schriftsprachen, wo die Bezeichnungen für Vorgänge oder Dinge mit grammatischen Formen wechseln. Diese Sprachstrukturen erfordern einen außerordentlichen Aufwand an Zeichen, für den das gegenwärtige Chinesisch noch zahlreiche Beispiele enthält. Dazu kommen noch die Bedeutungswandlungen durch die Variation der Lautierungen.

[9] Unter hedonalgischem Differential verstehen *wir eine Tendenz*, eine momentane, affektiv-emotional bestimmte Neigung zum positiven oder negativen Pol hin. Diese Tendenz hat verhaltensmotivierende Kraft; etwa so, wie es einen zurücktreibt, wenn man über die Steilwand eines Berges einige hundert Meter senkrecht in die Tiefe blickt; oder wie es einen vorwärts treibt angesichts eines erreichbaren Gipfels nach schwerem Aufstieg. Hedonalgisch ist von hedone (= Luststreben) und algein (= schmerzhaft) abgeleitet und soll die Verschiebungstendenzen auf der Zu-Abneigungs-Dimension anzeigen.

[10] Tatsächlich ist diese Analogie zu den Süchten aufschlußreicher als es auf den ersten Blick scheint: Eine neuronale Systemfunktion wirkt dahin, daß mit der Erreichung eines Zieles die Motivation entspannt, affektive Erregungszustände relaxieren, der Zielspannungskonflikt gelöst wird. Der gleiche Effekt kann unter Umgehung der Leistungshandlung auf biochemischem Wege durch die Trivialhandlung der Einnahme von Drogen erreicht werden. Die emotional-affektive Wirkung eines Erfolgs wird durch die Einnahme von Drogen erlebbar, ohne daß er durch Anstrengung erzielt werden mußte. Das macht die Attraktivität der Süchte, schon die des Alkohols aus: Man ist's zufrieden.

Teil II

Biologische und soziale Faktoren, die die Steigerungsfähigkeit der menschlichen Intelligenz ermöglichen

Der erste Schritt beim Studium der Wissenschaft muß die Vereinfachung und die Zurückführung der Ergebnisse auf eine Form sein, in der der Verstand sie begreifen kann.

C. L. Maxwell

1. Kommunikation, Kooperation und Kognition

1.1 Einfachheit als Kriterium der Qualität von Denkleistungen

Es ist natürlich die Frage, ob sich in den unübersehbar vielfältigen Erscheinungsformen des menschlichen Denkens, seinen Qualitäten (und damit auch der Intelligenz seiner Träger) – ob sich also hinter der Fülle dieser Phänomene so etwas wie ein kanonisches Wirkungsgefüge finden läßt. In diesem Zusammenhang käme es vor allem darauf an, dessen Funktion bei der geschichtlichen Vervollkommung unserer, das heißt der menschlichen geistigen Leistungsfähigkeit zu bestimmen.

Wir möchten die Vermutung äußern, daß dies bis zu einem gewissen Grade möglich zu sein scheint. Es geht im Kern um die Angabe von Gründen insbesondere für die menschliche Befähigung zur Steigerung bestehender geistiger Leistungsmöglichkeiten. Was wir zur Stützung unserer Vermutung heranziehen können, das ist eine große Zahl inhaltlich sehr verschiedener Beispiele, die im Grunde immer den gleichen Sachverhalt erkennen lassen. Die Aussagen der Beispiele vorwegnehmend, läßt sich der Grundgedanke unserer Vermutung etwa so formulieren:

Das Bewältigen von schwierigen Situationen wird mit der Höherentwicklung der Arten mehr und mehr durch inneres Durchspielen von Lösungen, also durch kognitive Prozesse und immer weniger durch ungeplantes Herumprobieren versucht. Dabei spielt das Gedächtnis eine zunehmend bedeutsame Rolle. Gedächtnis ist keineswegs nur gespeicherte Erfahrung. Im Gegenteil: Durch seine aktiven Funktionen lenkt es die interne Suche und führt die Aufmerksamkeit der Sinnesarbeit zur relevanten Information hin. Die ist von der Motivationslage her bestimmt. Gedächtnisfunktionen lassen bei gegebener Motivation nach dem suchen, was für die Lösung eines Situationsproblems noch gebraucht wird. Und es wird dort auch der Bedarf bei fehlender Information für eine Entscheidung erkannt.

Oftmals ist das Wahrnehmbare vieldeutig, sehr komplex, schwer überschaubar. Hier greift ein spezifischer funktioneller Apparat ein, der die einlaufende Information vorverarbeitet. Dies bedeutet, daß bestimmte Wahrnehmungsinhalte isoliert, vom Gegenstand gelöst und für sich betrachtet werden. Die Vorverarbeitung bewirkt auch, daß bestimmte Informationen vernachlässigt, andere zusammengefaßt, verdichtet oder in bestimmter Weise verkettet werden (vergleiche dazu Kapitel 7.5). Erst das Ergebnis solcher Vorverarbeitung wird im eigentlichen Problemlöseprozeß, der wesentlichen Form des menschlichen Denkens, wirksam. Dabei kann man sagen: Je unübersichtlicher die Lage, je komplexer eine Problemsituation, um so aufwendiger ist die Vorverarbeitung, weil über sie immer neue Wege für die Problemdurchsicht erarbeitet werden müssen.

Diese Verweise auf experimental-psychologische Erkenntnisse sind im jetzigen Zusammenhang vor allem in einer Hinsicht von Bedeutung: Die genannten Vorverarbeitungsleistungen ermöglichen, daß ein und dasselbe reale Problem im kognitiven Sinne auf sehr verschiedene Weise „erkannt“, das heißt intern repräsentiert werden kann. Der Kern unserer eingangs angezeigten Vermutung besteht nun in folgendem: Je einfacher (das heißt klarer, durchschaubarer, übersichtlicher) ein Problem repräsentiert ist, um so einfacher ist auch seine Lösung, – oder auch die klare Erkenntnis der Unlösbarkeit. Einfacher heißt, daß die Problemlösungen mit geringerem kognitiven Aufwand erzielt werden. Auf der makroskopischen Ebene des individuellen Problemlöseverhaltens erscheint das ganz selbstverständlich: Der Klügere unterscheidet sich vom Dümmeren dadurch, daß ihm die Problemlage einfacher erscheint als jenem; daß dieser „kein Problem“ hat, wo jener sich müht und dabei, hin- und herdenkend, den einfacheren Weg nicht findet.

Und so ist es auch in der Geschichte. Es gibt über die Zeitläufe hinweg eine Tendenz, zu immer einfacheren Auffassungen der gleichen Problemlage zu kommen. Das zeigt sich in der Wissenschaftsgeschichte, bei mathematischen Kalkülen, bei physikalischen oder astronomischen Berechnungen oder auch bei Veränderungen technischer Lösungen, wie zum Beispiel bei der Bewegung schwerer Lasten. Und es zeigt sich bei der kognitiven Bewältigung allgemeiner Menschheitsprobleme, so etwa bei den Zahlensystemen, bei der Zeitmessung, der Kalenderbestimmung oder in der Evolution der Schriftarten. Wir kommen darauf noch zurück. Die Konsequenz dieses Vorgangs ist einfach und klar zu erfassen: Indem so das ursprünglich gerade noch Faßbare einfacher zugänglich wird, gelingt es, das vordem noch zu Schwierige, zu kompliziert Erscheinende in den Griff des geistig Faßbaren zu nehmen, es durch effektivere Vorverarbeitung kognitiv begreifbar zu machen. Das historische Motiv für diesen Vorgang wurzelt in dem Bestreben, die Natur beherrschbar, die Zukunft vorausschaubar, Ereignisse und Vorhaben berechenbar zu machen. Und dies keineswegs aus Übermut. Dieses Streben ist von dem Bedürfnis nach Lebenssicherung her bestimmt.

Wir gehen nun noch einmal zurück zu den Anfängen und den anthropologisch faßbaren Folgeschritten der Menschwerdung. Wir wollen einbringen, was wir an biopsychologischen Fakten behandelt haben, um zu beleuchten, was sich wohl zugetragen hat in den inneren Zuständlichkeiten jener Menschen und was ihr Erleben und Verhalten bestimmt haben mag.

1.2 Kognitive Leistungssteigerungen im Tier-Mensch-Übergangsfeld

Das Tier-Mensch-Übergangsfeld umfaßt eine Periode von nahezu 12 Millionen Jahren, beginnend etwa 14 Millionen vor unserer Zeitrechnung mit den ersten Hominiden, über die Australopithecinen und endend mit dem zweifelsfrei als „Homo" zu bezeichnenden Homo erectus, dem ersten systematischen Werkzeugmacher, der um die Wirkung seines Gerätes wußte. Die biologische Basis des Menschseins ändert sich in dieser Periode wesentlich. Die Zeit der Schwangerschaft wird länger. Von ursprünglich sieben Monaten dehnt sich ihre Dauer auf neun Monate. Die Anzahl der Nervenzellen erhöht sich mit dieser Zeitspanne durch weitere vorgeburtliche Zellteilungen von 2^{31} auf 2^{39} Zellen. Der Östrus-Zyklus des Schimpansen, das heißt die langen Intervalle der Paarungsbereitschaft von Weibchen, schwindet; die neue, nahezu beStändige Paarungsbereitschaft eröffnet von der Seite des Sexualverhaltens her den Weg zur Urfamilie. Darunter verstehen wir abgehobene soziale Beziehungen in einer Gruppe, in der die Verwandtschaftsgrade ihrer Mitglieder die wechselseitigen Bindungen bestimmen; eine Gruppe, in der man wechselseitig Hilfe und Unterstützung gewährt und in der die Mutterschaft lebenslang bekannt ist. Es ist eine Urform der Sippenbildung.

Das Geschlechterverhältnis im Reifestadium ist nicht dominant auf Sexualität konzentriert. Nächstenliebe und Fürsorge beginnen eine soziale Rolle zu spielen. Häufigere Schwangerschaften des gleichen Weibchens erzwingen auf dem Wege zur Menschwerdung eine Art biologische oder geschlechterspezifische Arbeitsteilung. Mütter mit Kindertrupps im Gefolge ziehen suchend und zeitweilig grabend, lärmend auch und tollend, kontaktnehmend, warnend oder auch strafend durch die Landschaft. Mit diesen Gesellungen und Kooperationsformen geschieht allmählich der Übergang des Weibchens zur Mutter.

Zum Ende des Tier-Mensch-Übergangsfeldes hin findet die Entbindung von den strikten Wirkungsmechanismen der biologischen Evolution statt. Nicht etwa, daß die Darwinschen Gesetze außer Kraft gesetzt würden. Vielmehr entfallen durch ihre eigenen Wirkungsbedingungen spezifische einschränkende Einflüsse. Insbesondere ist der Kampf ums Dasein im Sinne des physischen Überlebens immer weniger individuell durchzustehen, wie das sonst auch noch bei höher entwickelten Organismen in erheblichem Grade der Fall ist. Er wird abgefangen oder gedämpft durch soziale Organisation der Verhaltensabstimmung und Funktionsteilung, durch Kooperation bei Schutz-, Sicherheits- oder bei der Befriedigung von Nahrungsbedürfnissen. Schließlich wird zum wechselseitigen Nutzen die Kommunikation wichtigstes Instrument bei der Verwirklichung von Funktionsteilung und Kooperation. Das zweckdienliche Zusammenkommen von Urfamilien zu einem versippten Stamm oder Clan mit Partnerschaften erfordert erste Regelungen eines wenigstens zeitweilig konfliktlosen Zusammenlebens.

Der Kommunikation kommt außerordentliche Bedeutung bei der Relativierung der reinen biologischen Evolutionsabhängigkeit zu. Über die Kommunikation strahlt die zur biologischen Geschichte hinzukommende soziale Geschichte des Menschen ein. Aber das ist noch nicht genau genug. Kommunikation allein genügt nicht. Sie ist auch bei der rein instinktiven Verhaltensorganisation, zum Beispiel in Insektenstaaten, auf eine sehr differenzierte Weise vorhanden. Die kommunikative Befähigung muß auch adaptiv sein, sie muß den Bedeutungen situativer Signalelemente angepaßt werden können. Das setzt ihren Erwerb durch Lernen voraus.

Die Disponibilität der Kommunikation geht mit dem Vorherrschen des Lernanteils in der Evolutionsgeschichte höherer Organismen einher. Wir haben begründet, daß und inwiefern der Lerneinfluß einen Selektionsvorteil darstellt und daß es deshalb mit der Evolution zu einem allmählichen Vorherrschen des Lernanteils in der Verhaltensregulation kommt.

Der Einfluß des Lernens in kommunikativen Prozessen beginnt damit, daß in Instinktkreise eingebundene Verhaltenselemente aus dieser Einbettung gelöst und als kommunikative Signale eingesetzt werden. Der Mechanismus ist bekannt: Die Registrierung der Wirkung einer Verhaltensweise auf den Partner erzeugt das Motiv zu ihrer Verfügbarkeit, das seinerseits Anlaß für die Fixierung im Gedächtnis wird. Um denselben sozialen Effekt zu erzielen, wird diese Verhaltensweise gebraucht, bewahrt und situationsspezifisch eingesetzt. Der Vorgang der Signalbildung für die Kommunikation hat eine kognitive Komponente (die Registrierung und Speicherung des Zusammenhangs von Situationsbedingungen, Verhaltensmustern und Wirkung), und er hat eine motivationale Komponente: die emotional-affektive Kenntnisnahme der Wirkung dieser Verhaltenseinheit beim Partner. Dazu haben wir die Wirkungsweise des hedonalgischen Differentials erläutert; die affektive Entspannung ist ebenso wie die emotionale Aufladung an der Gedächtnisfixierung beteiligt. Gleiche Situationsbedingungen aktivieren vorzugsweise solcherart bewerteten Gedächtnisbesitz, eben jenen, dessen Aktivierung die gewünschte Wirkung verspricht. Einmal erworben und verfügbar, bleiben die kommunikativen Signale einem Prozeß der Selbstoptimierung unterworfen. Dieser gehorcht wiederum dem Regelungsprinzip der Lernprozesse. Besonders zeigt sich das am Beispiel der lautlichen Kommunikation. Bei der Signalbildung erfolgt die Optimierung auf die Auswahl und Betonung der charakteristischen lautlichen Wirkungselemente hin. Stilisierung oder Normierung sind die Folge dieses Prozesses.

Kommunikation ist also das Mittel, durch das die Koordination des Verhaltens und die Kooperation von Aktivitäten zu einem gemeinschaftlich zu realisierenden Ziel hin möglich werden. Ohne Kommunikation ist Kooperation unmöglich. Weder die binäre zwischen Mann und Frau noch die soziale oder gesellschaftlich organisierte zwischen Gruppen von Personen mit unterschiedlichen Befähigungen ist dann denkbar.

Die Entstehungsweise anpassungsfähiger kommunikativer Mittel wird hier noch einmal festgehalten, weil sich ein gleichartiger Prozeß auf wesentlich höherer Entwicklungsstufe, nämlich bei der Ausbildung der Schrift als Mittel der indirekten Kommunikation und Kooperation, zeigen wird.

Die kommunikativen Ausdrucksmöglichkeiten werden auf dem beschriebenen Wege eine Art Spiegelbild der dahinterstehenden kognitiven Kapazität.

Die Verfeinerung oder Vertiefung der mentalen Durchdringung der Realität erzwingt mit dem Mitteilungsmotiv die entsprechenden Nuancierungen in der lautlich-gestischen Ausdrucksfähigkeit. Zwar kann man auch in der Kommunikation oder gezielt durch sie Erkenntnis gewinnen. Von besonderer Bedeutung ist dieser Prozeß jedoch erst in späteren Phasen der Geschichte, mit der Verfügbarkeit von Vollsprache, Schrift und Zahldarstellung. Der ursprüngliche, primäre Weg zur Differenzierung der kognitiven Erfassung der Realität geht über die sensomotorischen Aktivitäten, über Erwartung und Handlung. Hier behält auch das Bewertungssystem seine ursprüngliche Funktion. Und doch erweitert sie sich kraft ihrer eigenen Gesetze im Tier-Mensch-Übergangsfeld auf eine bedeutsame Weise:

Im ursprünglichen, biotopischen Verhaltensspielraum steht jedem Organismus ein zwar variationsreiches, in den Grundmustern aber doch beschränktes Repertoire an Aktivitäten zur Verfügung. Was damit an Nützlichem, Triebbefriedigendem erreichbar ist, hat oder findet seine Bewertung und Fixierung im Gedächtnis. Dies ändert sich mit den kognitiven Möglichkeiten der Werkzeugverwendung. Das Zuschlagen mit dem Stein bringt gegenüber dem Zuschlagen mit der bloßen Hand eine unübersehbare Wirkungsverstärkung, erbringt einen höheren Grad an Tötungswirkung gegenüber dem Beutetier oder an Verteidigungskraft gegenüber dem Raubtier oder einem Freßfeind. Der zubereitete, scharfkantige oder spitz zugeschlagene Stein steigert diese Wirkung – und wird bevorzugt wiederverwendet, nach dem gleichen Bewertungsprinzip wie die organismischen Aktivitäten selbst. Die Quelle des Lernens wird mit der Handhabung auf die Eigenschaften des Werkzeugs übertragen. Das ist zwar erscheinungsmäßig das „Gesetz der Wirkung" in seiner Grundform, aber nicht in seinen Bedingungen. Die Wahl der Mittel erfolgt keineswegs nur, ja, im Gegenteil, in immer geringerem Maße rein zufällig. Die Erfahrung und damit das Er-Messen des Wirkungszusammenhangs zwischen der Gestalt des Instruments und seiner erfolgreichen Wirkung ist der wesentliche Hintergrund für die Ausbildung der Stilformen in der Werkzeuggestaltung, sei es als Grabstock, Schlagstock oder Faustkeil. Genau wie bei den stimmlichen oder gestischen Kommunikationsmitteln tritt auch hier eine Stilisierung oder Normierung ein. Und sie hat die gleiche Ursache: Sie ist bedingt durch die Steigerungsfähigkeit der Wirkung und deren Kenntnisnahme. Wie bei den elementaren Lernprozessen wird sie nach dem Prinzip des hedonalgischen Differentials gemessen. Nur daß es hier, von den späteren Wirkungen her gesehen, die Quelle ist für die Entwicklung von Techniken und schließlich Technologien, wie sie uns zuerst in den steinzeitlichen Gerätekulturen entgegentreten (vergleiche Teil I, Kapitel 1.3).

Der in Teil I, Kapitel 2.2 erläuterte elementare Lernmechanismus wirkt in zwei Richtungen auf gleiche Weise: bei der Gestaltung und Optimierung der Kommunikationsmittel und bei der Gestaltung und Optimierung der ersten Instrumente oder Gerätschaften für Jagd, Schutz oder Verteidigung. Die Wirkungsweise der Motivgrundlage ist, wie angezeigt, in beiden Richtungen die gleiche. Die Einfachheit des Mechanismus erscheint frappierend, wenn man die Verschiedenartigkeit und die Komplexität der Ergebnisse seiner Wirkungsweise bedenkt.

Einige wesentliche Funktionsprinzipien der mentalen Selbstvervollkommnung sub- oder prähominider Entwicklungsstufen sind mit dem Blick auf den Weg zu Homo erectus hin umrissen. Der entscheidende Schritt zur menschlichen Gesellschaft wird mit der Ausgestaltung kommunikativer und kooperativer sozialer Wechselwirkungen vollzogen. Durch die damit entstehende zwischenmenschliche Verflechtung von Verhaltensentscheidungen und ihren Bewertungen entstehen tiefgreifende Auswirkungen auf die Funktionen des Motivsystems menschlichen Verhaltens. Soziale Kompetenz, der Gewinn von Vorteil oder der Motivwert des Einflusses oder der Macht wirken zwar schon in der prähumanen Phase, und sie sind schon bei Anthropoiden im Keime nachweisbar, aber sie erzeugen nun mit der Differenzierung der Sozialstrukturen neue Rückwirkungen auf die Gedächtnisstrukturen sowie deren Einflüsse auf die Verhaltensentscheidungen. Was die ethische Bewertung dieser Faktoren anlangt, so mögen sie als Kehrseite des kognitiven Fortschritts negativ erscheinen. Jedenfalls gelingt es dem Menschen, nach Überwindung aller Feindgefahren in der Natur, sich durch seine eigene Natur unablässig neue zu schaffen. Er bleibt verfolgt von diesen Gefahren, da sie Resultat der Steigerung seiner eigenen geistigen Leistungsfähigkeit sind. In der Tat ist in späterer Geschichte immer intensiver und umfänglicher Intelligenz darauf verwendet worden, andere Artgenossen massenweise und möglichst vollständig zugrunde zu richten. Unstreitig spielen dabei häufig sozioökonomische Faktoren eine bedeutsame Rolle. Umgesetzt aber wird das alles über Individuen; es wird realisiert vermittels individueller Entscheidungen, Handlungen und deren Bewertung. Und deshalb sind diese Auswirkungen nicht voll verständlich ohne Berücksichtigung der Arbeitsweise des Bewertungssystems. Nur muß seine Funktion eingebettet gesehen werden in die Inhalte der Sozialbezüge des Handelns und deren Bekräftigungswirkungen. Darauf wird im Kapitel 4 genauer eingegangen. Zuvor betrachten wir die Veränderungen der äußeren und – in Wechselwirkung damit – der inneren Umstände, die die physisch-biologischen und die psychisch-kognitiven Leistungssteigerungen über das Tier-Mensch-Übergangsfeld hinausgehoben und bestimmt haben.

1.3 Wege und Wirkungen der kommunikativen Kooperation:
Vom Frühmenschen (Homo erectus) über den Altmenschen (Homo sapiens neanderthalensis) zum Jetztmenschen (Cro-Magnon-Typ)

Vor dem Hintergrund der Wirkungsweise kognitiver und motivationaler Prozesse gehen wir noch einmal die Veränderungen in den äußeren Lebensumständen während der kritischen Jahrhunderttausende im Tier-Mensch-Übergangsfeld durch, betrachten die wichtigsten Funde an Arbeitsmitteln, speziell an Werkzeugen, *vor allem aber die Veränderungen der Zeugnisse für kulturelle oder geistige Leistungen*. Danach bringen wir beides zusammen: äußere Lebensumstände und psychologische Gesetzmäßigkeiten der Verhaltensregulation. Beides in Wechselwirkung gesehen, läßt die Notwendigkeit der Interaktion von Kommunikation und Kooperation erkennen, die − ihrerseits zurückwirkend auf äußere Umstände und ihre psychische Verarbeitung − eine ebenso durchgehende wie intensive Beschleunigung geistiger Leistungspotenzen nach sich zieht.

1.3.1 Vom Homo erectus zum Neandertaler:
Arbeitsteilung führt zu Vollspezialisierung im Wissen und Können

Nachdem, von den Fundstellen her zu urteilen, der Übergang wahrscheinlich von Proconsul[1] vielleicht über Zwischenstufen zu den Australopithecinen in lokal ziemlich umgrenzten Regionen erfolgte − es kommt neben dem bekannten Gebiet in Südostafrika höchstens noch ein Gebiet in Südostasien in Frage −, beginnt mit der Entstehung der Habilinen, der Werkzeugmacher, eine Ausbreitung der Hominiden, die erst mit der Besiedlung der gesamten Erdoberfläche ihr vorläufiges Ende findet. Hier liegt auch der Punkt, von dem Anthropologen meinen „... daß es weniger physische als vielmehr psychische Merkmale sind, die den Übergang vom tierischen zum menschlichen Status kennzeichnen" (Steitz 1974, Seite 101). Neue, vergleichend genetische Untersuchungen an Merkmalen für Sprachstämme weisen auch auf Südostafrika als Quelle aller lebenden Sprachen hin. Dies freilich für spätere zeitliche Übergänge (vergleiche Cavalli-Sforza 1991).

Darum gehen wir auch nicht auf Eigenschaften dieser oder jener Knochenfragmente, Kieferabmessungen, Schädelformen und so weiter ein, so wichtig und unerläßlich sie für die zeitlichen Festlegungen des Verlaufs der Anthropogenese auch sind. Aus der gegebenen Zielstellung heraus richten wir unser Hauptaugenmerk auf die Zeugnisse der Gewohnheiten von Lebens- und Arbeitstätigkeit und ihren Veränderungen.

Nachdem der Vorteil des Werkzeuggebrauchs einmal erfaßt war, wurde er niemals wieder aufgegeben. Und dies schon gar nicht unter den eiszeitlich erschwerten Bedingungen des Nahrungserwerbs oder des Bedarfs an hohen Jagderträgen mit Zunahme der Gruppengröße, ein Bedarf vor allem an energiereicher Nahrung, wie sie vorzugsweise Großtiere liefern.

Von 2 Millionen Jahren bis etwa 500 000 vor der Zeitrechnung blieb die Grundform der Werkzeuge neben natürlich gegebenem Grabstock und Keule ziemlich unverändert: der etwa handgroße Faustkeil, ballenrund zum Einlegen und mit Zuspitzungen am handfernen Ende oder einer Arbeitskante an der Seite. Die Hauptfundorte liegen noch immer im Süden und Südosten Afrikas: in der Oldoway-Schlucht, in Südäthiopien und am Ostufer des Rudolf-Sees in Kenia. Es beginnt die Zeit, in der sich in langen Zeiträumen Kälte- und Trockenheits- mit Wärmeperioden abwechseln. Die frühen Erkaltungen fallen mit der beginnenden Habilinen-Zeit zusammen. Austrocknungen in Afrika, Versteppung waldreicher Zonen oder auch zu große Gruppendichten mögen zu Abwanderungen oder Absprengungen beigetragen haben. Jedenfalls verteilen sich die Werkzeugfundorte in der Zeit um 500 000 vor der Zeitrechnung sowohl auf Gebiete in Zentral-, Südost- und Südafrika als auch auf solche im Süden Rußlands, in China, Indonesien und im Libanon.

Die härteste, sogenannte Mindeleiszeit beginnt etwa 400 000 vor Christus und dauert bis etwa 320 000 vor der Zeitrechnung. Polartiere wie das Ren, der Polarfuchs und ähnliches leben in Mitteleuropa. In dieser Zeit bewohnen Nachfolgegruppen der Habilinen Südeuropa; sie lebten an der Mittelmeer- und Schwarzmeerküste und in Asien (China und Indonesien).

Zwischen Homo erectus und Präneandertaler gibt es keine scharfe Grenze. In der Mindeleiszeit ist die Herstellung und Bewahrung des Feuers für die frühesten drei Hauptzwecke verfügbar gewesen: für das Wärmen, das Garen von Nahrung, vor allem Fleisch (auf erhitzten Steinen), und für den Schutz vor Wildtieren. Wie Pfostenlöcher in Höhlen zeigen, gab es einen Hüttenbau. Das Bespannen mit Fellen dürfte bekannt gewesen sein. Effiziente Jagd auf hungrige Wild- oder auf Großtiere verlangt Funktionsteilung im Vorgehen, Kooperation in der Aktion, erfordert Vorbereitung, Planung und Führung des Ablaufs – jedenfalls erhöht das alles die Wahrscheinlichkeit auf Erfolg. Und

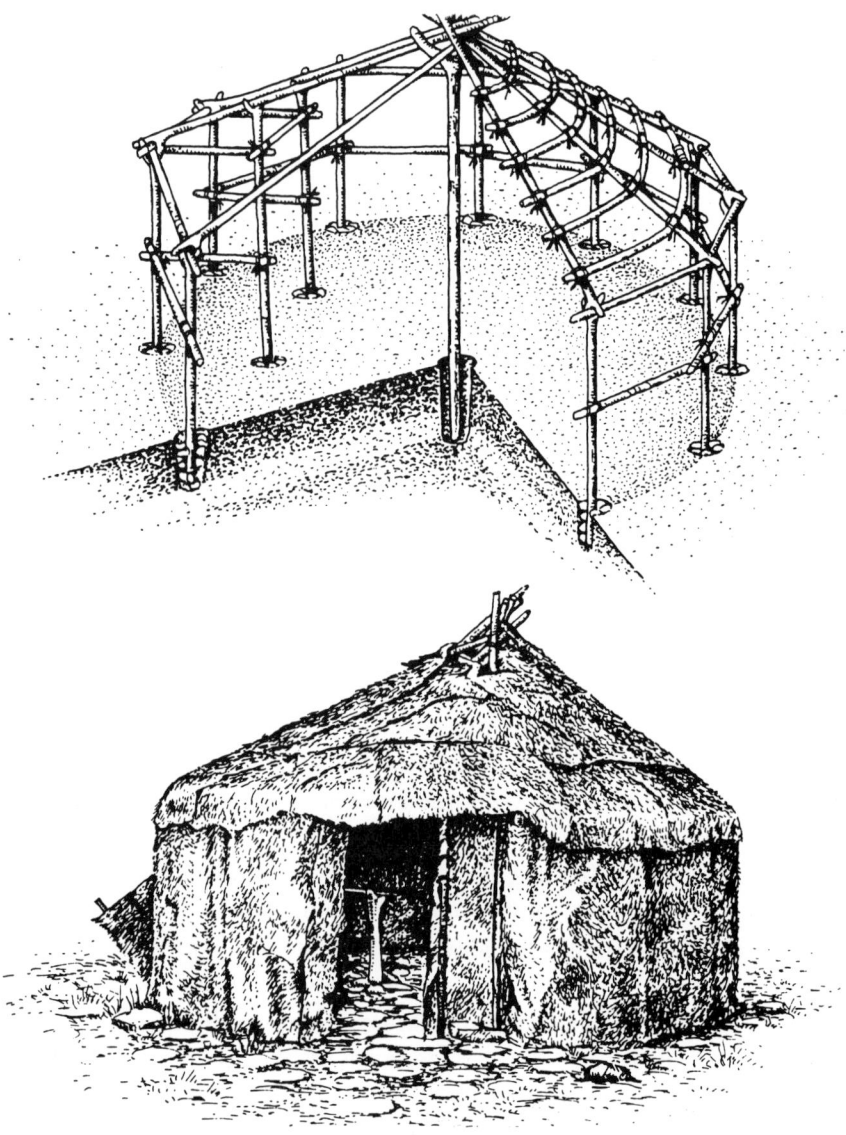

1.1 Mutmaßlicher Hüttenbau aus der Jungsteinzeit, erschlossen aus Pfostenlöchern. Die Stäbe werden mit Riemen verbunden wie die Felldecken auch. Man vermeidet damit das feuchtkalte Klima der Steinhöhlen. (Aus Herrmann und Ullrich, 1991.)

darum wird dahin optimiert. Aufgrund der Wirkung des hedonalgischen Differentials werden diese Verfahren für Organisation und Planung von Unternehmungen verfeinert, und zwar immer mit dem Bestreben, den Erfolg zu steigern, das Erreichte zu übertreffen. Die Bilanz des Ganzen realisiert sich über die erfolgreichen Aktivitäten, die unterschiedlich verteilt sind, wechseln können, aber auch bevorzugt an bestimmte Personen gebunden bleiben. Vor allem der sich wiederholende Erfolg schafft stabile soziale Kompetenz im Gemeinwesen, gleichviel, ob man es nun Clan oder Stamm nennt. Abgehoben war darin sicher noch die Urfamilie mit ihren Mitgliedern als Binnenverband. Das lassen die frühen Unterkünfte vermuten. Soziale Kompetenz aber führt durch die Bewertung des Selbst über die eigene Person hinaus. Die selbst-gefällige Reflexion des Ich durch die Hochachtung, Anerkennung, Unterwürfigkeit des anderen befriedigt eine sozial bezogene Urmotivation des Bewertungssystems, dessen Wurzeln bis in instinktive Verhaltensregulationen zurückverfolgt werden können.

In der nachfolgenden Interglazialzeit tritt Erwärmung ein. Subtropische Verhältnisse ziehen in Mitteleuropa ein. Im Rhônetal, in Südengland und im Rheingebiet finden sich Löwen, Affenarten und Nashörner ein. Der Weg nach Norden beginnt für die Nachfolgestämme der Eiszeitleute wahrscheinlich in Sippenbindungen. Dies nicht nur in Europa, sondern auch im nordrussischen und im sibirischen Raum. Es ist die Zeit der frühen Neandertaler, die möglicherweise im Ergebnis der langen Kälteperiode zu einem findigeren, flexibleren Menschentyp geworden sind.

Diesem Zeitraum folgt eine dritte, gravierende Abkühlung der Erdoberfläche von den Polen her. Die Rißeiszeit begann vor etwa 250 000 Jahren und währte etwa 125 000 Jahre. Selbst Sommertemperaturen blieben in Mitteleuropa unter dem Gefrierpunkt. Tundren reichten im Süden bis zum mittleren Afrika. Von den Polkappen ausgehend, lag eine dichte Eisdecke bis Mitteleuropa und bis Südafrika. Es ist kaum vorstellbar, aber erwiesen: In dieser Zeit (vor etwa 200 000 Jahren) lebte eine Gruppe von Menschen wahrscheinlich über mehrere Generationen in einer Höhle am Fuße der Pyrenäen. Neben Steinwerkzeugen, vorwiegend aus Abschlägen hergestellt, fand das Ehepaar de Lumleys (1971) Schädel- und Kieferknochen, die auf einen Menschentyp zwischen Homo erectus und Neandertaler hindeuten. Die de Lumleys fanden ferner in Südfrankreich Unterschlüpfe aus der späten Rißeiszeit, etwa 150 000 Jahre alt. Es waren Reste eines Zeltbaus erkennbar, vermutlich aus Tierfellen hergestellt. Sie waren über ein Rahmenwerk von Ästen gespannt. Augenscheinlich sollte diese Bespannung Schutz bieten vor der tropfenden Nässe, die von der Höhlendecke kam, dem Raume nach für eine Großfamilie geeignet. Die Zelteingänge waren dem Höhleneingang abgewandt. Dies deutet auf Sichtdeckung und Schutz für zeitweilig Zurückbleibende hin. Und noch ein Fund ist hier bemerkenswert: Hinter dem Eingang jeden Zeltes lag der Schädel eines Wolfes. Constable (1977, Seite 61) deutet diesen Fund wie folgt:

„Da alle Schädel in allen Wohnstellen fast genau am gleichen Ort lagen, kann es sich bei ihnen nicht um Knochen von einem Abfallhaufen handeln. Sie hatten ganz ohne Zweifel irgendeine Bedeutung; was sie bedeuten sollten, wissen wir noch nicht. Denkbar wäre, daß die Nomadenjäger, wenn sie ihre zeitweiligen Behausungen verließen, die Wolfsschädel als magische Wächter ihres Heimes zurückließen."

Vor etwa 125 000 Jahren ging diese Kälteperiode zu Ende. Eine neue Wärmeperiode begann für einen Zeitraum von etwa 50 000 Jahren.[2] Schädelfunde aus der Zeit um 100 000 vor Christus in der Nähe des Ortes Fontéchevade in Südfrankreich, in einem Steinbruch bei Weimar (Ehringsdorf), in Simbabwe (Rhodesien) und im Süden Rußlands lassen einen gegenüber den Riß-Fragmenten höheren Menschentyp erkennen. Es ist der Neandertaler, der um diese Zeit weite Teile Mittel- und Südeuropas, Afrikas und Südasiens besiedelt. Übereinstimmende Schädeluntersuchungen ergaben, daß sein Hirnvolumen kaum kleiner war als das der heute lebenden Menschen.

1.3.2 Vom Neandertaler zum Cro-Magnon-Menschen: Verfeinerungen von Kooperation und Kommunikation; neue Regelungen des sozialen Zusammenlebens

Wir haben zurückgeschlossen von den Lebensumständen und einigen Lebensäußerungen auf bestimmte Formen der Lebensweise. Die Anfänge bei Homo erectus mögen noch einmal kurz genannt sein: Das Leben mußte in kalttrockenen, lange Zeit verschneiten Tundrengebieten gefristet werden. Selten gab es lange am gleichen Ort ausreichend Nahrung. Wenigstens waren Sommer- und Winterquartiere verschieden. Ein halbnomadisches Leben also. Als hauptsächliches Gerät wird neben den (verwitterten) Grabstöcken ein Grundtyp wenig variiert: der Faustkeil. Eine seitdem nie wieder festgestellte Gleichförmigkeit der Form ist zu beobachten. Von Afrika bis Europa und Asien: Es ist die gleiche birnenförmige Grundgestalt; die große Wölbung eines Handsteins, passend ins Innere einer linken oder rechten Hand[3], die weglaufende Verdünnung, zugespitzt und, wohl zumeist an einer Schmalseite, eine Arbeitskante. Zwar gibt es Varianten des Grundtyps, aber eine Spezifik für verschiedene Zwecke ist nicht erkennbar. Mehr oder weniger jeder Erwachsene scheint zur Herstellung befähigt gewesen. Lehrzeit für berufliche Fähigkeiten war wohl kaum vonnöten.

Dies und andere Symptome verweisen darauf, daß es in jener Zeit noch *keine ständige* und mithin sozial stabile Arbeitsteilung gegeben hat. Aber wohl eine koordinierte Funktionsteilung mit Situationsspezialisten. Die Menschen waren exzellente Jäger. Sie töteten Wölfe, die in Rudeln auftraten, Bären und Wollmammute, die der Kraft jedes einzelnen um ein Vielfaches überlegen waren. Das erforderte koordinierte Aktionen mit eindeutiger Funktionsverteilung, sei es nun Anlocken, Reizen, Einkreisen, Angreifen und Täuschen oder Töten. Und einer hatte unter einigen Wenigen das Sagen. Aber nicht notwendig immer. Vielleicht übernahmen zur Jagd die gleichen Personen Verantwortung, aber am Herd, beim Zerlegen oder Garen der Beute auf heißem Stein, beim Sammeln oder Suchen, beim Tanzen oder Vorsingen konnten es andere sein. Die Funktionsteilung im Zusammenleben war noch an die Situation beziehungsweise an die damit bestimmte Aktion gebunden, noch nicht an die Person.

Feuer, Kleidung und Behausung blieben verfügbar. In der Höhle von Chou-kou-tien wurden vor 500 000 Jahren Menschen umgebracht. Verkohlte Menschenknochen waren zu finden. Mittlerweile ist das in etwas späterer Zeit auch für europäische Höhlen nachgewiesen. Kannibalismus oder rituelle Tötung? Oder beides? Es ist nicht bekannt. Aber *Rituale* scheinen um diese Zeit schon vorhanden gewesen zu sein. Ihre Funktion wird uns zusammen mit der Betrachtung des archaischen Denkens noch interessieren. Angemerkt sei aber, daß aus dieser Zeit noch keine Zeichen oder Symbole an Höhlenwänden, Gerät oder Waffen gefunden wurden.

Der Status der Neandertaler um 100 000 ist gegenüber den Homo-erectus-Formen in gewisser Hinsicht anders. Lebten um 250 000 vor unserer Zeitrechnung etwa 10 Millionen Menschen auf der Erdoberfläche, so wuchs diese Anzahl in den folgenden 50 000 Jahren auf das Doppelte. Es ist die Wärmeperiode der dritten Interglazialzeit, die Periode des klassischen Neandertalers. Die äußeren Bedingungen seiner Lebensweise sind in der Nacheiszeit zwischen 125 000 und 60 000 stark erleichtert. Feste Heimstätten sind möglich. Und sie werden gewählt. Wie Spinnen im Netz haben die Jagdgruppen in den Berghöhlen der Pyrenäen, der Alpen, am Don, an den Gebirgen vor den großen Ebenen gesessen. Hinter sich Schutz durch die Berge und vor sich den weiten Blick über Ebenen oder Täler mit den vorbeiziehenden Tierherden, Rudeln oder Horden.

Die Einschränkungen des nomadisierenden Umherziehens erzwingen mit Notwendigkeit größere Veränderungen der Lebenswelt. Die wesentlichste ist die der stabilen Hierarchisierung in Pflichten und Zuständigkeiten. Es gibt nur zwei indirekte Zeugnisse für diesen Vorgang. Das erste ist die Differenzierung der Werkzeugherstellung (siehe Teil I, Abbildung 1.13). Schon die Acheuléen-Technik zeigt Spezialisierungsnotwendigkeit an. Die Levallois-

Technik beruht als Abschlagtechnik auf genauer, wohl nur in Generationen zu erwerbender und durch Belehrung, Vor- und Nachmachen zu übertragender Erfahrung. Der Hersteller muß die Form des Werkzeugs in der Vorstellung vorwegnehmen, wenn er die grobe Flintknolle anschlägt, durch einen Kranz von Zuschlägen jene innere Spannung erzeugt, die es gestattet, mit einem letzten starken Hieb eine zweiseitig scharfe Kante mit einer stichspitzen Ecke am äußeren Ende abzuschlagen.

Und ein zweites indirektes Zeugnis: Sie begruben ihre Toten und legten ihnen Beigaben zu, die sehr verschieden waren und die Kennzeichen enthalten für die Rolle der Toten im Leben. In der Höhle von La Chapelle-aux-Saints fand man einen bestatteten Toten, auf dessen Brust das Bein eines Wisents gelegt worden war. Das Grab war angefüllt mit zerbrochenen Tierknochen und Flintwerkzeugen – Vorsorge für einen Jäger vielleicht und Vorräte für eine unsichtbare Lebenswelt außerhalb des Grabes. Der Bedarf „dort" wurde dem im Hier gleichgesetzt. Die Neandertalerfunde am Berge Karmel, oberhalb von Haifa in Israel gelegen, stützen diese Deutung. Es kann auch kaum noch ein Zweifel daran sein, daß die Begräbnisriten der Neandertaler mit Zeremonien verbunden waren, über deren spezifischen Inhalt wir freilich nichts aussagen können. Auch dürfte es hierbei schon ziemliche regionale Unterschiede gegeben haben. Indirekte Zeugnisse gibt es dafür, daß sie Jagdzauber praktizierten: In der Hexenhöhle westlich von Genua warfen Neandertalerjäger tief im Innern mit Lehmkugeln nach einem Stalagniten. Zeugnisse für eine Hirschzeremonie wurden in einer Höhle im Libanon gefunden. Das berühmteste Beispiel aber ist der Bärenkult der Neandertaler. Erste Zeugnisse fand man in einer Höhle, 2 400 Meter hoch in den Schweizer Alpen, dem sogenannten Drachenloch. Tief ins Innere war eine Art Kiste aus Steinen gelegt, deren Seiten etwa einen Meter lang waren. Den Deckel bildete eine massive Steinplatte. Darunter lagen zahlreiche Bärenschädel, deren Gesichter gleichmäßig auf den Höhleneingang gerichtet waren. In weiterer Tiefe fand man noch mehr Schädel in gleicher Position. Bei einem war ein Beinknochen durch das geöffnete Wangenbein gesteckt. Häufiges Objekt bei Riten war der Höhlenbär; 2,5 Meter lang, flink, unberechenbar und weit gefährlicher als der gefürchtete Grizzly. Kein Wunder, daß er zum bevorzugten Gegenstand von Ritus, Zauber und Magie wurde.

Nun gilt eines für alle überlieferten Zeiten: Es gibt nichts genauer Organisiertes und nichts strenger Tabuisiertes als ein magisches Ritual. Wenn dies Zeugnisse solcher Rituale sind – und die neueren Berichte lassen daran kaum noch einen Zweifel –, dann hatten die Neandertaler in ihrer Blütezeit ebenso strenge wie stabile Organisationsformen ihres Zusammenlebens. Das heißt aber auch feste Zuständigkeiten für verschiedene Aktivitäten in der Gruppe. Über deren Größe sind verbindliche Aussagen allerdings kaum möglich. Aus Gründen der Unterkunft, von Schutz und Sicherheit, der Nahrungssicherung und ähnlichem wird man kaum an eine Größe von wesentlich mehr als 40 bis 50 Personen (mit Kindern und Kindeskindern) denken können. Zwar kann Blutsverwandtschaft anerkannt gewesen sein, aber nur eine Sippe kann kaum als Stammesgrenze für das Zusammenleben angenommen werden. Wohl wird man an Binnengliederungen bei Verwandtschaften denken können, deren Zusammenfassung bei Naturvölkern Regeln eigener Art gehorcht. In jedem Falle dürfte unter diesen Lebensbedingungen ein dichtes, an unterschiedlichen Qualitäten reichhaltiges Netz mehrschichtiger Sozialbeziehungen die Lebensweisen der Menschen beeinflußt und gestaltet haben. Aus der Urfamilie mit verschwimmenden Konturen in weitläufigen Verwandtschaften dürften sich in der Generationenfolge Kerne näheren Zusammenlebens herausgebildet haben: Familienbindungen. Die Kinder wachsen mit Geschwistern in Sozialbeziehungen auf, die zwar von den Lebensformen im gesamten Gemeinwesen abhängen, die aber doch auch von den charakterlichen Eigenarten der Eltern, des Familienverbands und dessen sozialer Stellung geprägt werden. Man sieht in den zugehörigen Vorzeitillustrationen zumeist nur Männer, die Speere in große Tierkörper hineinbohren, Knochen vom Fleische lösen oder schwere Beute tragen; viel seltener eine Mutter, die ihre Kinder belehrt oder bestraft, eine sterbende Frau, die von trauernden Mitmenschen umgeben ist, einen Vater, der mit Kindern einen Knoten bindet, eine Falle baut oder eine Feuerstelle anlegt. Und doch muß es das alles kraft psychologischer Beurteilung der Zeugnisse des allgemeinen geistigen Entwicklungsstandes dieser Menschen gegeben haben. Es müssen auch verschiedene Regelsysteme für das Zusammenleben der Menschen entstanden sein. Wo die ersten Dächer angelegt wurden, da müssen auch Zuständigkeiten für die Platzvergabe bestanden und Vereinbarungen über Pflichten und Zuständigkeiten existiert haben. Zudem müssen Einbindungen in einen größeren sozialen Verband dagewesen sein. Soziale Kompetenz muß in einzelnen Fällen über die Familiengruppe hinaus wirksam gewesen sein, zum Beispiel im gesamten Stamm. Solche Einflußsphären wirken zurück; sie formen allmählich das, was man Individualität und schließlich Persönlichkeit nennt. Soziale Kompetenz kann zu quer durch das Gemeinwesen hindurchgehenden Verpflichtungen führen, zu Verantwortlichkeiten, Zuständigkeiten oder kurz: zu sozialen Pflichten. Man kann davon ausgehen, daß unterschiedliche Arten von Pflichten sozial verschieden bewertet waren. Der Umfang des Nutzens für das Gemeinwesen oder die Größe der Macht, die an eine Person gebunden war, sei es durch Körperkraft, durch Wehrhaftigkeit oder durch Bündnis mit Partnern oder einem noch mächtigeren Wesen, dürften die soziale Kompetenz weitgehend bestimmt haben. Sie ist, wie wir wissen, ein starker Stimulus für das Motivationssystem.

Gleichartige soziale Kompetenzen führen, sobald dies Gruppen von Personen betrifft, zu Schichten, für die – da psychologische Gesetze bereits damals gegolten haben – eine Rangordnung eindeutig festgelegt war. Nach der Rollentrennung der Geschlechter war das der zweite Schritt auf dem Wege zu gesellschaftlich organisierten Kommunikations- und Kooperationsformen: die Ausbildung sozialer Schichten mit unterschiedlichem Ansehen im Sozialgefüge der Gruppen, das sich im wesentlichen aus der Bedeutsamkeit der Verantwortung für das stammähnliche Gemeinwesen ergibt.

Es dürften gerade die Härten der Eiszeiten gewesen sein, die schubweise die Ausbildung der Sozialbeziehungen mit ihren verschiedenen Schichten an Bindungen, Abhängigkeiten und Zuständigkeiten geprägt und zu Standards verfestigt haben. Dabei muß man die große Zahl an Generationenfolgen im Auge haben, die diese emotional-kognitiven Vernetzungen bewirken.[4]

Eine Wärmeperiode von fast 40 000 Jahren machte die Regionen der Neandertaler passabler. Auch für Stämme, deren Entwicklung bis dahin weiter im Osten, im Südosten vor allem und im Süden stattgefunden hatte. Es gibt zahlreiche Zeugnisse dafür, daß diese zuwandernden Stämme den einheimischen überlegen waren, sie vielleicht auch erschlagen haben, vor oder in ihren Höhlen. Diese wurden dann von einem Menschentyp bewohnt, dessen Überreste man zuerst in einem Dorfe der Dordogne in Südfrankreich fand, am Rande von Les Eyzies, wo der alte Einsiedler Magnou gelebt hatte. Der Fund wurde nach ihm Cro-Magnon genannt.

Der Grund für das Aussterben der Neandertaler ist unbekannt. Wir deuteten das schon an. Man hat von einseitiger Anpassung an die Kältebedingungen der Eiszeit gesprochen, an Vitaminmangel erinnert, der zum Verfall der Körperkräfte geführt habe. Aber natürlich können auch Vermischungen der Genbestände und Ausdünnungen des genetischen Neandertaleranteils in den gemeinsamen Nachfolgegenerationen stattgefunden haben. Untersuchungen des Rachenraumes der südlichen Neandertaler legen nahe, daß die Rachenbögen bei ihnen höher gewölbt waren. Lieberman und Cretin (siehe Lieberman 1975) untersuchten das Kehlkopfgebiet des Mannes von La Chapelle-aux-Saints. Sie stellten danach die Hypothese auf, daß der Neandertaler nur über einen Bruchteil der Sprechfähigkeit des Cro-Magnon-Menschen verfügte und daß darin seine Unterlegenheit begründet läge. Es ist eine Hypothese. Die wirklichen Ursachen sind unklar. Gesichert ist, daß unter den Anforderungs- und Bewährungsbedingungen südlicher Regionen aus den Nachfolgezeiten der Habilinen,

des Homo erectus und der dortigen Neandertaler ein Menschentyp sich entwickelt hatte, der den Übergang zur eigentlichen sozialen und gesellschaftlichen Geschichte bahnte und gefunden hat. Es ist ein Menschentyp, der zwischen 50 000 und 10 000 vor unserer Zeitrechnung weite Teile der Erde vom
Atlantik bis Sibirien bewohnte, der in der dritten Eiszeit (zwischen 40 000
und 10 000) die (gefrorene) Beringstraße überquerte, der, oft wohl Tierherden
oder ihren Spuren folgend, Nord- und Südamerika besiedelte und der die
hinterindische Inselwelt sowie Australien einnahm. Auf der Basis persönli-
chen und gesellschaftlichen Eigentums, wohlgeordneter sozialer Organisation
und individueller Kompetenz im Gemeinwesen bildete er die erste stilvolle
Kunst der Menschheitsgeschichte aus. Und in der Entwicklung seiner Lebensweise bildeten sich die Gründe für das mögliche Entstehen von Wirtschaft
und Wissenschaft.

1.3.3 Cro-Magnon: Eine neue Ebene sozialer Kooperation und Kommunikation zwischen frühen Menschen

Ursprünglich nur für die südfranzösischen Funde in der Dordogne, jenem
höhlenreichen Gelände um die Ufer des gleichnamigen Flüßchens gedacht,
wurde der Name Cro-Magnon-Mensch unterdessen Synonym für die menschlichen Erdbewohner zwischen 50 000 und 10 000 vor Christus. Der größte Teil
der Zeit (40 000 bis 10 000) fällt mit der letzten Vereisung, der Würmeiszeit,
zusammen. Sie unterschied sich von der vorangegangenen nicht nur durch
relativ geringere Strenge des Frostes, sondern vor allem durch starke Temperaturschwankungen. Über wenige tausend Jahre wechselten Kälte- und Wärmeperioden einander ab. Man kann davon ausgehen, daß diese Schwankungen
eine höhere Adaptivität gegenüber Klimaschwankungen bewirkten[2].

In der Skhul-Höhle am Berge Karmel in Israel fand man Skelettreste, die
als Zwischenstufen von Neandertaler und Cro-Magnon eingestuft wurden.
Ähnliche Funde machen die Annahme wahrscheinlich, daß etwa um 40 000
an verschiedenen Orten in südlicheren Regionen ein Übergangsprozeß zwischen dem Neandertal- und dem Cro-Magnon-Typ zum Abschluß gekommen
war. Die Unterschiede der Schädelformen und mit ihnen die der Physiognomie sind erheblich. Den Einfluß genetischer Faktoren in diesem
Übergangsprozeß kann man keineswegs ausschließen. (Schon eine größere
Populationsdichte vermehrt den Genpool und damit das Angebot bewährungs-
kräftiger Extremvarianten, die selbst wieder durch Körperkraft, Geschick und
soziales Prestige eine höhere Fruchtbarkeitsrate haben.) Die These von der

Besitzergreifung der Neandertalregionen durch zuwandernde Menschen vom Cro-Magnon-Typ ist durch Funde belegt und gegenwärtig kaum überzeugend widerlegbar.

Wie sich alsbald zeigen sollte, waren die kognitiven Potenzen der Cro-Magnon-Menschen von anderer Statur als die der Neandertaler. Die Entstehung einer sozialen Ordnung in stammähnlichen Gemeinwesen mit Siedlungscharakter in großfamilienähnlichen Sippen und Gruppen innerhalb von Stämmen über mehrere Generationen (und in einem Falle über 18 000 Jahre) weist auf den Ausbau der Gentilordnung hin. Der Bau von Großzelten für 15 bis 25 Personen verweist auf die Existenz von Großfamilien, die wohl die Gruppenstruktur des Stammes konstituierten. Ein strenges System von Regeln des Zusammenlebens, des Aufwachsens und Erziehens der Kinder, der Fixierung des Erwachsenenstatus wie von Rechtslagen bei Diebstahl oder Tötung bilden notwendige Normen des Zusammenlebens, ohne die ein solches Gemeinwesen nicht existieren kann; genauso wenig wie ohne ein System von Strafen oder Zwangsmaßnahmen für Personen, die sich diesen Regeln widersetzen. „Kollektive Regeln werden von Generation zu Generation weitergegeben, im tagtäglichen Verhalten erlernt oder in Sprichwort und Gebot, …, in Konvention und Ritual erfahren." (Hallpike 1990, Seite 521). In einem Streitfall obsiegen heißt, sich in Einklang befinden mit der Tradition. So bilden sich die ersten kodifizierten Formen einer Rechtsordnung.

Diese und zahlreiche andere Rückschlüsse auf die Lebensweise in dieser Zeit sind möglich aufgrund der überlieferten Zeugnisse von Lebensbedingungen und Arbeitshandlungen. Sie seien zunächst in ihren charakteristischen Zügen umrissen.

Die Einflüsse der Handlungsergebnisse der Cro-Magnon-Menschen auf die äußeren Umstände ihres Daseins gestaltete die Gebiete ihrer Niederlassungen zu einem großartigen Versuchsfeld für die Wirkungsmöglichkeiten probierenden Denkhandelns bei der Beherrschung äußerer Kräfte, der Abschirmung gegenüber Kälte, der Gefahr für Leib und Leben, der Entstehung von Freundschaft wie der Bändigung menschlicher Feindschaft. Auch für die Menschen dieser Zeit ist ein Reflektieren des Sterbens angesichts eines toten Stammesgenossen nachweisbar. Ihr umgebungsbezogenes Denken prägt sich in zwei Richtungen aus: in der Suche nach rationalen, wirklichkeitsverbundenen Deutungen auf der einen Seite und dem magischen, suggestiven, durch Glauben subjektiv gebundenen Vorstellungen auf der anderen. Bevor wir dies im einzelnen darlegen, betrachten wir die Zeugnisse:

Hatte zuvor über fast 100 000 Jahre eine relativ starke Einheitlichkeit in der Art der hergestellten Werkzeugtypen bestanden, so wandelt sich nun das

Bild innerhalb von 10 000 Jahren grundlegend. Zunächst wird die Materialbasis der bearbeitenden Gerätschaften breiter: Knochen, Elfenbein, Geweihe, Stein, Holz und Leder werden für die verschiedensten Zwecke herangezogen. Aber auch die Techniken für die „harten" Arbeitsmittel sind verändert.

Hauptmaterial ist nach wie vor der (zumeist glasharte) Stein. Aber aus neuem Grunde: Seine feinere, kristalline Struktur gestattet dem Steinschläger, die feinsten Details einer gewünschten Form vorher zu bestimmen. Durch eine genaue Dosierung der Kraft kann man sehr dünne Steinsplitter abschlagen. Es sind dies die sogenannten Klingengeräte, die so scharfe Ränder aufwiesen, daß man sie – wie schon gesagt – beidseitig nicht anfassen konnte und abstumpfen mußte. Man hat durch Nachversuche herauszubekommen versucht, wie der Abschlag wahrscheinlich vor sich ging. Die Knolle wurde zunächst zu einem zylindrischen Kern geschlagen. Durch Vorschläge mit einem Stein- oder Knochenhammer muß eine Kante zum Anschlagen am oberen Ende gefunden werden. Mit einem harten Schlag kann man danach eine Art Spanschicht ablösen. Ein Span ist 15 bis 30 Zentimeter lang und nur wenige Millimeter dick. Nachbildende Versuche des Franzosen Tixier haben ergeben, daß ein guter Abschläger mehr als 50 Klingen von einem Stück gewinnen kann und dies innerhalb weniger Minuten. Zweifellos ein sehr hoher Rationalisierungseffekt. Allerdings setzt er Könnerschaft voraus. Und noch ein Phänomen: Bei Versuchen hat man gezeigt, daß Feuersteinspitzen dieser Art „schärfer sind als Eisenspitzen und daß Wurfwaffen mit Feuersteinspitzen tiefer in den Körper eines Tieres eindringen als solche mit Eisenspitzen" (Prideaux 1977). Auch Messer aus Feuerstein stehen den Stahlmessern an Schärfe nicht nach. Allerdings sind sie wesentlich brüchiger als Metall.

Man hat unter den Cro-Magnon-Werkzeugen mehr als hundert verschiedene Typen unterschieden: Messer zum Schneiden von Fleisch, zum Enthäuten, zum Holzschnitzen, Knochenschaber, Hautschaber, Bohrgeräte, Steinsägen, Meißel, Arbeitsplatten, Reiß- und Ritzstifte zum Herstellen von Nadeln aus Geweih und viele andere. Äxte und Messer wurden sehr wahrscheinlich auch mit Griffen aus Geweih hergestellt. Der Rückschluß, der hier gezogen werden muß, ist verhältnismäßig eindeutig: Ein hoher Grad an Könnerschaft ist Voraussetzung für die Beherrschung dieser Technologie. Das alles wird nicht immer wieder neu erfunden. Diese Stile entstehen durch Weitergabe von Generation zu Generation. Und zwar in einer Generationenfolge von Spezialisten, deren Tätigkeit den Charakter eines Berufs angenommen hat. Das feinste Zeugnis aus dieser späteren Periode der Altsteinzeit ist das Lorbeerblatt (Abbildung 1.2): ein feines, steinernes Blättchen, an den Rändern auf Bruchteile eines Millimeters geschärft. So fein ziseliert am Saum, hauchdünn und scharf,

1.2 Das Lorbeerblatt, Ausdruck feinster Klingentechnik und einer Meisterschaft, die sich ins Künstlerische gesteigert hat. (Aus Lewin, 1989.)

daß es wohl mehr ein Zeugnis künstlerisch veredelter Meisterschaft, mehr ein Symbol für das Erreichbare als ein wirklicher Gebrauchsgegenstand war. So wundert es nicht mehr, was alles gejagt, getötet, im Frost oder durch Räuchern haltbar gemacht werden konnte: das Ren, Wildpferde, Antilopen, Mammuts, Wisente, Bären, Löwen und Füchse und – ja auch: Vögel und Fische. Denn man fand ihre Überreste an Stellen, wo Nahrungsreste waren und erhalten geblieben sind.

Es ist aber nicht nur die Rationalisierung und Differenzierung, die die neue Stufe in der Steinschlagtechnik kennzeichnet. Es sind auch nicht nur die feineren Bearbeitungsschritte, die den Rohling in die gewünschten Formmerkmale transformieren. Wir finden hier eine konstruktive Technik, die aus der kombinatorischen Verkettung verschiedener Bauelemente entsteht. Wenn man die Herstellung der Klingengeräte zu den transformativen Techniken zählt (weil ein Gegenstand und seine Eigenschaften schrittweise abgewandelt werden), so zeigen die neuen Jagdgeräte konstruktive Verknüpfungen völlig getrennt produzierter Bauelemente. Mit dem Speer hat es wohl begonnen. Mit der Anbindung der Spitze an den Schaft werden sehr verschiedene konstruktive Erfahrungen kombiniert und Überlegungen über Wirkungsverstärkungen eingebaut. Das können Härtungen im Feuer oder Widerhaken für flüchtende Tiere sein. Im besonderen gehört die Speerschleuder hierher. Es ist eine konstruktiv wohldurchdachte Verlängerung des menschlichen Arms, die dann beim Schleudern durch den größeren Radius des Armschwunges eine höhere Reichweite und eine wesentliche Verstärkung der Durchschlagskraft erzielt: Sie war bis zu 60 Zentimeter lang, hatte am nahen Ende einen Griff, am fernen eine Nut, in die das Ende des Speeres gelegt wurde. Beim Schleudern wird der Schußarm weit von hinten und oben nach vorn geschwungen. Ein etwa zwei Meter langer Speer damaliger Beschaffenheit läßt sich kaum über 50 Meter weit schleudern. Mit der Speerschleuder erreichte man, wie Probeversuche zeigten, über 130 Meter und eine entsprechend höhere Durchschlagskraft auf kürzeren Abstand. Um auf diese Distanz aber die notwendige Treffsicherheit zu erzielen, waren lange Übung, Belehrung und hartes Training erforderlich.

1.3 Konstruktive Werkzeugherstellung im Neolithikum. Aus einer Klinge werden dreiecks- und trapezförmige Stückchen herausgebrochen und in einer Knochenrille mit zum Beispiel Baumharz verklebt. Es entsteht eine Sichel oder eine Säge. (Gezeichnet nach Prideaux, 1977.)

Eine späte und hohe Leistung der steinzeitlichen Geräteherstellung ist der geometrische Mikrolith, ein Feuerstein, wohl aus einer Klinge herausgebrochen, trapezförmig oder dreieckig zugespitzt (Abbildung 1.3). In Serie in einen Knochengriff eingelassen und mit Harz verklebt, wird er zur Säge oder Sichel; vielleicht zum Abschneiden von Schilf oder Wildgetreideähren verwendet. Konstruktive Kombinationen technischer Verfahren wurden auch bei der Verwendung des Feuers in Rußland und in Frankreich gefunden. Kanäle führen dort zu den Feuerstellen. Wozu? Offensichtlich zur Zuführung von Frischluft, deren Sauerstoff die Brennhitze erhöht und es zum Beispiel gestattet, Geweihe unter großer Hitzeentwicklung zu verbrennen. Ähnliche Luftschächte sind bei Brennöfen gefunden worden. In Dŏlni-Vestonice (ehemalige CSFR) wurde ein etwa 25 000 Jahre alter Ofen zum Brennen von Ton gefunden. Aber es ist nicht einfach Lehm oder Tonschlamm gebrannt worden. Man mischte Knochenmehl unter die Erde, damit sich die Hitze besser verteilte und den Ton gleichmäßig härtete. Hier wird eine Technik verwendet, die Kennzeichen konstruktiver Kreativität trägt: Aus zwei oder mehr Substanzen wird durch Hitze und andere chemische Prozesse eine Substanz mit qualitativ neuen Eigenschaften erzeugt. Die Herstellung von Glas, Mörtel, Zement, Kunstfaser und so weiter beruht auf diesem Prinzip. Gesellschaftliche Bedürfnisse als Motivbasis für kreative kognitive Prozesse führen zu einem Material, das so in der Natur nicht vorkommt. Seine Verfügbarkeit hat einen hohen Nutzen für das Gemeinwesen, und die Beteiligung an seiner Herstellung hat für jede sozial integrierte Person einen hohen Bekräftigungswert. Herausragende Arbeitsleistungen steigern dabei das emotional stark stimulierende Gefühl vom sozialen Wert des Selbst, sei es durch Gerätschaft oder künstlerische Ausdruckskraft.

Immer wieder findet man auf Speerschleudern Figuren und Ornamente. In einer Höhle in Frankreich hat man mit Ornamenten bemalte Steine gefunden, deren Bedeutung dunkel ist und deren Form schon einen hohen Stilisierungsgrad aufweist. Aber was immer sie für den oder die Benutzer bedeutet haben mögen, daß ihre Ornamentik eine symbolische Funktion hatte, ist schwerlich bestreitbar, denn dafür gibt es zahlreiche weitere Belege. Die wichtigsten sind die in den Höhlengewölben von Lascaux, von Altamira sowie besonders in den von Le Tuc d'Andoubert bei Triège in Frankreich enthaltenen künstlerischen Zeugnisse. Dargestellt sind überwiegend Tiere als Objekte von Jagdunternehmungen. Aber kaum passiv ruhend, sondern fliehend, sterbend, tötend oder getötet werdend.

Unerklärliche Bilder, wie eine Szene in der Höhle von Lascaux, wo ein Wisent mit heraushängenden Därmen und eingezogenen Hörnern auf einen halbliegenden Mann mit einem Vogelkopf zielt, mit Pfeilen und sexueller Symbolik, könnten sowohl bei Initialriten als auch bei Vorbereitungen auf einen Jagdzug besondere Bedeutsamkeit erlangt haben. Jedenfalls sind es emotional gepackte und darum wohl auch affektiv packende Szenen, auf deren *allgemeine* Funktion noch zurückzukommen sein wird (Abbildung 1.4). Aufregend ist am Lascaux-Bild, daß man einige Punkte als Sterne des damaligen Fixsternhimmels und einige Vorzugsrichtungen im Bild als Koordinatenanga-

1.4 Packende Höhlenszene hoher Vitalität. Ein durchbohrtes Wisent mit heraushängenden Därmen, ein Mann mit Vogelkopf. Vielleicht spielte das Gemälde bei Jagdzauber oder Initiationsriten eine Rolle. (Gezeichnet nach einer Höhlenzeichnung von Lascaux.)

ben zum Sternenhimmel erkennen kann. Der Vogel auf der Stange soll den Polarstern anzeigen. Vertikal unter dem Vogel (Nord-Süd-Richtung) sind (hier nicht erkennbare) horizontale Querstriche angebracht. Sie sollen die Sonnenwendlinien markieren. Schließlich hat man noch weitere Punktmarken mit bekannten Sternen in Zusammenhang gebracht (Weiß 1984). Wir wollen diese Deutungen hier nicht diskutieren. Aber daß solche Sternenhimmel-Orientierungen im geistigen Fassungsvermögen jener Menschen vor 17- bis 20 000 Jahren möglich waren, scheint kaum bestreitbar.

In der Höhle Les-Trois-Frères (die drei Brüder, nach den Entdecker-Geschwistern benannt) fand man Fabelwesen in die Wand eingeritzt. Eine Art Rentierkuh mit dem Vorderteil eines Wisents. Als Hüter der Tiere ist ein Fabelwesen gezeichnet, „mit menschlichen Beinen, einem Schwanz und Hörnern, das tanzt und auf einer Flöte oder einem ähnlichen Instrument spielt". Man denke, so der Berichterstatter, unwillkürlich an einen hüpfenden Satyr oder an eine Pan-Darstellung aus der griechischen Mythologie. Und die Mischung aus Wisent und Rentierkuh weckt manche Ähnlichkeit mit den alten ägyptischen Bildzeichen. Abbildung 1.5 gibt ein solches Fabelwesen mit menschlichen und tierischen Zügen wieder. Es thront in der Höhle über allem, was dort gezeichnet ist. In aller Unwirklichkeit beeindruckt die Figur durch eine nachgerade realistisch gebannte Vitalität. Ein erster Schutzmächtiger? Ein erstes Götterbild? Was immer: Konstruktives anschauliches Denken hat hier künstlerische Ausdruckskraft gewonnen, ein Denken, das die Anschauungswelt manipulieren kann, indem es aus ihren Elementen Neues zu konstruieren vermag. Es ist hier in der Kunst der gleiche Effekt zu beobachten wie in der Technik. Und das muß nicht verwundern, denn die dahinter stehenden, konstruktiven Denkprozesse sind gleichermaßen Voraussetzung und Realisierungsmittel für beide.

Kein Wunder, daß man Schmuck gefunden hat, jenes Mittel der Steigerung des Selbstwerterlebens, das damals Frauen wie Männer erhob. Reich mit Perlen, Armbändern und einem Kopfreif aus Mammutelfenbein ist das Grab eines Mannes vom Cro-Magnon-Typ bei Moskau (23 000 vor der Zeitrechnung) liegend gefunden worden. Andere im Gräberfeld waren auf schlichtere Weise bestattet worden. Bezeugt das eine bleibende Rangordnung auch nach dem Tode? Bei allen aber fanden sich Überreste von Ocker und zumeist Beigaben von Nahrung. Der Ocker ist wohl zur Rötung der Wangen der Leichen verwendet worden. Und die Beigaben an Schmuck oder anderem aus dem Erdenleben? Die Bestattung der Toten war allem Anscheine nach mit Riten und Zeremonien verbunden. Die Bändigung des Todes oder die Rückgewinnung des Lebens nach dem Tode hat wohl die Menschen dieser Zeit tief bewegt. Wir kennen die Inhalte ihrer Vorstellungen nicht. Aber daß die ältesten Epen gerade dieses Thema behandeln, mündlich schon seit langem überliefert am Ende der hier zu betrachtenden Zeit um 10 000, mag als Hinweis vermerkt sein. Dokumentarisch niedergelegt ist dieses Thema im Gilgamesch-Epos, dem ältesten überlieferten Ereignisbericht der Menschheitsgeschichte. Es ist ein Bericht über Tod und Leben, über Schuld und Sühne und auch über die Besiegbarkeit des Todes. Über ungezählte Generationen hinweg mögen Geschichten dieser Art in den Lagerstätten oder an den Feuerstellen erzählt und mündlich überliefert worden sein.

Höhlenzeichnungen wie Bestattungsriten weisen darauf hin, daß dem magischen Denken eine bedeutsame Rolle mit wohlbestimmten sozialen Voraussetzungen und Wirkungen in dieser wie auch in weit späterer Zeit zukommt.

Parallel dazu gibt es auch Zeugnisse anderer Denkweisen, durch deren Ergebnisse eine kognitive Erfassung von Zusammenhängen der Realität gewonnen werden konnte. Marshak (nach Prideaux 1977) untersuchte Ende der sechziger Jahre eine große Zahl von Knochenartefakten mit steinzeitlichen Ritzungen unter dem Mikroskop. Das wichtigste Stück war eine ovale Platte von

1.5 Ein in Tierhäute gekleidetes Wesen. Vielleicht ein Schamane, vielleicht auch ein Fabelwesen. Zwar ist die Symbolik dieser Figur aus der Cro-Magnon-Zeit unbekannt, aber daß sie eine Symbolfunktion hatte, scheint unbestreitbar (Zeichnung nach Breuil, Höhle Les-Trois-Frères). (Aus Augusta, 1960.)

einem Geweih, auf dem, in einer Schlangenlinie angeordnet, Zeichen eingeritzt sind. 69 Zeichen wurden anscheinend mit 24 verschiedenen Werkzeugen zu verschiedenen Zeiten eingeritzt (Abbildung 1.6). Man vermutet eine Art systematischer Notierung, wobei jedes Zeichen für eine andere Nacht stünde, und daß die Windungen und Kurven mit den Mondauf- und -untergängen zu tun hätten. Zweieinviertel Monate würde danach die registrierte Zeitspanne betragen. „Wenn man nach der Nacht mit der ersten Mondsichel in Richtung Süden blickt, sieht man den zunehmenden Mond sich immer weiter nach Osten und immer weiter nach oben bewegen – bis zur siebten Nacht, in der er am höchsten steht. Aber vom achten Tage an senkt sich der Mond, während er seine Wanderung fortführt, bis Vollmond herrscht. Am fünfzehnten Tage kehrt sich der Vorgang um, und der Mond nimmt wieder ab. Jede Kurve der gewundenen Spur auf der Knochenplatte entspricht demnach ungefähr dem Zeitpunkt im Monat, an dem der zunehmende oder abnehmende Mond in eine Phase eintritt. Wenn dieser Zeitpunkt da ist, ändert der Mond auch den Ort und die Zeit seines ersten Erscheinens am Abendhimmel" (Marshak 1972).

Diese Deutung Marshaks ist nicht unbestritten geblieben. Man hat auch die weit simplere Interpretation einer Registrierung von Jagderträgen versucht. Was davon immer bestätigt werden wird, eines scheint allen Erklärungsansätzen gemeinsam: Hier liegt die Aufzeichnung eines Vorgangs in der Zeit vor, in dessen Verlauf quantitative Veränderungen vor sich gehen, die *mit dem zeitlichen Ablauf zusammen* registriert sind. Anschauliche Veränderungen sind in Form von Zeichen fixiert worden. Vom kognitiven Aspekt her gesehen liegt eine Transformation des Zeitlichen in räumliche Distanzen vor. Es wäre eine Form von Koordinatendarstellung im Sinne eines Bezugssystems zur topologischen Charakteristik von Beobachtungs- oder Schätzgrößen. Nimmt man die Interpretation Marshaks an, dann bedeutet es mehr. Die Notierung auf dem Geweih ist dann eine in Zeichenstruktur umgesetzte Zustandsfolge, eine Art zeitlich verkürzter Vorstellung von *einem simultan nicht aufnehmbaren Geschehen*. Darin läge das Konstruktive dieser räumlich-abstrakten Verdichtung eines zeitlich erstreckten Vorgangs. In Zusammenhang mit der vermuteten Orientierung der eiszeitlichen Wanderjäger am Sternenhimmel, würde das auf eine vergleichbare Leistungsdisposition hinweisen.

1.6 Platte aus Rentiergeweih mit Gravierungen, die nacheinander gemacht wurden. Marshak vertritt die Hypothese, daß hier Mondphasen eingeritzt wurden. Die Linien sind oben zur Markierung zeitlicher Abschnitte eingefügt, unten begradigt und mit Mondphasen in Zusammenhang gebracht. Der erste Pfeil entspräche dann der Nacht vor dem Neumond. Bewiesen werden kann diese Deutung nicht. (Aus Simonyi, 1990.)

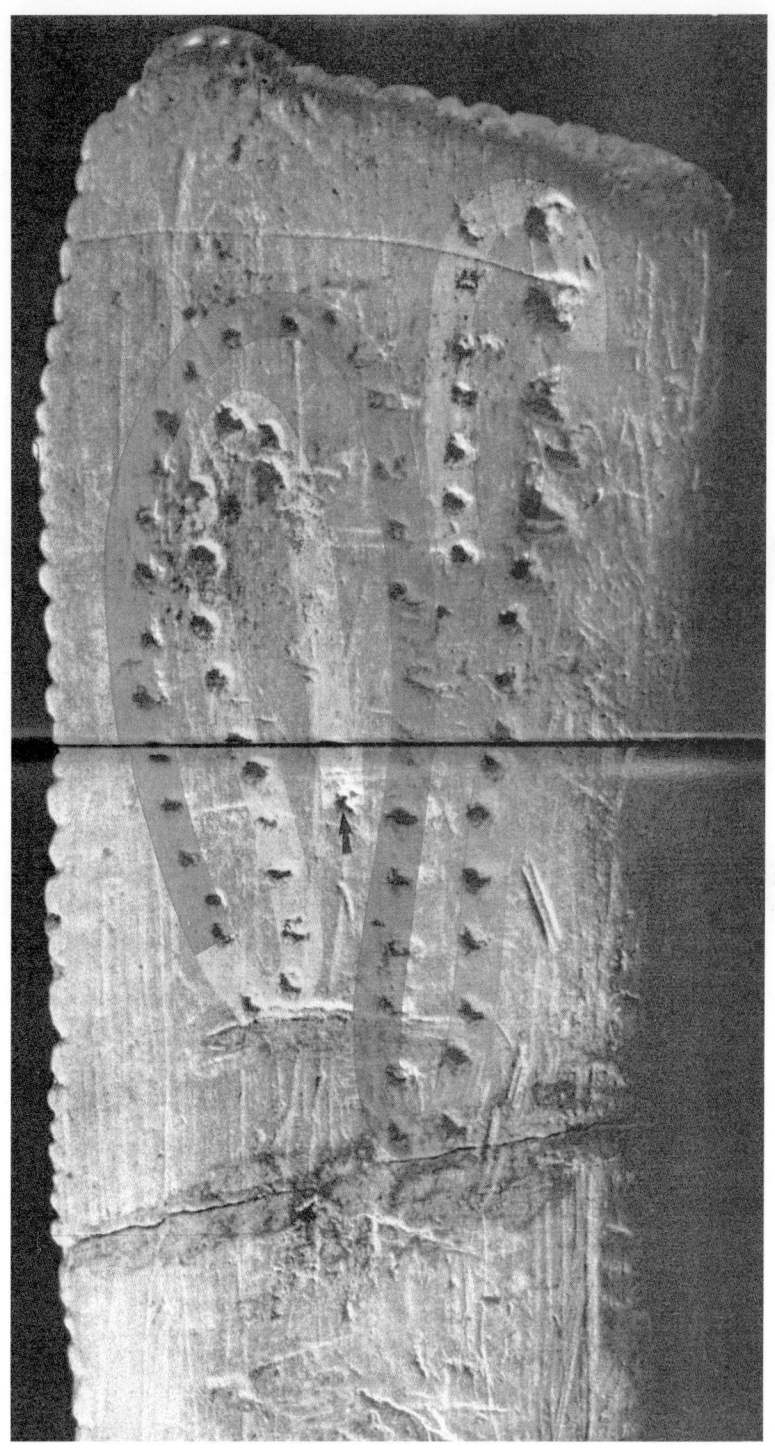

Bedenkt man diese Periode von vor etwa 30 000 bis 20 000 Jahren, so ist unbesteitbar, daß in diesem Abschnitt ein stärkerer Fortschritt in Technik, Lebensweise, Gedankenwelt und Denkleistungen erzielt worden ist als in den 1,7 Millionen Jahren zuvor. In dieser, wie man sagt, neolithischen Revolution hat sich mit den Ausgliederungen und der Schichtung verschiedener sozialer Netze mit ihren qualitativ verschiedenen Bezügen und Wertungen der mentale Fortschritt des Menschen von seinen evolutionsbiologischen Tempobegrenzungen gelöst. Die Vielschichtigkeit der entstehenden sozialen Bezüge beschleunigt auch den technischen Fortschritt. Er enteilt dem biologisch bestimmten Status des Menschen. Dies wird vor allem durch die selektive Beanspruchung schlummernder Vermögen des menschlichen Nervensystems erreicht. Es erfolgt dies aufgrund der Beanspruchung von Kräften des symbolischen Denkens, über die noch zu sprechen sein wird. Es geschieht dies mit unterschiedlichen Beschleunigungen zu verschiedenen Zeiten bis auf den heutigen Tag.

Auf dem Wege der Auswirkungen von Kommunikation und Kooperation wird in dieser späten Phase der Cro-Magnon-Zeit eine neue Stufe der geistig-intellektuellen Verfassung des Menschen erreicht, – bei gleichzeitiger Stagnation seiner körperbaulichen und sonstigen physischen Verfassung. Durch die Funktionen dieses physisch so kraftlosen Nervensystems, das selber so wenig Energie verbraucht, durch dessen steuernde Musterbildungen werden jene Umwälzungen in Gang gebracht, die schließlich die ganze Oberfläche der Erde verwandeln, – verschönen, verschandeln und gefährden. Den Anfängen dieses Prozesses war das kaum anzusehen:

Mit Erhöhung des kognitiven Anteils bei den Kombinationen von Handlungselementen in den konstruktiven Technologien der Werkzeugherstellung bilden sich Ganzzeit-Spezialistengruppen mit wechselseitiger Abhängigkeit.[5] Es sind die Vorläufer der Berufe mit der schulmäßigen Weitergabe sozial bedingter Erfahrung und individuellen Verbesserungen . Die Folge davon erscheint zwangsläufig: Der Austausch von Geräten, Beute und Erfahrungen verlangt nach Äquivalenten, die vorerst durch den unmittelbaren Tausch bestimmt sind. Der Wert ist stark von der Qualität und damit auch von der Seltenheit mitbestimmt. Die motivationale Bewertung, sozial hoch Bewertetes verfügbar zu haben, dürfte schon damals ausgeprägt gewesen sein. Jedenfalls hat seitdem das Streben danach unter anderem den individuellen wie kollektiven Erkenntnisfortschritt unablässig stimuliert.

Wir haben in diesem Rahmen in starkem Maße die Arbeitsmittel als Vergegenständlichungen kognitiver Prozesse betrachtet und ihren Einfluß auf die Vermittlung von Wissen und Können, also auf die Ausbildung sozial bedeutsamer Fähigkeiten erörtert. Für spätere Entwicklungsphasen wird man auch die Einflüsse länger überdauernder Arbeitsresultate stärker zu bedenken haben. Schließlich bilden auch die Kulturgüter mit ihren sozial verankerten Werten und ästhetischen Wirkungen eine Ergebniswelt menschlicher Tätigkeit, die Bedeutsames zur Persönlichkeitsbildung schon in frühgeschichtlichen Epochen beigetragen haben mögen.

Es bleibt noch eine Lücke. Der Zeitraum bis 10 000 vor Christus ist umrissen sowie in den hier interessierenden Aspekten inhaltlich charakteristiert. Natürlich wäre eine feiner differenzierende Abstufung möglich gewesen. Doch diese Verfeinerung der Binnengliederung ist eine Angelegenheit der Vorgeschichtshistoriker. Hier kam es auf die qualitative Absetzung einer Stufe des Menschwerdungsprozesses von einer dazu verschiedenen, historisch früheren Epoche an. Von dieser Ebene aus ist nun der Weg zum nächsten Abschnitt zu finden, zu den Umständen und Entwicklungsbedingungen, die zur geschriebenen Geschichte hinüberführen, zu den Stadtstaaten und den alten Reichen der Frühgeschichte, in denen die Arbeitsorganisation mit der Differenzierung in Schichten und Klassen, in Nutznießer fremden Fleißes und Ausgenutzte verwirklicht, sanktioniert und mit dem Einsatz monopolisierter Machtmittel aufrechterhalten wird.

Ein Fund im Süden Afrikas, an der Küste zum Indischen Ozean gelegen, hilft in diesem historischen Übergang, eine wichtige Lücke zu schließen. Dort liegt die Nelson-Bay, eine Höhle, neun Meter hoch und 45 Meter tief, mit einer Frischwasserquelle im Innern. Sie diente Generationen von Cro-Magnon-Menschen als Heimstatt. Fast 18 000 Jahre lang. In den ersten 6000 Jahren war das Meer 80 Meter von der Schlucht entfernt, und die tiefen Wiesen vor der Höhle waren ergiebige Jagdgründe: Antilopen, Strauße, Paviane und Riesenbüffel, die über 30 Zentner wiegen konnten, wurden an ihren Tränken gejagt und erlegt. Vor 12 000 Jahren traten tiefgreifende klimatische Veränderungen ein. 4000 bis 3000 Jahre dauerte eine Erwärmungsperiode. Gletscher schmolzen, das Wasser stieg und überflutete das Weideland, Beutetiere zogen tief ins Innere des Landes. Aus rationalen Gründen hätte die Höhle verlassen werden müssen. Aber die Menschen blieben und stellten ihre Technik um. Die Technik des Fischfangs wurde verfeinert, Jagdexpeditionen ins Landesinnere organisiert. (Sechs Meter hohe Abfallhaufen aus Muschelschalen wurden gefunden!) Warum blieben die Menschen? Warum nahmen sie erschwertes Leben in Kauf, um am alten Orte bleiben zu können? Es war ja nicht der Überfluß, der sie seßhaft werden ließ: Sie trotzten mit dem Hang zur Seßhaftigkeit dem Mangel! Aber warum? Hatten sie so etwas wie ein Heimatgefühl entwickelt? Waren ihnen die Stätten ihrer Kindheit, die Bestattungsorte ihrer Toten, die Stätten ihrer Ängste, Nöte und Hoffnungen stärkere Bande als die satten Weidegründe im Innern des Landes? Allem Anscheine nach war dies der Fall.

Eine ähnliche Siedlungsgemeinschaft hat es vor etwa 17 000 Jahren am oberen Nil, bei Kom Omo, 45 Kilometer entfernt von Assuan, gegeben. Die Ebene wird von Nebenflüssen des Nils durchzogen. Hier hat man 12 000 Jahre vor unserer Zeitrechnung Wildgetreide geerntet und spezifische Werkzeuge zur Gewinnung und Verwertung der Körner entwickelt: Steinsicheln zum Schneiden der Ähren, Steinplatten mit einer Höhlung und einem Reibestein zum Mahlen, ähnlich wie sie noch vor Jahrzehnten von Indianern zum Gewinnen von Maismehl verwendet wurden. Aber da gemahlen wurde, dürfte nicht nur Grütze hergestellt worden sein. Vielleicht aus Mehl und Wasser ein ungesäuerter Brotteig, der auf heißem Stein gebacken wird – wie das mancherorts in kargen Gegenden des Orients noch heutzutage üblich ist.

Die Nähe des Wassers, die der großen Flüsse zumal, wurde mit dem Wechsel seiner Wirkungen auf Fruchtbarkeit, lebende Beute oder Erntemöglichkeit als Siedlungsgebiet bevorzugt. Wohl ist der Grund dafür nicht der Reichtum dieser Gebiete gewesen, natürlich auch nicht ihre zeitweilige Kargheit, eher ihre Zuverlässigkeit, mit der sich im Laufe der Jahre voraussagen ließ, was an Angebot der Natur zu erwarten ist, mal reicher, mal weniger üppig, aber doch ohne die absolute Unberechenbarkeit, die den Ereignissen am Eis, in der Tundra oder im Urwald anhaftete. Und gerade an den kleinasiatisch-afrikanisch-indischen Küstenstreifen schafft die Pünktlichkeit der Herbst- und Winterregen mit den folgenden Flußüberschwemmungen eine gewisse Berechenbarkeit der Überlebenschancen des Gemeinwesens. Voraussetzungen, die so der Norden und die Binnenländer nicht boten. Sie ermöglichten dichtere Besiedlung des Landes. Das aber konnte nicht ohne Rückwirkung bleiben. Die notwendige Konsequenz ist wegen der Sicherung des Überlebens eines großen Gemeinwesens eine soziale Organisation des Zusammenlebens, die ja nicht vorgeschrieben war, sondern erst gefunden werden mußte. Viele verschiedene Lösungen sind zu verschiedenen Zeiten versucht und nach längerer Gewöhnung daran dann jeweils als vorgeschrieben, als von göttlichem Ursprunge stammend, erklärt worden. Die Gemeinsamkeiten in diesen Vorschriften müssen ihre Gründe haben, Gründe, die wenigstens teilweise aus der Kenntnis der Natur des Menschen und der Gesetze seines Verhaltens erhellbar erscheinen. Es sind die Voraussetzungen, unter denen er gehorcht, die Umstände, unter denen er aufbegehrt; aufbegehrt bis zum bewußten Einsatz seines Lebens. Das bedeutet auch: in der motivationalen Überwindung eines Grundmotivs allen organismischen Daseins, des Überlebens.

Die bekannteren dichteren Siedlungen finden sich überwiegend an den großen Flüssen des Südens: am Nil, im Zweistromland zwischen Euphrat und
Tigris, am Jordan sowie im Hindustal. Hattma und die Städte der Maya scheinen Ausnahmen zu bilden. Aber ihre Zeit liegt auch wesentlich später.

Von diesen Quellpunkten der geistigen Menschheitsgeschichte wollen wir
den Blick auf ein Gebiet werfen, von dem weiträumige Befruchtungen
menschlicher Gedankenwelten ausgegangen sind: Das Gebiet am Golf, in der
Mündungszone der beiden Flüsse, dort wo später Babylonien war, zwischen
Uruk und Bagdad (siehe Abbildung 5.14). Zwischen 5 000 und 4 000 hat es
dort außerordentliche Niederschläge gegeben. Nach ihrem Zurückgehen war
da fruchtbares Schwemmland verblieben. Es wuchs, was nur wachsen konnte:
Getreide wie Gerste; Hirse oder Emmer in ihren Wildformen. Das lud ein
zum Siedeln. Und es wurde als Brotkammer zum Anziehungspunkt für Menschengruppen aus dem Süden, vom Hindustal her, vom Norden wie vom
Osten. Man konnte vom Regenfeldbau leben, Samen auf vorgezeichnete Gebiete bringen und den Ernten entgegensehen. Das änderte sich zum Ende
des 4. Jahrtausends hin. Die Niederschläge gingen zurück (vergleiche Nissen,
Damerow und Englund 1990). Nachdem die vorherige Fruchtbarkeit des Bodens eine große Siedlungsdichte erlaubt hatte, erzwang die eintretende Trok-
kenheit entweder eine Abwanderung in andere, womöglich fruchtbarere Gebiete oder die Suche nach Möglichkeiten, den Boden dennoch fruchtbar zu
halten, also Wasser aus ergiebigen Regenfällen aufzufangen, zu speichern und
in kritischer Zeit durch Kanäle herzuleiten. Eben dies begann zu jener Zeit in
diesem Gebiet: Mit dem ersten Bewässerungssystem der Geschichte begann
menschliche Technik die Erdoberfläche zu gestalten. Reiche Erträge wurden
so gesichert. Die Siedlungen wuchsen zusammen. Feldbau zog mit Handwerk,
Vorratswirtschaft und Bewässerungstechnik neue Spezialisierungen nach sich.
Siedlungen wuchsen zu Städten zusammen. Ihr erstes Kennzeichen war eine
sozial vernetzte Verwaltung der Siedlungsgebiete. In einem Zeitraum von
circa 200 Jahren trat eine Verzehnfachung der Siedlungen ein. Zwischen
3 400, in der Früh-Uruk-Zeit, und 2 500, der Alt-Akkadischen Zeit, waren
verwaltete Städte mit 40- bis 50 000 Einwohnern entstanden. Sie wurden von
Zentren aus beherrscht mit abhängigen Siedlungen weit im Lande. Die Ernte
mußte registriert, bewahrt, verwaltet, verarbeitet und nach wohlbestimmten
Proportionen verteilt werden. Registrierungen erfordern Eigentumsnachweise:
Siegel mit Zeichen des Eigentümers. Regeln für Tausch oder die Festlegung
von Schulden und ihrer Tilgung werden gebraucht. Guthaben für Leistungen
sind festzuhalten: Zeichen für Maße und Mengen. Die ersten Zahlen und ihre
Nutzung schälen sich in Form von Zeichen für Mengen aus den archaischen

Denkgewohnheiten heraus und beginnen ein eigenständiges geistiges Leben zu führen.

Wir wollen den Faden dieser geschichtlichen Betrachtungen hier für eine kurze Zeit ruhenlassen, um ihn dann wieder aufzunehmen, wenn wir die Resultate der Bemühungen um die Beherrschung der neu entstehenden sozialen Strukturen betrachten. Sie haben zu tun mit der Entstehungsgeschichte von Zahlen und ihrer Benutzung in einem einheitlichen Zahlensystem. Und sie haben zu tun mit der Entwicklung von Symbolen zu Zeichen und von Zeichen zur Schrift.

Wenn man Bedingungen und Ergebnisse geistigen Lebens und Strebens in diesen frühen Siedlungen beim Übergang zu den Stadtstaaten zu begreifen versuchen will, wenn man erfassen möchte, wie die darin wirksamen zwischenmenschlichen Beziehungen die kognitiven Möglichkeiten, historisch gesehen, weitergebracht haben, wenn man erkennen will, wodurch die permanente Steigerung der intellektuellen Leistungsfähigkeit bei etwa gleichen biologischen Voraussetzungen ermöglicht ist, wenn man all dies mit Mitteln der kognitiven Psychologie durchleuchten möchte, so ist es erforderlich, die im Zeitraum dieses Abschnitts erreichte Eigenart menschlichen Denkens als Basis jener historisch so bedeutungsvollen neuen Entwicklungen in den Blick zu nehmen.

Nun wissen wir nicht, worüber die Cro-Magnon-Menschen vor 40- oder 20- oder 15 000 Jahren nachgedacht haben. Da sie noch nichts systematisch aufschrieben, was ihr Geistesleben zu charakterisieren gestatten könnte, müssen wir ihre Zeugnisse betrachten, die ja allesamt auch Zeugnisse ihres Denkens sind. Es gibt auch noch ganz analoge Zeugnisse viel jüngeren Datums, gewonnen aus den Untersuchungen an Naturvölkern, deren technischer Entwicklungsstand dem in dieser letzten Periode betrachteten in gewisser Hinsicht vergleichbar ist.[6]

Natürlich kann die Identität interner psychischer Zustände und Prozesse aufgrund ähnlicher arbeitstechnischer Verhältnisse und sozialer Beziehungen nicht ohne weiteres unterstellt werden. Aber eine Vergleichbarkeit erscheint dann möglich, wenn zu solchen Ähnlichkeiten in der Technik auch noch vergleichbare Zeugnisse der Kultur und insbesondere des Kultes und der Rituale kommen.

Von diesen Zusammenhängen ausgehend, wollen wir nun versuchen, Eigenschaften vorgeschichtlichen menschlichen Denkens zu umreißen. Wir tun dies allerdings nur insoweit, wie es uns für das Verständnis der Entstehungsweise der Denkformen und Denkweisen des Jetztmenschen erforderlich scheint. Geht doch unser Hauptinteresse dahin zu erkunden, wie sich aus den Vorstufen menschlichen Denkens die Strukturen wissenschaftlichen Denkens im neuzeitlichen Sinne herausentwickelt haben. Wir wollen daraus schließlich auch Gründe und Kriterien für die Steigerung menschlicher Erkenntnisfähigkeit ableiten.

[1] Vor einigen Jahren noch war die Rolle von Proconsul etwas strittig geworden. Manche Autoren wollten ihn nur in der Pongiden-, nicht aber in der Hominidenlinie sehen, die zum Menschen hinführt. Das scheint derzeit relativ geklärt (vergleiche Walter und Teaford 1989). Proconsul war danach der Urvorfahr der heute lebenden Pongiden und des Menschen.

[2] Was die Periodisierung dieser langdauernden Kälte- und relativen Wärmeperioden anlangt, so haben jüngste Forschungen dieses Bild wesentlich differenziert, und zwar in einem für uns höchst bedeutsamen Sinne. Man konnte diese Schwankungen als langsame, über Zehn- oder Hunderttausende von Jahren relativ stetig ansteigende oder absinkende thermische Klimaveränderungen kosmischen Ursprungs ansehen. Nur an Änderungen von tausendstel Grad Celsius wäre im Mittel in einer Generation zu denken gewesen. Nun aber haben neueste Messungen ergeben (vergleiche Lanius. Im Druck), daß es innerhalb dieses langsamen Driftens vergleichsweise plötzliche Temperaturstürze mit danach raschen Anstiegen gegeben hat (sogenannte stadiale und interstadiale Wechsel). Dies konnte sich innerhalb weniger Jahrzehnte abspielen, also bereits wenige Folgegenerationen vor neue und außerordentliche Anpassungsprobleme stellen. Man hat Differenzen bis um fünf Grad Celsius im Mittel (!) bestimmt. Was damit gefordert wurde, das war nicht nur eine langsame, über Hunderte von Generationen stetige Anpassung an Abkühlung oder Erwärmung. Es war eine flexible Adaptivität der gesamten Lebensweise an starke thermische Schwankungen erforderlich. Diese Herausforderung an die Umstellungsfähigkeit der Steuerungsfunktionen des menschlichen Zentralnervensystems in einer komplexen, sich ständig wandelnden Umwelt scheint uns ein wesentlicher Impulsgeber für die Entwicklungsbeschleunigung zum Jetztmenschen hin gewesen zu sein. Für die letzten Jahrtausende hat man Zusammenhänge zwischen den Wellen der Völkerwanderungen und stadialen Kälteperioden gefunden.

[3] In diesem Zusammenhang verdiente das Phänomen der entstehenden Rechtsbevorzugung bei der Händigkeit des Menschen eine genauere Erörterung. Neuere Untersuchungsergebnisse werden dazu gerade erhoben, und wir möchten den Ergebnissen nicht durch Mutmaßungen vorgreifen.

[4] Ein Vorgeschichtsforscher könnte einwenden, daß solche Feingliedrigkeit und Mehrschichtigkeit von Sozialbeziehungen erst für spätere Perioden angenommen werden könne. Dazu ist allgemein zu sagen, daß alle bisherigen Datierungen für das Erstauftreten von Funden aus vorgeschichtlicher Zeit immer wieder zurückdatiert werden mußten; zuletzt mit dem Fund „Lucy" aus Äthiopien. Mit ihr wurde die Existenz der Australopithecinen von ursprünglich 1,5 Millionen Jahren auf 3,5 Millionen zurückdatiert. Zum anderen muß man die Kunstfertigkeit bei der Herstellung von Gerät zu der notwendig zugehörigen Denkwelt ihrer Hersteller in Beziehung setzen: wie Ursachen- und Wirkungskenntnis bis zum Verhalten eines möglichen Beutetieres ins Kalkül gesetzt sind. Das ist Filigran im Gedanklich-Konstruktiven. Aber solche Denkstrukturen sind nie nur aufs Technische beschränkt. Sie sind als Dispositionen ebenso im sozialen Zusammenleben wirksam.

[5] Auf den in dieser Phase beginnenden Übergang zu agrarischer Produktion wollen wir hier nicht eingehen. Nur die (zugehörigen) kognitiven Veränderungen der Menschen werden wir in diesem Zusammenhang beobachten: Wie die entstehende Verwaltung von Ernte und ihre Verteilung zu Zahlensystemen führt oder wie die Festlegungen für Planung oder Aufteilung, je nach Zuständigkeit oder Verantwortung, eines der ersten Schriftsysteme der Menschheit hervorbringen.

[6] Jedenfalls bezieht sich das auf die Zeit vor der Jahrhundertwende und kurz danach, in der die intensivsten Beobachtungen an unberührten, technologisch im Steinzeitalter lebenden Menschengruppen durchgeführt wurden.

2. Das archaische Denken

Wir haben versucht, aus unterschiedlichen Stilen der Werkzeuggestaltung unterschiedliche Stufen in der Herausbildung der zugehörigen, sozial bedingten Lebens- und Kooperationsformen abzulesen. Das waren zunächst die Funktionsteilung bei der kollektiven Erfüllung überindividueller Bedürfnisse, also Aufgaben wie Nahrungssuche; nach Wurzeln, grünen Zweigen, Blättern oder nach Kleingetier wie Insekten, kleinen Nagern, nach Vogeleiern oder frischem Wildtierriß. Da könnten die von Anthropoiden her bekannten Mutter-Kinder-Trupps eine abgehobene soziale Funktion schon bei den Australopithecinen gehabt haben. Grabstöcke sind wohl hauptsächliches Arbeitsmittel gewesen. Kleinere Wildtiere wie junge Antilopen, Hasen, verschiedene, weniger fluchtfähige Vogeltiere setzen körperlich starke Gewandtheit voraus. Vielleicht haben sich kleine Männertrupps gelegentlich dafür wie auch für eine Wildtierabwehr zu formieren begonnen. Anfänge von Jagdgruppen also, und damit auch einer gewissen Funktionsteilung. Die Aufgaben des einzelnen hängen hier von der Situation ab (sie können mit ihr wechseln).

Mit dem Homo erectus finden wir stärker zweck- und zielgebundene Steinkeile und sicher auch Arbeitsmittel aus Weichteilen wie Riemen, Knoten und Verbindungen von Ästen. Sie eignen sich zum Fallenstellen wie auch zum Bau schützender Dachkonstruktionen. Befähigungen werden gesucht. Zum bloßen Handgeschick gesellt sich das Vordenken. Ansehen entsteht in der Gruppe und Bevorzugung des Bewährten, des Menschen wie seines Produktes. Erfolgreiche Ausübung bei ähnlichen, früheren Anforderungen können teilweise mit der Person verschmelzen. Die Werkzeuggestaltung wird dann zur Spezialistensache. In sozialer Hinsicht kann man um diese Zeit mit sippenähnlichen Gruppierungen in den ziehenden Trupps rechnen.

Für den eiszeitlichen, nomadisierenden Frühneandertaler bedeutet das eine hohe Anpassungsfähigkeit an den häufigen Wechsel von Situationsart und Anforderungstyp. Aber auch einen hohen Verschleiß an Gruppenmitgliedern durch frühen Tod oder schwere Verletzungen. Die allmähliche Herausbildung einer situationsübergreifenden Hierarchie in den sozialen Kompetenzen für Gruppenentscheidungen ist aber auch hier schon sehr wahrscheinlich. Sie dürfte sich zudem bei der Aufteilung des Beutegutes, von Nahrung und Fellen für Kleidung ausgewirkt haben.

Mit der Ausbildung längerfristiger Lagerstätten, mit dem zeitweiligen Übergang zu einer gewissen Seßhaftigkeit werden die zu bewältigenden Situationstypen klassifizierbar. Typische Anforderungen wiederholen sich, ihre Bewältigung wird leichter voraussagbar. Dabei wächst die Einbettung von Situationstyp, Person und sozialer Funktion. Individuelle Befähigungen wachsen in die Anforderungsformen sozialer Bedürfnisse hinein, sie erhalten durch deren Befriedigung eine nutzengemäße Bewertung und emotionale Rückwirkung, die ihrerseits die Motivationen zur Leistungssteigerung stimuliert. Die Differenzierung in eine Art Zuständigkeit durch Befähigung und Bewährung ist die Folge. In diesen Befähigungen wird das über Generationen erworbene Wissen weitergegeben. Die Verzweigungen in den Kooperationsformen ziehen die Notwendigkeit der Reproduktion des durch Sozialbeziehungen erworbenen Wissens nach sich. Der Lernaufwand und der Beitrag von Spezialisten zur Befriedigung gemeinsamer Bedürfnisse dürfte die soziale Bewertung von Spezialistentypen beeinflußt haben.

Das wäre dann ein Prozeß der Herausbildung bewerteter Schichtungen in sozial verbundenen Menschengruppen. Es entsteht damit ein neues soziales Bindungsnetz, das sich in der Siedlung über die Verwandtschaftsbindungen und andere Beziehungen legt. Abgehoben voneinander, konstituieren diese sozialen Netze in ihrer wechselseitigen Abhängigkeit den Gesamtverband, der sich auch symbolisch als Einheit begreift. Verfügbare Güter werden nicht mehr nur verteilt, sondern wenigstens nach sozialen Kompetenzen oder überkommenen Gewohnheiten aufgeteilt, aber wohl auch schon getauscht: „Du gibst, damit ich gebe; Wir geben, damit ihr gebt."

In der weiteren Entwicklung differenzieren sich diese sozialen Vernetzungen. In der Werkzeugherstellung beginnen konstruktive Technologien höhere Effektivität zu gewinnen. Vorrat kann angeschafft werden, Regeln für die Verteilung werden gebraucht. Der Übergang von der Nahrungssuche zum Horten und Halten wird mit neuen Zuständigkeiten einzelner verbunden. Der Weg zum Produzieren von Nahrung, Kleidung und zum Bau von festen Hütten für die elterngebundenen Großfamilien bahnt sich mit der Zähmung von Tieren und mit dem Säen von Getreide an.

Die damit – psychologisch gesehen – zwangsläufig bedingte Differenzierung der Sozialbezüge mit neuen Abhängigkeiten und ihren Bewertungswirkungen für die Verhaltensmotivation erzeugt Spannungen, Widersprüche, auch Zerreißproben für das Gemeinwesen. Die Regeln des Zusammenlebens bedürfen der Festigung. Das geschieht durch Tabuisierung. Sie schließt Normen der ausdrücklichen sozial bestimmten Bestrafung bei Verletzung der Regeln ein. Der *Totemismus* entsteht offenbar in Zusammenhang mit den frühen Formen der sippenübergreifenden Kooperation. Er schafft so etwas wie ein zweites natürliches Verwandtschaftsgefühl in Form einer gemeinsamen Abstammung der Angehörigen des Gemeinwesens im ganzen. Der Totemismus ist, so gesehen, die erste Form eines kollektiven Bewußtseins. Der psychosoziale Status einer Stammeszugehörigkeit dürfte mit den Cro-Magnon-Menschen einen ersten historischen Höhepunkt erreicht haben. Er ist sippenübergreifend und schafft ein permanentes Zusammengehörigkeitsbewußtsein über genetische Verwandtschaftsbindungen hinaus. Auf seine gesellschaftliche Funktion und auf seine kognitive Basis wird sogleich noch zurückzukommen sein.

Neben der Ritualisierung wesentlicher sozialer Ereignisse ist es vor allem die Symbolbildung, die als sichtbares Resultat reflektierenden Nach-Denkens in Erscheinung tritt. Das Totemtier als Symbol[1] der Einheit eines Stammes verweist stets auf eine gemeinsame Geschichte, auf *die Abstammung von einem Urahn*. Geschichtsbewußtsein setzt Sprache voraus. Historische Ereignisse sind der Wahrnehmung entzogen. Sie können nur durch die Sprache überliefert werden. Wie immer der früheste Spracherwerb erfolgt – systematisch in Gruppen oder individuell in der Familienbindung: Mit dem Erwerb der Sprache – was zunächst immer Dialekt bedeutet – spezifizieren sich die Formen der Bindungen und die Fähigkeit zur Reflexion über sich selbst und über die Natur. Das Denken in und mit Symbolen ist schon reflektierendes Denken. Wenn ein Stamm einen Falken als Totemtier, ein anderer aber eine Schlange besitzt, dann ist das Nachdenken über die Eigenschaften des Totems ein Nachdenken über die eigene Identität, über sich selbst: als individuelles Dasein und zugleich als Partnerelement in sozialen Bindungen. Mit dieser

Sicht ist aber auch schon der Kern des archaischen Denkens bloßgelegt: Unter archaischem Denken fassen wir die frühesten Formen mentaler, *durch Symbole vermittelter* Wechselwirkungen des Menschen mit der Natur wie mit den Sozialbeziehungen seines Daseins zusammen. Diese zunächst noch sehr allgemeine Charakterisierung soll im weiteren in ihrem Wirkungsmechanismus betrachtet werden.

2.1 Eigenschaften, Bedingungen und Funktionsweise des archaischen Denkens

Es ist mehr belegbar über die Natur des archaischen Denkens und die Denkgewohnheiten jener Menschen in grauer Vorzeit als man beim Blick auf die Literatur der Anthropogenese annehmen möchte. Wir betrachten zunächst einige charakteristische Eigenschaften des archaischen Weltbildes und – darin eingebettet – des archaischen Denkens:

Die erste besteht in einer hohen Integration von Individuum und Natur. Die unmittelbare und ständige Konfrontation mit den Gewalten der physikalischen Welt und der Biotope mit ihren Kräften und übermenschlichen Dimensionen an Mächtigkeit, sie schaffen eine auch emotional stark verankerte, nachgerade persönlich gebundene Beziehung zu diesen Kräften. Das findet seinen markantesten Ausdruck im animistischen Denken. In ihm ist die Natur belebt mit Göttern, Dämonen und Geistern. Was an Kräften wirkt, an Ursachen wahrnehmbar, an Wirkungen spürbar ist, wird ausgelöst und in Gang gehalten durch die nach menschlichen Motiven und Denkgewohnheiten bestimmte Belebtheit der Dinge und Erscheinungen. In den ältesten Märchen sind aus uralter Vorzeit noch Reste dieses Denkens überliefert: daß Tiere miteinander sprechen wie Menschen, Blitz und Donner von menschenähnlichen Wesen ausgelöst sind, Felsengebirge gewesene Menschengruppen sind, zum Beispiel Geschwister oder Familien, daß Krankheiten durch Geister verursacht werden, Tote und Götter auf unsichtbaren Wegen gehen, mit Gedanken, Meinungen, Wünschen und Hoffnungen wie Lebende. Im Traum wird das alles zur erlebbaren Wirklichkeit. Darum hat der Traum, in den ja stets der Träumende als Handelnder und Erlebender eingeschlossen ist, jenen imaginären Wirklichkeitsbezug, in dem Realität- und Wunschwelt in einer deutbaren Weise verschmolzen sind. Seine Inhalte werden als Anzeichen erlebt.

Die zweite charakteristische Eigenschaft archaischen Denkens drückt sich in der hohen Integration von Individuum und sozialer Gemeinschaft, von Person und Stamm aus. Stamm wiederum verweist auf abstammen. Diese so bestimmte Verwandtschaftlichkeit ist eine wesentliche Eigenschaft totemistischer Symbolik und Rituale. Der gemeinsame Ahne als Quelle aller Vorschriften und Ursprung aller Regeln des Zusammenlebens „be-zeugt" eine Art gemeinschaftlichen Genpools. (Das verweist auf eine sozial-psychologisch relevante Aussage der Soziobiologie.) Die Satzungen und Sanktionen dieser Abstammung sind von jedem hinzunehmen; sie sind Setzung, Gesetz. Die Gemeinsamkeit in der Geschichte bedingt die Zusammengehörigkeit, bestimmt die Verwandtschaft über die offizielle „Bluts-" oder die inoffizielle Genverwandtschaft hinaus. Der Totemahne bewirkt charakterliche Gemeinsamkeiten. Dies verstärkt das ganz reale Zusammengehörigkeitsgefühl, erhöht die Identifizierungsbereitschaft des einzelnen mit dem Gemeinwesen. Und wo dies nicht genügt, tun es die Strafen. Die härtesten werden gerade bei der Verletzung von totemgebundenen Vorschriften verhängt: der Tod zumeist oder der Ausstoß aus dem Gemeinwesen; wobei der Tod oft vorgezogen wird, wie man unter anderem aus Maya-Berichten weiß (Thompson 1977). So ist dem archaischen Denken als zweite Eigenschaft eine starke geistige wie emotionale Bindung an das Gemeinwesen eigen.

Die dritte Eigenschaft ist eine hohe emotionale Empfindsamkeit und affektive Ansprechbarkeit. Das mag zum Teil mit der relativen Labilität der Lebensbedingungen zusammenhängen. Unsicherheit schafft eine hohe Erregbarkeit, von der aus das Kippen in den Furcht-, Angst- oder Wutaffekt viel schneller erfolgt als aus den emotional gemäßigten Zonen kognitiver Gewißheit und Sicherheit.

Die vierte Eigenschaft des archaischen Denkens ist die hohe Bildhaftigkeit und damit die ikonische Erinnerungstreue der Vorstellungswelt sowie des Gedächtnisses. Die Realistik der Höhlenmalereien der Cro-Magnon-Menschen hat hier ihre gedächtnispsychologische Grundlage. Und sie scheint mitbedingt durch die hohe Emotionalität. Wir haben dargelegt, daß der starke Affekt die Gedächtnisbildung beeinflußt. Und er steigert auch die Plastizität und Bildhaftigkeit des Gedächtnisbesitzes, wohl aber nicht immer die Wiedergabetreue. Gleichwohl: Die Motive der Höhlenmalereien von Lascaux, Altamira, Le Tuc d'Audoubert sind immer auch stark affektiv geladene Szenen: die Leben bedrohende Geste des waidwunden Großwilds, der getötete Feind, seine von Waffen geschlagenen Wunden, das Blut ausströmende Maul eines Bären, die aus dem Bauch hängenden Eingeweide eines Bisons. Man muß die starke Emotionalität des archaischen Denkens auch im Zusammenhang sehen mit den Wirkungsweisen von Vitalerlebnissen, die die psychische wie physische Existenz immer wieder bis auf den Grund erschüttern: der Tod des Gefährten, die Geburt neuen Lebens bei Einsatz des eigenen, der Hunger und die Not, die Gefahr von Feinden und die Sorge um das junge, im Gemeinwesen heranwachsende und sehr häufig früh sterbende Leben.

Soviel zu den allgemeinen Eigenschaften archaischen Denkens. Seine Funktion ist in zweifacher Hinsicht zu sehen:

Zunächst: Das Unerkannte, Neue, Nicht-Gewußte an Ereignissen, Wirkungen und Erscheinungen in der Natur wird in seiner Ähnlichkeit oder in Analogie zu Bekanntem interpretiert: der Donner oder die Überschwemmung als Strafe übermächtiger Wesen für Kränkung, Nichtachtung oder Übertretung von Geboten. So wird das Unbekannte erklärlich; die Unsicherheit im Wissen wird durch die Sicherheit im Glauben aufgehoben. Animistisches Denken schließt die weiten Lücken des Wissens über die Ursachen des Naturgeschehens. Es schafft Entscheidungssicherheit für das Verhalten, wo – rational gesehen – vollständige Ratlosigkeit geboten wäre. Der Mechanismus, der dies bewirkt, ist eine Zuweisung von Ursachen zu wahrnehmbaren Wirkungen. Das Mittel ist die Übertragung von Wissenszusammenhängen auf andere nach bestehenden Ähnlichkeiten.

Die zweite Funktion ist im Hinblick auf das Gemeinwesen zu sehen. Die Identifikation des Selbst mit den Regeln des Stammes schafft soziale Identifizierung: „Ich bin ein ... ", das macht den Stolz des ICH über das mal so und mal so handelnde SELBST aus. Mit der Differenzierung der Fähigkeiten in der Kooperation divergieren die Interessen. Auflösungs- oder Abwanderungstendenzen müssen abgefangen oder konterkariert werden. Dabei ist die Funktion der sozial erzeugten Angst als Kontramotivation zu individualistischen Tendenzen ein sozial wie aktuell bedeutsames Mittel.

Damit sind einige wesentliche Randbedingungen sowie einige allgemeine Eigenschaften und Funktionen des archaischen Denkens in großen Zügen umrissen. Es kommt nun noch darauf an, die Notwendigkeiten seiner Entstehung im Zusammenhang mit dieser seiner Funktionsweise zu bestimmen. Im Grunde läßt sich einiges davon schon aus den bisher erarbeiteten Einsichten begreifen. Wir stellen das jedoch im Zusammenhang dar, weil wir mit den Gründen für die Ausbildung dieses Denkens schon auch die Quellen für seine Überwindung in der Hand haben.

2.2 Existentielle Unsicherheit als Motivationsbasis für die Ausbildung leistungsfähiger Denkformen

Die Lebensbedürfnisse der in Sippenverbänden ziehenden oder in Stämmen auch längere Zeit sich niederlassenden Cro-Magnon-Gruppen sind stark wechselnd und bescheiden. Man muß sie in Gedanken zusammenbringen mit ihrer Lebenslage während und am Ende der letzten Eiszeit. Dies bedeutet, daß die Stabilisierung der differenzierten Lebensbedürfnisse durch Nahrung, Schutz und Sicherheit immer und immer wieder durch unvorhergesehene Ereignisse gefährdet und mit ihnen oftmals die Existenzmöglichkeit der ganzen Niederlassung erschüttert wird. Erfolglose Jagden, Unglück durch kräftige, auch reißende Raubtierrudel, Trockenheit und lange Kälteperioden, Krankheiten, Seuchen und der Tod schwer ersetzbarer Gruppenmitglieder erfordern ständiges Gefaßtsein auf Schicksalsschläge. Nur eins kann helfen, Katastrophen dieser Art wenigstens teilweise zu entgehen: der Blick in die Zukunft. Das Wissen um das zu Erwartende würde die Existenzunsicherheit erheblich vermindern. Die ihr zugehörige Entscheidungsunsicherheit ist in der Regel mit Angst verbunden, mit individueller wie mit kollektiver Angst. Es ist ganz unbestreitbar, daß dem Wissen um künftige Ereignisse höchster sozialer Wert zukommt. Das ist auch die entscheidende motivationale Basis, die zur Ausbildung kognitiver Strategien führt, deren Ziel es ist, auf der Basis des Gewesenen und des wahrnehmungsmäßig Gegebenen Künftiges vorauszusagen. Der Vorgang selbst ist überschaubar: Die Motivation lenkt die Aufmerksamkeit auf die Beachtung der relevanten Zusammenhänge im wahrnehmbaren Bereich. Indem Zusammenhänge in Raum und Zeit wahrgenommen, registriert und im Gedächtnis fixiert sind, wird es möglich, reguläre Folgen von Situationseigenschaften zu erkennen. Voraussagbarkeit ist durch die Gedächtnisrepräsentation regulärer Zusammenhänge möglich.

Im Weltbild des archaischen Denkens bilden sich verschiedene Strategien heraus, aus wahrnehmbaren Eigenschaften Künftiges, nicht oder noch nicht Wahrnehmbares vorauszusagen. Wir können vorerst drei solcher Strategien benennen. Die ersten beiden (1), (2) sind Denkstrategien, die sich darin unterscheiden, was an einer Gegebenheit beachtet oder registriert werden kann. Die dritte (3) ist eine Art Nachahmungsstrategie.

1. Das induktiv vorgehende, systematische Beobachten räumlich-zeitlicher Zusammenhänge und ihrer Abhängigkeiten. Ein Beispiel sei zur Verdeutlichung vorgezogen. Es wird von den Schwarzfußindianern berichtet: Sie

sagen die Ankunft des Frühlings voraus nach dem Entwicklungsstand des Fötus im erlegten und geöffneten weiblichen Wisent. Dies ist eine verhältnismäßig gut treffende Voraussage. Nehmen wir ein zweites Beispiel: Eine Beschwörungsformel der Osage (ein Siouxstamm) bringt eine Blume, den Mais und ein Säugetier, den Bison, in Zusammenhang. Die für uns seltsame Bindung hat eine Auflösung: Sie jagen in der Sommerzeit den Bison, bis die besagte Blume in der Prärie blüht. Sie sagen, daß zu ihrer Blütezeit der Mais bald reif sein wird. Dies ist das Zeichen, zur Ernte ins Pueblo zurückzukehren.

2. Die Analogisierung nach Ähnlichkeiten. Dazu gehört auch die Übertragung von Eigenschaften eines Gebildes auf die eines anderen, ähnlichen. Die Beispiele dafür sind zahlreich. So wird von einem Pygmäenstamm im Innern Afrikas berichtet, daß ein Mutterkorn von der Form eines Zahnes als Gegenmittel bei Schlangenbiß angewendet wird. Alles bitter und brennend Schmeckende wird als Gift identifiziert. Bei den Fang (einem relativ einfachen Indianerstamm) müssen schwangere Frauen das Eichhörnchen meiden. Das Tier zieht sich zurück in dunkle Höhlen. Eine Schwangere müßte, wenn sie dessen Fleisch äße, befürchten, daß sich der Embryo wie das Eichhörnchen zurückziehe und nicht hervorkäme. Wie Voth berichtet, haben die Hopis diese Analogisierung gerade umgekehrt: Die Tiere sind befähigt, sich rasch auch unterirdische Fluchtwege zu verschaffen. Also begünstigt ihr Verzehr eine rasche Niederkunft. Aus dem gleichen Grunde könne man sie auch um Regen anrufen.

3. Wir sagten, die dritte Strategie beruhe auf der Nachahmung von Gesehenem, das als Anzeichen für etwas gelten kann und dabei Künftiges symbolisch vorwegnimmt. Damit hängt die Prozedur des Zaubers und besonders der magischen Handlung zusammen. Zahllose Beispiele lassen sich aus der Namensgebung anführen (Nomen est omen!): Tiernamen wie Adlerauge oder flinkes Wiesel verleihen dem Besitzer die Kräfte des Vorbilds als Wesenszug: Blütennamen einer menschlichen Trägerin die Schönheit der Blüte. Im Zauber wird das künftige Ereignis nicht vorausgesagt, sondern herbeigeholt: Das Opfer *versöhnt* zürnende Götter, und sie gewähren darum den Regen oder das Jagdglück.

Ein Blick auf den verschiedenen Charakter dieser drei Strategien zeigt schon, daß sie auf unterschiedliche Weise geeignet sind, Eigenschaften der Wirklichkeit abzubilden und zur Extrapolation von Künftigem zu benutzen. Rationale, erkenntnisträchtige Elemente enthalten sie, wie sich im weiteren zeigen wird, alle drei: Die ersten beiden vor allem dadurch, daß sie (im statistischen Sinne) bestimmte Anteile real bestehender Zusammenhänge zu erfassen und damit Entscheidungsunsicherheit zu reduzieren vermögen; die dritte dadurch, daß sie auf der Basis des Glaubens Überzeugungen schafft, die ebenfalls Entscheidungsunsicherheit und damit Angst beseitigen. Ihre subjektiv ermutigende Wirkung kann zu realen Handlungsvorteilen führen.

Wir wollen uns nun jenen Formen der kognitiven Erschließung der Realität zuwenden, die im archaischen Denken ihren Ursprung haben und deren Wirkungen im Denken die Basis dafür darstellen, daß die archaische Weltaneignung schrittweise verlassen werden kann. Das geschieht in verschiedenen Lebensbereichen unterschiedlich rasch und macht dabei einem begrifflich-logischen Erfassen der Umwelt allmählich Platz.

2.3 Die Systematisierung der Wahrnehmungswelt und die Bildung von Begriffen

Eine elementare Wahrnehmungsleistung der Sinnesorgane und der Nervensysteme aller höheren Organismen besteht in der Merkmalsextraktion, das heißt der Herauslösung bestimmter Form-, Farb-, Geruchs- und anderer Merkmale aus der Fülle der unterscheidbaren sensorischen Eindrücke. Dies geschieht durch eine Filtereinstellung der Sinnesorgane von der Motivbasis her. Früher sprach man hier von willkürlicher Aufmerksamkeit, die auswählen und unterdrücken kann. Der Vorgang der Merkmalsfilterung ist aber von sehr viel allgemeinerer Art. Auch verweist die Wortwahl auf den Mechanismus, der dies bewirkt. Er ermöglicht auch eine selektive, auswählende Bindung dieser Merkmale im Gedächtnis. Wenn nun aus der Merkmalsmenge eines konkreten wahrgenommenen Gegenstandes einige Merkmale herausgelöst und im Gedächtnis fixiert, andere vernachlässigt werden, so gibt es eine Vielzahl von Möglichkeiten, solche Merkmale auszuwählen und zur Wiedererkennung des Gegenstandes im Gedächtnis zu fixieren. Wenn also, um ein Beispiel zu nehmen, die Merkmale [Federn und Flügelschlagen] ausgewählt werden, so fallen darunter fast alle Vogelarten. Werden [Tier $\longrightarrow$ Fliegen $\longrightarrow$ Sturz auf eine Beute] gewählt, dann kann solcher Gedächnisbesitz alle Greifvögel erkennen. Bei [Sturzflug $\longrightarrow$ kurzer Hals $\longrightarrow$ gedrungener Kopf] faßt man aus dieser Menge den Bussard als gesondert erkennbar heraus. Und dies gilt so für ungezählte Dinge und Ereignisse tierischen wie menschlichen Alltagslebens. Solche Merkmalsverbindungen im Gedächtnis sind die Grundlage der Begriffsbildung, und insofern diese Merkmale anschauliche Dingeigenschaften abbilden, nennen wir sie Primärbegriffe.

Die Zusammenfassung von Merkmalen zu einem Merkmalssatz im Gedächtnis bildet eine Begriffsstruktur. Begriffsstrukturen sind demnach die Grundlage klassifizierenden Erkennens. Diejenige Menge von Objekten, die zu einer solchen Merkmalsbeschreibung passen, bilden den Inhalt eines Begriffs. Genau diese Objekte können durch die im Gedächtnis fixierte Merkmalsstruktur erkannt werden. Alle zu einer solchen Klasse gehörenden Objekte sind in gewissem Sinne äquivalent. Das heißt: Sie sind gleichwertig bezüglich der zu ihnen gehörenden Verhaltensweisen oder Umgangsformen. Die Entscheidung dafür kann sich als Antwortreaktion nach außen hin zeigen. Sie kann aber auch als Verhaltenseinstellung verborgen bleiben. Die im Gedächtnis bestehende Vernetzung einer begrifflichen Merkmalsstruktur mit Verhaltenseinstellungen oder -entscheidungen bildet die Bedeutung eines Begriffs.

Jeder wahrnehmbare Gegenstand hat sehr viele Erscheinungsformen, die im Prinzip alle zu klassifizierenden Merkmalen werden können. Je nach der bestehenden Grundmotivation können von den vielen Erscheinungsformen ein und desselben Gegenstandes einmal diese, ein andermal jene Merkmale die Klassenzuordnung bestimmen (eine Pflanze zum Beispiel einmal als Heilmittel, ein andermal durch die Blüteneigenschaften zur Züchtung oder als Geschenk zur Freude anderer).

Jeder Gegenstand kann also sehr verschiedenen Klassenbildungen angehören: Ein Dackel ist ein Hund, ein Tier, ein Haustier, Zuchttier, Nutztier, Lebewesen, Felltier, Erdtier, Canine (=Hundeartiger) und vieles andere. Immer sind es neben anderen jene Merkmalssätze, die die jeweils charakteristische Klassenzugehörigkeit bestimmen. An dieser Stelle werden die *kognitiven Bedeutungsanteile* von Wörtern einer Sprache als Benennung von Begriffsstrukturen kenntlich. Wörter, die Begriffsstrukturen benennen, binden spezifische entscheidungsrelevante Merkmale aus der Fülle der wahrnehmbaren Eigenschaften.[2]

An den Eigenschaften der Dinge oder Ereignisse, die benannt werden, erkennt man die motivgebundene Durchgliederung der Realität; man wird gewahr, was entscheidungs- und verhaltensrelevant ist, was vernachlässigt werden kann, was von höherer oder geringerer Bedeutsamkeit ist. Im System der sprachlichen Benennungen für die Dinge, Erscheinungsformen und Ereignisse der Realität spiegelt sich die Lebenswelt des Trägers und in gewissem Sinne auch die seiner Sprachgemeinschaft als einer ethnischen Gruppe wieder. Frühe lernabhängige Lautbildungen zur Verständigung, das waren nach den universellen Urlautbildungen immer örtliche Dialekteinfärbungen mit starkem Lokalkolorit.

So wird die kognitive Durchgliederung der Realität in Systemen lokaler sprachlicher Benennungen kenntlich.[3] Ihren historisch frühesten Ausdruck findet sie in den Klassifizierungssystemen des archaischen Denkens. Man muß sich frei machen von Gedanken, als hätten die Benennungen des Menschen der mittleren oder gar der Jungsteinzeit aus einigen Hau-Ruck-Kommandos oder Hilferufen bestanden. Der Cro-Magnon-Mensch hat Symbole verwendet, er benutzte die Zeichenfunktion für Dinge, und es ist viel naheliegender, seine Gedanken- und Bezeichnungswelt mit den feingliedrigen Weltauffassungen urtümlicher Indianerstämme, ethnischer Gruppen in Australien oder von Pygmäenstämmen zu vergleichen, bevor diese dem überdeckenden Einfluß der modernen Sprache ausgesetzt waren.

Läßt sich das begründen?

Wohl schon. Wenn wir die eingangs genannten Bedingungen für die Entstehungsweise des archaischen Denkens akzeptieren, ergeben sich die Vergleichbarkeiten fast von selbst: Die große Unkenntnis der Realität und ihrer Gesetzmäßigkeiten einerseits sowie der Zwang, den Kräften und Gewalten dieser Wirklichkeit zu widerstehen, ja, sie nach Möglichkeit zu überwinden, führen zu Denkformen, die beiden gemeinsam sind und die aus dem gleichen Grunde Ähnlichkeiten zum kindlichen Denken erkennen lassen.

Wir möchten nun an einigen Beispielen darlegen, wie archaische Begriffsbildungen an urtümlichen ethnischen Gruppen Australiens, Nord- und Mittelamerikas sowie Zentralafrikas vorgefunden wurden.

2.4 Begriffliches Erkennen und Entscheiden in archaischen Benennungssystemen

In vielen untersuchten ethnischen Gruppen findet man, daß die lebenswichtigen Bereiche und in ihnen die Dinge, die am stärksten mit Bedürfnissen verbunden sind, auch die feinste begriffliche Durchgliederung erfahren: Pflanzen und Tiere, Krankheit, Verwandtschaft und ähnliches.

Die Navahos, ein Indianerstamm Nordamerikas, teilen zunächst alle Lebewesen in sprechende und nichtsprechende ein. Wie Reichard (1948), Wyman und Harris (1941) sowie Lévi-Strauss (1973) berichten, teilen sie dann die sprachlosen in Tiere und Pflanzen. Erstere wiederum sind nach offenkundigen Wahrnehmungseigenschaften eingeteilt in „laufende", „fliegende" und „kriechende". Jede Gruppe ist dann noch einmal eingeteilt in „Reisende auf der Erde" und „Reisende auf dem Wasser" sowie „Reisende bei Tag" und „Reisende bei Nacht". Für diese Merkmalsbeschreibung gibt es je charakteristische Benennungen. Und man sieht unschwer, daß mit der Benennung schon bestimmte Arten des Fangens oder Erlegens fixiert und die Zeiten und Orte benannt sind, an denen die Tiere aufgefunden werden. Man sieht daran, daß in die urtümlichen Benennungen der Begriffe schon Eigenschaften der Verhaltensantworten mit eingehen. Noch eindringlicher ist dieser Zusammenhang von Erkennen und Verhalten dort, wo mit bestimmten Tieren oder Pflanzen bestimmte Rituale verbunden sind. Man findet das besonders bei magischen Handlungen mit Heilpflanzen oder Totemtieren. Bei den Peul im Sudan (Dieterlen 1959) sind Pflanzen nach kalendarischen und astronomischen Daten geordnet. Wenn bestimmte Vorhaben, wie zum Beispiel der Gewinn eines begehrten Mädchens, gelingen sollen, muß nach Anrufen „des Wächtergeistes der Herden" eine wohlbestimmte Pflanze, kletternd und rankend, zu einer Zeit ausgegraben werden, wenn die Sonne in einer genau festgelegten Stellung steht. Auch ist die eigene Körperstellung dabei vorgeschrieben.

Wie verschiedene Merkmale der gleichen Tierart bei verschiedenen Stämmen und unter verschiedenen Lebensumständen zu unterschiedlichen Klassenzuordnungen führen können, hat Lévi-Strauss (1973) am Beispiel des Spechts aus Berichten verschiedener Autoren zusammengetragen. Bei den Australiern wird er als Baumläufer und Höhlenmacher beachtet und klassifiziert; Prärie-Indianer Nordamerikas beachten ihn als Rot-Tier, das aufgrund seiner roten Kopffedern vor Greifvögeln geschützt ist („weil man niemals seine Federn findet"). Die Pawnee, ein Stamm des oberen Missouri, stellen – wie auch schon vor ihnen die Römer – eine Beziehung her zwischen dem Specht und dem Sturm oder Gewitter. Bei den Iban auf Borneo hat der Schrei des Spechts Bedeutung: Es ist der vor Gefahr warnende Vogel.

Wie die Lebensbedingungen in die Klassenbildung und die Benennung eingehen, dafür gibt es ungezählte Beispiele. Indianerstämme, die am Ende des vorigen Jahrhunderts im Südwesten von Nordamerika angesiedelt waren und von Gartenbau lebten, betrachteten den Raben vor allem als Zerstörer der Früchte des Gartens. Indianische Fischer- und Jägerstämme an der Nordwestküste zum Pazifischen Ozean sahen im gleichen Vogel einen „Aas- und Exkrementenfresser". Die jeweils andere Merkmalscharakteristik für die Erkennung führt zusammen mit der veränderten Namensgebung zu einer je verschiedenen

Bedeutung beziehungsweise Verhaltenseinstellung gegenüber dem gleichen Tier.

Die selektive Merkmalsauswahl geht eine innige Verbindung mit der Benennung ein und formt dabei die Bedeutung: Bei den Navaho ist der wilde Truthahn als ein Tier benannt, das „mit dem Schnabel pickt". Der Specht ist der „Hämmerer". Würmer, Larven und Insekten werden nicht als Arten getrennt, sondern mit einem Wort belegt, das soviel wie „wimmeln" und „aufbrausen" bedeutet. Die Benennung der Lerche bezieht sich auf ihren verlängerten Sporn. Der englischen Benennung hingegen sind nach Reichard die Kopffedern zugrunde gelegt („horned lark"). Beispiele dafür sind auch den Farbbenennungen zu entnehmen. Es gibt in vielen Sprachen der Naturvölker vom Objekt nicht gelöste Farbnamen, statt dessen werden gerade die Objekteigenschaften zur Benennung verwendet. So ist es ein leichtes, zum Beispiel für die Stämme am Amazonasgebiet 300 verschiedene Grün zu benennen, je nach der Pflanze oder den Blättern, für die diese Grüntönung als charakteristisch angesehen werden kann. Es wäre ein Irrtum zu glauben, daß dies auf einer feineren Unterscheidbarkeit der Sinnesorgane beruhen würde. Die ist im allgemeinen allen Menschen möglich. Es gibt nur zumeist keine Motivbasis dafür. Das gilt auch für die zahlreichen Sorten von Schnee, die die Eskimos in ihrem Wortschatz unterscheiden. Die Farbnamen am Amazonas werden durch Gegenstände benannt, deren Farbeigenschaften allgemein bekannt und ein dominantes Merkmal des Bezeichneten sind. Etwa so, wie wenn wir unterscheiden zwischen Schilfgrün, Olivgrün, Flaschengrün, Laubfroschgrün, Lindgrün, Grasgrün, Tannengrün, Saphirgrün und so fort. Die Schneesorten der Eskimos werden danach bezeichnet, was man nach den relevanten Merkmalen mit diesem Schnee macht. Das Wort trifft nicht das Aussehen, sondern unmittelbar die Bedeutung, eben die zugehörige Verhaltensweise, entweder die des Bezeichneten oder die des Bezeichnenden. Es ist dies eine charakteristische Form urtümlicher Namensgebung. Übergreifend sind dabei die Situationen, in denen die Dinge handlungsrelevant sind. Das ist bei Übersetzungen von fremdländischen Texten oft nicht erkannt worden. Wir betrachten ein paar Beispiele:

Melanesier auf dem früheren Bismarck-Archipel hatten das Wort „ciki" in ihrer Sprache (Werner 1953). Man kann es mit „Tropfen" übersetzen. Es bedeutet aber auch so viel wie „auslaufen" oder wie „Pfütze", ein „Wasserfleck", ein „Geräusch"; alles Elemente einer Gesamtsituation. In solchem Rahmen ist es nie mehrdeutig. Wenn Trobriander (nach Malinowski 1923) nach langer Abwesenheit die Küste ihres Landes vom Boot aus erkennen, rufen sie „pwaypwaya". Das bedeutet soviel wie „das Land, auf dem wir gehen" oder „Erde, die wir beackern". Für die Bakairi in Brasilien bedeutet „kchopö" sowohl „Regen" als auch „Gewitter" und auch „Wolke" oder alles zusammen. Auch kann derselbe Gegenstand in verschiedenen Situationen verschiedene Benennungen erfahren. Wir werden bei den urtümlichen Zahlbegriffen erfahren, daß das Zahlwort wiedergibt, was gezählt wurde. Die Papuas auf Neuguinea benennen den Mond in seinen verschiedenen Phasen durch verschiedene Worte. Es ist der Situationsrahmen, der Kontext, durch den die scheinbar mehrdeutigen Bezeichnungen eindeutig werden im Gebrauch.

Die Beispiele für Benennungen ließen sich fortführen und würden immer wieder das Nämliche dokumentieren: daß sie den Zusammenhang ausdrücken zwischen den Bedeutsamkeiten der Dinge und der Merkmalsauswahl für die begriffliche Erkennung in Verbindung mit der zugehörigen Verhaltenseinstellung. Die unterschiedlichen Klassifizierungen hängen von verschiedenen Lebensweisen und Situationsbedingungen ab. Sie lassen fast immer ein Stück Handlungs- und Motivationsbezug erkennen. Die Benennungen fixieren wie ein Stempel eben gerade den situationscharakteristischen, entscheidungs- und verhaltensrelevanten Merkmalssatz. Sie verschärfen damit die Objekteigenschaften unter dem Blickwinkel ihrer spezifischen Bedeutsamkeit für ein wohlbestimmtes Verhalten. Es nimmt daher nicht wunder, daß den Benennungen im archaischen Denken eine ähnliche Kraft zuerkannt wird wie den benannten Dingen selbst.

Zunächst halten wir fest, daß sich im Kontext früher Stufen sozialer Kooperation die ersten kollektiven Klassifizierungssysteme und mit ihnen die systematische Benennung der Realität in ihren bedeutungsvollen Erscheinungsformen herausbildeten. Klassifizierungssysteme reduzieren die Fülle des Beobachtbaren unter den für die Lebensbedingungen und Verhaltensentscheidungen wesentlichen Aspekten. Sie erleichtern damit auch das Zurechtfinden im Unbekannten: Ein Pygmäe auf den Philippinen, der eine Pflanze nicht kannte und sie benennen sollte, ging so vor: Er kostete ein winziges Stückchen, beroch die Blätter, prüfte die Festigkeit des Stiels und betrachtete den Standort. Dieses Verhalten wurde offensichtlich vom Klassifizierungssystem für Pflanzen diktiert. Das Ergebnis der Prüfung ermöglichte die Klassenzuordnung oder die Feststellung: „nichts", was etwa so viel bedeutete wie für uns das Wort „Unkraut", was ja auch soviel wie eine Negation der Pflanzenzugehörigkeit meint. Die Verhaltensrelevanz der Benennungen zeigt sich auch bei der begrifflichen Durchgliederung des Raumes. Worte für Nähe, Ferne, Einschließung oder Reihenfolge bezeugen egozentrische Raumvorstellungen, mit denen auch die Dauer verwoben ist. Zeitliche Angaben sind oft auf räumliche Distanzen bezogen, – in unserem Sinne. Ursprünglich sind Raum und Zeit in einem Orientierungskontext verwoben.

216

Mit der Differenzierung der sozialen Struktur der Gemeinwesen differenzieren sich die Bedürfnisse. Mit ihnen verfeinern sich auch die zu beachtenden Merkmale, differenziert sich die Menge der zu benennenden Dinge und Geschehnisse. Bei Indianerstämmen gibt es einen Ältestenrat, der über die Benennungen unbekannter Objekte berät und beschließt. Wir wissen nicht, ob es etwas Ähnliches unter den Cro-Magnon-Menschen gegeben hat. Symbole hatten sie, und normiert waren diese auch. Die Festlegung und Sanktionierung einer Norm für den Stamm ist aber ursprünglich niemals Sache eines einzelnen.

Es ist deutlich, wie die Klassifizierungssysteme das Zurechtfinden in einer unübersehbar vielfältigen Welt erleichtern, ja erst eigentlich ermöglichen; und wie die Benennungen es bewirken, daß gerade die in einer bestimmten Situation oder für einen Zweck verhaltensrelevanten Daten im Gedächtnis verfügbar gehalten werden. Gewaltige geistige Fortschritte werden dadurch möglich: Aus der unübersehbaren Fülle der Wahrnehmungswelt wird das für Verhaltensentscheidungen Wesentliche herausgenommen und klassifizierend im Gedächtnis gebunden. In einigen ihrer Erscheinungsweisen wird die Welt dadurch partiell voraussehbar und beherrschbar. Darin liegt die mächtige rationale Funktion des archaischen Klassifizierens. Und der Grund auch schon, weshalb die Umbildung der Klassifizierungssysteme seitdem fortbesteht.

Die Grenze der Erkenntnisfähigkeit liegt darin, daß die klassifizierungsrelevanten Merkmale immer nur Merkmale der Wahrnehmung, also der Oberfläche der Umwelt und ihrer Erscheinungsformen sind. Hier liegt die Barriere der Erkenntnisfähigkeit, in gewissem Sinne auch die Notwendigkeit, das Unerkennbare durch den Mythos erklärbar zu machen.

Es gibt auch innerhalb des archaischen Denkens Versuche, diese Barriere zu überwinden, unbeholfen scheinende, naiv anmutende, aber bei aller mystischen Begründung: Viele Ethnologen haben angesichts der zahlreichen, oft kindlich anmutenden Beispiele für magisches Denken vergessen, daß es auch Beispiele für Schlußprozesse sind, daß dahinter eine vermutete Wenn-Dann-Beziehung existiert, oder anders: daß im magischen Denken die Annahme strenger Kausalität enthalten ist.

2.5 Schließen und Generalisieren: Ansätze zum kognitiven Erklären der Welt der Erscheinungen

Es scheint zunächst kaum möglich, hinter den mythischen Zusammenhängen und Verflechtungen so etwas wie einen rationalen Kern bloßzulegen, der die ersten Anfänge schlußfolgernden oder verallgemeinernden Denkens erkennen läßt. Nehmen wir ein Beispiel (nach Evans-Pitchard 1955): Bei verschiedenen Stämmen Australiens war die Biene Totemtier. Sie durfte nicht verfolgt, ihr Honig nicht gegessen werden. Bei den Nuer ist die Pythonschlange Totemtier. Aber (sekundär) dadurch auch die Biene. Dadurch? Beide haben einen ähnlich gestreift gezeichneten Körper. Vergleichbar damit ist die Einstellung zu Ameise und Kobra; „Kobra" ist (und heißt!) „die Braune". Steckt dahinter nicht so etwas wie die Grundannahme, daß Ähnliches sich ähnlich verhält; daß der Hintergrund, die Ursache der Ähnlichkeiten, gleichartig sein könnte? Natürlich: Ähnlichkeitsurteile dieser Art führen, wahrscheinlich sogar in der überwiegenden Zahl, zu Scheinerkenntnissen von Zusammenhängen, deren ursächliche Wirkungsketten völlig verschieden sind: etwa wenn der Zauberer der Nambu, der zugleich ein Hellseher ist, das Fleisch einer gesprenkelten Antilopenart nicht essen darf, weil die Fleckung sein Denken irritieren, seine Konzentration zerstreuen könnte.

Weiterhin gehören hierher die Auseinandersetzungen mit der Krankheit: einnehmen von Spinnen und weißen Würmern gegen Unfruchtbarkeit bei den Itelmen und Jakuten (Symbole der Vermehrungsfähigkeit?), von breiig gerührten roten Würmern gegen Rheumatismus; Spechtschnabelberührung als Wundheilung, Spechtblut, getrocknete und gestoßene Spechtteile durch die Nase einnehmen gegen Zahnschmerzen, Skrofel und Tuberkulose; Rebhuhnblut und Pferdeschweiß gegen Leistenbrüche und Warzen (bei den Oriaten). Bei den Burjaten besitzt das Fleisch des Bären sieben, das Blut fünf, das Gehirn zwölf und das Fell zwei jeweils verschiedene heilkräftige Wirkungen. Jeder dieser Zusammenhänge ist durch einen Mythos erklärt. Es ist hier nicht oder doch selten die wahrnehmbare Ähnlichkeit, die ihn zu stiften scheint, sondern vielmehr ein symbolischer, hinter dem Erscheinungsbild liegender und für die Wahrnehmung nicht faßbarer Verursachungsmechanismus. Man sieht, wie das Verlassen der Wahrnehmung in der Erkenntnistätigkeit auch katastrophale Folgen mit sich bringen kann, wobei freilich der Anteil der Selbstheilungen immer als bedeutsame Bekräftigung der angenommenen Wirkung registriert wird. Gleichwohl: Es steht die Annahme dahinter, daß Krankheiten beeinflußbar sind, daß Kräfte sind in den Säften und Substanzen der

Natur, die eine heilende Wirkung haben. Diese Vermutung, selten gestützt und oft widerlegt durch allzufrüh generalisierte Beobachtungen, ist es, die *innerhalb* des archaischen Denkens die Heilkunde auf den Weg bringt. Zunächst in Verbindung mit Zauber und Magie und trotz der zahlreichen Fehlschläge bei den Heilungsprozeduren, die der Begründung bedürfen. Die Annahme von feindlichen Dämonen, Gegenzauber oder der Glaube an spezielle menschliche Kräfte erzeugen den Kundigen, den Medizinmann, der den Mißerfolg ebenso begründen kann wie den (selteneren) Erfolg, von dem sein Prestige bestimmt ist und durch den seine soziale Macht legitimiert wird. Aber auch hier schlägt durch alle Fehlinterpretationen, durch den abenteuerlichsten Aberglauben eine Denkstrategie durch: Es gibt nichts Unerklärbares; alles, was geschieht, hat eine Ursache.

Zahlreiche Beispiele ähnlicher Art ließen sich aus den Annahmen über Wirkungen von Speisen und mehr noch über die Gründe von Speiseverboten anführen. Schwangere sollen kein Fleisch von häßlich aussehenden oder verunstalteten Tieren essen, – eine häufig anzutreffende Vorschrift.

Eine Annahme archaischen Denkens besteht ferner darin, daß Eigenschaften lebender Wesen auf andere lebende Wesen übertragen werden können. Bunt und schillernd, kühn und bestaunenswert sind die Ausfüllungen dieser Annahme: (Frazer, zitiert nach Freud 1973): „Ein Maorihäuptling wird kein Feuer mit seinem Hauch anfachen, denn sein geheiligter Atem würde seine Kraft dem Feuer mitteilen, dieses dem Topf, …, der Topf der Speise, …, die Speise der Person, die von ihr ißt, und so müßte die Person sterben, die gegessen von der Speise …" Ein anderes Beispiel vom gleichen Autor: „Eine Maorifrau hatte … Früchte gegessen und dann erfahren, daß diese von einem mit Tabu belegten Orte herrühren. Sie schrie auf, der Geist des Häuptlings, den sie so beleidigt, werde sie gewiß töten … Dies geschah am Nachmittag, und am nächsten Tag um 12 Uhr war sie tot." Es gibt zahlreiche Beispiele dafür, wie Tabuverletzungen Schocks verursachen, die zum psychogenen Tode führen. Dies verweist darauf, daß die Angst vor diesen Gebotsverletzungen eine außerordentliche verhaltensdisziplinierende Wirkung hat, eine Wirkung, die schon geeignet ist, Regelungen von Sozialbeziehungen durch ein System von Sanktionen zu fixieren. Es ist also – wie in jedem Denken, so besonders im archaischen – notwendig, zwischen der sozialen und der autonom-kognitiven Motivation einer Begründung oder einer Strategie zu unterscheiden. Sehr oft stehen natürlich kognitive Strategien im Dienste sozialer Zielstellungen. Zum Beispiel, wenn man einen Mörder finden muß. Zahlreiche indianische Stämme gehen wie folgt vor: Der Leichnam wird auf ein Plateau gebracht, um ihn herum werden Stöckcken oder kleine Kieselsteine für je einen Verdächtigen hingelegt. Jenes Stöckchen nun oder der Kiesel, zu dem hin die Absonderungen des Toten fließen, ist der Mörder. Eine andere Vorgehensweise besteht darin, daß man den Toten an einzelnen Haaren zieht und dabei den Namen der Verdächtigen nennt. Der Name, bei dem das erste Haar ausgeht, bezeichnet den Mörder. Oder daß eine Menschengruppe am Ermordeten vorbeigeführt wird. Bei dem die Wunde noch einmal zu bluten beginnt, das ist der Mörder. Die Indizien selbst sind unanfechtbar.

In der Fülle der Gepflogenheiten, Tabus und Vorschriften ist eine sehr unterschiedliche Realitätsabhängigkeit der Denkvollzüge festzustellen. Elemente realen Erkenntnisfortschritts sind unbestreitbar. Und manche der vielen rationalen Beziehungen im Irrationalen sind unauffindbar geworden durch Verdeckungen, die die Einflüsse der völlig anderen Weltbilder und Denkgewohnheiten der Erforschernationen mit sich gebracht haben. Ein Djibwaspezialist ist der Frage nachgegangen, weshalb sich diese Indianer den Donner als einen Vogel vorstellen und Vogelbeschwörungen sowohl in Zusammenhang mit Gewitterangst als auch mit Regenzauber durchführen. Meteorologische Beobachtungen brachten zutage, daß vom April an die im Süden überwinternden Vögel einziehen, und im Oktober, wenn die Gewitter wieder abnehmen, ziehen sie zum Süden hin. Man kann kaum fehlgehen in der Annahme, daß dieser Realitätsbezug, durch beobachtende Registrierung von Ereigniszusammenhängen entstanden, hinter dem Mythos vom Donnervogel steckt. Oder das schon angeführte Beispiel: bitter oder brennend Schmeckendes zu meiden. Nicht alle Gifte haben diese Eigenschaft; die Generalisierung von diesen Geschmacksqualitäten her ist zu früh erfolgt. Gleichwohl scheint unbestreitbar, daß in diese Regel langzeitige, wohl über viele Generationen erstreckte Beobachtungen eingegangen sind.

Wir haben den Zusammenhang von Klassifizieren, Entscheiden und Verhalten dargelegt. Man kann, da dies ein Kreisprozeß ist, auch von einem anderen Punkte ausgehen: von der Verhaltensnotwendigkeit zum Beispiel. Dann müssen das Erkennen der entscheidungsrelevanten Dingeigenschaften, die Selektion der relevanten Merkmale sowie die Verhaltensentscheidung folgen. Es wird immer wieder deutlich: Das Klassifizieren im archaischen Denken ist eine weitgehend aus der Wahrnehmung abgeleitete Zusammenhangserfassung. Das gilt übrigens auch für die Sternbilder und deren Orientierungswert für die Jahreszeiten. Noch heute sind ihre Erscheinungsbilder mit Namen belegt, die auf Ähnlichkeiten hinweisen: Großer Wagen, Zwillinge, Krebs und so fort. Darin sind Reste archaischen Denkens bewahrt, in denen die Ähnlichkeiten im Wahrnehmen eine so dominierende Rolle spielen.

Im eigenen Verhalten liegt die erste Registrierung von Ursache und Wirkung: Die Handlungsaktivität des Ich greift mit einem Selbst ein in die Wahrnehmungswelt und verändert einige ihrer Eigenschaften. *Analog* zu dieser Erfahrung sensomotorischen Lernens werden auch die wahrnehmbaren Fremdvorgänge registriert: Was sich ereignet, ist Wirkung von etwas. Wo eine Erscheinung ist, da ist ein verursachender Akteur, gleichviel, ob im Traum, in der Imagination oder in der Wahrnehmung; und wo ein Vorgang oder ein Ereignis ist, da ist auch eine Ursache. Selbst in den phantastischen Überbrückungen bei Zusammenhangsbildungen im animistischen Denken schimmert diese rationale Grundannahme archaischer Mentalität durch. Natürlich ist das als Grundannahme niemals expliziert; das geschieht erst nach Jahrzehntausenden in philosophischen Systemen. Aber die Annahme dient der Welterfassung; sie ist eine der ersten und prinzipiell bewährungsfähigen Grundregeln kognitiver Entscheidungsbildung und Weltaneignung zugleich.

Das Klassifizieren und Zusammenhangserfassen ist, wie wir sagten, an die Oberfläche der Umwelt gebunden, bleibt in der Wahrnehmungswelt verhaftet. Das Schließen läuft sich mit seinen Versagenseffekten gewissermaßen wund bei dem Versuch, diese Oberfläche zu durchstoßen und zu tieferliegenden, nicht sichtbaren Zusammenhängen vorzudringen. Der Weg ins Symbolische ist ein solcher Versuch. Und natürlich gehört die Bewertungsfunktion dazu, denn die Wirkung des Symbols braucht die Bekräftigung, genau wie die Realität sie hat, wenn es verhaltenswirksam zugehen und bleiben soll. (Im allgemeinen ist das nur über den Glauben an mythische Zusammenhänge möglich.) Da tritt auch schon der rationale Kern der magischen Handlung und des magischen Denkens klar zutage: Sie schließen die Lücken des Erkennbaren. Zauber und Magie werden zu Realität. Der Glaube an die Wirkung des verletzten Tabus kann genauso töten wie der Schlag mit einer Axt.

Das Bewußtsein von der ursächlichen Bestimmtheit aller Erscheinungen ist wohl nicht selten auch die Ursache für *die Suche nach Anzeichen*. Überliefert sind Deutungen der Vogelschreie für das Weissagen, das Interpretieren von Wolkenformen als Bilder mit Aussagen über das ersehnte oder befürchtete Zukünftige. Und vieles, vieles andere kann zum Anzeichen werden. Der Grund scheint kenntlich: Die verfügbare Anzahl von Beobachtungen für das Erkennen realer Zusammenhänge ist oft gering. Die Generalisierungen müssen dann zu früh erfolgen, wenn keine korrigierenden Daten kommen oder wenn Entscheidungsdruck besteht, wie zum Beispiel beim Regenzauber oder bei Voraussagen für den Jagderfolg oder bei den Zeitzwängen vor einer Geburt. Aber daß das alles von der logischen Struktur her induktive Schlüsse sind, die hier aufgebaut werden, das ist unbestreitbar. Und die Generalisierung „alles, was bitter oder brennend schmeckt, ist giftig" hat alle Merkmale einer deduktiven Generalisierung auf der Grundlage induktiven Beispielsammelns.

So finden wir beim Analysieren der Erscheinungsbilder archaischen Denkens Regeln kognitiver Prozesse bloßgelegt, die alle Voraussetzungen für eine rationale Erfassung der Realität in sich tragen. Sie sind ausbaufähig, sofern nur das Motiv erhalten bleibt, diese Erfaßbarkeit zu steigern, dadurch Unsicherheiten zu vermindern und Ungewißheiten zu reduzieren. Einmal erwacht, ist diese Motivation nie mehr geschwunden. Jeder Versuch in der langen Geschichte der Menschheit, sie zu unterdrücken, ist über kurz oder lang gescheitert.

Wir sehen uns unvermittelt der Lage gegenüber, daß eigentlich das wirklich Irrationale im archaischen Denken einer Erklärung bedarf. Die rationalen Elemente und Grundstrukturen konnten ihre Erklärung relativ leicht finden. In gewissem Sinne sind in den letzten Abschnitten implizit auch schon motivationale wie kognitive Gründe für die Existenz irrationaler Elemente im archaischen Denken dargelegt worden. Sie liegen begründet in dem Widerspruch zwischen dem Erklärungsbedürfnis und der Erklärungsnotwendigkeit einerseits sowie den Grenzen der Erklärungsmöglichkeiten aufgrund der Oberflächenbindung der kognitiven Prozesse an die Erscheinungen der Wahrnehmungswelt andererseits. Die eigenen Erfahrungen, Motive und Regeln des Zusammenlebens in die Natur zu projizieren und dort die analogen Beweggründe anzunehmen ist das, was dem animistischen Denken heutzutage sein realitätsfremdes Gepräge gibt. Wir meinen, daß darin der wesentliche rationale Grund für die irrationalen Elemente des archaischen Denkens liegt.

Ein anderer liegt in der sozialen Rolle und Funktion von Kenntnissen über die Realität, über ihre Zusammenhänge und Eigengesetzlichkeiten. Das Wissen, obwohl sozial und gesellschaftlich erworben, ist immer an einzelne Personen gebunden. Und je nach der Art der sozialen Bedeutsamkeit und damit auch der kollektiven Bewertung dieses Wissens verleiht es Prestige und wahrscheinlich schon in seinen frühesten Formen auch Macht. Das realitätsgemäßere und somit überlegenere Wissen enthält zugleich auch eine Möglichkeit des Mißbrauches der an Wissen geknüpften Macht.

---

[1] Man muß unterscheiden zwischen den Anzeichen (wie sie zum Beispiel in einer Wolkenbildung gesehen oder in einem Vogelruf gehört werden können), einem Symbol, das gesetzt ist und in seiner Ähnlichkeit keiner Erklärung mehr bedarf und dem Zeichen, dessen Bedeutung vereinbart wurde und sich mit dem Kontext ändern kann.

[2] Daneben gibt es in jeder natürlichen Sprache auch Wörter, die nicht Begriffe benennen, sondern zum Beispiel eine logische oder rein innersprachliche Funktion haben, wie zum Beispiel die Wörtchen „nicht", „kein" oder „so".

[3] In gewisser Weise wird die Lebens- und Erlebniswelt dadurch auch mit geschaffen. Nur sollte dabei nicht vergessen werden (wie zum Beispiel bei Whorf 1956), daß ja die Sinnesorgange von den invarianten Eigenschaften der physikalischen Welt gespeist werden und an sie gebunden bleiben.

3. Analoges Denken bei der archaischen Regulation von Sozialbeziehungen

Wir haben soeben dargelegt, daß das Streben nach Entscheidungssicherheit letztlich in ein Bedürfnis nach einer Art Überlebenssicherung durch Welterkenntnis einmündet. Ein wesentliches Erklärungsprinzip zur Erfassung von Unbekanntem ist das Denken in Analogien. Das gilt nicht nur für archaisches, sondern für menschliches Denken überhaupt: Die Zusammenhänge in Bereichen des Bekannten werden in sonst ähnliche Gebiete des Unbekannten übertragen. Biene und Schlange sind gestreift. Die Biene ist unantastbar, also ist es auch die Schlange. Weite Bereiche des urtümlichen animistischen Denkens beruhen auf dem Analogieprinzip: Was wirkt, ist belebt und beseelt; die Motive der Geister und Dämonen sind ähnlich den eigenen Beweggründen des Handelns: Sie sind wohlwollend oder böse, sie können beglückt werden durch Geschenke, sie können stören oder zugrunde richten aus Zorn. Man kann sie besänftigen durch Handlungen, die auch unter Menschen Zorn besänftigen, sei es durch Gaben in Form von begehrten Dingen, durch Verehrung oder durch ein Opfer.[1]

Nun gibt es in den vorgeschichtlichen Formen menschlicher Gesellungen nicht nur ein vitales Bedürfnis, etwa das nach Welterfassung oder Welterklärung. Dem geht ein anderes, gleichermaßen tief verwurzeltes soziales Bedürfnis zeitlich wahrscheinlich sogar voraus. Es ist durch die Notwendigkeit von Stabilität und Kontinuität im Sozialgefüge des Gemeinwesens bestimmt. Als vitales soziales Bedürfnis existiert eine Vorform davon schon in tierischen Rudeln. Man weiß von daher, daß nicht erst bei den Pongiden die soziale Isolierung vom Rudel oder von der Horde zu schweren psychischen Störungen führt. Mit der Arbeitsteilung erreicht die Notwendigkeit nach sozialer Stabilität im Gemeinwesen eine neue Kraftquelle. Sie hängt mit dem das Selbst und damit auch das *Wir* reflektierenden Denken zusammen, über dessen Entstehungsweise schon gesprochen wurde. Was die soziale Einfügung und damit auch die Unterordnung anlangt, so erhält sie durch die Reflexion darüber den Schein der Freiwilligkeit. Das Phänomen der Willensfreiheit scheint auf. Jedes Mitglied erlebt sich mit der Möglichkeit ausgestattet, beliebig gegen die Regeln des Gemeinwesens verstoßen zu können. Die Auswirkungen solcher individuellen Motivationen sind – ihren möglichen Wirkungen nach – tödlich für das Gemeinwesen. Und die Folgen werden um so schwerwiegender, je stärker die soziale Arbeitsorganisation mit Kooperationszwang fortschreitet. Wir besprachen den Lern- und sozialen Bekräftigungsmechanismus, durch den die individuellen Fähigkeiten entsprechend dem Differenzierungsgrade der Arbeitsanforderungen spezialisiert und gewichtet werden; wie dadurch ein Leistungsplus entsteht, das über den individuellen Bedarf (zum Beispiel an Nahrung) hinausreicht, das Verteilen an andere ermöglicht und das gleichzeitig das Angewiesensein auf andere verstärkt. Aber was sind „die anderen", wer gehört dazu, wer nicht? Wodurch ist die Grenze des Bereichs sozialer Zusammengehörigkeit abgesteckt?

Obwohl das historisch älteste Prinzip, nach dem sich ein Gemeinwesen als zusammengehörig bestimmt, in der Frühgeschichte der Menschheit stets das gleiche gewesen ist und unabhängig vom Ort über Jahrzehntausende immer wieder hervorgebracht wurde, weiß man doch nichts Gesichertes über seine Entstehung. Es ist eben das Prinzip des Totemismus. In ihm wird die gemeinsame Abstammung aller Mitglieder des Gemeinwesens bezeugt. Seine wesentlichen, in starkem Maße übereinstimmenden Erscheinungsformen bestehen darin, daß die Mitglieder eines Gemeinwesens durch einen gemeinsamen Vorfahren zusammengehören: ein Tier (eben das Totemtier), eine Pflanze (Pilze oder Bäume), seltener ein toter Gegenstand, der aber dann in der Imagination natürlich belebt ist. Das Totemtier ist „heilig" in dem Sinne, daß es unberührbar ist, geweiht, rein, und daß es zugleich schauer- und furchterregend, unheimlich und gefährlich wirken kann mit einer Kraft, die menschliches Einflußvermögen übersteigt. Diese polaren Bedeutungsakzente, diese Ambivalenz des Totembegriffs wurde von Freud (1973) herausgearbeitet. Die

Ambivalenz zeigt sich einerseits im Tötungsverbot (das Totemtier darf nicht verfolgt, gejagt und schon gar nicht getötet oder gegessen werden); andererseits kann aber doch die Tötung verordnet sein, dann aber als Ritus höchster Feierlichkeit und zeremonialer Ausgestaltung. Wohlbestimmte Teile des Körpers sind dann für spezielle Personen ausersehen. Damit wird auf symbolische Weise eine soziale Rangstellung ausgedrückt. Die bestehende Hierarchie erfährt eine rituelle Bekräftigung. Das Totem drückt als gemeinsamer Vorfahr Blutsverwandtschaft aus (– möglicherweise das archaische Vorbewußtsein für eine genetische Zusammengehörigkeit im Sinne der Soziobiologie). Der Totemname (Puma, Adler, Hirsch, Antilope) prägt den gemeinsamen Charakter und hebt ihn ab von allem Fremden. Die auf eine gemeinsame Wurzel zurückgeführte Verwandtschaft scheint in der Bedeutsamkeit das wesentlichste Element gewesen zu sein. Auf sie gründen sich die einschneidenden Verhaltensvorschriften.

Die Gemeinsamkeit eines Urahn, auf den Geschichte und gegenwärtige Verwandtschaft zurückgehen, wird verfestigt durch Verhaltensnormen, die in Geboten wie Verboten festgelegt sind. Jedes Gebot ist ja zugleich ein Verbot, nämlich es zu verletzen; und jedes Verbot ist ein Gebot, nämlich es zu befolgen. Diese Einheit in der Gegensätzlichkeit findet im Verhaltensreglement des Totem, im Tabu seinen Ausdruck. Wer ein Tabu verletzt, ist unrein, gezeichnet, schuldig im tiefsten Sinne des Wortes. Die Tabuverletzung trägt ihre Strafwirkung in sich: Sie erzeugt das Bewußtsein der Verworfenheit, der Minderwertigkeit, des im weiten Sinne Diskriminierten, Aussätzigen. Mit der Reflexion des Selbst entsteht auch das ICH als jener Begriff, in dem die übereinstimmenden Erfahrungen des Handelnden in den verschiedenen Situationserlebnissen als invariante Merkmale seines Selbst zusammengefaßt sind. Mit ihm entsteht auch das Gewissen als Ich-bezogene Normierung eines akzeptierten sozialen Bewertungssystems. Seine Belastung ist Ausdruck *verdienter, weil akzeptierter* Strafe. Das ist der entscheidende Punkt: Das Tabu wirkt, weil es als Norm verinnerlicht ist im Glauben und weil es dadurch bei seiner Verletzung das Wertewissen oder (was dasselbe ist) die Überzeugungen des ICH angreift (vergleiche Klix 1992). Das macht die Tiefenwirkung des echten Schuldgefühls aus, das, wie die Beispiele zeigen, bis zum psychogenen Tode führen kann.

Nun scheint dieses historisch älteste System sozial vermittelter und gelebter Verhaltensnormen in ganz bestimmten Lebenssituationen besonders akzentuiert zu sein. Dies sind die Geburt und die Namensgebung, die Einführung der jungen Stammesmitglieder ins Erwachsenenalter (Initiation), die Eheschließung, der Tod, die Jagd, die kriegerische Auseinandersetzung, die Fruchtbarkeit und die Normen der Verteilung von Gütern beziehungsweise die Achtung vor dem Anspruch des anderen.

Nicht selten sondern sich bei Naturvölkern die Gebärenden ab (vergleiche dazu Schiefenhövel mit seinen Berichten über die Eipo, 1990). In Australien knien oder hocken sie auf Steinplatten außerhalb der Siedlung. Dem Neugeborenen wird mit dem Namen ein Stein zugeordnet, in den symbolisch die Stammeszugehörigkeit eingeritzt ist. Es sind die sogenannten Turingas. Mit der Namensgebung gewinnt das Stammesmitglied seine Identität im doppelten Sinne: als Mitglied des Gemeinwesens und als Persönlichkeit, deren ICH die Wertvorstellungen des Gemeinwesens als Eigenwerte lebt.

Die Selbstreflexion als Wendung des Denkens vom Betrachten der Außenwelt zum Betrachten des Ich führt zur erlebten Kongruenz von Ich und Stamm. Der Glaube an die Realität der Außenwelt, analog übertragen auf das Selbst, führt zur Annahme der Gegenständlichkeit dieses Ich als einer Wesenheit, einer Seele, die in den Körper gelangen wie sich aus ihm entfernen

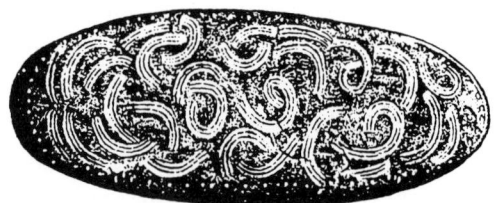

3.1 Tschuringas (oder Turingas) eines australischen Stammes. Sie sind als Totemabkömmlinge Zeugnisse von gemeinsamer Abstammung und Verwandtschaft. Sie stehen mit dem Schicksal der Stammesmitglieder in enger Verbindung. Steinchen ähnlicher Art, oft auch in bunter Bemalung, findet man zum Beispiel in Südfrankreich. Sie stammen aus einer späten Phase der letzten Eiszeit. Als stilisierte Ornamente weisen sie auf einen Zeichencharakter mit spezifischer Bedeutung hin. (Aus Herrmann und Ullrich, 1991.)

kann. Der Name ist im archaischen Denken oft zu verstehen als die Benennung der Seele als Wesen. Nur so wird auch verständlich, daß die Aberkennung des Namens bei einigen Indianerstämmen gleichbedeutend ist mit einer Aufgabe der Identität des ICH. Nach dem Tode umkreisen, wie viele Naturvölker annehmen, die Geister (oder die Seelen) der Verstorbenen die Hütten. Gestorbene sind oft auch gewaltsam und gegen ihren Willen umgekommen und darum zumeist verdrossen, rachsüchtig und boshaft. Also muß man sie versöhnen. Dafür gibt es Vorschriften. Die wichtigste davon ist: die Namen der Toten nicht aussprechen, auch nicht denken, denn das beordert sie herbei mitsamt ihren unfreundlichen Motiven. Manche Stämme (Polynesier, Samojeden zum Beispiel) haben die inneren Zwänge zur Namensnennung, die gerade aus diesem Verbot entstehen, dadurch umgangen, daß sie die Verblichenen umbenennen. Auf ihre neuen Namen hören diese nicht, so daß man nach der Umbenennung wieder über die Toten sprechen kann. Die Beigaben in den Gräbern sind nicht selten ebenso ein Versöhnungsgeschenk wie Gaben für das Wohlleben im neuen Schattenreich. Überhaupt spielt die Versöhnung von Toten auch im Totembezug des archaischen Denkens eine bedeutsame Rolle. Siegreiche Krieger eines melanesischen Stammes bringen Opfer, um ihre erschlagenen Feinde zu versöhnen. Sie stimmen rhythmische Gesänge an und bewegen sich um die in der Mitte liegenden Köpfe ihrer toten Gegner. Der Inhalt des Textes lautet, verkürzt und in unsere Sprachgewohnheiten übertragen, etwa: Zürnt uns nicht, weil wir Eure Köpfe bei uns haben. Hättet Ihr uns besiegt, so wären jetzt unsere Köpfe bei Euch. Aber wir bringen Euch unsere Gaben (Opfer), um Euch zu versöhnen. Nehmt es an und seid besänftigt. Wir wollen unseren Streit begraben, damit nicht unsere Kinder die Geister (Köpfe) Eurer Kinder wieder so versöhnen müssen, wie wir die Euren (man beachte die leise Drohung in diesen Sätzen!). Es gibt noch drastischere Beispiele: Die Pahi auf Celebes opfern den Göttern ihrer erschlagenen Feinde, ehe sie in ihre Hütten zurückkehren. Die Köpfe der Getöteten haben sie auf Stangen gepflanzt (anscheinend hat dieses schauerliche Verfahren viele Jahrtausende überstanden). Mit diesen Standarten ziehen sie dann im Dorf ein und lassen den Köpfen die zärtlichste Behandlung angedeihen. Sie werden gestreichelt, liebkost, und die begehrtesten Leckerbissen werden ihnen in den Mund geschoben.

Eines der wichtigsten wie geheimnisvollsten Tabus ist das der Eheschließung. Die heiratsfähigen Leute eines Stammes dürfen nicht im blutsverwandten Totembereich heiraten. Das ist das Gebot der Exogamie. Das scheint doch nun ganz stark gegen die soziobiologisch begründete Tendenz einer möglichst umfänglichen Bewahrung des eigenen Genbestandes zu stehen, denn danach müßte sogar die Geschwisterehe Vorrang haben. Freud (1973) sagt dazu in einer seiner stärksten Passagen aus *Totem und Tabu*, verboten werde nur, was begehrt wird. Kein Gebot in aller Welt gäbe es, das besagt: Du mußt essen; kein Verbot im weiten Erdenrund, das besagt: Du darfst Deine Hände nicht ins Feuer halten. Warum nun wird gerade die Geschwisterehe, die Vater-Tochter-, die Mutter-Sohn-Sexualität verboten? Weil es Triebe gibt, sagt Freud, die in diese Richtung drängen. Es ist noch immer unentschieden, ob man dies allgemein behaupten kann. In vielen Berichten wird auch immer betont, daß *die Frauen* nicht im gleichen Totembereich heiraten dürften, sondern sich mit einem Mann außerhalb des eigenen Clans verbinden müßten. Selten ist dabei von den Männern die Rede, obwohl es ja im Effekt auf das Gleiche hinausläuft. Das ist einer der zahlreichen Hinweise auf die Sonderstellung von Frau und Mutterschaft in den archaischen Gesellungsformen.[2] Die Vaterschaft scheint im Vergleich dazu eine geringe Bedeutung zu haben. Auch wird in zahlreichen Mythen die Mutterschaft nicht mit dem Sexualverkehr in Beziehung gebracht. Mit den ersten Kindsregungen – so in zahlreichen mythologischen Vorstellungen – soll der Geist eines der Ahnen in den Leib der Schwangeren gekommen sein.

Bei den Initiationsriten hingegen liegt eine starke Betonung auf dem männlichen Bevölkerungsanteil. Auch das wird übereinstimmend berichtet aus Afrika, Australien, von den Azteken und Mayas. Nicht selten werden Mädchen und Knaben über Wochen getrennt. Die Knaben werden Hungertorturen und Selbstkasteiungen unterworfen. Bei vielen Stämmen müssen sie sich schmerzhafte Wunden in Form von Tätowierungen oder Schnitten beibringen. In ihnen sind zumeist auch Totembezüge enthalten. Obwohl bisweilen doch auch betont, scheint es im ganzen so, daß dabei die Sexualität nicht im Zentrum steht. Die Torturen der Einführung ins Mannesalter sind natürlich zum einen eine Art Befähigungsnachweis, die Härte der bevorstehenden Verpflichtungen zu überstehen. Zum anderen, und vielleicht mehr noch, sind sie die erste große Belehrung in Sachen sozialer Gewalt. Der Hunger und die Schmerzen werden ertragen um der vollberechtigten Aufnahme ins Gemeinwesen willen.

Wenn man sich die Szenen ansieht, in denen das Totem herbeizitiert wird: Geburt, Tod, Initiation, Fruchtbarkeit, Jagderfolg, Bestehen eines Kampfes, so sind es ausnahmslos die emotional gravierenden Situationen des Zusammenlebens. Von den Ereignissen ausgehend, wird ein emotionaler Ring der Zusammengehörigkeit, der Gemeinsamkeit erzeugt. Affektgeladene Höhepunkte prägen natürlich stark. Die Rolle des Bewertungssystems für die Gedächtnisbildung wurde auch deshalb so ausführlich besprochen, um hier darauf verweisen zu können, wie der gleiche Mechanismus am Werke ist: Die Einführung neuer Verhaltensregeln während der Initiationsriten ist mit großen emotionalen Erschütterungen verbunden. Das Herausschleudern aus allen Gefühlseinbettungen des bisherigen, kindlichen Wohlbefindens hat seinen tiefen Sinn. Bei vielen Völkern (zum Beispiel den Mayas) bis zur physischen Existenzkrise gebracht, wirkt dann die Aufnahme in die Gemeinschaft der Erwachsenen als ein um so stärkerer Gefühlsumschwung. Es wird ein neues Selbstbild und mit ihm ein neues Ich für das Weiterleben geschaffen. Das ist der entscheidende Punkt. Die Furcht vor Tabuverletzungen und Tabustrafen ist dann gar nicht das Wesentlichste. (In der Tat beziehen sich die meisten der uns bekannten Beispiele auf versehentliche oder unwissentliche Übertretungen.) Es ist vielmehr die emotional tief in Furcht und Angst verankerte Tendenz zur Vermeidung von Schuld. Wer die Regeln verletzt, vergeht sich und wird in einem selbst akzeptierten, sozial wohlbestimmten Sinne schuldig. Nicht zu Unrecht ist der Begriff der Schuld bis heute mit dem der Last verknüpft.

Es ist nicht ganz klar, wie in den Perioden archaischer Sozialstrukturen die Kontrolle der Einhaltung von Tabus organisiert war. Eine Urmutter als eine Art Oberhaupt ist aus verschiedenen Gründen unwahrscheinlich. Im Matriarchat dürfte sich das Mutterrecht auf das Vorstehen in einer Sippe oder Großfamilie konzentriert haben. Und dies, wie erwähnt, vorzugsweise in den späteren Pflanzsiedlungen des Orients. Ein Totemverband aber umfaßte zahlreiche Sippen. Man wird auch den Vergleich mit den Regelungen bei sehr archaisch organisierten Naturvölkern durchdenken müssen, daß es so etwas wie einen Rat der Alten gegeben hat, durch den auch Verantwortlichkeiten für die Jüngeren, zum Beispiel bei Jagdzügen oder kämpferischen Vorhaben, festgelegt wurden. Die ältesten überlieferten Zeugnisse deuten auf dieses Prinzip hin. Wichtige Funktionen solcher Räte, in denen es sicher eine dominierende Persönlichkeit gab, war die Überwachung und Kontrolle der Verhaltensregeln.

Nun mußten die genannten Wissenslücken manchen Zweifel am Einfluß dieses oder jenes Anzeichens, an der Wirkung dieser oder jener Vorschrift nähren; vergleichbar etwa den Versuchen von Kindern, zu probieren, ob der Genuß einer bestimmten Speise tatsächlich zu dieser oder jener von der Mutter angedrohten Krankheit führt. Unter den Bedingungen archaischen Gemeinwesens können solche urwüchsigen Zweifel eine Gefahr darstellen und die soziale Stabilität gefährden. Es scheint einleuchtend, daß unter diesen Umständen von den Verantwortlichen eine Brücke von den Lücken des Wissens zum emotional fixierten Glauben gesucht wird. Und je breiter die Lücken, um so unerschütterlicher muß die Überzeugung im Glauben sein. Einen wesentlichen Beitrag in dieser Richtung leisten Mythos und magische Handlung. Es sind erlebnisstarke Zeugnisse aus der Realität, deren Wahrheitsgehalt durch die Bürgschaft hochangesehener Persönlichkeiten unterstrichen ist.

Mythen existieren ursprünglich als Erzählungen, die mündlich weitergegeben werden. Es ist möglich, daß in den Märchen der Völker mythische Elemente enthalten sind, die über Jahrzehntausende reichen. Sie handeln von guten und bösen Taten, von der Überwindung übermächtiger Gefahren durch zusätzliche Körperkräfte, die auf magische Weise von Dingen oder durch Berührung übertragen werden. Und sie enthalten Abstammungen vom Frosch, vom Reh, vom Wacholderbusch. Daß im Märchen dann ein Frosch ein König war, ist – was den Inhalt des Bildes anlangt – eine späte Überlagerung; aber was die Symbolik anlangt, so ist in diesem Bild die Urform des Totem unverkennbar.

Mythen beruhen im weiten Sinne auf analogem Denken. In ihnen wird das Unbekannte nach Ähnlichem in der Menschenart gedeutet. Die Beweggründe der Tiere sind die gleichen wie die Motive der Menschen; Pflanzen sprechen, Steine haben Motive für Handlungen. Mythen erklären das unerklärlich Scheinende: die Überwindung des Todes oder die Ursache für übernatürliche Kräfte. Und sie begründen darin die Magie, deren Aufgabe es ist, das Angestrebte zu erzwingen. Die Kraft des Zaubers entspringt dem Glauben an die Übertragbarkeit der Macht der Gedanken und der Worte auf das, was verursacht werden soll. Das muß nicht nur zwischen Menschen und den Objekten des Vorstellens so sein. Ureinwohner Australiens stellen Zauberknochen her. Sie legen dazu hinlänglich große Knochen in einen Bau roter Ameisen. Diese fallen dann „wütend" über den Knochen her und fressen ihn an. Danach soll das Gift vom Zauberknochen ebenso wütend die Feinde des Besitzers dieses Knochens anfallen. Bei einem Stamm auf Hawai muß bei einer Geburt alles Geschlossene geöffnet werden: Hütten, Körbe, Kisten oder verschnürte Bündel. Dies überträgt sich nach den Vorstellungen der Stammesmitglieder, der Nahri, auf die Öffnungen der Geburtswege und erleichtert damit den Geburtsvorgang. Es sind sehr verschiedene Formen der Übertragung beim Zauber: die Berührung und dadurch Verleihung von Stärke, oder die Heilung von Krankheit, seien es Wunden oder die „Besessenheit" von fremden Geistern, was häufig bei Epilepsie oder Wahn nachgesagt wird.

In der magischen Aktion werden Geister oder Dämonen behandelt wie lebende Menschen: Sie werden versöhnt durch schmackhafte Nahrung, in den Bann gebracht mit Beschwörungen des Totemsymbols. Ein wesentliches Merkmal der magischen Aktivität besteht also in dem Versuch, notwendige Wirkungen zu erzielen vermittels der Macht von Gedanken. Das ist natürlich,

sozial gesehen, ein riskantes Spiel für die privilegierten Zauberer, Medizinmänner oder Schamanen, denn der Anteil der Bestätigungen entspricht wenig
mehr als einem zufälligen Ereignis. Die Absicherungen gehen in zweierlei
Richtungen. Einmal dahin, daß bestimmte Einzelpersonen oder kleinere Per-
sonengruppen sich für magische Handlungen spezialisieren. Ihre erfolgreichen
Aktionen entsprechen einem tiefen sozialen Bedürfnis und werden zu erzähl-
ten Szenen aus der „Geschichte". Ihr soziales Prestige ist entsprechend groß.
Aber auch ihr Risiko. Von zahlreichen Naturvölkern wird berichtet, daß erfolglose Magier, seien es nun Hellseher, Medizinmänner oder Zauberer, nicht
selten davongejagt wurden. Also werden Sicherungen eingebaut, die sehr früh
schon in der Nähe des trickreichen Betrügens angesiedelt sind. Von den Urein-
wohnern Mittelamerikas weiß man, daß die Hellseher „Träumer" ausschick-
ten, die die Hütten belauschten, Gespräche oder Streit mithörten, dies dem
Hellseher hinterbrachten, der die ganze Geschichte als Traum ausgab und
dadurch seine Befähigung, Verborgenes zu erschauen, aufs überzeugendste
bewies. Das ist die individuelle Seite.

Als Stil, sozusagen als archaische Technik des Überzeugens, hat sich die
Ritualisierung der magischen Handlung mit hoher Wahrscheinlichkeit schon
in vorgeschichtlicher Zeit herausgebildet. Zunächst kommt dies Ansprüchen
für die individuelle Eignung zur Ausführung der magischen Aktion entgegen:
Nur der Eingeweihte kennt die (ihm von seinen Vorgängern vermittelte) Abfolge aller Handlungsschritte, die peinlichst genau befolgt werden muß, damit
die Wirkung des Ganzen gesichert bleibt. Mit der Feierlichkeit der Zeremonie
befestigt er auch seine Stellung im Gemeinwesen. Von der Überzeugungskraft
des Rituals geht ja auch der Glaube aus an den Erfolg der bevorstehenden
Aktion. Dieser Glaube scheint schon in frühen Zeiten als wichtige Basis für
den realen Erfolg angesehen zu werden. Um so bedeutsamer wird das Ritual,
dessen Wirkung zunächst einmal in der Erzeugung kollektiven Mutes besteht.
Aus Kriegstänzen von Naturvölkern ist bekannt, wie rhythmische Bewegungsfolgen, Trommelschlag und Gesänge bis in eine rauschhafte Bereitschaft zum
Sterben einmünden können.

Der Vorgang der magischen Handlung ist in archaischen Zeiten stark mit
symbolischen Ähnlichkeiten verbunden. Beim Regenzauber wird am Ende
des Rituals die scheinbar erste Wirkung des Ganzen durch Versprengen von
Wassertropfen *en miniature* vorgegeben. Bei Fruchtbarkeitsritualen werden in
den Sexualbereich gehörende Bewegungsweisen vorgeführt, die sich auf die
Fruchtbarkeit der Tiere und der Erde übertragen sollen. In späteren Phasen
werden diese äußerlichen, auf anschaubaren Ähnlichkeiten beruhenden Aktivitäten magischer Aktionen auch durch statische Symbole ersetzt. Der weibli-

che Körper als Symbol der Fruchtbarkeit, der dramatische Augenblick in der szenischen Darstellung, anschaulich, eindringlich, der symbolisch erlegte Körper eines Bären und andere. Symbole werden im Prinzip für alle Gegenstandsbezüge der Magie geschaffen. Man muß unwillkürlich an die Höhlen von Lascaux, von Altamira, um nur an zwei Beispiele zu erinnern, denken und ist versucht, sich die Szenerie magischer oder kultischer Handlungen vorzustellen. Beides ist ja nicht streng geschieden. Auch der Kult hat als ein Ritual der Verehrung den Gedanken oder besser: den Hintergedanken der Versöhnung oder des Gewogenmachens. Das Bild hat auch im Kult die Rolle eines Ebenbildes, es übernimmt eine Art Funktionsgleichheit mit dem Objekt. Sie wird ihm „attribuiert".

Noch ein Wort zur psychischen Funktion des Rituals scheint vonnöten. Der Aufbau der Handlung ritueller Beschwörungen muß überzeugen. Entweder durch die Vitalität des Ereignisses oder durch die Überzeugungskraft der Bilder. Was diese Aspekte betrifft, so ist uns ein Beduinenritual vom Sinai überliefert, das dort noch um die Jahrhundertwende gepflegt wurde (Freud 1973, Seite 142 folgende): „Das Opfer, ein Kamel, wurde gebunden auf einen roten Altar von Steinen gelegt; der Anführer des Stammes ließ die Teilnehmer dreimal unter Gesängen um den Altar herumgehen, brachte dem Tier die erste Wunde bei und trank gierig das hervorquellende Blut; dann stürzte sich die ganze Gruppe auf das Opfer, hieb mit Schwertern Stücke des zuckenden Fleisches los und verzehrte sie roh in solcher Hast, daß in der kurzen Zwischenzeit zwischen dem Aufgang des Morgensterns, dem dieses Opfer galt, und dem Erblassen des Gestirns vor den Sonnenstrahlen, alles Verzehrbare vom Opfertier, Leib, Knochenteile, Haut, Fleisch und Innereien, vertilgt war." Dieser barbarische, von höchster Vitalität der tiernahen Urbräuche zeugende Ritus war kein vereinzeltes Ereignis, sondern eine ursprüngliche Form des Totemopfers, die in späterer Zeit die verschiedensten Abschwächungen erfuhr. Welche Abschwächungen sind gemeint? Nun, eben die durch das Symbol, das in frühen Gestaltungen als Ebenbild fungiert und dabei die brutale Realität ersetzt. So wird bereits im archaischen Denken das analoge Bild zum Repräsentanten von Wirklichkeit und zum symbolischen Objekt für Handlungen in ihr.

Die Wahl des Totemtieres hängt natürlich auch von den Lebensbedingungen des Gemeinwesens ab. So wird es schwer, angesichts der in Kapitel 1.3.2 beschriebenen Bärenkopfhöhlen, die wahrscheinlichen Beziehungen der dortigen Cro-Magnon-Menschen zum Totemopfer nicht zu bedenken.

Das ritualisierte Opfer, das bloß symbolische Trinken von Blut beziehungsweise Essen von Leib, mindert die Vitalität des Erlebnisses. Sie wird, gleichsam zur Kompensation, angehoben durch die Szenerie des Rituals: Das

3.2 Beispiel für Venusfiguren, wie sie zahlreich zwischen Frankreich und Sibirien gefunden wurden. Sie stammen aus der Zeit vor 20 000 bis 30 000 Jahren und sind sich in den Grundformen sehr ähnlich. Sie dürften bei Fruchtbarkeitskulten eine Rolle gespielt haben. (Venus von Laussel, Musée de l'Homme, Paris.)

Dunkel oder Halbdunkel der Kultstätte, die Rhythmik von Bewegungen, wahrscheinlich auch ein Sing-Sang emotionaler Tönung und eine exakte Choreographie des Handlungsverlaufs (dreimal herumgehen, siebenmal zum Sonnenaufgang hin verbeugen und so fort) schaffen wieder die für die Behaltens- und Folgewirkung so wichtige Affekttönung. Zu alledem gehört auch eine konservative Grundeinstellung. Ein Ritual ist stets vorgeschrieben; entweder vom Totem direkt überliefert oder aus mythischen und darum zwingenden Gründen festgelegt. Abweichungen verursachen Wirkungslosigkeit. Ähnlich ist es mit der Ordnung im Sozialleben. Man muß erkennen, daß die magische Zeremonie oder die kultische Handlung stark integrierende Elemente des Soziallebens sind. Es sind Höhepunkte, die die Zwänge der Normen und gültigen Regeln grell aufleuchten lassen und die damit stabilisieren, was sich bewährt hat oder was als bewährt ausgegeben wird.

Man hat die Frage gestellt (Frazer 1910 zum Beispiel), ob Totemismus schon als eine Religion angesehen werden könne oder nicht. Die Antworten sind im allgemeinen nicht eindeutig: in gewisser Hinsicht ja, in anderer wiederum nein. Wie auch immer man die Kriterien dafür festlegt, auf jeden Fall aber ist der Totemismus die historisch früheste Form der Verankerung eines Gemeinwesens im Glauben an einen transzendenten Ursprung alles Seienden. Glaube und faßbare Realität sind hier eins, wie das ja auch bei echter Religiosität sein soll. Was später getrennt wird in vielen gesellschaftlichen Institutionen, ist hier schon im Keime zu finden, aber eben noch ungeschieden: Orte der Glaubensausführung und der Rechtsfindung wie der Verurteilung, Vorgänge der Belehrung und der Einführung in die Mitgliedschaft, unterschieden, ob als Mann oder Frau. Der Totemismus hat in diesem Rahmen eine stabilisierende Funktion für das Gemeinwesen. Er ist nicht nur Welt- und Geschichtsbild, sondern zugleich Werte-, Rechts- und Bildungssystem. Der Totemismus ist auch eine praktizierte Ethik, denn in ihm sind Verhaltensnormen bewertet, bestimmbar als bedeutsam und wertvoll, als unwürdig und strafbar. Das Bestrafungssystem ist gestuft und wird in allen Härtegraden gehandhabt. Dabei sind die Tabuverletzungen wohl die herausragenden. Die Zugehörigkeit zum Gemeinwesen ist durch Geburt bestimmt, der Erwerb vollwertiger Stammesmitgliedschaft mittels tief eindringender Erlebnisse ist rituell fest geregelt, die historischen Gründe der Verwandtschaft sind bestimmt. Ein Moralkodex für Handlungsentscheidungen ist vorhanden. Die Kunst, im Bildnerischen wie im Musikalisch-Tänzerischen, hat in ihren frühesten systematischen Gestaltungsformen eine explizit soziale Funktion: Ihre emotionalen Wirkungen sind eingesetzt zur Erhöhung der Kohärenz von Individuum und Gemeinschaft (vergleiche Knepler 1977). Sie erhöhen die emotional-individuelle Teilhabe am

Gemeinwesen als einem Ganzen, dessen Funktion und Wirkung nicht auf die Summe der Einzelaktivitäten zurückgeführt werden kann, sondern das in dieser Funktion eine eigenständige Qualität hat.

Wir haben diesem Kapitel die Annahme zugrunde gelegt, daß mit der Kennzeichnung des archaischen Denkens auch eine Beschreibung von Denkweisen des vorgeschichtlichen Homo-sapiens-Menschen gegeben werde (vergleiche auch Scharf 1978). So spärlich die Zeugnisse sein mögen, was gefunden wurde, spricht dafür, daß es war, wie wir es beschrieben haben. Und manches von dem Gesagten dürfte noch früher anzusiedeln sein. (Einiges muß vielleicht schon in die Zeit der späten Neandertaler vorverlegt werden.) Man sollte sich von der Vorstellung befreien, als seien diese Menschen in Felle gehüllte, keuchende und grunzende Horden gewesen, die vor 90- bis 30 000 Jahren durch die Flußniederungen Mitteleuropas zogen. Die Neandertaler sind vielmehr durchdacht geleitet worden, denn sonst wären sie auf der Strecke geblieben. Gezogen wurde in großen, oft wohl nur lose zusammenhängenden Gruppen, wohl auch auf der Suche nach Spuren von Tierherden. In solchen Zügen wurde auch der Weg über die Beringstraße begangen und so vom Norden her der amerikanische Kontinent besiedelt. Wo man nicht mehr weiter wollte, mögen Raststätten zu Lagern oder gar Niederlassungen geworden sein. Bei alledem wurde gelebt, geliebt, geboren und gestorben. Kinder vor allem müssen zahlreich gestorben sein, Gebärende auch oder junge Mütter.

Die Menschen gelangten auch in Booten auf die Eilande der hinterindischen Inselwelt, und sie begannen schließlich, in den Flußniederungen Kleinasiens, am Nil, Indus und zwischen Euphrat und Tigris feste und schließlich große Siedlungen anzulegen. Zu diesen Leistungen gehört eine geistige Verfassung, die an möglicher Befähigung uns Heutigen kaum nachstehen dürfte.

Für den Entwurf unseres Panoramabildes haben wir den Zusammenhang zwischen Lebensbedingungen, Bedürfnissen und physisch wie psychisch gegebenem Vermögen, sie zu befriedigen, zugrunde gelegt. Wenn wir versuchen, dies zusammenzubringen, entsteht ein Kaleidoskop von Zusammenhängen, wechselseitigen Paßformen von Phänomenen wie Totem und Magie, Magie und Kult, Riten und Mythen, Denkgewohnheiten und logischen Schlußweisen, die sich, so gesehen, als Auswirkungen *einer* Grundmentalität begreifen lassen. Wir glauben, damit auch die Wurzeln und Eigenarten des archaischen Weltbildes vollständiger getroffen zu haben als es uns in der Literatur trotz tieferer lokaler Einsichten überliefert ist. So hat Freud sicher recht, wenn er im Tabu einen frühen sozialen Faktor der Neuroseentstehung annimmt. Zwangsdenken entzündet sich leicht am schweren Schuldgefühl. Aber ob der Kern der Mythologie in der verschobenen Sexualsymbolik zu suchen ist, dafür gibt es noch heute keine besseren Argumente als jene unzulänglichen, die Freud selbst hervorgebracht hat. Wundt (1900) rückt in seiner Völkerpsychologie die Wirkung der Angst vor Dämonen und Geistern ins Zentrum archaischen Denkens. Freud wendet zu Recht ein, daß man dahinter suchen müsse. Das haben wir auch auf unsere Weise versucht mit den Belegen dafür, daß hier im Grunde ein Bestreben zur Erklärung von unbekannten Zusammenhängen vorliegt. Es ist eine Strategie, die von Ähnlichkeiten mit Bekanntem ausgeht und die wir besonders dort vorfinden, wo die gesicherten Umzäunungen des Vertrauten und Bekannten verlassen werden müssen. In der Tat sind dort auch Ängste angesiedelt. Und wenn Lévi-Strauss (1973) argumentiert, daß archaisches Denken durch eine spezifische logische Struktur bestimmt ist, mittels derer die erfahrbaren Zusammenhänge erklärt werden, so ist das eine Verschiebung des Problems. Es geht um den Ursprung dieser Denkstrukturen. Auch hierzu haben wir eine Antwort versucht: Archaische Denkstrukturen beruhen auf der Registrierung von Zusammenhängen der Wahrnehmung, für die das Motiv aus den Lebensbedingungen und den Entscheidungsnotwendigkeiten zu ihrer Sicherung entspringt. Und wir haben auch gezeigt, wie im archaischen Denken die Hebel ansetzen, um die Oberfläche der Wahrnehmungsphänomene zu durchbrechen und in die Tiefe hintergründiger Gesetzlichkeiten vorzudringen. Sehr riskante Strategien teils, versagende oder täuschende zum großen Teil. Aber die implizite Grundannahme des archaischen Denkens ist durchgehend: *Hinter allen Ereignissen stehen Ursachen, alle Erscheinungen sind determiniert.*

Nun ist die Lage der realen Weltzusammenhänge so, daß die archaischen Denkformen nicht ausreichen konnten, diese Grundannahme befriedigend zu verifizieren. Die Bindung des Denkens und Schließens an das Anschaulich-Bildhafte konnte nicht hinreichen, weiträumigere Ursache-Wirkungszusammenhänge zu erkennen. Dazu mußte die Oberfläche der Erscheinungen mittels kognitiver Prozesse durchbrochen werden. Das geschieht auf dem Wege der Erkennung von Invarianzeigenschaften gleichen Typs zwischen wahrnehmungsmäßig völlig Verschiedenartigem. Der entscheidende Zugang zu diesen Invarianzeigenschaften wird in einer Abstraktionsebene gefunden, die sich von Klassifizierungen nach anschaulichen Ähnlichkeiten gelöst hat. Wir werden diesen Prozeß verfolgen und zeigen, wie sich der entscheidende Zugang zu dieser Art menschlichen Denkens mit dem Zählen und Messen erschlossen hat und wie er sich über die Klassifizierung von Mengen zu Zahlen und der Bildung von Ordnungen über ihnen vertieft hat. Nicht, daß Zahlen und Zahlensysteme erfunden worden wären, um diese Invarianzeigenschaften der Realität erkennen zu können. Ganz und gar nicht. Sie dienten ursprünglich durchaus handfesten Zwecken, zum Beispiel dem Vergleich von Mengen und dem Feststellen von Werten beim Vergleich oder beim Umsetzen von Eigentum. Aber einmal vorhanden, kann die Zahl wie jedes kognitiv handhabbare Ding zum Gegenstand der Reflexion werden. Sie wird dann als Instrument erkennbar, beliebige Beziehungen darzustellen oder, anders gesagt: Gesetzmäßigkeit auszudrücken.

Der Weg zu diesen kognitiven Leistungen hat sich, wie wir am Ende des vorigen Kapitels schon angedeutet haben, in Zusammenhang mit der Bildung institutionalisierter Gemeinwesen vollzogen; in den Stadtstaaten des Orients vor allem zwischen 10 000 und 2 000 vor unserer Zeitrechnung.

[1] Wir werden später zeigen, wie gleichartige analoge Schlußprozesse auch im strengen wissenschaftlichen Denken wirksam sind und dort zu kreativen Leistungen führen können. Dabei wird sich zeigen, daß hinter dieser Denkform eine exakt bestimmbare logische Struktur steht. In diesem Kapitel wollen wir uns bei den Analogien auf die bildhaften oder symbolischen Übertragungen von Bekanntem im Aussehen und Verhalten auf das Unbekannte, Ähnliche zu dessen Erklärung konzentrieren. Das sind dann die analogischen Denkweisen in ihrer ursprünglichen Form. Dabei wollen wir sie zunächst in ihrer originären Einbettung in der archaischen Semantik vorstellen.

[2] Dabei werden wir zwischen vorzugsweise Jagd-(und Sammler-) Gruppen einerseits sowie pflanzenanbauenden und tierzüchtenden Gruppen andererseits unterscheiden. Es scheint so zu sein, daß in den letzteren Gruppen häufiger Formen eines Matriarchats anzutreffen sind. Das gilt deutlich für die Anfangsphasen des sumerisch-babylonischen Kulturkreises. Dazu ist sehr treffend gesagt worden, daß die Kultur des Menschengeschlechts bei der Zubereitung der Nahrung und den Gewohnheiten ihres Verzehrs beginnt.

4. Neue Formen von Sozialbeziehungen beim Übergang zu den frühen Stadtstaaten

Noch um 30 000 vor unserer Zeitrechnung war etwa ein Drittel der festen Erdoberfläche mit Eis bedeckt. Etwa um 10 000 war es stark zurückgegangen; Endmoränen und lose Strauch- und Baumbestände bedeckten das bewohnbare Mitteleuropa. Die Menschen lebten in Sippenverbänden, zusammengesetzt aus größeren Familieneinheiten. Sie hatten Siedlungen mit Heimstattcharakter. Arbeitsteilig trugen sie zur Fristung ihres Unterhalts bei. Die Ideologie des Totemismus hielt die gesellschaftlich notwendigen Sozialbeziehungen samt aller erforderlichen individuellen Verpflichtungen fest zusammen. Umfangreiche Regenfälle, durch Klima und Großwetterlagen bedingt, hatten in verschiedenen Gegenden fruchtbares Schwemmland gebildet. Das ist der Punkt des geschichtlichen Verlaufs, den wir am Ende des vorigen Kapitels mit dem Abschluß der körperlichen Entwicklung zum Jetztmenschen hin erreicht hatten. Nachdem wir nun diese letzte Phase vorgeschichtlicher Zeit in Zusammenhang mit der Betrachtung der geistigen Verfassung dieser Erdbewohner behandelt haben, setzen wir an diesem Punkte wieder an. Wir wollen nun sehen, wie sich das Erwachen des wissenschaftlichen Denkens an einigen Orten der ideenträchtigen Menschheitsgeschichte vollzogen hat, wie der Übergang zur geschriebenen Geschichte eingeleitet wurde.

4.1 Auf dem Wege zur geschriebenen Geschichte

Zwischen 12 000 und 10 000 vor unserer Zeitrechnung trat im Süden der nördlichen Halbkugel, angefangen in den Breitengraden des Mittelmeerraumes, eine moderate Temperatur- und Nässeregulierung des Klimas ein. Es begann eine interstadiale Warmzeit (vergleiche dazu Kapitel 1.3.1, Fußnote 2). Die langandauernden Niederschläge ließen aus geophysikalischen Gründen nach: In Kleinasien, Jordanien, im Zweistromland zwischen Euphrat und Tigris und an den Flüssen Indus und Nil lagen klimatisch gut bewohnbare Gebiete. Die Sommer wurden zwar heiß, aber es gab keine längeren Trockenzeiten. Vor allem waren die Winter gemäßigt. In diesen Gebieten kam es in jener Zeit zu Siedlungsverdichtungen. Es hat Geburtenüberschuß gegeben. Auch mögen Siedlungen in geographisch bedingten Durchzugsgebieten zum Aufenthalt und schließlich auch zum Bleiben eingeladen haben. Die Jordansenke war eine solche Region. Es gab dort auch eine Trinkwasserquelle, aus der noch heute 4 000 Liter in der Minute fließen. In diesem Gebiet entwickelte sich um 10 000 vor unserer Zeitrechnung eine der ältesten Städte: Jericho. Es wurde zerstört und (trotz der Warnung an Joshua in Moses IV; man beachte: Wir begegnen jetzt den frühesten Bibelberichten) wieder aufgebaut. Zwischen 9 000 und 8 000 waren es Rundhäuser, die noch an Zelte erinnerten, nach 7 000 waren es Rechteckhäuser, für die es in der Vorgeschichte keine Vorbilder gab.

Man konservierte Überreste von Toten: Um etwa 6 000 wurden Schädel als Gipsmasken präpariert. Die Augen waren mit Muscheln ausgelegt, der Eindruck des Schlafens ist unverkennbar.

Catal-Hüyük, am Ufer eines Flusses im Süden der heutigen Türkei gelegen, war um 8 500 vor unserer Zeitrechnung eine dicht besiedelte Stadt; und zwar entweder eine Art Tempelstadt mit einer Vielzahl von Heiligtümern, oder aber der bislang ausgegrabene Teil war Tempelbezirk eines der großen Stadtstaaten der Urgeschichte. In dieser Stadt wurden die begehrtesten Dinge der damaligen Zeit hergestellt – oder zum Tausch hingebracht. Dazu gehört der vielbegehrte Obsidian, ein dunkelolivgrünes, vulkanisches Gestein, glasartig in seinem Aussehen und geeignet für die Herstellung von Spiegeln, Messern, Schmuck- oder Kultgegenständen. Der Vergleich zwischen Obsidianvorkommen in einer Region und Obsidianfundstellen in den Siedlungen zeigt, daß Handel um des Tausches wechselseitig begehrter Dinge willen getrieben wurde. Begehrt nicht nur der Befriedigung von Vitalbedürfnissen wegen; man hat Make-up-Utensilien gefunden, die offensichtlich mit viel Bedacht von

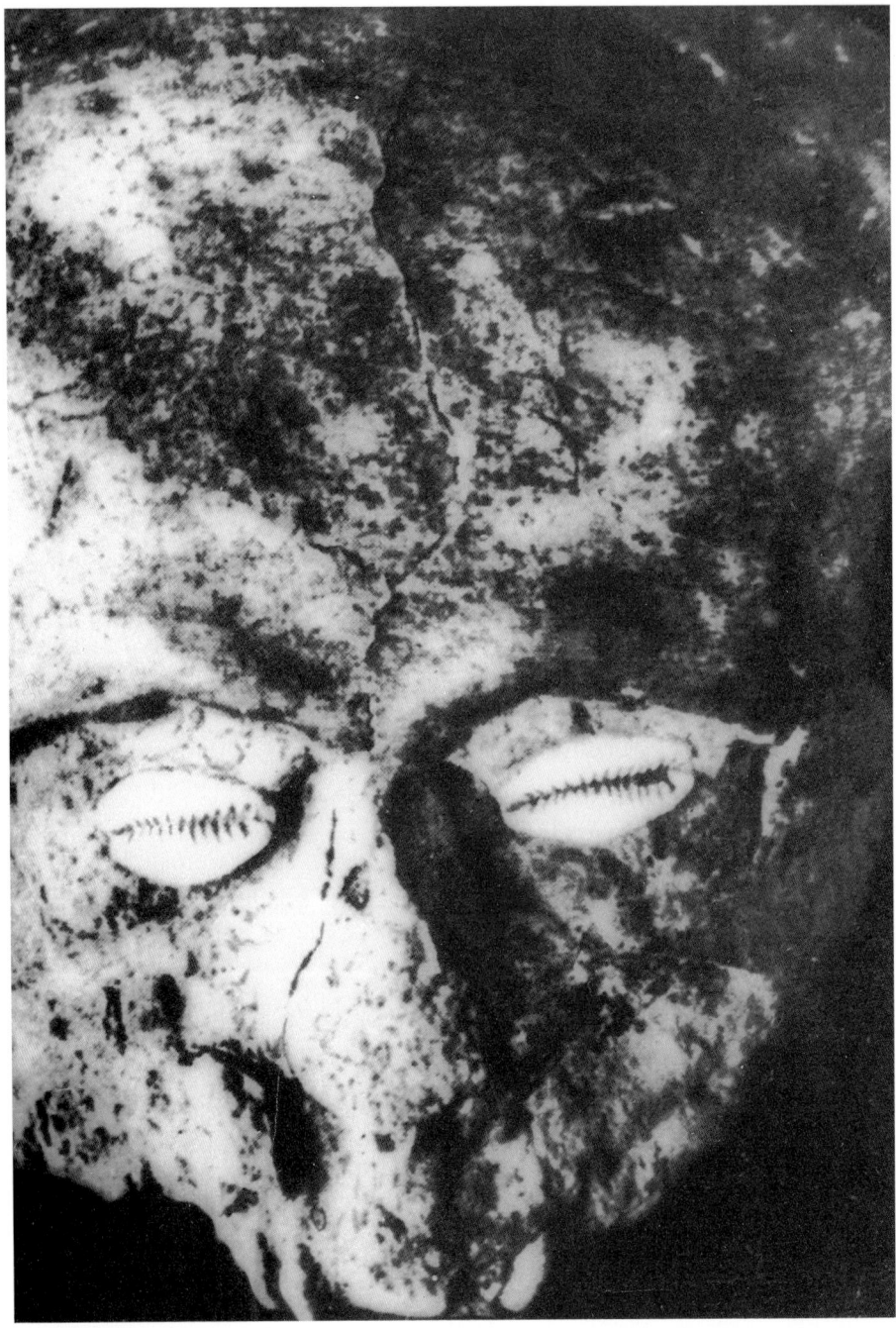

4.1 Mit Gips überzogener Schädel. Muschelschalen sind als Augendeckel eingesetzt und erwecken den Eindruck des Schlafens. Sie sind 8 000 Jahre alt und wurden in einer alten Stadtmauer von Jericho gefunden. (Jericho Excavation Fund.)

Frauen benutzt wurden. Auch ist in diesem Zusammenhang der motivationale Wert von Schmuck zu bedenken. Er diente wohl schon damals nur zum Teil der Verbesserung der Schönheit, zum anderen aber (oder auf diesem Umwege) auch der Erhöhung des Selbstgefühls.

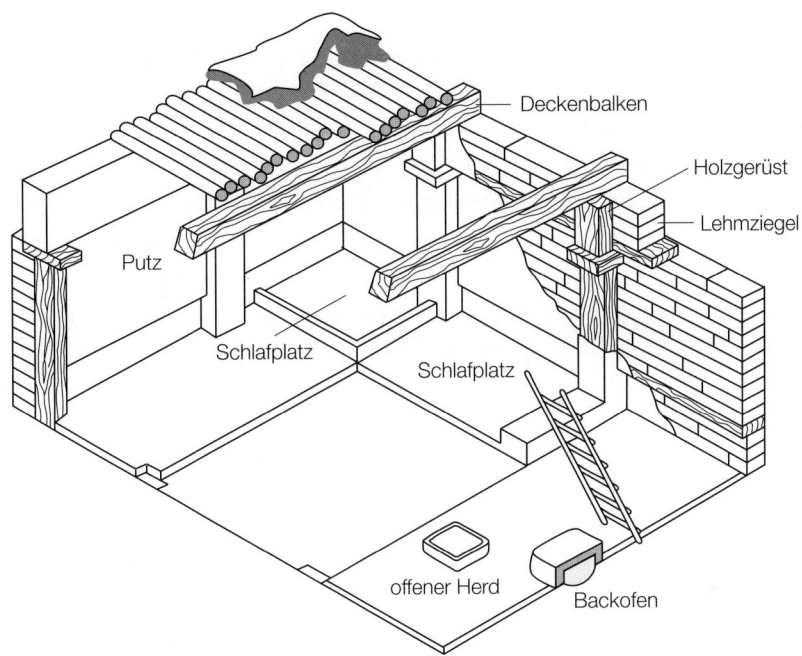

4.2 Bauweise im Tempelbezirk von Catal-Hüyük (andere Gebiete wurden noch nicht ausgegraben). Sonnengetrocknete Lehmziegel sind in einem Holzgerüst verlegt und verfugt: Schlafplätze, offener Herd, Backofen. (Gezeichnet nach Hamblin, 1977.)

Man hat abgeschliffenen Steinfußboden, eine Art Terazzo, gefunden; Holzgefäße auch, mit auffallend (ausgesucht?) schöner Maserung; Geflechte, Matten und schon um 7 000 herum Körbe: Lange, aus Getreidehalmen gedrehte Stricke wurden spiralförmig gelegt, vom Rand her nach oben gehoben, gestützt und mit Lehm verschmiert. Aus dem gleichen Zeitraum gibt es Zeugnisse fürs Weben. Wahrscheinlich gab es ein Gerüst für die Kettfäden; denn die „Leinwandbindung" der Schußfäden, die zu dem schachbrettartigen Grundmuster führt, ist eng (12×15 Fäden pro cm^2!), und die Fäden sind fein gesponnen, von gleichmäßiger Stärke und ohne Bauschen gedreht. Die wichtigsten aller Neuerungen waren Gefäße aus Keramik. Noch nicht verziert; das

241

findet sich erst in den frühen Hochkulturen des Südens und Südwestens. Aber es waren gebrannte Gefäße; verwendet als Tröge für den Ölvorrat, für das Wasser. Sie waren abdeckbar, transportierbar, *und sie enthielten (normierbare) Mengen* bestimmten Inhalts. Von der Anschauung her schon ist augenfällig, daß zwischen einem Gefäß mit Korn oder Bier und dem Doppelten oder einem Vielfachen davon ganz bestimmte Beziehungen bestehen, die sich in den Fassungsvermögen der Gefäße abbilden.

Wir wissen nichts von den einzelnen Gottheiten in diesem Tempelbezirk. Aber der Gott der Töpferei spielt bei vielen Völkern eine Rolle. Der Gott Chnum der Ägypter hatte einen Widderkopf und war als Schöpfer aller Dinge ein Töpfer. Die mesopotamische Göttin Araru schuf den Menschen aus einem Klümpchen Ton. Und noch die jüdischen Propheten predigten: „Wir sind Ton, DU bist unser Töpfer."

Viele Figürchen wurden gefunden in Catal-Hüyük; wahrscheinlich kleine Gottheiten, zuständig nun schon für viele Bereiche des Lebens und seiner Sicherung. (Rahel stahl ja die ihren, wohl um Schutz zu behalten, als sie das Haus ihres Vaters Laban verließ, um Jakob zu folgen.) Das Oberhaupt scheint eine Göttin gewesen zu sein.

Auch von magischen Handlungen gibt es Zeugnisse: Zahlreiche Eber- und Stierstatuetten, die durchgebrochen sind; wahrscheinlich Ergebnis der symbolischen Endhandlung eines Jagdzaubers. Denn Fleisch war sehr knapp in dieser Stadt. Man hat den täglichen Bedarf auf 1 500 kg geschätzt. Das wären etwa 50 Hausschafe der damaligen Statur.

Zwischen 5 300 und 4 000 (immer vor unserer Zeitrechnung zu lesen) gab es zahlreiche Siedlungen im Zwischenstromland. Um 4 000 sind dort semitische Nomaden eingewandert und seßhaft geworden; um 3 800 noch einmal Bevölkerungsgruppen aus dem südlichen Iran. Etwa um 3 500 waren dichtere Besiedlungen vor allem in Uruk, aber auch an anderen Stellen entstanden, die sich im Laufe der folgenden Jahrhunderte zu zwölf Städten entwickelten, deren Binnenhandel, wechselseitige Beeinflussung und historische Wirkungen man unter dem Begriff der sumerischen Kultur zusammenfaßt.

Zwischen 3 000 und 2 800 stieg die Einwohnerzahl in Uruk von 40 000 auf 50 000. Die Stadt muß eine starke Attraktivität und Absorptionskraft gehabt haben: In einem Zeitraum von 300 Jahren verschwanden 80 Siedlungen in der Umgebung von Uruk. Das Zentrum der Stadt war der Tempel, die Zikkurat. Man hat errechnet, daß 1 500 Menschen allein fünf Jahre an der untersten Plattform gearbeitet haben müssen. Das bedurfte der Planung, der Organisation und der Bewertung von Arbeitsleistungen. Dies wiederum erforderte Normen und Standards. Die Elle als Längenmaß konnte nicht länger vom Arm des Zimmerers abhängen; wie sollten dann noch die Maße stimmen bei den vielen Zimmerleuten. Messen heißt unterteilen oder schlicht: teilen.

Die Vielfalt der Handwerker war in Gewerken zusammengeschlossen. Man weiß es von den Symbolen her, daß es zunftartige Vereinigungen gewesen sein müssen: Es gab eine Schlangenzunft, eine Eselszunft und andere. Die Rolle der Totemtiere hatte sich gewandelt. Aber der Ursprung der Symbolik blieb kenntlich.

Der Handel muß vielfältig und weit verzweigt gewesen sein: Obsidian, Kupfer, Gewürze, Hölzer, Halbedelsteine, Steine, Felle und vieles andere. Die Wertvergleiche wurden in Waren angeboten: in Hohlmaßen für Semmer (eine Wildweizenart) und Hirse oder Gerste. Schafs- oder Ziegenherden stellten auch Wertobjekte dar. Man kannte die alkoholische Gärung, braute Bier, und auch den Göttern wurden berauschende Getränke beim Opfer zugedacht.

Im Zentrum des Stadtlebens stand der Tempel. Er war auch ein Fabrikationszentrum: Viele Handwerker standen in seinem Dienste, lieferten ab und erhielten das Ihre für sich. Und er war Kultstätte. Vielen Göttern mußte geopfert werden, Göttern in menschlicher oder tierischer Gestalt, aber immer mit menschlichen Motiven und Interessen. Der Gott der Stadt Uruk war eine Frau: Inanna. Der Verweis auf matriarchalische Hintergründe ist in den Acker- und Pflanzenbausiedlungen kaum bezweifelbar. Die Kulthandlungen der Opferung, der Magie, des Zaubers, der Götterversöhnung waren einer wohlbestimmten Personengruppe vorbehalten: den Verwaltern des Tempels, einer Priesterkaste mit exklusiven Kompetenzen und Gebräuchen. Aus ihrer Vermittlerrolle zu den Göttern erwuchsen Macht und als Komplement dazu Abhängigkeit auf der Seite der Bevölkerung. Die Priester der damaligen Tempelstätte waren zugleich die größten Unternehmer, Gläubiger, Richter. Mit Sicherheit gab es auch unter ihnen eine Hierarchie. Zwischen den Schichten gab es sie: nach den Priestern die Ältesten unter den reichen Stadtbewohnern, die Verwalter von Tempelbezirken, die Schreiber, Händler und Kleinhändler, Schiffer, Bauern, Fischer, Wasserträger und die „Fremdlinge", was auf sumerisch soviel wie Sklave bedeutet. (Das Schriftzeichen für sie war ein Berg, weil sie „von hinter den Bergen" hergekommen waren.)

Im Falle der Bedrohung wählten die Ältesten nicht mehr nur einen Anführer, sondern einen Befehlshaber für die Organisation und Führung des Kampfes. Dienstpflichtige waren schon im Frieden bestimmt, eingegliedert in die Truppe erhielten sie Bezahlung. Der „große Mann", der Lugal, konnte mit seinem Heere siegen oder verlieren. Der Sieg verstärkte natürlich seine Macht. Der Befehl über ein Heer war der bis dahin nie gekannte Gipfelpunkt einer Selbsterhöhung. Machtvollkommenheit dieser Art, einmal erlebt, macht ihren

Mißbrauch verlockend. Der Rücktritt nach dem Kriege und Siege war auf der Basis solcher Macht durchaus freiwillig, er mußte bei gehorchenden Kriegern nicht verwirklicht werden. Natürlich bedeutete das Auseinandersetzungen mit der eifersüchtigen Priesterschicht. Wie konnten sie gelöst werden? Wohl, indem der Lugal sich selber zum höchsten Priester bestellte. Sich der Priesterkaste gegenüber noch einmal überhöhte: nicht mehr nur Mittler zu Gott war, sondern Gott selber. Und angesichts harter Macht ist es noch immer gelungen, eine Priesterkaste (oder auch andere Schichten) zum Dienste an ihr zu gewinnen. Mit ökonomischer Macht und Privilegien versehen, läßt sich das Höchste erhaben begründen, rechtfertigen, glaubwürdig machen – zum Zwecke der Stabilisierung der Macht – und der Sicherheit für alle, sagt und glaubt man. Jedenfalls hat sich dieser Schritt von den Angehörigen der Priesterkaste als den Nachfolgern der totemistischen Ältestenräte zu den Gottkönigen der alten Stadtstaaten und Reiche in einem Zeitraum von 1 500 Jahren mehr als zehnmal auf ganz ähnliche Weise und vielfach unabhängig voneinander vollzogen. In Sumer war dieser Prozeß um 2 800 abgeschlossen, in Ägypten drei bis vier Jahrhunderte später. Und selbst Alexander versuchte um 325, als er das Perserreich erobert hatte, für sich noch einen ähnlichen Status zu erreichen. Er hätte damit nur den von ihm überwundenen Darius III. imitiert, der, erfolglos und desolat, von seinen Kriegern erschlagen worden war.

Die Tempel, den Göttern geweiht, drückten in ihrer Größe die Mächtigkeit des Königs aus. Überwältigende Ausmaße wurden ohne Rücksicht auf Aufwand an Kraft, Mitteln und Menschenleben immer wieder angestrebt: in Uruk, bei den Pharaonen, in Susa, in Mohenio-Dâro (am Indus) und wo auch immer. Und immer sind es letztlich Symbole für eine sich selbst verstehende, in sich ruhende und in keiner Weise legitimationsbedürftige Macht und Größe. Es sind Zeugnisse, die im Mythischen wurzeln.

Aber welche Zwänge führten nun eigentlich zur Entstehung dieser Stadtstaaten? Wir können nicht beanspruchen, alle zu kennen, aber einige wichtige lassen sich wohl nennen: Als wesentlichste *Voraussetzung* für die Stabilität solcher Ballungsgebiete ist die Produktivität der Arbeitsmittel anzusehen. Ohne die Möglichkeit, Überschuß über einen Verwandtenbedarf hinaus an lebenswichtigen Gütern zu produzieren, ist Beständigkeit des Zusammenlebens in diesen Größenordnungen nicht möglich. Aus diesem Zwang heraus, verstärkt durch klimatische Nötigungen, entstand auch, wie wir schon begründeten, die erste, sozial kontrollierte Technik mit zugehöriger Technologie, die der weiträumigen Bewässerung. Das ist aber nicht alles, was in diesem Zusammenhang bemerkenswert ist. Mit ziemlicher Sicherheit lassen sich weitere, für den Historiker vielleicht sekundäre Faktoren angeben. Sie sind aber

4.3 Marmorner Frauenkopf aus Ur. Die Augen sind aus Muschelschalen, in die Lapislazuli eingelegt ist. Wahrscheinlich stellte die kleine Statue eine Göttin dar. Die großen Augen sind charakteristisch für sumerische Personengestaltung (um 2 800 vor unserer Zeitrechnung). (Jericho Excavation Fund.)

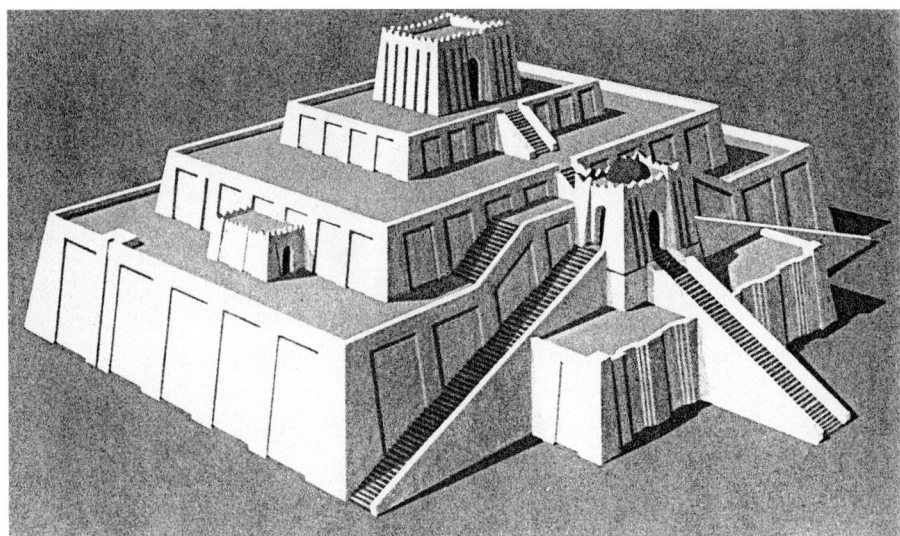

4.4 Bedeutender städtischer Monumentalbau der Alten Welt: die Zikkurat von Ur, südöstlich von Uruk. Sie war Symbol der Macht des Mondgottes. Stätten dieser Art symbolisierten aber ebenso die Macht der jeweiligen Priesterkaste mit einem Lugal oder Gottkönig an der Spitze. (Aus Herrmann, 1979.)

für uns, das heißt in bezug auf psychologische Aspekte und Anteile historischer Wandlungen (die es ja *auch* gibt), von nicht geringem Interesse.

Eine Attraktion der Stadt ist ihre Möglichkeit, umfassende Sicherheit für Sippen oder Familiengruppen zu bieten – vielleicht auch eine Ursache für den Übergang von der Groß- zur Kleinfamilie mit Vater und Mutter im Zentrum. Allzuoft mußten die Gruppen „draußen" Zerstörungen ihrer Siedlungen erleben, sei es durch Tiereinfälle, Witterungsunbill oder raubende Stämme. Zudem ist die Stabilität der Sicherung von Lebensbedürfnissen in der Stadt größer. Der Umfang der Vorratswirtschaft zum einen, aber ebenso die Spezialisierung ermöglichen im großen Stil die Verwertung und sichere Verwaltung von Überschuß. Zähmen und Züchten von Tieren, der Anbau von Getreide müssen durch Planung auf Zukunft und auf Vorrat hin ausgelegt werden. Die Handwerker wetteifern um ihre Bedeutsamkeit für das Gemeinwesen und um die Ansprüche, die ihnen daraus erwachsen, seien es die sozialen oder die materiellen, die einen so bedeutungsvoll wie die anderen.

Diese neuartige, für einzelne nicht mehr überschaubare Vielfalt der daraus resultierenden Sozialbeziehungen unterschiedlicher Vernetzungen mit wechselseitigen Abhängigkeiten, Verpflichtungen, Kompetenzen führt ohne verbindlich und allgemein anerkannte Regelungen in ein zwischenmenschliches

Chaos gegenseitiger Übervorteilungen. In der Tat trifft der erste überlieferte Gesetzeskodex, der Urnammukodex, um 2100 zur Verhinderung dieser Konsequenz zahlreiche Aussagen. In ihm sind die verschiedensten Obligationen und Bestrafungen festgelegt. Im Unterschied zu den durch Tabus geregelten Strafformen nehmen hier, wie es scheint, vor allem gegenüber den niedrigeren Schichten die körperlichen Züchtigungen sowie die verschiedensten Verstümmelungs- und Hinrichtungsarten zu.

Die Ausnutzung und Ausbeutung von Menschen hat sich mit diesem System der Machtkonzentration und der Verwirklichung von Macht fest etabliert. Sie ist durch Regeln festgelegt, die göttlichen Ursprungs erklärt sind. Was unter Totem und Tabu der Stabilisierung des Gemeinwesens diente, ist an Gründen und Sanktionen in vielerlei Hinsicht beibehalten. Nur dient es jetzt auch der Sicherung persönlicher Macht, der Sicherung ökonomischer Vorteile für Gruppierungen, Kasten und Schichten. Zwar werden individuelle Sicherheit und auch die Sicherheit des Lebens der Familie im Stadtstaat garantiert. Aber der Preis für die Zuziehenden – die ja schließlich den Stadtstaat rekrutieren – ist hoch: Die annähernde Gleichberechtigung im frühen Gemeinwesen muß geopfert werden. Von der psychologischen Seite her ist das ein Defizit für das Selbstwertgefühl. Denn das interne Bewertungssystem bildet nun nicht mehr nur Defizite im Bedürfnishaushalt des Körpers ab, sondern ist höchst empfindsam geworden gegenüber den Anerkennungsbedürfnissen, die aus den zwischenmenschlichen Sozialbeziehungen herstammen. Das Motiv zur Anhebung des sozialen Selbstwertes ist seither oftmals auch eingeflossen in Argumente, die die Berechtigung der sozialen Ordnung anzweifeln und ihren Sturz gerechtfertigt erscheinen lassen. Die großen Umdenker sozialer Ordnungen sind zumeist die Nicht-Privilegierten der alten Ordnung. Und dabei in der Regel Persönlichkeiten von einem Format, das hohe Formen der Privilegierung im alten Regime gerechtfertigt hätte.

Es bilden sich adaptive Gewohnheiten des Zusammenlebens. Einige können wir aus Sprichwörtern der Ägypter entnehmen. Einem Bekannten des Pharao namens Ptah-Hoted wird (im 3. Jahrtausend!) folgender Ratschlag in den Mund gelegt: „Wenn du zu denen gehörst, die mit einem Größeren zusammen an der Tafel sitzen, so nimm, was er dir gibt, wenn es dir vorgesetzt wird. Lache, wenn er lacht, und es wird seinem Herzen wohltun" (nach Claiborne 1978, Seite 133).

Überhöhende Legenden und Mythen werden um die Kräfte, Leistungen und Vermögen der Könige gewoben. So lautet ein Bericht der Taten des Thutmosis: Er „tötete sieben Löwen auf einmal und brachte in einer Stunde nach dem Frühstück zwölf Wildbüffel zur Strecke". So sieht die Götternähe des

Mächtigen im Mythos aus. Frühe Dichtungen entstehen im Dienste der Macht der Gottkönige.

Die alten Mythen sind zunächst mündlich über die Generationen gekommen. Aber auch die ältesten schriftlich überlieferten, die Varianten des Gilgamesch-Epos, haben noch alle Zeichen archaischen Denkens: von der Symbolik der Göttergestalten bis zur Überwindung übermenschlicher Kräfte, besonders der des Todes, durch Magie und Zauber. Das verweist auf die Verwurzelungen in der archaischen Form des Zusammenlebens. Dieses Thema haben wir schon von dorther aufgegriffen.

Es gab aber noch eine andere, zunächst prosaisch und nichtig scheinende, aber doch eine Seite, die in all ihrer alltäglichen Unscheinbarkeit den Weg zu neuen Ufern im Grade der geistigen Beherrschung der Erdenwelt in sich trägt: Eine strenge Regelung der Obligationen erfordert ein festes System der Kontrolle, auch der Fixierung von Verschuldungen oder Ansprüchen. Die feste, nachweisbare Aufzeichnung solcher Festlegungen wird allmählich eine soziale, für das friedliche Überleben der Gemeinschaft unverzichtbare Notwendigkeit. So entstehen unter diesen zeitlichen wie sozial-ökonomischen Bedingungen die ersten kleinen Schritte zu einem neuen Horizont im Ablauf der Menschheitsgeschichte. Es sind Schritte, die den Weg zur Schrift und zur Schriftsprache eröffnen. Diesem Aspekt wenden wir uns zunächst zu und danach dann dem zweiten, nicht weniger bedeutungsvollen:

Tausch und Handel erfordern das Maß, den Vergleich und den Ausgleich von Werten; Gebrauchswerten natürlich zunächst. Ausdrücke für Mengen waren seit wenigstens 20 000 Jahren in der Lautsprache verfügbar. Aber für die Teilung von Mengen, für Maß und Messung, für die Fixierung von Schuldanteilen oder Ansprüchen, dafür braucht man Notizen über Inhalte wie über Mengen, also Schrift, Zahlen und Zahlzeichen. In der Tat entstanden auch die ersten Zahlbegriffe und Zahlensysteme in dem hier behandelten zeitlichen, geographischen und sozialen Bedingungsgefüge.

5. Über Motive und Entstehungsetappen bei der Herausbildung der Schrift

5.1 Soziale Faktoren bei der Entstehung der Schrift

Die Entstehungsgeschichte der Schrift ist in mancher Hinsicht der Entstehungsgeschichte der Sprache analog. In beiden Fällen sind alle Basisfunktionen für sich vorhanden lange bevor die Komposition der Gesamtleistung in Erscheinung tritt. Bei der Sprache ist es die Befähigung zur Gesten- und speziell zur Lautbildung. Bei der Schrift ist es die Befähigung, Zeichen zu ritzen, auf Knochen, Stein oder in Lehm, und sie zu nutzen auch für kommunikative Zwecke. (Die Gepflogenheit von Indianerstämmen zum Beispiel, Steine in Astgabeln zu legen, um Nachfolgenden Richtungshinweise zu geben, Stäbe in den Wegboden zu stecken oder Linien darin zu ziehen, um die Nachfolger über Ereignisse, Wegeigenschaften und ähnliches zu informieren – diese Art der kommunikativen Zeichenverwendung ist sicher schon in frühen Phasen archaischen Denkens üblich gewesen.)

Die Fähigkeit, Zeichen zum Zwecke einer Mitteilung zu gestalten, blieb Jahrzehntausende in einer Art Schlummerzustand. Symbole wurden gebildet und auf Wirkungen hin ausgeformt, – im Rahmen und für den Zweck magischer Handlungen, und hier auch ausgestattet mit einer wesentlichen Eigenschaft des Zeichens: auf etwas anderes zu verweisen, für etwas anderes zu stehen, es zu ersetzen. Im Rahmen magischer Kulte aber steht es nicht für eine Nachricht, nicht für eine Information, sondern für die Kraft, die etwas Bedeutsames bewirken oder verhindern, übermenschliche Kräfte bannen oder hervorbringen soll.

Es gibt in der Literatur die verschiedensten Begründungen (vergleiche Jensen 1969 und Claiborne 1978) für die Wahl von Zeichen als bloßen Informationsträgern. Eine lautet: Der Grund war die Signierung von Eigentum. In der Tat gehören die Siegelbilder zu den ältesten Zeichen, die gefunden wurden. Dennoch: Daß daraus das Bedürfnis einer Schriftentwicklung entstehen soll, ist wenig überzeugend. Oft findet man auch die Begründung, solche Zeichen seien als Gedächtnisstützen bei Schulden oder Leihgaben vonnöten gewesen. Zeichen oder Bezeichnungen für eine Person und eine Menge werden dafür tatsächlich gebraucht. Aber daß daraus Impulse für die Gestaltung der Schrift entstanden sein sollen, scheint wiederum wenig einleuchtend.

Nein, wir sehen die Gründe dafür in anderem Zusammenhang. Im wesentlichen ist deshalb auch in diesem Rahmen eine knappe Darlegung über die frühen Stadtstaaten zusammengestellt worden. Der wesentliche, sozial wie ökonomisch stimulierende Grund scheint uns folgender zu sein:

Aus den eingangs dargelegten Gründen ist es zwischen 10 000 und 5 000 vor unserer Zeitrechnung in den genannten Regionen zu Ballungsgebieten gekommen. Verpflichtungen und Abhängigkeiten, Produktion und Handel, vor allem aber die Gewährleistung von Sicherheit und Ordnung verlangen eine durchgehende Organisation des Gemeinwesens. Kompetenzen und Pflichten waren ziemlich genau zu bestimmen, Überwachung und Kontrolle zu regeln. Die Funktion eines solchen sozialen Systems, das 10 000 und mehr Personen umfaßt, ist auf dem Wege direkter Kommunikation nicht aufrecht zu erhalten. Die *indirekte, objektivierbare und unpersönliche* Festlegung von Anrechten und Ansprüchen, von Pflichten und ihrer Erfüllung ist notwendig. Schriftliche Fixierungen vermögen das Verhalten von Personen auch in Abwesenheit des Auftraggebers zu beeinflussen.[1] Zudem gestattet es allein die Schrift, die räumliche Begrenzung der sprachlichen Kommunikation zu durchbrechen. Der psychologische Wirkungsradius der Schrift reicht so weit, wie die möglichen Beziehungen von Menschen reichen, und zwar unabhängig von ihrer momentanen Anwesenheit. Es ist deutlich, daß die Entstehung von Stadtstaaten die Koordination des Verhaltens unübersehbar vieler Menschen erforderte und daß dafür die schriftliche Fixierung ein unersetzliches Mittel war. Die Entstehung der „späteren"

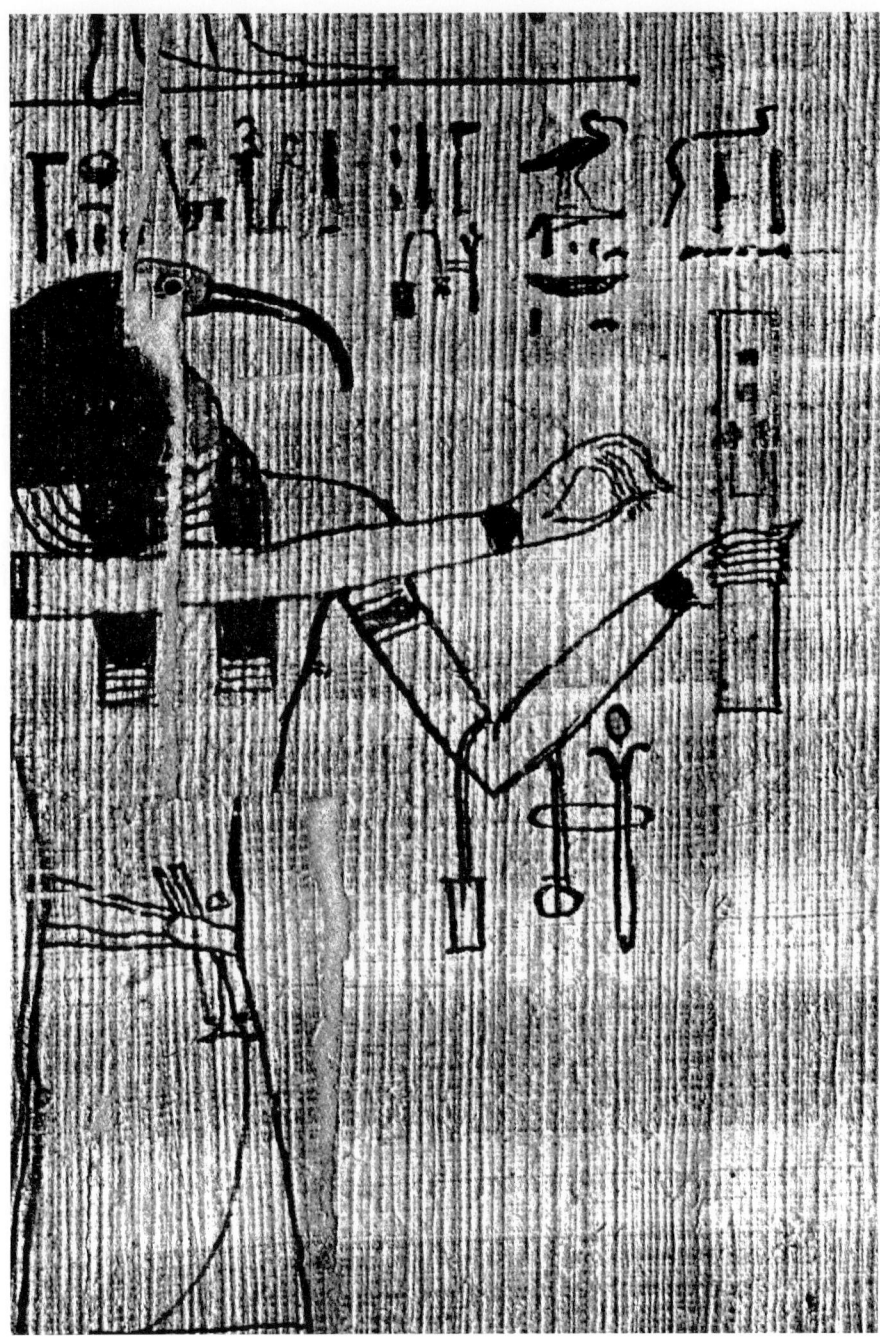

5.1 Thot, der Gott der ägyptischen Schreiber mit Pinseln, Palette und Vogelgesicht. Der symbolische Verweis auf eine totemistische Vergangenheit ist unverkennbar. (Aus Herrmann, 1979.)

vorderasiatischen Großreiche, wie zum Beispiel dem der Hethiter, ist ohne Schrift undenkbar.

Und es gibt noch eine andere Eigenschaft der Schrift: Sie überwindet nicht nur die räumlichen Grenzen der unmittelbaren Kommunikation, sondern auch die zeitlichen in einem spezifischen Sinne. Durch die Schrift entsteht nach mündlichen Überlieferungen in den alten Epen eine Art urkundlich verbürgte historische Dimension des Gemeinwesens. Die Taten der Großen in der Geschichte werden als die der gemeinsamen Vorfahren vermittelt. Die Schrift trägt auf neue Weise zur geschichtlichen Selbst-Verständigung des Gemeinwesens bei. Was im Totemismus eins war, nämlich Geschichte und Verhaltensgesetze in mythischer Erklärung, wird durch die Schrift getrennt: Recht und Gesetz werden in der Schrift gegenständlich und verbindlich für alle „ge-setz(t)". Sie trägt in dieser Funktion zur Herausbildung des Gemeinwesens als Staat bei. In Schriften völlig anderen Typs trägt die Zeichengebung des Gedankens zur Herausbildung eines kollektiven Geschichtsbewußtseins bei. In dieser Funktion nimmt die Schrift besonderen Anteil bei der Formierung der Mitglieder des Gemeinwesens zu einem Volk.

Einige über mehrere Jahrtausende hinweg wirkende Impulse sind damit bezeichnet. Daß dabei die Schrift, je nach ihrer Ausformung, zur Erfüllung zahlreicher weiterer Bedürfnisse beiträgt, ist augenfällig: der Fixierung von Absprachen, Verbindlichkeiten, Schulden, Befehlen, Urteilen, Erbschaften zum Beispiel. Und sicher haben diese Verwendungsweisen auch zur Stilisierung der Darstellungsmittel selber beigetragen.

Es ist eine Vielzahl von Verwendungen, zu deren Zwecken hin das Instrument Schrift optimiert werden muß. Viele Ansätze wurden gemacht. Geradezu eine Welle von Schriftbildungsprozessen liegt in der Zeit der frühen Stadtstaaten. Die des Schreibens Kundigen bildeten eine eigene Schicht mit einem eigenen Gott (Abbildung 5.1). Priester eigneten sich die Schriftkenntnis an, später die Kenntnis alter „heiliger" Texte, deren geheimer Inhalt zum Gebrauch wie zum Mißbrauch von Macht verwendet wurde.

Schließlich wird die Schrift als vergegenständlichter Gedanke selbst Gegenstand der Erkenntnistätigkeit des Menschen. Dies auf einer späten Stufe kognitiver Erfassung der Realität. Die Anfänge reichen weit zurück, und der Prozeß ist bis heute nicht abgeschlossen. Nachsinnend darüber, hat ein ägyptischer Schreiber vor 4000 Jahren folgenden Text auf einen Papyrus gebracht: „Ein Mensch ist vergangen und sein Leib zu Erde geworden ... Es ist allein die Schrift, welche die Erinnerung an ihn zu bewahren vermag" (nach Claiborne 1978, Seite 23).

5.2 Über kognitive Gründe für die Entstehung des Alphabets

Wir wollen zeigen, wie die soeben beschriebenen sozialen Faktoren und die verfügbaren Denkbefähigungen bei der Ausbildung von Schrift dahin gewirkt haben, daß dieser Prozeß mit der Fixierung von Alphabeten sein definitives Ende finden konnte. Das hat Gründe, die an Eigenarten der Verstandestätigkeit des Menschen gebunden sind. Es ist sozusagen ein historisch gesteuerter Problemlöseprozeß, durch den ein Instrument gefunden werden mußte, das geeignet war, die potentiell unendliche Vielfalt des menschlichen Denkens in einer potentiell ebenso großen, aber dabei immer auch geistig beherrschbaren Vielfalt von Zeichenkombinationen auszudrücken. Die Lösung dieses Problems war nicht einfach, und sie hat auch nahezu 3 000 Jahre hellwacher Bemühungen der klügsten Köpfe ihrer Zeiten beansprucht. Im nachfolgenden sollen die wichtigsten Etappen dieses Prozesses vor allem am Beispiel zweier Zeichensysteme gezeigt werden (vergleiche dazu Friedrich 1966 und Jensen 1969). Man kann diese Etappen in gewissem Sinne als Lösungsschritte zu einer sich wie von selbst einstellenden Zieloptimierung hin verstehen.

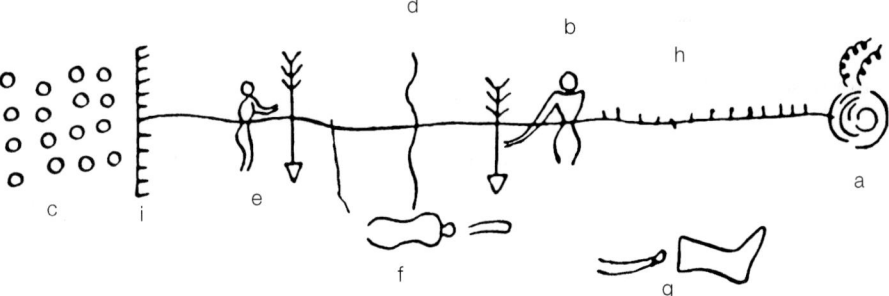

5.2 Bildliche Darstellung einer kriegerischen Auseinandersetzung zwischen Indianerstämmen (Erläuterung des Inhalts im Text). Es ist noch keine Schrift, sondern die Umsetzung eines verarbeiteten, im Gedächtnis fixierten Ereignisses in einer Folge von Bildern. (Aus Jensen, 1969.)

Die ursprüngliche Form einer visuellen Repräsentation von Gedanken ist die bildlich-anschauliche Darstellung eines Geschehens. Abbildung 5.2 gibt das Ideogramm eines zeichenkundigen Indianers wieder, der den Vorgang eines Kriegszuges der Djiba gegen einen Siouxstamm beschreibt. a) ist der Lagerplatz, b) der Häuptling, c) das Zeltlager des feindlichen Häuptlings (e).

Der Kampf fand an einem Fluß (d) statt; f) und g) bedeuten Getötete und Gliedertrophäen von Feinden. Zeichnungen ähnlicher Art finden sich in Höhlen, zum Beispiel in der Pasiega-Höhle in Nordspanien. Solche Bilderschriften reichen über Jahrzehntausende zurück. Und sie haben Jahrtausende überdauert. Wir finden diese Piktogramme auch in altsumerischen, minoischen und altägyptischen Texten. Obwohl noch nicht Schrift, ist darin doch ein wichtiges Element jeder Schrift enthalten: die graphisch fixierte und dadurch übermittelbar wahrnehmbare Form eines Gedankens. Und: Man muß schon die Bedeutung der Figuren kennen, um die Zeichnung als Mitteilung lesen zu können. Die darstellenden Schemata haben sich von den ikonisch eindeutigen Bilddarstellungen zu lösen begonnen.

Abbildung 5.3 zeigt auf ähnlicher Stufe, wie Einzelwortbilder ganze Vorgänge festhalten. Von nordamerikanischen Indianern sind solche Bildserien auch als Chroniken für Jahresabläufe bekannt (sogenannte wintercounts, denn die Indianer zählten ihre Jahresabläufe nach Wintern). So entsteht ein Stück geschriebener Stammesgeschichte.

Eine höhere Stufe, die sich unter anderem im Altsumerischen wie im Altägyptischen finden läßt, weist eine stärkere Stilisierung auf. Man könnte auch Standardisierung oder Normierung dazu sagen. Dadurch wird eine höhere Erkennungssicherheit erreicht. Die Zeichen sind in geringerem Maße vom Kontext abhängig und auch unabhängig vom individuellen Erzeuger oder Nutzer: Sie werden als Zeichen brauchbar für die Konstruktion von Mitteilungen unter Menschen, die sich nicht notwendig kennen müssen (vergleiche dazu auch Abbildung 5.11).

Das ist aber noch nicht alles. Das Motiv von Abbildung 5.4 ist auf einer altägyptischen Schminkschatulle zu sehen, die aus der Zeit der 1. Dynastie stammt (etwa um 2 850 vor Christus). Der Falke rechts oben (Sinnbild des Königs; man beachte die Totemsymbolik) hält einen Strick, der durch die Lippen eines Kopfes gezogen ist. Auf diese Weise wurden Gefangene fortgeführt. Auf dem Rücken des Gefangenen sind sechs Lotosblumen zu sehen. Lotosblume war das Zeichen für „1 000" – nach der Fülle der Lotosblumen im Sumpfgebiet des oberen Nil. Also 6 000 Gefangene hat der König heimgebracht. Neben der größeren Stilisierung imponiert gegenüber der szenischen Gestaltung der indianischen Darstellung eine Aufspaltung in begriffliche Einheiten (König, Gefangene, 6 000) und wohlbestimmte Beziehungen zwischen ihnen (Gefangennahme). Das Bild verkörpert offensichtlich eine Folge von begrifflich gefaßten Ereignissen. Dies ist der Ausgangspunkt auf dem Wege zu einer Schrift, deren Aussagefähigkeit verschieden weit gelingen kann. Dabei enthalten auch hier die frühesten Piktogramme szenische Elemente. Man

1800/01
Dreißig Dakota
wurden von den
Krähen-Indianern
getötet.

1825/6
Viele ertranken bei
einer Überschwem-
mung des Missouri.
(Köpfe der auf dem
Wasser treibenden
Ertrunkenen.)

1801/02
Viele starben an
den Pocken.

1848/9
Ein Dakota namens
Humpback („der
Buckelige") wurde
durch einen
Lanzenwurf getötet.

1802/03
Ein Dakota stahl
Pferde mit Hufen
(bei den Indianern
ungebräuchlich).
(Pferdehuf)

1813/4
Eine Keuchhusten-
Epidemie brach
aus.

1853/4
Spanische Decken
wurden in das
Land gebracht.

1817/8
Ein Kanadier baute
ein Handelshaus
aus trockenem
Holz. (Blätterloser
Baum)

1869/70
Eine Sonnen-
finsternis fand
statt.

1824/5
Einem Häuptling
wurden sämtliche
Pferde getötet.

5.3 Kalender der Dakotaindianer, die den Zeitablauf nach Wintern zählten (sogenannte wintercounts). Die Piktogramme stehen für Szenen oder ganze Ereignisfolgen. (Aus Friedrich, 1966.)

5.4 Altägyptische Darstellung des Sieges König Narmers (Mitte) über seine Gegner (3100 vor unserer Zeitrechnung). Die Erläuterung der Abbildung ist im Text gegeben. Die Piktogramme repräsentieren Begriffe (wie zum Beispiel die sechs Lotosblumen „6000" bedeuten) und unterscheiden sich von der indianischen Darstellung der Abbildung 5.2 auf bedeutsame Weise, da dort Eigenschaften eines Erlebnisses in einer singulären Weise wiedergegeben sind, die im wesentichen noch der begrifflichen Ausdrucksform entbehrt. (Aus Wills, 1977.)

kann auch sagen, daß eine piktographische Zeichenfolge mehr eine Folge von Ereignisdarstellungen denn eine Folge von isolierten Begriffen ist. Der deutliche Unterschied zu den Szenen von Lascaux oder Altamira besteht darin, daß die Ereignisdarstellung weitgehend entemotionalisiert ist. Nur Reste von äußerer Ähnlichkeit sind noch erhalten geblieben, aber auch die ist teilweise schon durch begriffliche Symbolisierung ersetzt. Auf dieser Stufe der Bedeutungsbildung kann man auch andere frühe Zeichengebungsversuche finden. So waren im Altsumerischen die Zeichen für „Mund" und „Nahrung" gleich dem Wort für „essen" als Handlung, und zwar in Verbindung mit einer bestimmten Nahrung. „Berg" und „Frau" heißt „Sklavenmädchen"; es ist eine Aussage darüber, daß die Sklavinnen aus den nördlichen Bergregionen kamen. Im Altchinesischen bedeuteten die Zeichen für „Mund" und „Tür" soviel wie „sich erkundigen". Das ist auch hier als Ereignis beziehungsweise als Vorgang beschrieben. Die Zeichen für „Mann" und „Pflug" bedeuten im Altsumerischen „Bauer". Auch das ist mehr eine visuell-szenische Umschreibung als ein Wort im Sinne der phonetisch kodierten Zeichen unserer Schriftsprache. Gleichwohl finden sich sowohl im Altägyptischen als auch im Altsumerischen Piktogramme für Begriffe, das heißt Bildrepräsentationen für bestimmte Objektklassen.

Dieses Entwicklungsstadium, das jede alte und derzeit noch bekannte Schrift durchlaufen, das heißt ja auch: verlassen hat, ist in seiner Ausdrucksfähigkeit begrenzt. Man denke an die große Menge der Denkinhalte – und dafür immer ein neues Zeichen? Und dazu noch die Zeichen für Begriffsverknüpfungen. Auch wird die Darstellung des weniger Anschaulichen im bildlichen Zeichen immer Schwierigkeiten bereitet haben, und es sind verschiedene Konstruktionen ersonnen worden, um ihnen zu begegnen. Auf der anderen Seite unterliegt der Weg zu immer abstrakteren Formen des menschlichen Denkens sehr genau bestimmbaren Zwängen. Wie wir am Beispiel des Zählens und des Zahlbegriffs sogleich zeigen werden, ist die jeweils wirkungsvollere Beherrschung der Realität mit zunehmend abstrakteren Klassenbildungen verbunden. Dem stehen die Bildzeichen entgegen. Gewiß, durch Stilisierung und metaphorische Symbolik läßt sich auch im Konkret-Anschaulichen eine verallgemeinerbare, also abstrakte Komponente ausdrücken; im ganzen aber doch sehr begrenzt. Und mit der symbolischen oder metaphorischen Verwendung von Zeichen steigt auch deren Mehrdeutigkeit. Der Lese- beziehungsweise der Erkennungsprozeß ist erschwert, der Lernaufwand nimmt erheblich zu. Ein derartiger Aufwand läßt sich nicht beliebig steigern; die Schrift muß als Instrument für gedanklichen Ausdruck beherrschbar bleiben. Der Weg zum universellen Ausdrucksmittel für beliebige Denkresultate führt auf diesem Wege in eine Sackgasse.

Die Bilderschrift mußte aufgegeben werden. Dieser Prozeß war langwierig und schwierig zu vollziehen. Er dauerte annähernd 2 000 Jahre. So außerordentlich schwierig war es wohl deshalb, weil die selbst-verständliche Sugge-

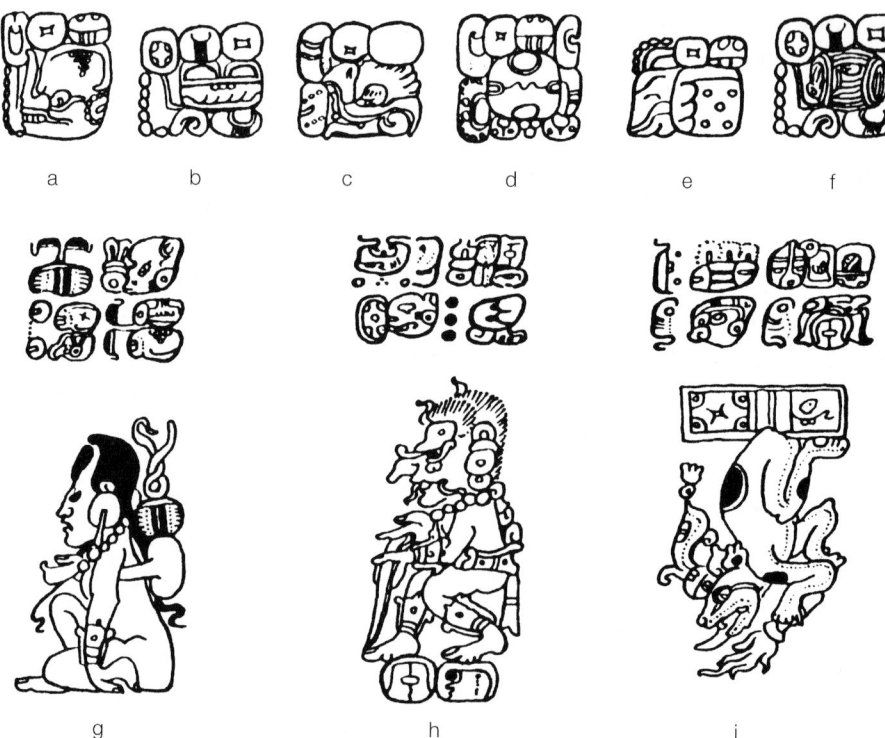

a   b   c   d   e   f

g   h   i

5.5 Mayahieroglyphen in Stein gemeißelt an der Tempeltür in Palenque, Mexiko. Das Schriftsystem ist eine Mischung aus piktographischen (Hände, Augen, Köpfe, Gesichtsformen) und abstrakt-symbolischen Zeichen. Die Schrift ist nur teilweise entziffert. Ihre Entschlüsselung verspricht interessante Hinweise darüber, für welche begrifflichen Inhalte mehr abstraktere Symbolformen gewählt wurden. (Aus Thompson.)

stivität der Anschauungsbilder immer wieder als die bestgeeignete Ausdrucksform wenigstens für bildhafte Gedanken erscheinen mußte. In der Tat ist die langwierige Loslösung vom Bildzeichnen, dem Pikto- oder Ikonogramm, über Mischformen vor sich gegangen. Am deutlichsten ist das bei den ägyptischen Hieroglyphen, obwohl der Prozeß der Lösung vom Bild für Begriffe bei der graphischen Zeichenwahl in fast[2] allen alten Schriften nach etwa gleichen Prinzipien erfolgt ist: bei der sumerischen und hethitischen Keilschrift, der minoischen Schrift, bei den Mayas und im indischen Schriftenkreis (vergleiche Friedrich 1966 und Jensen 1969).

Der Prozeß ist am Beispiel des Ägyptischen aber eben am besten zu verfolgen, weil eine über mehr als 2 000 Jahre währende, nahezu ungebrochene Tradition diesen Vorgang einer massenweisen Umbildung von Denkgewohnheiten deutlich werden läßt. (Beim Sumerischen ist das als Folge der Erobe-

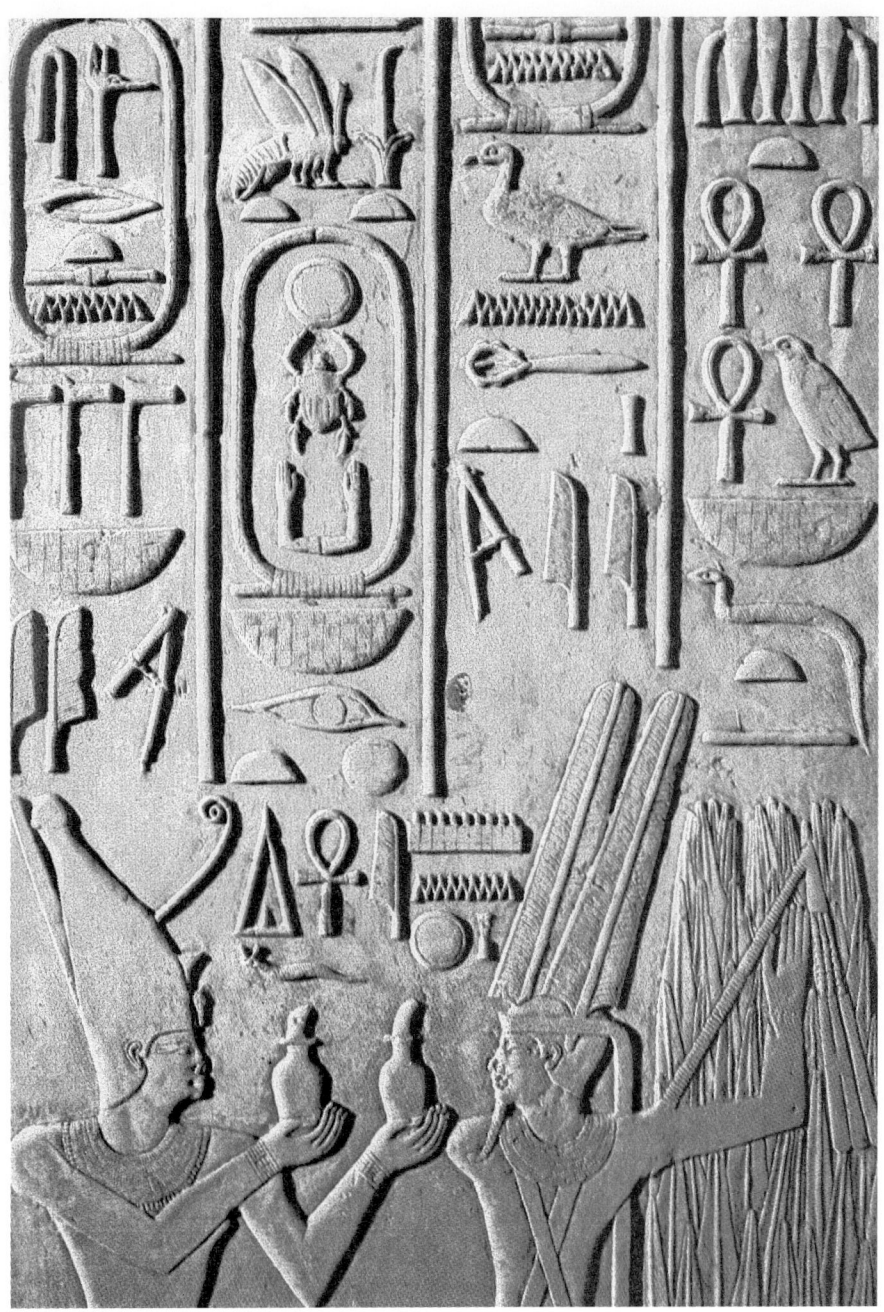

5.6 Gut erhaltene ägyptische Hieroglyphen an einer Tempelsäule (Ausschnitt). Gepriesen wird der Pharao Senusert I. (unten links). (Nach Claiborne, 1978.)

rungen der Kulturzentren durch semitische Mächte überlagert; die Zerstörungen der minoischen Kultur auf Kreta oder des Hethiterreiches lassen auch dort nur die Gleichartigkeit der Prozeßschritte vermuten.)

Die Notwendigkeit der Loslösung von der Bildschrift ist begründet. Die Notwendigkeit für das Wovon ist klar. Aber das Wohin? Im Grunde – und nun rückwärts gedacht – gibt es ja nur eine Alternative: das ist das Zeichen nicht für die bildliche, sondern für die akustische Repräsentation des Gedankens, also das Zeichen für den Sprechlaut. Im nachhinein erscheint das alles sehr einfach. Aber die Durchsetzung dieses Prinzips ist äußerst schwierig gewesen. Warum?

Zunächst einmal: Wie sollen die Zeichen für die Lautkomplexe aussehen? Eine erfindende Basisidee scheint bei Betrachtung der Anforderung im Prinzip denkbar. Aber es gab dieses Genie in der Menschheitsgeschichte allem Anscheine nach nicht. Bei keinem Volk und zu keiner Zeit.

Also: Wie sollten die Zeichen für die Lautkomplexe aussehen? Wie anders, als daß die Bilder für die Lautformen der Worte gesetzt werden, die die Begriffe bezeichnen? Das eben ist das Prinzip der vielzitierten ägyptischen Rebusschrift.

Rebusschrift heißt, daß Bilder für Lautkomplexe stehen, die ihrerseits gedankliche Einheiten repräsentieren. Damit nimmt die Bedeutungszuordnung einen Umweg. Das gesprochene Zeichen ergibt den fraglichen Lautkomplex. Und erst dieses Lautgebilde aktiviert die anschaulichen Merkmale des Begriffs im Gedächtnis des Lesers.[3]

Es ist eine doppelte Repräsentation im Gedächtnis erforderlich, um einen solchen Typ von Zeichen zu verstehen. Zunächst muß dem Bild eine Lautgruppe zugeordnet werden. Danach der Lautgruppe das bezeichnete Ding beziehungsweise dessen Merkmale als Bestimmungsstücke für den Begriff. Bevor dies an den alten Beispielen demonstriert wird, soll das Prinzip an sinnfälligen Beispielen der deutschen Sprache erläutert werden. Wir verknüpfen die Bilder für „Bank" und für „Note" und lesen: „Banknote"; oder die für „Uhr" und „Laub" und lesen „Urlaub"; oder die für „Bild" und „Schirm" und lesen „Bildschirm"; oder „Fuß" und „Note" für „Fußnote". Es sind dann keine Ikono-, sondern Phonogramme, Zeichen für Lautbilder. Sie benennen andersartige Begriffsmerkmale. Das Zeichen hat die Ähnlichkeit mit dem bezeichneten Ding verloren. Erst im Gedächtnis wird dann die Brücke gebildet zwischen den Lautmerkmalen (für das Zeichen) und den begrifflichen Merkmalen (für das bezeichnete Ding).

In den ägyptischen Hieroglyphen sind lange Zeit beide Repräsentationsformen verwendet worden. Die ägyptische Lautschrift ist am Beispiel der Abbil-

5.7 Ägyptische Hieroglyphen. Die Königin Nefertari übergibt der Göttin Isis zwei Schalen. Die Bedeutung der Hieroglyphen im Pfeilrahmen ist im Text und in Abbildung 5.8 erläutert. (Photohinweis: Eberhard Thiem, LOTOS FILM Kaufbeuren.)

dungen 5.7 und 5.8 deutlich. Das erste Bild gibt die Überreichung zweier Schalen durch eine Königin (Nefertari) an eine Göttin (Isis) wieder. In der ersten Hieroglyphengruppe bedeutet das Thron-Phonogramm die Lautkombination „st", der halbrunde Brotlaib ist ein „t"-Verstärker und das Ei sowie die Frau sind Determinative (siehe unten), das Ei für „weiblich", die Figur für „Frau". Alles sind Konsonanten. Die Vokale wurden nicht geschrieben und mußten eingefügt werden: Aset (Isis) ist der Name der Göttin. In der zweiten Gruppe bezeichnet die Schwalbe einmal den Begriff „groß" sowie die Lautkombination für „wr". Der Mund verstärkt das „r" (ro), der Brotlaib wieder das „t": „Weret" zu sprechen (oder so ähnlich), was dann „große Frau" bedeutet. Der Geier steht für die Lautkombination „mt", die im „t" durch den Brot-

Isis

Große Frau

Mutter des
Gottes

Herrin des
Himmels

5.8 Bedeutung der einzelnen Hieroglyphen von Abbildung 5.7. Die Symbole, ihre vermutliche lautliche Realisierung sowie deren Bedeutung sind im Text erläutert. Es ist einer der frühesten Versuche, zu einer Zeichenrepräsentation für Laute zu kommen und bildet damit eine Vorstufe unserer Schrift. (Gezeichnet nach Claiborne, 1978.)

laib verstärkt wird. Der Stab links steht für die Lautgruppe „ntr" als Phono-gramm. Als Ideogramm ist er das Zeichen für Gott: „Mut-Neter" zu lesen, was soviel wie „Mutter des Gottes" bedeutet. In der vierten Gruppe wird das Korb-Phonogramm wie „nb" ausgedrückt, „Herr". Der Brotlaib fügt das „t" hinzu. Das untere Zeichen ist als Lautkombination „pt" und als Ideogramm das Zeichen für „Himmel". „Nebet Pet", Titel der Isis: „Herrin des Himmels" ist die Bedeutung (nach Claiborne 1978).

Der geniale französische Sprachforscher Champollion entdeckte die Laut-zeichenwahl des Ägyptischen und dabei auch, daß es sich um Konsonantenge-rippe handeln mußte. (Die Worte Ptolemaios, Kleopatra auf dem dreisprachi-gen Stein von Rosette, der denselben Text in hieroglyphischen Zeichen, in Demotisch (einer späteren ägyptischen Schriftart) und – was das wesentliche

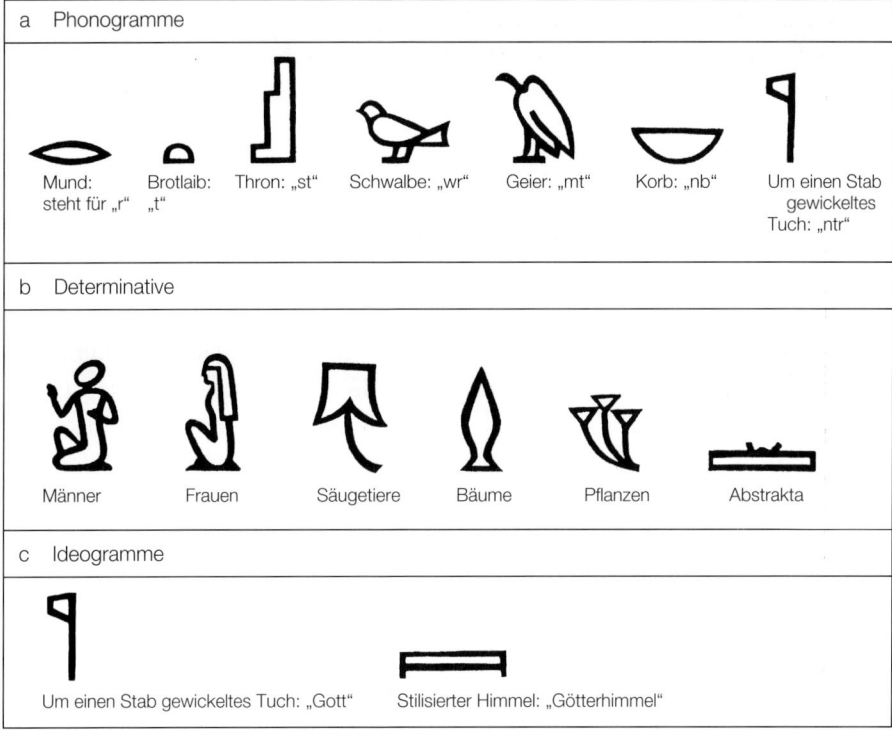

5.9 Beispiele für Phonogramme, Determinative und Ideogramme. Phonogramme (a) sind Zeichen für Lautbildungen (die Konsonanten des bezeichneten Bildes sind die relevanten lautlichen Merkmale). Determinative (b) sind Zeichen für Oberbegriffe. Dadurch werden mehrdeutige Auffassungen relativ eindeutig (Beispiele im Text). Ideogramme (c) sind proto-typische Bilddarstellungen (also gewölbte Krümmungen nach oben = „Himmel"; dasselbe mit Stern in der Mitte = „Nacht"). (Gezeichnet nach Claiborne, 1978.)

war – in Griechisch enthielt, lieferten die entscheidenden Schlüsselinformationen. Schließlich hat auch die Entdeckung, daß das Koptische ein direkter Nachfolger der altägyptischen Sprache ist, Dechiffrierungsdienste geleistet.)

Die Benutzung von Phonogrammen hat auch deutliche Nachteile. Die Füllung mit den Vokalen mag durch das festliegende Wortklangbild ziemlich übereinstimmend geregelt gewesen sein. Problematisch blieb die Mehrdeutigkeit. Das Konsonantengerüst mußte bei den ja festliegenden Wortklangbildern für mehrere, inhaltlich ganz verschiedene Begriffe gleich aussehen. In der Tat gibt es dafür ungezählte Beispiele. Nur eins sei angeführt (nach Jensen 1969, Seite 57), um das Prinzip zu verdeutlichen. Das Wort „m-n-h" wurde phonetisch so geschrieben ⩧ ⦚ (m−n+n+h) und hat drei Bedeutungen, nämlich 1) Papyruspflanze, 2) Jüngling und 3) Wachs. Um einen höheren Grad an Eindeutigkeit zu erreichen, wurden die sogenannten Determinative eingeführt. Ihrem Wesen nach sind Determinative Oberbegriffe, die den Bereich der Objektklassen einhüllen, für den die Bedeutung des Wortes zutreffen soll. Wenn Papyrus gemeint ist, steht das (ideographische) Zeichen für Pflanze: ⍫ . Bei „Jüngling" steht eine kniende männliche Figur und bei „Wachs" das Zeichen für Mineralien (∘∘∘∘) dabei.

Interessanterweise gab es auch ein Determinativ, wenn es sich um metaphorisch zu verstehende, abstrakte Begriffe handelte. So wurde der Begriff des Alters durch einen gebückten Mann symbolisiert, der Vorgang des Suchens durch einen Ibis. Es ist eine Art metaphorischer Symbolisierung.

Es gab drei ägyptische Schriftvarianten: hieroglyphisch, demotisch und hieratisch. Sie waren längere Zeit gleichzeitig im Gebrauch. An den Unterschieden lassen sich gewisse allgemeine Entwicklungstendenzen der Schrift bestimmen. Unverkennbar ist der Weg von der ikonischen Repräsentation eines Zeichens über die Stilisierung zu den Konturgerüsten, die dann, durch die eigene Bewegungsgesetzlichkeit des Schreibens abgeschliffen, zum Duktus des späteren Schriftzeichens hinführen. Die hier sichtbar werdende Tendenz zur Erhöhung der Schreibgeschwindigkeit erzwingt die Versuche zur *kontinuierlichen* Verbindung der Schriftzeichen.

In anderem Sinne lehrreich sind die sumerisch-babylonisch-assyrischen Keilschriften. Das Altsumerische ist älter als das Ägyptische, und manche Autoren haben im Ägyptischen sogar sumerische Einflüsse feststellen wollen. Der Weg der Schriftbildung vom ikonischen zum stilisierten Zeichen ist aber auch hier gegangen worden. In Abbildung 5.11 fällt auf, daß die Zeichen der späteren (noch geritzten) Keilschrift um 90 Grad gedreht sind. Das hing damit zusammen, daß die Schreibtafeln größer geworden waren, nicht mehr quadratisch wie die früheren, die im Handteller lagen, sondern rechteckig, damit sie

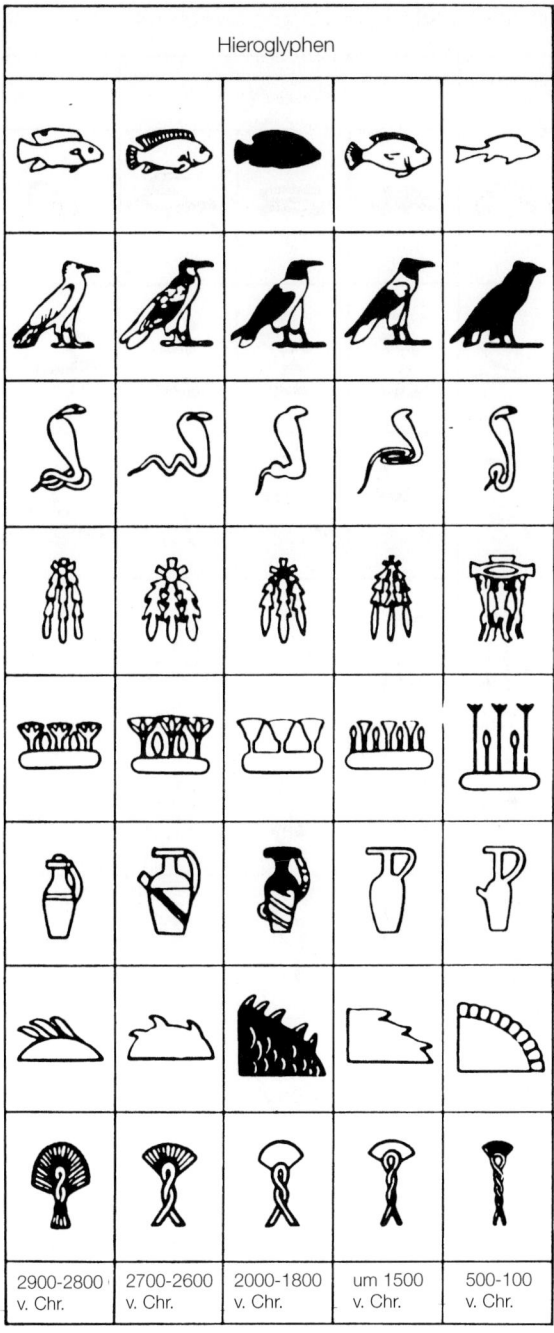

Hieroglyphen				
2900-2800 v. Chr.	2700-2600 v. Chr.	2000-1800 v. Chr.	um 1500 v. Chr.	500-100 v. Chr.

5.10 Drei verschiedene ägyptische Schrifttypen unterschiedlichen Alters. Die Tendenz zum fließenden, schreibfreundlichen Duktus ist deutlich. Die Veränderung dieser Gestaltung hängt auch vom Material und vom Werkzeug ab. (Aus Jensen, 1969.)

265

Hieroglyph. Buchschrift	Hieratisch			Demotisch
um 1500 v. Chr.	um 1900 v. Chr.	um 1300 v. Chr.	um 200 v. Chr.	400-100 v. Chr.

um 3000 v. u. Z.	um 2450	um 1800	um 700
Ursprüngliches Piktographisch	Piktographisch der späteren Keilschriften	Früh-babylonisch	Assyrisch
Vogel			
Fisch			
Esel			
Ochse			
Sonne/Tag			
Ähre			
Obstgarten			
pflügen/beackern			
Bumerang werfen/herabwerfen			

5.11 Beispiel für den Übergang vom bildlichen Schriftzeichen zum stilisierten und schließlich freien symbolischen Zeichen. Auch im sumerisch-babylonisch-assyrischen Kulturkreis ist die Ablösung vom ikonischen Piktogramm deutlich. Die Drehung in der zweiten Spalte hat schreibtechnische Ursachen und ist im Text erläutert. (Aus Friedrich, 1966.)

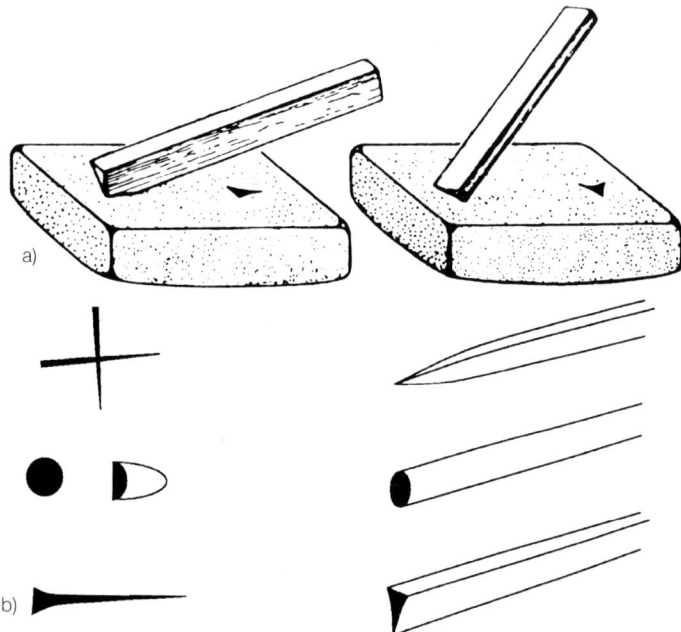

5.12 a) Die Entstehung der Keilschriftzeichen. Sie wurden in kleine Tontäfelchen aus Lehm gedrückt und dann in der Sonne getrocknet, selten gebrannt. (Aus van der Waerden, 1956.) b) Verschiedene Griffelformen waren zu unterschiedlicher Zeit in Gebrauch und führten zu verschiedenen Schrifttypen. (Aus Nissen et al., 1990.)

bei größerer Breite noch gut auf dem Unterarm liegen konnten. Dabei wurde die Schreibrichtung geändert: Statt von oben nach unten (und dabei von rechts nach links) schrieben sie jetzt in waagerechten Zeilen, die von links nach rechts zu lesen sind. Im Effekt haben sich damit die Zeilen um 90 Grad nach links gedreht – und mit ihnen die Schriftzeichen. Diese Änderung war mit der Überwindung der Sumerer durch die semitischen Akkader um 2 800 verbunden. Die Akkader benutzten die sumerischen Zeichen, belegten sie aber im Prozeß der Phonetisierung mit den Lautformen ihres Dialekts. Dies eben machte (und macht) die Entzifferung der Keilschrift so schwierig (vergleiche Nissen, Damerow und Englund 1990).

Die frühen sumerischen Texte waren Ritzungen oder Eindrücke in Lehm. Eine Normierung vollzog sich dadurch, daß prismenförmige Stäbchen zum Eindrücken in die Tonerde verwendet wurden. Da der Griffel dabei schräg gehalten worden ist, ergibt das die charakteristischen, keilförmigen Einkerbungen, die der Schrift ihren Namen gegeben haben.

Die Wortstämme des Sumerischen waren einsilbig. Dies bedingte, daß auch die Zeichenlaute Zeichen für Silben waren. Das hatte, was die Ausdrucksfä-

5.13 Keilschrifttafel. (Aus Nissen et al., 1990.)

higkeit der Schrift anlangt, Vor- und Nachteile. Die Nachteile bestanden darin, daß es sehr viele homophone Silben gab (wie etwa im Deutschen „Tor" als einfältiger Mensch, als große Tür oder als altgermanische Gottheit). Man hat verschiedene Bedeutungen für eine Silbe gefunden, die unter anderem soviel wie „du" bedeutete. Diese Vieldeutigkeiten in der schriftlichen Darstellung wurden reduziert – wie im Ägyptischen auch – durch die Hinzufügung von Determinativen. (So steht das Zeichen für „Baum" bei allen Worten, die irgendwie Hölzernes bezeichnen.) Auf der anderen Seite besteht der relative

Vorteil der einsilbigen Wortstämme darin, daß Lautbildungen „agglutiniert",
das heißt aneinandergereiht beziehungsweise miteinander kombiniert und verkettet werden. Viele bilden Prä- oder Affixe.[4] Vor allem die Präfixe gestalten
die Bedeutungen. (Etwa wenn im Deutschen aus der Stammsilbe „-stand":
Verstand, Aufstand, Anstand, Einstand, Umstand, Bestand, Ausstand, Hand-
stand und andere gebildet werden.) Ferner werden dadurch auch Bedeutungs-
anpassungen durch Flexionen erreicht. In dieser Eigenschaft ihrer Ausdrucksfähigkeit scheint die sumerische Schrift der ägyptischen überlegen gewesen
zu sein. Sie hat sich auch über Jahrhunderte als eine Art Diplomatensprache
gehalten. Texte über staatliche Vereinbarungen sind über lange Perioden zwischen 2 300 und 1 600 in der sumerisch-babylonischen Keilschrift verfaßt
worden. Unter sozial-psychologischem Aspekt bleibt zu ergänzen, daß das
Altsumerische die Gelehrtensprache in der späteren babylonischen (1 800 bis
1 250 vor Christus) und assyrischen Zeit (bis etwa 610) wurde. Die Priester
bedienten sich dieser Sprache und ihrer Schrift bei kultisch-religiösen Handlungen. Die „Eingeweihten" durften bei Todesstrafe keine Kenntnisse darüber
weitergeben. Dies mag vorerst als Beispiel gelten, wie die Monopolisierung des Wissens im Dienste von Macht, nun aber in dem der Erhaltung von
Macht einer privilegierten Schicht, ausgestaltet wird. Es sind ja gerade erst
die Anfänge einer frühen Phase der Sozialisation des Menschen durch Institutionen.

Die Silbennatur des Sumerischen und – dadurch bedingt ihr agglutinieren-
der Charakter – führt zu einem bedeutsamen kognitiven Effekt. Um 2 500
hatte die vor allem aus Bildsymbolen bestehende Schrift etwa 2 000 Zeichen.
Mit der Einführung der Lautsymbolik und der (vorwiegend) auf Determinative
beschränkten Bildsymbolik sank der notwendige Zeichenvorrat in 500 Jahren
auf etwa 800 Symbole. Und dies obwohl Handel und Wandel, Rechtsprechung
und Staatswesen, Eigentumsverhältnisse und Verträge erheblich komplizierter
geworden waren. Dies besagt, daß trotz der Zeichenverminderung die Ausdrucksfähigkeit der Schrift gestiegen war. Oder vielleicht deswegen? Ganz
sicher ja: deswegen! Mit der steigenden Verwendung von Affixen für Bedeu-
tungsabwandlungen, Um- oder Neugestaltungen von Wortbedeutungen war
ein Mittel zur systematischen Erweiterung des Wortreichtums der Schrift ohne
Erweiterung des Zeichenvorrates entdeckt worden: die Kombinatorik von
Lautsymbolen. Und dieses Prinzip war fast schon die Lösung für das schwierige Ziel, ein Instrument für die Fixierung potentiell unendlich mannigfaltiger
Gedanken zu haben. Die Lösung selbst wurde im Kulturkreis der Sumerer
nicht verwirklicht. Mag sein, daß die Silbennatur der Sprache den letzten
Aufspaltungsschritt verhinderte, mag auch sein, daß die durch Eroberungen

bedingte, mehrfache Überlagerung der Schrift durch fremdsprachige Laut- und Bedeutungselemente eine vorwiegend kognitiven Gesetzen gehorchende Gestaltung der Schrift verhinderte – der letzte Schritt dieses historischen Problemlöseprozesses wurde weiter nordwestlich vollzogen. Und zwar in dichter zeitlicher Abfolge gleich dreimal nach dem gleichen Prinzip. Die Lösungen wurden allem Anscheine nach unabhängig gefunden.

Der Vorgang selbst in dieser letzten Phase der Schriftentwicklung ist eingehüllt vom Dunkel der Frühgeschichte. Aber der Rahmen, in dem er sich vollzog, ist gut bestimmbar. Er kam vom Zweistromland her, das über Jahrhunderte ein Gebiet hoher Blüte von Handel, Kultur und Wissenschaft war, ein Gebiet auch beständiger Gärung. Nach Krieg oder bei Bedrohung zogen Stämme oder loser gebundene Ad-hoc-Gruppen fort nach Norden und Süden, doch vor allem nach Westen. In dem schmalen Streifen am östlichen Mittelmeer bildeten sich Stadtstaaten höchster Virulenz und Ausstrahlungskraft: Ugarit, Byblos, Sidon, Sarepta, Tyros und erneut Jericho. Es waren zum großen Teil geschützte Häfen, an deren Buchten diese Städte lagen. Mesopotamien war über Fußmärsche zu erreichen. Jenseits der Halbinsel Sinai und des Roten Meeres war das Ägyptische Reich. Das Großreich der Hethiter lag im Norden und im Nordwesten. Kriegszüge her- und hinüber. Das auch. Aber Handel und Wandel zwischen diesen Stadtstaaten und den sie umgebenden Reichen prägten stärker. Über 4000 Kilometer fuhren die Schiffe hin und her durchs Mittelmeer. Kreta, die Kupferinsel mit einer blühenden, der Minoischen Kultur – und eigener Schrift – lag im Westen. Alles in allem: Das Gebiet um die heutigen Länder Syrien, Israel, Jordanien war die Drehscheibe von Wirtschaft und Kultur in jener Alten Welt.

Ein kleines Tier, die Purpurschnecke, gab färbende Töne von Rosé bis Purpur. Die reichsten der Wohlhabenden begehrten diesen Farbstoff. Und Purpurhändler (Kanaaniter in der hebräischen Version) kamen dabei zu Geld und Ansehen. Und das hieß ja auch: zu Macht. Die Nachfahren der Kanaaniter wurden Phönizier genannt, wenigstens von den Griechen, und Phöniker von den Römern. Dort und in diesem Rahmen fand jener Prozeß statt, den man als Alphabetisierung der Schrift bezeichnen könnte.

Das phönikische Alphabet umfaßte 22 Buchstaben, Zeichen für konsonantische Laute: aleph (a stimmlos als Hauchlaut gesprochen) = „Ochse“, beth = „Haus“, gamel = „Kamel“, dalel = „Tür“ und andere unserem Alphabet noch nächstverwandte Laute. Man hat Vermutungen an diese Bildherkunft der Zeichen geknüpft. Bewiesen ist keine davon.

Nachweisbar sind im Zeitraum zwischen 1300 und 1000 vor unserer Zeitrechnung ein altes, aus 80 Zeichen bestehendes, ebenfalls in Byblos gefundenes

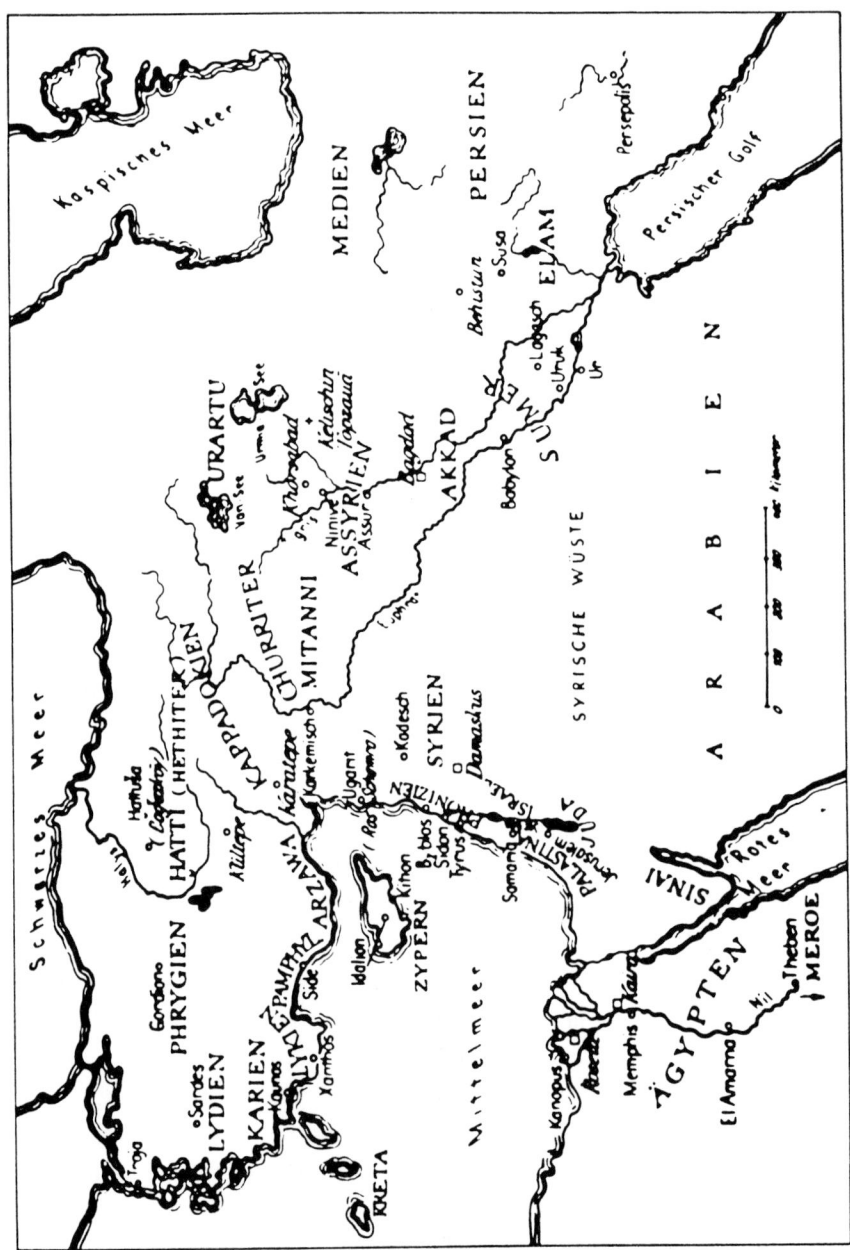

5.14 Das Zweistromland zwischen Persien und Arabien mit Ur, Uruk und Babylon. Das Gebiet der Phöniker am Ostrand des Mittelmeeres ist das Ursprungsland unseres Alphabets. Einige Stadteintragungen dienen der Orientierung (wie zum Beispiel Bagdad) und sind im strengen Sinne nicht historisch getreu. (Nach Claiborne, 1978.)

Alphabet sowie ein um 1400 beim Untergang von Ugarit erhalten gebliebenes. Und eben das phönikische (um 1000 vor Christus) in Byblos aufgefundene.

Mit den Handelsunternehmungen der Phönizier wanderte ihr Alphabet mit. Es setzte sich durch wie die Gewohnheiten eines Eroberers. Woher aber kam die so unkriegerische Macht dieser Zeichen über die Völker, die bewirkte daß diese mit dem am schwersten zu Überwindenden, ihren uralten Gewohnheiten, brachen? Im Osten und Süden ging das phönikische Alphabet ein in den aramäischen Schriftkreis, aus dem das heutige indische, persische, arabische und hebräische Schriftkreissystem hervorging. Im Westen nahmen es die Griechen auf. Es prägte das kyrillische und über das etruskische auch das lateinische System. Schon im vollen Geschichtsbewußtsein einer Art Staatsvolk nannten die Griechen ihr Alphabet die „phönizischen Zeichen". Sie selbst waren es, die diesen 22 Konsonanten Lautzeichen für fünf Vokale zufügten, die bis dahin nicht spezifisch bezeichnet wurden. Damit war die (unbewußt)

Ägyptisch	Phönizisch	Hebräisch		Griechisch		Lateinisch
𓃾	𐤀	א	alef ‚Rind'	A α	álpha	A
𓉐	𐤁	ב	beth ‚Haus'	B β	bètha	B
	𐤂	ג	gimel ‚Kamel'	Γ γ	gámma	C
𓂧	𐤃	ד	daleth ‚Tür'	Δ δ	délta	D
	𐤄	ה	he	E ε	è psil ón	E
Y	𐤅	ו	waw ‚Nagel'	F ς	vaû	F
	𐤆	ז	zajin ‚Waffe'	Z ζ	zêta	(G)
	𐤇	ח	heth	H η	êta	H
	𐤈	ט	teth	Θ ϑ	thêta	100?

5.15 Einige ägyptische, phönikische, hebräische, griechische und lateinische Zeichen für Worte oder Buchstaben im Vergleich. Eine teilweise Ähnlichkeit mit unserem Alphabet ist unverkennbar. Aber natürlich sind auch Ähnlichkeiten mit anderen Alphabetformen bestimmbar. (Nach Menninger, 1958.)

lange angestrebte, weil einzig befriegende Eindeutigkeit zwischen Lautklang der Sprache und Schriftzeichen herstellbar.

Inwiefern ist nun diese Alphabetisierung der Schrift die Lösung des genannten Problems? (Und es scheint in der Tat *die* Lösung zu sein, denn seit 3 000 Jahren gibt es keine Veränderungen des gefundenen Prinzips!) Vergegenwärtigen wir uns noch einmal die Problematik, damit die hinter jedem Alphabet stehende Grundidee kenntlich wird:

Die Begriffe des archaischen Denkens sind bildhafte Vorstellungen, sind anschaulich-ikonische Repräsentationen im menschlichen Gedächtnis. Ihrer Ausdrucksform für den Zweck einer Mitteilung an andere (sei es an ein mythisches Wesen in der Kulthandlung oder seien es Stammesgenossen des Gemeinwesens) entspricht die ikonisch gezeichnete Wiedergabe. In diesem Sinne repräsentieren auch die frühen Einritzungen der Eiszeitmenschen Denkinhalte. Daraus kann die Einsicht, durch Zeichengestaltung etwas mitteilen zu können, entstanden sein. Das sozial weitläufige Bedürfnis dafür erwuchs mit den Stadtstaaten im Altertum. Bedingt durch die zunehmend systematische Erfassung ökonomischer und sozialer Beziehungen wurden die Begriffe (und mit ihnen die Worte der Lautsprache) nicht nur zahlreicher, sondern vor allem komplexer und abstrakter. Das Denken in Zeichen ermöglicht es, daß Denkprozesse ihre zuvor gebundene Anschaulichkeit verlassen können. Die ikonischen Darstellungsmittel ermöglichen das nicht. Sie werden zunehmend ungeeignet, die mannigfaltigen, insbesondere abstrakteren Denkinhalte in die Gestaltungsmöglichkeiten ihrer Formen aufzunehmen. Neue Wege müssen versucht, oftmals vielleicht auch nur zusätzliche Möglichkeiten gefunden werden.

Nun ist menschliche Sprache zunächst und aus den erörterten Gründen Lautsprache. *In ihr sind alle* gedanklichen Inhalte ausdrückbar. Das geht auf die Segmentierung und Kombinierbarkeit der Lautvarianten zurück, die mit dem Aufbrechen der instinktiv präformierten Lautkomplexe stufenweise schon vor Jahrmillionen entstanden waren. Dieses Lösungsprinzip hat beim Übergang zur symbolischen Zeichengebung für die Lauteinheiten sicher niemandem vorgeschwebt. Aber nachdem einmal ein Zeichen für einen Laut verwendet worden war, konnte dieses Prinzip erkannt werden, vorausgesetzt, Kommunikationsbedürfnis und kognitive Leistungsfähigkeit blieben erhalten. Das war der Fall.

Die eindeutige Zuordnung eines Zeichens zu jeder in der Lautsprache unterschiedenen Lautform hebt die Schrift auf die Stufe der Ausdrucksfähigkeit der Lautsprache. Alles was in ihr ausgedrückt werden kann, das vermag auch die Schrift auszudrücken. Damit ist auch die Anpassungsfähigkeit der Schrift an beliebige gedankliche Neuschöpfungen gegeben. Das mit dem Alphabet geschaffene Instrument ist optimal durch seine kombinatorische Vielfalt. Denn die Kombinierbarkeit der Zeichenelemente macht das System konstruktiv: Potentiell unendlich viele Kombinationen können gebildet und verkettet werden; und das alles bei begrenztem Lernaufwand: Was an Zeichen gespeichert werden muß, das sind einige zwanzig Buchstaben als Lautzeichen. Das ist angesichts der gigantischen Ausdrucksfähigkeit der Schrift nachgerade ein Wunder an Einfachheit. Es wurde ermöglicht durch die kognitiven Prozesse, die hinter der Laut- wie der Schriftsprache stehen: die operativen Fähigkeiten der aktivierten Denkstrukturen des menschlichen Gedächtnisses.

Die Schrift ist aber nicht nur Basis kognitiver Leistungen, sondern, einmal geschaffen, auch Veranlasser und Ursache neuer kognitiver Vermögen. Sie fixiert die Regelungen des gesellschaftlichen Zusammenlebens, die Geschichte der Völker, sie nimmt Kooperation und soziale Organisation, Ökonomie, Kunst und insbesondere Dichtung auf in ihre Formen. Sie ist in diesen Eigenschaften Resultat und Gegenstand menschlichen Denkens.

Etwas ähnliches gilt für ein zweites Zeichensystem, das im Prozeß der Menschheitsgeschichte entwickelt wurde. Es ist ein Zeichensystem *innerhalb* des umfassenderen Systems der Sprachzeichen, das seine Selbständigkeit durch seine außerordentliche soziale, ökonomische und schließlich auch individuelle Bedeutsamkeit gewonnen hat: Es ist das Zeichensystem für Zahlen und Zahlbegriffe. Den für dieses Zeichensystem geltenden Gesetzlichkeiten wollen wir uns nun im nächsten Kapitel zuwenden.

---

[1] Natürlich hat sich diese Funktion der Schrift erst in einem langen historischen Prozeß herausgebildet. Am Anfang halb Zweck, halb Ritual einer Elite *und* Machtmittel des Wissens von Eingeweihten, hat sie ihre allgemein kommunikative Aufgabe erst in vielen Jahrhunderten erreicht. Gleichwohl war der gesellschaftliche Bedarf für die hier beschriebene soziale Funktion der Schrift schon früh vorhanden; verdeckt zunächst noch durch viele andere Aufgaben, aber doch eben durch diese ihre Zweckdienlichkeit über die geschichtlichen Distanzen hinweg konstant wirksam und daher sich durchsetzend.

[2] Das chinesische Schriftsystem ist ein Beispiel dafür, wie konservative Ideologie diesen Prozeß aufhalten und dadurch einen Schrifttyp konservieren kann, der einer um Jahrtausende früheren Entwicklungsstufe angehört.

[3] Man erkennt sofort, daß erst dieses Prinzip der Lautzeichenbildung die unmittelbare Fixierung abstrakter Begriffe in der Schrift ermöglicht. Solange Begriffe in Bildform wiedergegeben werden müssen, ist das sehr schwierig und teilweise gar unmöglich. In jedem Falle müssten dafür Zusatzzeichen gefunden werden. Der Übergang von den Begriffsbildern zu den lautlich zu deutenden Piktogrammen ist in verschiedenen frühen Hochkulturen vollzogen worden: in Sumer und im Hindustal (in Morjeno-Daro oder in Harappa) und in Ägypten. (In der chinesischen Entwicklung scheint ein Sonderfall vorzuliegen.) Für die Harappa-Kultur sind die ersten überzeugenden Deutungen für eine Phonetisierung der Schrift gegeben worden (Fairservis jr. 1983). Aber da nur sehr kurze Texte mit wenigen Zeichen gefunden wurden, sind möglicherweise noch wesentliche Korrekturen zu erwarten.

4 Man geht wohl kaum fehl in der Annahme, daß wir mit diesen Bedeutungsumbildungen durch Anheften von Affixen an den Wortstamm eine erste Form von Grammatik vor uns haben; sei es eine Vorform oder eine Nebenvariante. Eine spezifisch grammatische Charakteristik, wie sie zum Beispiel mit den finiten Verben gegeben ist (also daß sich die Verbform auf das Substantiv nach Geschlecht oder Plural beziehungsweise Singular bezieht wie etwa bei „fahren – er fährt – sie fahren") scheint aber in diesen ersten sprachlichen Formbildungen noch zu fehlen. Es bleibt ein Thema für sich, die Entwicklung grammatischer Regelsysteme in alten Sprachen mit anderen Denkformen in derselben Hochkultur zu vergleichen. Es könnte durchaus sein, daß grammatische Transformationen auf der einen Seite sowie Operationen an Zahlen oder im praktisch-konstruktiven Denken auf der anderen tiefliegende innere Verwandtschaften in geistigen Dispositionen erkennen lassen würden.

6. Das Bedürfnis nach Berechenbarkeit von Ereignissen, Verhaltensentscheidungen und Handlungsplänen: Zur Entstehungsgeschichte des Zahlbegriffs, der Rechenoperationen und des mathematischen Denkens

6.1 Die Wahrnehmung von Mengen und die Entstehung der kognitiven Mittel zu ihrer Darstellung

6.1.1 Historische Bedingungen für die Entstehung von Zahlbegriffen und Zahlsystemen

Die Fähigkeit, eine unterschiedliche Anzahl von Dingen gleicher oder ähnlicher Art zu erkennen, ist eine angeborene Leistung des Nervensystems. Bienen unterscheiden eine verschiedene Anzahl von Blütenblättern. Es ist, als ob dabei die Anzahl zu einem allgemeinen Mächtigkeitseindruck aufsummiert würde. Daran können dann auch Lernversuche mit Zählcharakter anknüpfen. Tauben können zum Beispiel Punktierungen bis sieben oder neun zu unterscheiden und zu übertragen lernen (Koehler 1956). Gerade diese Zählversuche an Tauben haben aber auch gezeigt, daß es einen Unterschied macht, ob man sich nach dem allgemeinen Mächtigkeitseindruck gleichartiger Elemente einer Menge oder nach der Anzahl verschiedener Dinge richten muß, die in ihr enthalten sind. Für die Benennung oder allgemeiner: für die Bezeichnung der

Anzahl muß der allgemeine Mächtigkeitseindruck einer Menge aufgebrochen werden. Diesen Vorgang haben wir nun schon zweimal beobachtet: bei der Entstehung der Gesten- oder der Lautsprache mußten Handlungs- oder Lautelemente isoliert werden, um dann, kombinatorisch neu verbunden, beliebige innere Zustände ausdrücken zu können.

Bei der Entstehung der Schrift mußten ikonische Szenendarstellungen in Elemente aufgelöst, Konturen isoliert werden, um schließlich auf zahlreichen, Jahrtausende währenden Umwegen zu kombinatorisch konstruierbaren Konturen eines Alphabets zu gelangen, durch das beliebige gedankliche Vorgänge aufgezeichnet werden können.

Und nun bei der Bezeichnung von Zahlen müssen Mächtigkeitseindrücke von Mengen in Einzeldinge aufgelöst werden, damit sie, je nach ihrer Anzahl, verschieden benannt werden können. Es ist zum dritten Male dasselbe: Erst wenn Ausdrücke zur Benennung der Anzahl *konstruktiv* handhabbar sind, können auch *beliebig viele* verschiedene Mengen verschieden benannt werden. In einer Hinsicht weist die Entstehungsgeschichte von Zahlzeichen darauf hin, daß diese einfacher gewesen sein muß als die Ausbildung von Lautzeichen für die Schriftsprache; in anderer Hinsicht aber sind die Schwierigkeiten bei der Entstehung der Schrift wiederum sehr verwandt mit denen bei der Ausbildung von Zahlzeichen.

Einfacher ist das Zählen, so scheint es, weil Zahlzeichen viel früher auftreten als Lautzeichen, und zwar wenigstens vor 30 000 bis 25 000 Jahren, also noch ganz im Rahmen der eiszeitlichen Cro-Magnon-Mentalität des menschlichen Denkens. Abbildung 6.1 zeigt, daß zu dieser Zeit schon gezählt worden ist. Aber was? Nun, die Inhalte sind nicht zu rekonstruieren, aber daß es Dinge waren, ist gewiß; und ebenso gewiß ist, daß das Festhalten dieser Dingmenge bedeutsam war. Bedeutsam für den Kerber oder bedeutsam für das Gemeinwesen? Wahrscheinlich für beide. Der Ertrag einer Jagd? Oder der Ertrag vieler Jagden in einem vorgegebenen und bilanzierungspflichtigen Zeitraum? Was auch immer: Die Registrierung von Anzahlen war in irgendeinem Rahmen von großer Wichtigkeit. Denn ohne Notwendigkeit, ohne Bedürfnis, bilden sich solche Resultate kognitiver Leistungen nicht aus.

Und nun zu der Schwierigkeit, die mit der Ausbildung von Zahlzeichen verbunden ist und die ähnlich langsam wie die Erschließung der Schriftzeichen bewältigt wurde: Die Fixierung einer Menge (durch Kerbungen zum Beispiel) und ihre Bezeichnung durch ein Zahlwort andererseits, das sind zwei verschiedene Sachverhalte, und sie beruhen auch auf verschiedenen kognitiven Leistungen:

Im ersten Falle ist *nur ein Zeichen*, das für das Eins-Element, gefordert (die Kerbe zum Beispiel) und die Eins-zu-Eins-Zuordnung für jedes Ding. Bei den

6.1 Speiche eines jungen Wolfes. Die Einkerbungen sind 25 000 bis 30 000 Jahre alt. Sie zeigen eine Fünfer-Bündelung. Dies läßt darauf schließen, daß gezählt worden ist. (Aus Detlefsen, 1977.)

Benennungen von Anzahlen ist *für jede unterscheidbare Menge eine spezifische Bezeichnung* zu finden. Das ist eine ganz andere, viel schwierigere Anforderung. Und sie wurde, historisch gesehen, auch erst über 20 000 Jahre später bewältigt. Genau wie bei den Gedanken, für die ja die Schriftzeichen ausdrucksfähig sein müssen, sind im Prinzip unendlich viele Anzahlen möglich. Ein Blick in den Sternenhimmel einer klaren Winternacht gibt Zeugnis von der möglichen anschaubaren Mächtigkeit einer Menge. Wie aber kann die Größenzunahme einer unüberschaubaren, riesigen Menge um ein Element ausgedrückt werden? So viele verschiedene Worte wie unterscheidbare Einzeldinge? Das führt in eben das Chaos, das der Bilderschrift drohte, mit je einem Einzelzeichen für jeden Begriff. Aber bei den Anzahlen müssen doch Einzelzeichen für Mächtigkeiten gebildet werden! Vom intuitiven Denken her scheint diese Anforderung nicht lösbar zu sein: Unendlich viele Zahlzeichen können in endlicher Zeit nicht gebildet und nicht erlernt werden. Zeichenmengen dieses Umfangs scheinen kognitiv überhaupt nicht beherrschbar. Wiederum ist ein Problem in historischen Dimensionen gegeben: Zeichen für beliebig mächtige Mengen sind gesucht, und zwar so, daß sie möglichst einfach erlern- *und* benutzbar sind. Der letzte Aspekt lenkt den Blick auf den Lösungsdruck, der hinter dieser geschichtlichen Problemstellung gestanden haben muß. Die Lösung ist in einigen Jahrtausenden gefunden worden, mehrfach wieder, auf verschiedene Weise jeweils, immer aber nach dem gleichen Prinzip: Durch die Herausbildung von Zahlsystemen, das heißt durch die Festlegung von Zählstufen innerhalb eines Systems.

Ein Zahlsystem ist bestimmt durch die Bündelung (Fünfer-, Zehner-, Zwölfer-, Zwanziger-, Sechziger-Systeme sind ausgearbeitet worden) und durch das Stellensystem in der Zahldarstellung. *Beide* Repräsentationsweisen sind erforderlich für die Darstellung (und kognitive Beherrschbarkeit) beliebig großer Mengen. Doch darüber später Genaueres.

Zunächst einmal ist klar, daß hinter der Lösung eines derart komplizierten Problems, das über Jahrtausende verfolgt wird, höchst intensive, historisch beständige Bedürfnisse hoher gesellschaftlicher Relevanz bestehen. Und das ist auch gut belegbar. Es läßt sich ableiten aus mittlerweile wohlbekannten geschichtlichen Sachverhalten. Auch hier ist es kein Zufall, daß die ersten Zahlensysteme der Menschheitsgeschichte mit den Stadtstaaten der Frühgeschichte im Orient entstanden.

Drei Quellen, die die Dynamik bei der Ausbildung leistungsfähiger Zahlsysteme gespeist haben, lassen sich angeben:

Das sind einmal die Regelungen ökonomischer und sozialer Beziehungen in den frühen Stadtstaaten: Handel, Tausch, Eigentums- und Besitzverhältnisse, Schulden und Guthaben bedürfen ihrer *eindeutigen*, verständlichen Fixierung (vergleiche dazu Damerow und Lefèvre 1981). Von dieser Notwendigkeit gehen nicht nur starke Impulse für die Entwicklung leistungsfähiger Zahlsysteme aus, sondern – in enger Wechselwirkung damit – auch für operative Konstruktionen, für Rechentechniken und Berechnungsweisen, die ihrerseits wieder den Aufbau des Zahlsystems verändern können. Die Berechenbarkeit von Sachverhalten ist auch ein Test für die Güte eines Zahlsystems.

Sodann sind es die Beobachtungen der Natur, Regularitäten wiederkehrender Ereignisse, der Sonnen- und Mondphasen oder der Sternbilder, deren Registrierungen Voraussagen für die Zukunft ermöglichen. Wir haben schon erörtert, welche große soziale und individuelle Bewertung die Voraussagbarkeit von Ereignissen erfährt und welch großer Anreiz es daher ist, Angaben machen zu können, die sich in der Zukunft bestätigen. Und zwar eben mit jener Sicherheit bestätigen, die nur aus der Beobachtung, Registrierung und Zusammenhangserfassung von Naturphänomenen zu gewinnen ist und die letztlich naturwissenschaftliches Denken auf den Weg gebracht hat. Eben dieses Vorgehen macht auch den wesensmäßigen Unterschied zum Wunschdenken der magischen Beschwörung aus, die ja nie ganz vom Zwielicht einer vorgeblichen Gegenbeschwörung oder des Mißerfolgs loskommt. Nicht umsonst hat die Geschichtsschreibung als eines der ältesten, immer wieder erwähnten Ereignisse die Voraussage einer Sonnenfinsternis durch Thales von Milet aus dem Jahre 585 vor unserer Zeitrechnung bewahrt. Natürlich hängt solche Voraussagbarkeit nicht nur vom Zahlsystem, sondern auch von Operationen ab, die in ihm ausgeführt werden können.

Die dritte Quelle zur Leistungssteigerung der Zahlbegriffe und der Berechenbarkeiten liegt schließlich im Zahlsystem selbst. Einmal herausgebildet, kann es selbst zum Gegenstand menschlicher Erkenntnistätigkeit werden, kann es, wie früher ein steinernes Werkzeug, verfeinert, für bestimmte Zwecke spezialisiert und auch von Unreinheiten oder Schwerfälligkeiten befreit werden. Kognitive Prozesse können an ihren eigenen Resultaten angreifen und – indem sie diese verbessern – sich selbst in ihrer Leistungsfähigkeit steigern. Sicher hat auch diese Quelle schon sehr früh eine Rolle gespielt. Die Früchte dieses Prozesses sind in bedeutendem Umfang zum ersten Male im griechischen mathematischen Denken voll zur Wirkung gelangt. Doch darüber später mehr.

6.1.2 Von der anschaulichen Mengencharakteristik zum Zahlbegriff

Im ersten Drittel des 18. Jahrhunderts wurde in Südamerika ein Indianerstamm angetroffen, der nur drei Zahlworte kannte. Der Besucher berichtet (nach Menninger 1958, Seite 21): „Der lange Zug der reitenden Weiber ist vorn, von hinten und auf den Seiten von einer Unzahl Hunden umgeben. Vom Sattel aus schauen die Indianer dann umher und mustern sie. Fehlt aus der Riesenschar auch nur ein Hund, so rufen sie so lange, bis wieder alle zusammen sind. Oft habe ich mich darüber gewundert, wie sie, ohne zählen zu können, trotz der großen Meute sofort merken, daß ein Hund fehlt." ... „Um die Größe einer Herde von Pferden anzugeben, sagen sie, wieviel Raum diese brauchen beim Nebeneinanderstehen." Es erscheint nach dieser Beschreibung zwingend: Der perzeptive Mächtigkeitseindruck einer Menge bestimmt in der Urteilsbildung die Anzahl.

Mit der sensorischen Isolierung des Einzeldings, zum Beispiel durch selektive Aufmerksamkeitszuwendung, beginnt noch kein Zählen, auch noch nicht mit dem Paar. Gleichwohl sind bei den alten wie auch bei den Naturvölkern die ersten Zahlennamen mit den auffallenden Eigenschaften spezifischer Einzeldinge oder Paare gekoppelt. Im Altindischen hieß „eins" soviel wie „Mond"; „Tag" (die Nacht einschließend) bedeutete „zwei" (in anderen Regionen auch „Auge"). Und im Altsumerischen bedeuteten „Mann" = „eins" und „Frau" = „zwei". In den ältesten überlieferten Sprachen stand nach der Zwei eine Art Zahlzeichen für „viel". In einem altägyptischen Text heißt es: „Dem König wurden Tausende (dreimal das Zeichen für 1000) geopfert und Hunderte (dreimal das Zeichen für 100) dargebracht." Für „Wasser" standen im Altägyptischen drei Wellenlinien, für die zahlreichen Lotosblumen drei Blütendolden als Zeichen. Im Chinesischen steht das Zeichen mit drei Bäumen für das Wort „Wald".

Der entscheidende Schritt zur Zählreihe beginnt mit der Erweiterung der ältesten Zählgrenze, die bis zwei reicht, um eins. Die Drei hebt die anschauliche Einheit des Paares als Individualität auf. Das Paar wird zur Zwei, nachdem die Drei als Zahl gebildet ist. Ob die Vier eine Zählgrenze war, mag hier unentschieden bleiben. Menninger (1958, Seite 33) tritt dafür ein. Andere Autoren haben sich dagegen ausgesprochen. Die Fünf ist gewiß eine gewesen. Das altgriechische Zahlensystem hat diese Markierung. Sie ist wahrscheinlich durch die Zuordnung der Anzahl zu den Individuen der Finger oder der Zehen bedingt gewesen. Zuordnungen dieser Art haben die Bündelung in den frühen Zahlsystemen bestimmt, auf deren kognitive Funktion noch zurückzukommen sein wird.

Offensichtlich haben Erweiterungen der Zählreihe große Schwierigkeiten bereitet. Der Grund erscheint völlig klar: Solange den Zahlenbenennungen Bildbezeichnungen für Anzahlen zugeordnet werden, muß ein Horror vor jedweden Erweiterungen der Zahlenbenennung bestehen. (Davon zeugen im übrigen zahlreiche Missionsberichte, in denen gesagt wird, wie sich Indianerstämme zum Beispiel dagegen sträubten, eine allgemeine Zahlenreihe anzunehmen: Sie brauchten die Repräsentation der Anzahl in einer charakteristischen Menge.)[1]

Ein Beispiel für Individualisierungen von Anzahlen sind die Körperzahlen.
Die Zahlenbezeichnungen eines Papuastammes sehen wie folgt aus (nach
Menninger 1958, Seite 45):

> 1 = „rechter Kleinfinger"
> 2, 3, 4 = „Ringfinger, Mittelfinger, Zeigefinger"
> 5 = „Daumen"
> 6 = „Handgelenk"
> 7 = „Ellenbogen"
> 8 = „Schulter"
> 9 = „Ohr"
> 10 = „rechtes Auge"
> 11 = „linkes Auge"
> 12 = „Nase"
> 13 = „Mund"
> 14 = „linkes Ohr"
> und so fort.

Es ist kenntlich, daß dies im Bereich der Zahlenbezeichnung jener kognitiven
Stufe entspricht, auf der in der Urgeschichte den Begriffen Bildzeichen zugeordnet werden. Hier wie dort: Dies ist auf dem Wege zur Ausbildung eines
leistungsfähigen Zahlsystems eine Sackgasse; ein heutzutage kindlich anmutender Versuch, mit der Krücke der Veranschaulichung die unendliche Vielfalt
der Realität numerisch faßbar zu machen. Aber wie wurde der Ausweg gefunden aus diesem Dilemma? Sicherlich nicht als Ausweg erdacht, aber doch
als solcher sich bewährend, ist immer wieder ein Verfahren benutzt worden.
Ursprünglich einmal als Lösung angesehen, heute als Durchgangsstadium erkannt: die Bildung von Hilfsmengen. Zahlensysteme von Naturvölkern gaben
noch vor wenigen Jahrzehnten Zeugnis von diesem Prinzip. Und letzte Reste
davon gibt es auch noch in unserem Denken. Die Hilfsmengen scheinen aus
den Sonderzählreihen und Zählklassen hervorgegangen zu sein:

Ein kolumbianischer Indianerstamm hatte besondere Zählreihen: Je nachdem, ob die zu zählenden Dinge Lebendiges, Tage, lange oder runde Dinge
waren, unterschieden sich die Zahlworte. Bei den Fidschi-Insulanern heißen
zehn Kähne = bola, zehn Kokosnüsse = karo, ganz ähnlich wie bei nordamerikanischen Indianern der Name für zehn Boote, die sich auf einer Kriegsfahrt

befinden, anders lautet als für möglicherweise die gleichen zehn, wenn sie Lebensmittel transportieren. Die Zahlworte sind noch mit den Ereignissen verhaftet, in denen die Dingmerkmale vorkommen, die sie beschreiben. Überreste finden wir in unserem Denken, wenn wir bei einem Zweigesang von Duett, bei Schuhen von einem Paar, bei Menschen von Zwillingen sprechen, aber niemals von einem Zwillingsschuh oder Zwillingsgesang (was etwas ganz anderes bedeuten würde). Auch in den alten Mengenbezeichnungen finden sich noch Reste: im Dutzend Knöpfe, der Mandel Eier, dem Lot Hefe; eine Mandel Schulkinder gibt es nicht im Sprachgebrauch.

Diese Sonderzählreihen sind allem Anscheine nach ein Versuch, wahrnehmungsmäßig vergleichbare oder ähnliche Dinge in Mengeneigenschaften auszudrücken. Ihre anschauliche Gleichförmigkeit scheint Voraussetzung für eine Zählbarkeit, die ja noch auf der Reihung beruht. Offenbar widerstrebt der anschaulich-bildlichen Natur des archaischen Denkens anzuerkennen, daß zehn Bisons eine gleiche Größenbezeichnung erhalten sollen wie zehn Glühwürmchen oder zehn Pflanzensprößlinge. Alle Versuche einer Homogenisierung des zu Zählenden sind zwar Schritte in die letztlich erfolgreiche Richtung, gleichwohl ist die Zählklassenbildung nach anschaulichen Ähnlichkeiten ein Umweg gewesen und keine Vorstufe zu unseren heutigen Zahlsystemen. Diese Vorstufen haben mit großer Wahrscheinlichkeit anders ausgesehen, nämlich so:

„Wenn ein Wedda (Mitglied eines archaisch lebenden Naturvolkes auf Ceylon) Nüsse zählen soll, nimmt er einen Haufen Stäbchen. Einer Kokosnuß hängt er nicht ein Zahlwort an, sondern ein Stäbchen: eine Nuß – ein Stäbchen; dazu sagt er jedesmal: „das ist eins". Soviel Nüsse, soviel Stäbchen; denn Zahlwörter hat er keine. Kann er deshalb nicht zählen? Doch. Er überträgt die vorgelegte Menge der Nüsse in die Hilfsmenge der Stäbchen" (nach Menninger 1958, Seite 43). Gefragt, wieviel Nüsse er hat, zeigt er auf die Stäbchen und sagt: „soviel". Und wenn er mehr Stäbchen hat als Nüsse, sieht er an der übriggebliebenden Stäbchenmenge, wie viele ihm abhanden gekommen sind.

Es hat allem Anscheine nach zwei Vorstufen des Zählens gegeben, die, wie wir heute sehen, zugleich Vorbedingungen für die Entstehung von Zahlsystemen waren. Das ist einmal die Ausbildung von Ziffern in begrenzten Zahlenräumen. Die Ziffernbildung ist an die Benennung gebunden. Sie erfordert aus Gründen der Gedächtnisfunktion das iterative oder genauer: das konstruktive Prinzip. (Das entspräche unserer Ordinalzahlenbildung.) Ein australischer Stamm zählt so: 1 = enea, 2 = petcheval, 3 = petchevalenea, 4 = petcheval-petcheval. Die Bezeichnungen für 3 und 4 sind aus den Benennungen für 1 und 2 konstruiert. Ein Kamilaroi, Angehöriger eines australischen Stammes, verfährt so: 1 = mal; 2 = bulan; 3 = guliba; 4 = bulan-bulan; 5 = bulan-guliba; 6 = guliba-guliba. Es ist das gleiche Prinzip: Eine begrenzte Anzahl von Zahlworten wird durch konstruktive Verknüpfung zur Bezeichnung der Anzahl einer größeren Menge von Dingen verwendet. Die Verknüpfung ist in den einfachsten Fällen, wie in unserem Beispiel, additiv.

Die zweite Vorstufe und auch Vorbedingung für die Ausbildung von Zahlsystemen war die Homogenisierung des zu Zählenden. Dies geschieht durch die Zuordnung beliebiger Dinge zu einer möglichst gleichförmigen Hilfsmenge: Muscheln, Steinchen, kleine Holzstäbe wie in unserem Beispiel sind verwendet worden. Die eigentlich kreative Leistung besteht darin, daß die Zahlbezeichnung auf die Hilfsmenge übertragen wird. Das ist ein bedeutsamer Zwischenschritt auf dem Wege zu einem Zahlbegriff, in dem von allen Dingeigenschaften einer Menge abstrahiert wird, außer von einer, eben der Anzahl. Daß Zahlbezeichnung und Zahlbegriff (als Merkmalscharakteristik einer Menge) zwei verschiedene Dinge sein können, belegt folgendes Beispiel (nach Menninger 1958, Seite 44): „Der Häuptling eines Stammes auf Celebes war von Vertretern einer okkupierenden Kolonialmacht dazu verurteilt worden, 20 Büffel abzugeben. Jemand beklagte sich über die Höhe der Strafe. Der Häuptling dazu: „Finden Sie das so hoch?" Und fing daraufhin an, aus einem Beutel 20 Nüsse herauszuzählen, für jeden Büffel eine. Als er so die Anzahl im wahrsten Sinne des Wortes „begriff", war er entsetzt über seine Strafe." Schritt für Schritt, oder genauer: Stufe für Stufe muß das Zahlwort zur Mengencharakteristik hinzugebracht werden, um schließlich als Bezeichnung der Zeichen für den Zahlbegriff fungieren zu können.

Jedes Zahlsystem verweist auf diese Vorgeschichte. Denn in jedem sind die Spuren beider Phasen enthalten: Die Benennung erzwingt die Bündelung und damit die konstruktive Technik der Zahldarstellung. Die Homogenisierung ermöglicht die universelle Zählbarkeit aller Dinge durch Reihung. Die Bündelung kann natürlich auch aus der anschaulichen Gliederung einer Menge hervorgehen (der Querstrich bei der Fünf auf Bierdeckeln, die Zehner-Häufchen beim Geldzählen und so fort). Die konstruktive Zahldarstellung jedoch geht eindeutig auf die kognitiven Möglichkeiten eines die Mengen unterscheidenden Benennungsverfahrens zurück. Man könnte danach meinen, die Ziffern- oder Grundzahlzeichen hätten für die Zahldarstellung die gleiche Funktion wie das Alphabet für die Wortdarstellung. Das ist aber nicht richtig. Wir sind noch beim lautlichen Benennungssystem für die Anzahl. Die eindeutige schriftliche Fixierung von Zahlen erfordert noch die Lösung eines zusätzlichen Problems, nämlich das Auffinden einer Darstellung für die Bündelung.

Die schließliche Lösung ist das Stellensystem für Zahlen, dessen endgültige Ausprägung 2 000 Jahre länger beansprucht hat als die alphabetische Gestaltung der Schrift. Richtig ist an diesem Vergleich jedoch, daß die gleiche kognitive Strategie, bedingt durch eine analoge Anforderung, wirksam ist: Eine unübersehbare Vielfalt muß durch ein Bezeichnungssystem kognitiv erfaßt und faßbar gemacht werden. Das wird stets durch Regeln zur Konstruktion dieser Vielfalt an wenigen, überschaubaren Elementen versucht.

Die ursprüngliche Bündelung beim Zählen ist die Basis der späteren Stufung im Zahlensystem. An ausgestorbenen wie auch noch an vielen gegenwärtigen Zahlensystemen sind, wie wir schon andeuteten, die alten Zifferzahlgrenzen unschwer zu erkennen. Einige haben die Fünf, die meisten die Zehn und einige die 20 als Bündelung beziehungsweise als Stufung nachzuweisen.

6.2 a) Altindische Kharosti-Ziffern mit drei Bündelungen (4, 10 und 20). Neben den Kharosti-Zeichen waren auch Brahmi-Ziffern im Gebrauch, die völlig andere Eigenschaften aufwiesen (etwa 2. Jahrhundert vor unserer Zeitrechnung). (Gezeichnet nach Menninger, 1958.) b) Chinesische Zahlzeichen. Hier ist keine Bündelung erkennbar. (Gezeichnet nach Wills, 1977.)

Der Zusammenhang mit den Fingern einer Hand, beider Hände oder der Hände und der Zehen ist natürlich nicht zufällig. Diese Gliedmaßen waren die natürlichen Mittel zur Homogenisierung der Zählgegenstände. „Hand", „Hände", „Mensch" lassen sich in manchen Sprachen noch als Wortstämme in der Benennung dieser Mengen nachweisen. Vielerorts sind heute noch Zwanziger-Zählungen nachweisbar. Einige davon gehen auf das Keltische zurück. Im Schottischen und Irischen sind 20 = fiche, 40 = da fiche, 60 = tri fiche, 80 = cithre fiche und so weiter. Im Französischen ist die konstruktive Zählung plötzlich bei der 80 unterbrochen: quatre-vingt(s); 80 heißt: vier Zwanziger, 94 heißt 80 und 14 (quatre vingt quatorze). Ähnliches gilt für das russische copok = sorok bei 40. Es geht zurück auf „serkr" (= Haut, Fell), etwas, das in Bündeln zu 2×20 gehandelt wurde. Die Zählreihen der Mayas und der Mexikaner waren Zwanziger-Reihen. Karl der Große ließ aus einem Pfund Silber 20 „solide" zu je 12 „denarii" schlagen. Bis in unsere Zeit wurde in England 1 Pfund zu 20 Schilling und die zu je 12 Pence aufgeteilt. Das englische „score" bedeutet soviel wie „Kerbe" und im Altenglischen soviel wie „20". Die Abbildung einer altindischen Kharosthi-Zahlenschrift um 20 vor unserer Zeitrechnung zeigt drei Bündelungen zu 4, zu 10 und zu 20 (Abbildung 6.2a). Natürlich ist auch Zehnerbindung in alten wie neuen Sprachen nachweisbar: Im „déka" und „hekatón" der Griechen, in „decem" und „centum" der Lateiner, dem „Taihun" im Gotischen, dem desjat in slawischen Sprachen, im „dix" oder „ten" des Französischen beziehungsweise Englischen. Auch in den römischen Zahlen ist noch eine Fünfer-Bündelung im Zehnersystem nachweisbar. Bekanntlich hatten die Ägypter bereits ein Zehnersystem.

Die konstruktive Zahldarstellung wird also über die Bündelung erreichbar. Dem Wolfsknochen (Abbildung 6.1) nach zu urteilen, ist dieses Prinzip unter den Cro-Magnon-Menschen weithin bekannt gewesen. Darüber hinaus sprechen auch zahlreiche andere ihrer konstruktiven technischen Leistungen dafür, daß sie diese Stufe der kognitiven Erfassung der Realität erreicht hatten. Und das mochte zur Befriedigung eiszeitlicher Bedürfnisse für Zahlausdrücke genügen: Eine Jagdbeute, eine Herde, ein Stamm und was sonst die Anschauungswelt an Mannigfaltigkeiten anbot, auf die mit Verhaltensentscheidungen zu reagieren war; all das ließ sich damit eindeutig erfassen und ausdrücken.

Aber mit der Vorratswirtschaft in den frühen Stadtstaaten entstehen völlig andere Größenordnungen: Die Masse an Getreide, die in einem Tempelbezirk lagert, die Anzahl der Fische eines Fangs im fischreichen Golf, die Menge der Steine oder der Tagewerke für einen Bau, die nach Tausenden zählenden Einwohner einer solchen Stadt: Wie soll das in Zehner- oder Zwanziger-Ein-

ägyptisch			römisch	
1 IIIIIIIII	Reihung	1.	V=IIIII IIIII=V	1
10 ∩	Bündelung		X	10
∩∩∩∩∩∩∩∩∩	Reihung	2.	L =XXXXX XXXXX =L	50 x 2
100 ℓ	Bündelung		C	100
9999999999	Reihung	3.	D=CCCCC CCCCC=D	500 x 2
1000 ≴	Bündelung		(I)	1000
10000 ∖	Reihung / Bündelung	4.	((I=()X()X()X()() ()X()X()X()()=I))	5 000 x 2
			((I))	10000

6.3 Ägyptische und römische Zahldarstellung. Es gibt starke Gemeinsamkeiten in Reihung und Bündelung. Für Berechnungen sind beide Darstellungen aufwendig und schwerfällig. Sie sind darin der babylonischen wie der späteren griechischen Zahldarstellung bei weitem unterlegen. (Gezeichnet nach Menninger, 1958.)

heiten ausgedrückt werden? Stundenlang Zwanziger-Einheiten aufzählen? Die Hilflosigkeit dieses Unterfangens ist handgreiflich. Zur kognitiven Handhabung großer Mengen reichte die einfache Bündelung nicht. Es mußte bemerkt werden, daß die Bündelung als kognitive Technik geeignet ist, eine unübersichtliche Anzahl *vereinfacht* darzustellen. Die gleiche Technik konnte danach statt nur auf die Einer auch auf die Bündelungsgrößen wie auf Einer angewandt werden, also auf die Zehn oder die 20 oder andere Einheiten. In der Tat ist diese ökonomischste aller Varianten realisiert worden. Abbildung 6.3 gibt ein Beispiel aus der ägyptischen und römischen Zahldarstellung. So wie die zehn Einsen gebündelt sind durch *ein* Zeichen, sind es die zehn Zehner, die zehn Hunderter und die zehn Tausender auch. Damit erkennen wir eine neue und höchst bedeutsame kognitive Funktion von Zeichen: Wahrnehmbare Muster stehen als gleichermaßen ähnliche wie einfache Zeichen für Begriffe ganz unterschiedlicher Mächtigkeit. Am deutlichsten ist das bei den Zahlzeichen, aber es gilt nicht nur für sie, sondern für die begriffliche Zeichenbildung schlechthin. Natürlich ist das nicht nur ein einfaches Benennungsproblem. Dahinter steht der Prozeß der abstraktiven Verdichtung: Es ergibt sich eine hierarchische Stufung in den Zahlzeichen bei ansteigender Mächtigkeit der bezeichneten Mengen. Jede anwachsende Menge von Zeichen wird an der Stelle der Bündelung durch ein neues Einzelzeichen belegt, das immer wieder wie ein Einer behandelt wird, mit dem aber zum Beispiel die Mächtigkeit einer im Prinzip beliebig großen und anschaulich überhaupt nicht mehr zu bewältigenden Anzahl von Dingen substituiert wird. Aber es bleibt auch noch ein Benennungsproblem, das zudem bewältigt werden muß. Wie Benennungsgewohnheiten in der Lautsprache die Ausbildung einer allgemein nutzbaren Bezeichnungsweise behindern können, dafür sei ein Beispiel aus dem Indischen angeführt. Aryabhata schrieb 57 753 336 (die Zahl der Mondumläufe in 432 000 Jahren) so:

c a y a g i y i n u ś u c h l r
6   3   3   3   5 7   7   5

Die Silben mit a geben Einer und Zehner, die Silben mit i Hunderter und Tausender wieder, während die Konsonanten von k bis m Werte von eins bis 25, die acht übrigen von y bis h die Zehner von 30, 40, ... bis 100 bestimmen; a, i, u, l und andere geben als Vokale Potenzen von 100 an. Es ist ein eindeutiges Bezeichnungssystem, aber was für ein Aufwand? Und warum? Nun, aus kultischen Gründen mußten die indischen Zahlen gereimt werden! Man sieht daran, wie eine sachfremde Zielstellung für die Bezeichnungen in einem Zahlensystem die Ausbildung einer im Prinzip erreichbaren effektiven Form behindern kann.

Der kognitive Prozeß der abstrakten Verdichtung, erprobt und bewährt schon bei der Bezeichnung hierarchisch geordneter Begriffe durch die Spra-

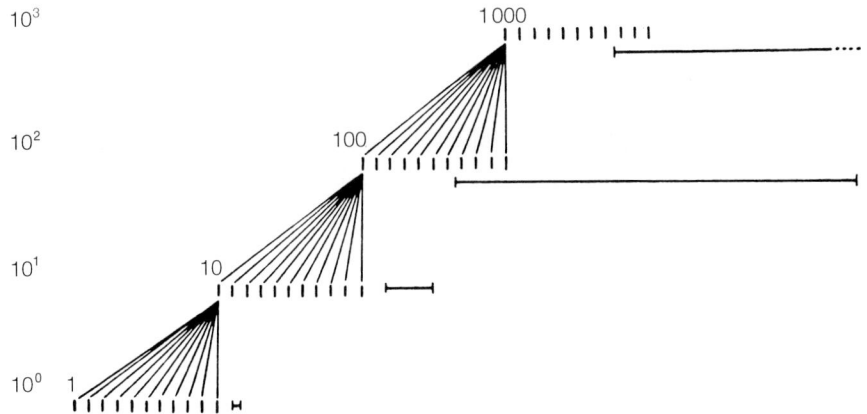

6.4 Hierarchische Repräsentation des Stellenwertes in einem Zahlensystem. Die Komplizierung der Zeichen mit steigendem Umfang ist gering, die Verdichtung des begrifflichen Inhalts (das ist die bezeichnete Menge oder Anzahl) wesentlich größer. Bei der exponentiellen Schreibweise sind die Zeichen völlig unabhängig von der Mächtigkeit ihres begrifflichen Inhalts. Im gleichen Zeichen sind sehr unterschiedliche Mengen, symbolisch verdichtet, enthalten. (Die Strecken markieren den Verdichtungsgrad.) Die Potenzschreibweise (linke Seite) zeigt an, daß das Stellensystem zudem auf Operationen an Zahlen beruht. Es ist (mit der Basis 10) ein linearer Anstieg der Exponenten. So gesehen, drücken die Stellenwerte Operationen an Zahlen aus, die in das Zeichen mit eingehen. Das Berechnungsverfahren wird mit einer Position, dem Stellenwert, verkürzt ausgedrückt.

che, erzeugt an den Zahlbegriffen das Prinzip des Stellen- oder Positionssystems. Der Reihenfolge der Nennung oder linearen Darstellung entspricht die Hierarchiestufe des benannten Zeichens. Drei (Hunderter), zwei (Zehner) und zwei (Einer) werden so nachgeordnet für die Benennung. Fast ist damit schon der Zugang zur optimalen schriftlichen Fixierung gefunden. Allerdings erst fast. Und noch Jahrhunderte wurden gebraucht, ehe die noch offene kleine Lücke geschlossen werden konnte: das Zeichen für die Leerstelle oder die Null. „322" als Ziffernfolge drückt den Hierarchiewert des Zeichens, seinen markierten Verdichtungsgrad in Hundertern, Zehnern und Einern durch die Stelle aus. Aber wenn keine Zehner vorkommen? Wenn es nur zwei über 300 sind? Wir erkennen, daß das Stellensystem für die schriftliche Zahldarstellung erst mit der Null perfekt funktioniert. Die Bedeutung dieses Zeichens entdeckten die Inder. Eingebettet in die arabischen Zahldarstellungen kam die Null mit den nachmohammedanischen Eroberungen durch die Araber nach Europa. Aber erst im 15. und 16. Jahrhundert bürgerte sie sich als Zahlzeichen ein. Bis dahin blieben Zahldarstellung und Zahlbezeichnung, blieben Rechnen und Schreiben auch gegenständlich verschiedene Tätigkeiten, die gesondert gelernt und unabhängig voneinander beherrscht werden mußten.

Wir haben die Entwicklung des Zahlbegriffs und der Zahldarstellung bis hin zum Stellensystem einigermaßen isoliert betrachtet. Das brachte den Vorteil, die *unterschiedlichen* kognitiven Mechanismen anzuleuchten, die diese großartige Leistung des menschlichen Geisteslebens hervorgebracht haben und die sich selbst in diesem Prozeß des Hervorbringens über ihre ursprüngliche Leistungsfähigkeit hinaus erhoben haben. Es war der wesentliche Inhalt dieses Kapitels, die Gründe dieser Steigerungsfähigkeit kognitiver Leistungsfähigkeit bloßzulegen.

Der Nachteil dieser Isolierung jedoch besteht darin, daß die realen Beweggründe für das Hochzüchten dieser Strukturbildungen im wesentlichen beiseite gelassen werden mußten. Damit blieb auch außer acht, wie der Prozeß der Zahlenbenutzung die Zahldarstellung selbst beeinflußt. Das eben gilt es nun nachzuholen. Wir müssen zeigen, wie sich die Zahldarstellungen mit der Verwirklichung von Anforderungen verändern. Zahlen sind ja nicht nur dazu da, um Mengen abzubilden. Das ist ihre erste, sozusagen ihre archaische Funktion. Aus noch darzulegenden Gründen erweisen sie sich auch als geeignet, bestimmte Zusammenhänge zwischen Dingen oder Dingeigenschaften auszudrücken. Zahlen, kognitiv gesehen, sind Begriffe, *an denen und mit denen* Operationen im Sinne von Veränderungen des Gegebenen ausgeführt werden können; des gedanklich wie des objektiv Gegebenen. Das erste ist bedingt durch die Bindung von Zahlen an kognitive Strukturen des Gedächtnisses.

Das zweite ist bedingt durch die Bindung von Zahlen an Eigenschaften der Realität.

Zahlen sind danach – wie die Begriffe, die Lautsprache und die Schrift – sowohl Ergebnis als auch Instrument der menschlichen Erkenntnistätigkeit.

6.1.3 Zahlen und kognitive Operationen:
Berechenbarkeit als Bedürfnis, als Realität und als Problem

Im Kapitel 4 ist bei den Betrachtungen über die Entstehung der frühen Stadtstaaten im Orient mit der Differenzierung der Sozialbeziehungen auf die zunehmenden ökonomischen Verflechtungen von Bevölkerungsgruppen hingewiesen worden. Insofern solche Gruppen eine ähnliche ökonomische und soziale Lage und daher auch Gemeinsamkeiten in sozialen und ökonomischen Bedürfnissen haben, werden sie als Schichten angesehen. Sie umfassen nicht selten mehrere Berufsgruppen, wie zum Beispiel Töpfer, Zimmerleute, Steinmetze. Wenn eine Schicht starke soziale Isolierung übt, Kult mit ihrer sozialen Situation treibt, zum Beispiel mit dem Ziel, die Erhabenheit oder Besonderheit ihrer sozialen Stellung zu unterstreichen, spricht man von einer Kaste. Oft wird diese soziale Stellung auch mythisch begründet. Daraus lassen sich ökonomische Vorteile durch Ausbeutung anderer Schichten erzielen oder die Freiwilligkeit einer Unterordnung motivieren. Die Festigung der sozialen Macht einer Kaste, in den alten Stadtstaaten insbesondere der Priesterkaste, ist eine permanente Aufgabe, die um so leichter zu bewältigen ist, je größer das Wissensgefälle gegenüber den Ausgenutzten und je stärker deren Glauben an die Rechtmäßigkeit der Kastenansprüche ist. Monopolisierung sozial bedeutsamen Wissens ist eine der historisch am längsten praktizierten Techniken zur Stabilisierung von Machtansprüchen.

Wir haben an der genannten Stelle erläutert, wie die Differenzierung der Berufe, die Entdeckung verwickelter Verpflichtungen dem Tempel gegenüber, aber auch zu anderen Personen und Gruppen, den Tauschhandel im Sinne von Ware-Ware-Umsetzungen belebt. Der Außenhandel bezog sich auch damals schon auf Begehrtes aus fremden Ländern: seltene Hölzer, Gewürze, Steine, Felle und vieles andere. Es gab kein Geld. Beim Tausch muß aber irgendein Wertvergleich stattfinden. Das wurde über Zwischenwerte realisiert. Nicht selten (zum Beispiel in Uruk) fungierte das Hohlmaß für Getreide als Wertangabe und Vergleichsgröße zwischen anschaulich verschiedenen Dingen und Werten. Diese Homogenisierung von Werteigenschaften ist die Basis für eine allgemeine Technik des Tausches. Sie ist der Homogenisierung der Begriffe für die Anzahl gegenüber den Qualitäten der Dingeigenschaften ähnlich. Wir haben das bei der Entstehung des Zahlbegriffs beschrieben. Bloß: Beim Tausch kommt es auf mehr an als nur auf die Feststellung der Anzahl. Vor allem nämlich auf den Vergleich, auf die genaue Feststellung, des „Schon-zu-Viel" oder „Noch-zu-Wenig", um die Fixierung auch des „Wieviel-zu-Viel" oder „Wieviel-zu-Wenig". Tauschen beruht, kognitiv gesehen, auf der Feststellung des gemeinsamen Vielfachen, des Vielfachen eines gemeinsam anerkannten Wertmaßes. Ob das nun in Kornvolumina, in Scheffel Weizen, in Tagewerken oder wie immer ausgedrückt wird, ist dafür ohne Belang. Tauschen beruht auf einer Form des Messens. Abbildung 6.10 gibt einige Beispiele für Zählsteine. Wir erkennen sofort, daß sich in der Staffelung der Steine die im vorigen Kapitel besprochene Bündelung der Zahlenreihen wiederholt. Der Mechanismus der abstraktiven Verdichtung hat in ihnen Gestalt angenommen (1 Gramm als Einheit, das alte österreichisch-deutsche Deka = 10 Gramm ist verschwunden, die 10 deka (= 100) und das Pfund (= 500) auch; aber das Kilogramm, die Tonne, die Megatonne werden angewandt). Welche Stufe eine eigene Benennung erfährt, hängt von ihrer Gebrauchshäufigkeit ab. Um Vielfache von Maßen zu bilden, müssen die Maße normiert werden. Elle und Fuß, Klafter und Zoll verweisen auf individuelle Maße, wie wir sie ganz ähnlich bei den Sonderzählreihen schon gefunden haben. Nur: Wenn ein Haus in Catal-Hüyük gebaut wurde, dann konnten die Balkenlängen nicht mehr von der Armlänge der Zimmerleute abhängen. Die Bezeichung blieb, aber die Merkmalseigenschaft des Begriffs als normierte Länge änderte sich. Bezeichnungen können bleiben, obwohl die Begriffe und ihre Inhalte sich wandeln.

Nicht nur Längen und Gewichte, auch die Zeit bedurfte des Maßes. Der Sternhimmel hat schon in den frühesten Phasen archaischen Reflektierens für Orientierung gedient und wohl auch im menschlichen Denken die Aufmerksamkeit auf sich gezogen. Die Parallelität von Tag und Nacht mit der Lebensperiodik von Wachen und Schlafen, die einprägsamen Sternbilder und ihre Wanderungen am Nachthimmel (mit genau einer Ausnahme), die beständige Wiederkehr der Mondphasen im festen Rhythmus sind wohl schon seit frühesten Zeiten Anlaß für vergleichendes Denken und für seine Bewährung in der Voraussicht. Die Registrierung von Rhythmen in der Natur schafft Voraussagbarkeiten: für die Mondphasen, für Auf- und Untergang von Sonne und Mond, für die Jahreszeiten, für die Tag- und Nachtgleichen und anderes mehr. Die gleiche kognitive Prozedur schafft aber auch die Möglichkeit der Zeitvergleiche. Mit der indirekten Kommunikation, wie sie durch die Schrift möglich wurde, bedarf es für alle Zwecke zeitlicher Festlegungen schließlich eines Zeitmaßes. Ob es Vereinbarungen über Schuldbegleichungen, Treffpunkte,

Anfänge oder Enden eines Kontraktes waren, immer war ein Zeitpunkt im Rahmen des Horizonts menschlicher Erlebbarkeiten gefordert. Das Zählen der Jahre war am wechselnden Erscheinungsbild der Jahreszeiten orientiert; innerhalb dieser Perioden aber waren Mondphasen und Sonnenstand vermutlich schon um 10 000 vor Christus Maßstäbe für die Zeitbestimmung.

Mit all diesen gesellschaftlichen, sozialen und dabei natürlich immer auch individuellen Bedürfnissen sind Anforderungen an die numerische Erfassung von Eigenschaften der Realität verbunden. In ihnen muß sich die Leistungsfähigkeit des verfügbaren Zahlsystems immer und immer wieder aufs neue bewähren. Im Wechselspiel von Anforderung und Bewährung vollziehen sich denn auch die Prozeduren zur Vervollkommnung der Berechenbarkeiten. Dazu kommt noch ein zweiter Faktor: In der Reflexion über Gründe des Gelingens und Versagens von Berechnungen können sich Denkprozesse einen neuen Gegenstand schaffen. Damit ist gemeint, daß die Zahldarstellung ebenso wie die Berechnungsweise Gegenstand des Nachdenkens oder genauer: selbst wieder Objekt kognitiver Prozeduren werden können. Eine derartige Metaebene des Denkens ist eine bedeutsame Basis zur Steigerung der Leistungsfähigkeit geistiger Instrumente; an bestimmten Punkten sogar die einzig mögliche. Diese wurde als ein historisch später Denkstil vor allem im Griechenland der hellenistischen Epoche erreicht und systematisch entwickelt.

Bevor wir im weiteren an Zeugnissen frühgeschichtlichen Berechnens charakteristische Leistungseigenschaften kognitiver Instrumente bloßlegen, wollen wir die elementaren geistigen Leistungen analysieren, die beim mentalen Aufbau und der vollen Nutzung von Zahlbegriffen im Denken wie im alltäglichen Handeln zusammenkommen müssen. Dies vor allem, um zeigen und begründen zu können, wie und wodurch die jeweiligen historischen Leistungsgrenzen von Zahlensystemen überwunden werden konnten.

6.2 Exkurs über kognitive Vorgänge beim Umgang mit Mengen, Anzahlen und Zahlbegriffen

Unser kurzer Blick über die frühe historische Aneignung von Zahlen und ihren begrifflichen Eigenschaften hat gewiß den Eindruck genährt, daß sehr verschiedene Komponenten geistiger Vorgänge zusammenkommen müssen, damit so ein mentales Gebilde wie der Zahlbegriff und der alltägliche berufliche Umgang bei seiner Nutzung möglich werden. Bevor wir uns einigen komplizierteren Aspekten des Umgangs mit Zahlen zuwenden, wollen wir uns vergegenwärtigen, um welche Komponenten geistiger Strukturbildungen es sich dabei handelt. Wir tun dies in systematischer Sicht und kaum mit Blick auf historische Zusammenhänge. Dabei wird sich aber ergeben, daß die zunehmende Leistungsfähigkeit dieses Kalküls im menschlichen Denken auch mit geschichtlichen Entwicklungen verbunden war. In den nachfolgenden Abschnitten werden dann die Gründe für diese Zusammenhänge zu erfahren sein.

Unsere Alltags- oder Primärbegriffe, so hatten wir gesagt, sind Zusammenfassungen von Objektmengen aufgrund der ihnen gemeinsamen (invarianten) Merkmale. So kann der Begriff „Baum" bestimmt werden durch Merkmale wie [Stamm, Äste, Zweige] und [Blätter] oder [Nadeln]. Aus den letzten beiden Alternativen bilden sich dann die Unterbegriffe „Laubbaum" oder „Nadelbaum". So kann man das für ungezählte weitere Begriffe zeigen: Invarianter Merkmalssatz und zugehöriges Wort bilden den Begriff. Anders ist das beim Zahlbegriff. Er beruht auf einer *Klassifizierung von Begriffen*. Die hier invariante Eigenschaft ist die Mächtigkeit einer Menge. Alle Paare von Objekten haben die Mächtigkeit 2, alle Tripel haben die Mächtigkeit 3, – und so weiter für alle Mengen.

Alle anderen Eigenschaften der Objekte, Merkmale oder nicht, sind dafür ohne Belang; von ihnen muß beim Erwerb des Zahlbegriffs „abstrahiert" werden. Wir wissen unterdessen, daß dies eine außerordentlich schwierige Anforderung ist; historisch gesehen, bei den Völkern der Geschichte, und auch individuell gesehen, beim Kind, das über die Anzahl zum Begriff der Zahl gelangen soll.

Das Erkennen der Mächtigkeit einer Menge. Das ist allem Umgang mit Zahlen gemeinsam, was immer die konkreten Objekte dieses Umgangs sind: Dinge, Begriffe, Zahlen oder Klassifizierungen von Zahlen (wie zum Beispiel gerade oder ungerade Zahlen, natürliche oder ganze und andere). Von dieser Mengenauffassung ausgehend, sind folgende Prozeßkomponenten zu unterscheiden, die ausnahmslos zusammenspielen müssen, damit eine mentale Verfügbarkeit von Zahlbegriffen und ihren Merkmalen entsteht:

1. Die unreflektierte Erkennung der Mächtigkeit einer Menge. Es ist dies ein elementarer Vorgang, eine Art Aufsummierung in einer neuronalen Vernetzung. Das wird bereits von Insektenhirnen geleistet: Bienen lernen neun von zehn Blütenblättern zu unterscheiden, Grillen unterscheiden 13 von 14 Zirplauten. Unreflektierte Mächtigkeiten von Mengen können unterschieden werden nach gleich oder ungleich, nach größer (mehr) oder kleiner (weniger).

2. Die Isolierung der Elemente einer Menge führt zur Linearisierung beziehungsweise zur Reihung ihrer Elemente: noch eins – und noch eins – und noch eins und so fort. Es gibt dabei jeweils genau einen Vorgänger und einen (ordinalen) Nachfolger. Auch das wird noch von vormenschlichen Gehirnen vollzogen; von denen höherer Säuger mit großer Sicherheit.

3. Ein bedeutsamer Schritt bei der Aneignung des Zahlbegriffs ist die Zuordnung von *verschiedenen* Elementen einer Menge zu vergleichsweise homogenen Elementen einer Hilfsmenge (Steine, Muscheln, Stäbchen, Finger). Damit wird die Gleichartigkeit verschiedenartiger Objekte bezüglich ihrer Zählbarkeit erreicht.

4. Die Reihung von Objekten, verbunden mit ordinalem Zählen (Vorgänger-Name-Nachfolger) erfordert die Benennung der einzelnen Glieder durch ihre Position in der Reihe. Das führt zur Benennung von Mengen unterschiedlicher Mächtigkeit (zum Beispiel wenn das benannte Zählglied zugleich das Ende der ganzen Zählreihe ist). Den homogenen Gliedern einer Hilfsmenge werden soviele verschiedene Namen zugeschrieben, wie es Elemente in der Zählreihe gibt. Die Benennung hat zunächst nichts mit der Zählbarkeit der Elemente einer Menge zu tun. Eine Stäbchenserie kann viel mehr Objekte abbilden als es Zahlworte gibt. Zählbarkeit und Benennung einer Menge sind verschiedene Dinge. So sind auch die wenigen Zahlworte, die man in alten Sprachen findet, kein Hinweis auf Zählgrenzen. Die waren viel weiträumiger, wie ja auch die Speiche des Wolfes in Abbildung 6.1 bezeugt.

5. Zur Benennung der Mächtigkeit einer Menge werden so viele Namen für die Elemente gebraucht, wie die Menge zählbare Glieder hat. Die Benutzung von Körperschemata beim Zählen weist auf natürliche Grenzen hin: Bei über 20 und schon gar über 30 wird die Beherrschung der Zahlnamen bald lernaufwendiger als das Zählen selber. Das Durchgehen von Händen, Fingern, Armteilen, Augen, Nase, Füßen mit Zehen und so fort muß in genauer Reihenfolge durchgeführt werden, damit die Zählergebnisse eindeutig werden und bei verschiedenen Zählern übereinstimmen. Sonst wird das ganze Zählen unbrauchbar. Dieses Körpergliedzählen setzt aber auch so etwas wie natürliche Zäsuren (die Fünf in einer Hand, die Zehn nach Durchlauf der Hände). Sie können als Bündelungen beim Zählen fungieren. Die Bündelung einer Anzahl von Elementen, abgebildet von Gliedmaßen auf die Reihen mit Steinchen oder Stäben, erhöht die Schrittgröße im Zählvorgang. Es ist wie wenn dann in Siebenmeilenstiefeln über die Zählreihe geeilt würde: 10–20–30 oder 100–200–300 und so fort.

6. Das Wort Bündelung weist auf Gebinde oder Bund hin; auf Gewohnheiten, wie wir sahen, die beim Zusammenbinden von Stücken für Tausch oder

Handel üblich waren. Wo es keine in Stücken zu größeren Einheiten bind-
baren Objekte gibt, wie bei Getreide, Mehl, Milch oder Bier, fungieren
Gefäße als „Bündel". Als Hohlkörper, die auch als Maße dienen, haben
Gefäße die Eigenschaft, Inhalte anderer, kleinerer in sich aufzunehmen oder
in größeren enthalten zu sein. Bei der Zuordnung solcher Maßgrößen zu
Mengenangaben entsteht eine hierarchische Ordnung in der Bündelung einer Zahlenreihe: 145 Liter, das sind ein Gefäß mit 100, zwei zu 20 Litern
und ein Fünfliterfaß (vergleiche auch Abbildung 6.9).

▷	= 5	⌣	etwa		24	Liter
●	= 6	▷	etwa		144	Liter
⬤	= 10	●	etwa	1	440	Liter
◗	= 3	⬤	etwa	4	320	Liter
⬖	= 10	◗	etwa	43	200	Liter

6.5 Beispiel für ein nicht-dekadisches, aber hierarchisch gestaffeltes Zahlsystem. Die Zeichen bedeuten Getreidehohlmaße normierter Größe. (Aus Nissen et al., 1990.)

7. Wählt man eine beliebig große, natürliche Zahl Z und bildet die damit
   bezeichneten Teilmengen auf einer Zahlenreihe ab, angefangen mit dem
   größten „Gefäß" bis hin zum kleinsten, dann erhält man eine Zahldarstellung der folgenden Art:

$$Z = a_1 \times B^n + a_2 \times B^{n-1} + a_3 \times B^{n-2} \ldots a_n \times B^0.$$

Hier ist B die Bündelungsgröße (in unseren Landen und Zeiten die 10),
und n ist die höchste Potenz dieser Zahl in Z (die Spitze in Abbildung 6.4).
Die a_i bezeichnen jeweils die Anzahl der „Gefäße einer Sorte". Eine Zahl
Z wie zum Beispiel 410 482 wäre dann so zu schreiben:

$$410\,482 = 4 \times 10^5 + 1 \times 10^4 + 0 \times 10^3 + 4 \times 10^2 + 8 \times 10^1 + 2 \times 10^0.$$

Das damit definierte Positions- oder Stellensystem für Zahlen erfordert die
Null für eine *eindeutige* Zahldarstellung. Wir kommen darauf noch zurück.

Mit diesen sieben Aspekten haben wir in gereinigter Form kognitive Komponenten kenntlich gemacht, die bei der Konstruktion jener geistigen Gebilde
zusammenwirken müssen, die wir Zahlen nennen oder genauer: die den Zahlbegriff im heutigen menschlichen Denken erzeugen.

Unsere einführenden historischen Betrachtungen haben erkennen lassen, daß sich diese Komponenten mit zunehmend anspruchsvoller Verwendung des Zahlgebrauchs zwar zahlreicher nachweisen lassen, aber doch nicht so, daß man damit abgrenzbare Stufen in der historischen Entwicklung von Zahlsystemen unterscheiden oder gar definieren könnte. Das ist auch leicht erklärlich. Wir betrachten jetzt einen Zeitraum von etwa 30 000 bis 2 500 vor unserer Zeitrechnung. In dieser Zeitspanne war die geistige Kapazität der Menschen aller Kulturstufen ihren Möglichkeiten nach in der Lage, die vollen Leistungseigenschaften des Zahlbegriffs auszuschöpfen. Aber die Lebensweisen der Völker führten zu extrem verschiedenen Anforderungen an ihre körperliche wie geistige Leistungsfähigkeit und damit auch an deren Ausbau. Bewährungen geistigen Vermögens betreffen im karg-kalten Norden zum Beispiel den Fallenbau für Bären, das Knüpfen von Knoten für Pfahl- oder Knüppelbindungen oder das Herstellen einer leistungsfähigen Speerschleuder oder guten Angel. Im wohltemperierten Süden hingegen ging es schon zur gleichen Zeit um die Bestimmung des jährlichen Getreidebedarfs eines Aufsehers mit 37 Arbeiterinnen bei der Getreideverwertung in Uruk oder um die Berechnung der Menge von Ziegeln, die ein Offizier der ägyptischen Armee für den Bau einer Rampe anfordern muß. Dabei zeigt sich, wie die sozialen Bedürfnisse und die kooperativen Anforderungen die kognitiven Dispositionen an sehr verschiedenen Punkten hochzüchten. Es sind Evolutionsvorgänge psychosozialer Art, die in verschiedenen Umwelten zu verschiedenen Bewährungsrichtungen hin gezogen und schließlich erzogen werden. Zwar sind sie, was Selektion und Neukombination anlangt, der biologischen Evolution verwandt. Aber sie eilen kraft der Plastizität der zentralen Nervensysteme den biogenetischen Wandlungen mit zunehmendem Tempo voraus.

Mentale Aspekte des Zahlbegriffs haben wir besprochen. Wir wissen aus historischen Betrachtungen wie aus eigener Kenntnis, daß dies nur eine Seite, die statische Seite dieser geistigen Strukturbildungen ist. Die zweite besteht in ihrer Dynamik. Sie entsteht mit der Anwendung kognitiver Operationen auf Zahlen, an denen sie angreifen und die sie transformieren. Ursprünglich werden solche Operationen an konkreten, greif- oder schüttbaren Objektmengen praktiziert. Hinzutun, Wegnehmen, Aufteilen sind solche Vorgänge. Schließlich lösen sich diese Operationen von den konkreten Objektmengen. Das ihnen gemeinsame wird zu einer Operations*klasse* zusammengefaßt und zum Begriff der Addition, Subtraktion oder Division verdichtet. Die Mehrfachausführung einer Addition wird zur Multiplikation. Schließlich wird die Zeichenbildung auch auf die Operationen übertragen. Handlungsausführungen an Mengen werden so mental als Wechselwirkungen zwischen Operationszeichen und Zahlzeichen abgebildet.

Wie das nun herauswächst aus den Lebensanforderungen in den frühen Stadtstaaten, das wollen wir wiederum in der geschichtlichen Einbettung betrachten.

Die Berufe haben sich gewandelt in der weiter oben umgriffenen Zeit. Waren die geschickten Fallensteller oder treffsicheren Speerwerfer in eiszeitlichen Landstrichen eine der hochangesehenen Teilgruppen im sozialen Netz vorgeschichtlicher Lebensgemeinschaften, so werden es nun im Mittelmeerraum die des Lesens, Schreibens und Rechnens Kundigen. Wir werden sehen, wie sie aus den ersten Angaben über die Ergiebigkeit einer Ernte, über Fischfänge oder über Mengen hergestellten Bieres das mächtige geistige Instrument des mathematischen Denkens auf den Weg gebracht haben.

Wir wählen in der Abfolge der Beispiele nicht immer den zeitlichen Gang der Geschichte, sondern die Höherstufungen in der Leistungsfähigkeit kognitiver Kalküle. Historisch spätere können dabei zuweilen die primitiveren sein. Das gilt in bestimmtem Sinne schon für die ersten Beispiele, die wir dem Rechnen der Ägypter entnehmen.

6.3 Die königlichen Schreiber der Ägypter: Ihr Denken im Rechnen

Schon im alten Reiche (2 800 bis 1 800), vor allem aber im mittleren (1 600 bis 1 100 vor unserer Zeitrechnung) – die Periode der Fremdherrschaft (um 1 700) also ausgeschlossen –, kamen die Schreiber als Mittler zwischen dem Volk und den Priestern beziehungsweise den Gottkönigen zu höchstem Ansehen. Es gab eigene Schulen, Wohlstand – und natürlich Anforderungen. Erdmann (zitiert nach van der Waerden 1956, Seite 18) übersetzte: „Ich will dir darlegen, was dein Wesen ist, wenn du sagst: Ich bin der Befehlsschreiber des Heeres. Man gibt dir einen See auf, den du graben (lassen) sollst. Dann kommst du zu mir, um dich nach dem Proviant für die Soldaten zu erkundigen und sagst, rechne mir ihn aus . . . Es soll eine Rampe gemacht werden, 730 Ellen lang und 55 Ellen breit, die 120 Kästen enthält, oben 30 Ellen hoch, in der Mitte 30 Ellen breit . . .“ Die Generäle sagen dann, so sinngemäß weiter: „Du bist ein berühmter Schreiber, entscheide schnell für uns, wie viele Ziegel wir brauchen.“

Einen großen Umfang nehmen ferner die „pesu-Rechnungen" ein. Hier bestimmte man die für die Herstellung von Bier oder Brot erforderlichen Getreidemengen. Und dann natürlich immer wieder die Buchhaltungen über Vorräte, Schulden und die Zinsen dafür.

Und wie rechnet man das nun alles aus? Im wesentlichen durch einen verfeinerten Ausbau des Doppelungsprinzips und der Addition. Das rechnende Denken der Ägypter war additiv. Dies muß man in Zusammenhang mit dem ägyptischen Zahlensystem sehen. Es hatte die Zehnerbindung (war also deka-

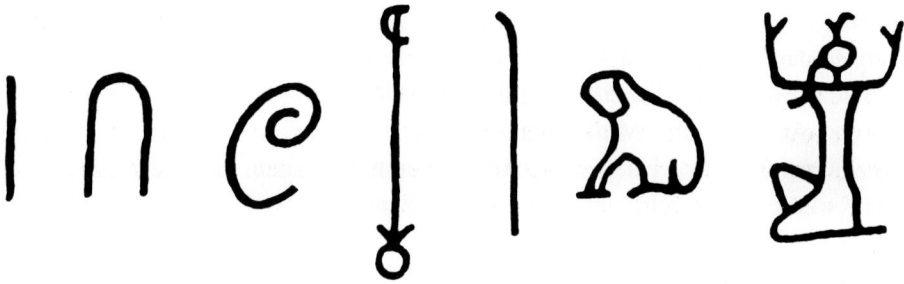

6.6 Individualzeichen des ägyptischen Zahlensystems. Man sieht sofort, daß damit keine Positionsschreibweise verwirklicht werden kann. Die linken Zeichen sind schon deutlich stilisiert (hieratisch), die rechten haben eine stärker bildschriftliche (oder ikonographische) Gestaltung. (Aus Wußing, 1962.)

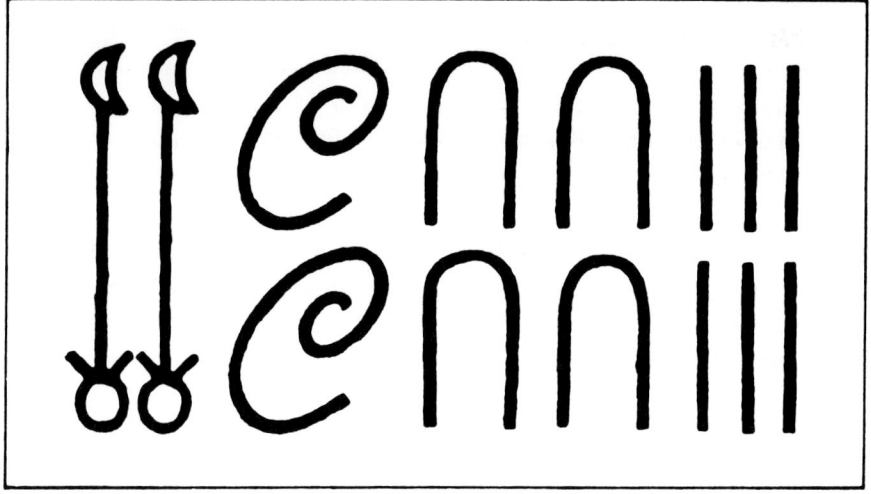

6.7 Die Zahl 2 246 in ägyptischen Symbolen geschrieben. Es gibt kein Stellensystem. Die Zahlzeichen sind über- sowie aneinandergereiht und müssen addiert werden. In Verbindung mit Abbildung 5.8 läßt sich das leicht nachvollziehen. (Aus Wußing, 1962.)

disch), aber kein Stellen- oder Positionssystem im bezeichneten Sinne. (Vergleiche dazu und für das Weitere Wußing 1962.) Abbildung 6.6 gibt Individualzeichen des ägyptischen Zahlensystems wieder. Die Eins, die Zehn und die 100 (von links nach rechts), die Lotosblume steht für „1 000" (als altes Pluralzeichen bedeutete sie einfach „sehr viel"). „10 000" ist durch einen Schilfkolben bezeichnet, wie sie zahlreich am Nilufer standen. Für „100 000" steht der Frosch (die biblischen Froschplagen Oberägyptens waren noch in Griechenland sprichwörtlich), und die Million zeigt das hieroglyphische Zeichen für den Gott der Lüfte, des unbegrenzten Raumes.

Die Zahl 2 246 in Abbildung 6.7 ist durch Reihung und Bündelung aufgebaut. Die Einzelzeichen müssen Stück für Stück addiert werden, um die Anzahl in der bezeichneten Menge auszudrücken.

Die folgenden Zeilen erläutern die in Abbildung 6.8 dargestellte charakteristische Aufgabe (die Multiplikation 13×12). Links ist die Zahl in unserer Bezeichnung und rechts sind die Additionen eingetragen. Nur die 1, die 4 und die 8 werden gebraucht, um die gesuchte 13 zu erhalten. Die Verdoppelung (2)

heute Multiplikation		ägyptischer Algorithmus	
		∗ 1	12
$13 \cdot 12 = 156$		2	24
		∗ 4	48
		∗ 8	96
		13	156

6.8 Multiplikation 13×12 nach dem Papyrus Rhind Nr. 32. Deutlich ist das Doppelungsprinzip mit nachfolgender Addition der Zahlen, deren Summe den vorgegebenen Faktor bildet (13). (Aus Wußing, 1962.)

dient lediglich dazu, um den Wert für den Faktor 4 zu gewinnen. Manchmal verkürzen die Schreiber auch den Verdoppelungsaufwand und setzen gleich das Ergebnis ein. Im Kahun-Papyrus Nr. 6 findet man 16×16 auf folgende Weise bestimmt:

/ 1	16
/10	160
/ 5	80
	256

Dieses Prinzip der Verkürzung bei der Aufwandsminderung kognitiver Operationen wird uns noch öfter begegnen, und wir werden seine volle Tragweite erst in Verbindung mit gewichtigeren Beispielen hinreichend klar vor Augen haben.

Die Division wird im Ägyptischen als umgekehrte Multiplikation – und die wieder als Addition ausgeführt: „... addiere, angefangen mit 80, bis du 1120 erhältst", heißt es in einem Text aus Papyrus Rhind. Aber schließlich setzte sich das Verkürzungsprinzip auch beim Dividieren durch; es wurden Zeichen für die Operation des Teilens entwickelt: $\smallsmile$ als Zeichen[2] und darunter die Zahl, also:

$$\underset{\overline{\overline{\overline{\overline{}}}}}{\smallsmile} = \frac{1}{12} \, .$$

Diese Schreibweise darf man nicht mit unserer Zähler-Nenner-Notierung verwechseln. Es ist eine Teil-von-Angabe und nicht die Bezeichnung einer Rechenoperation wie: 1 geteilt durch 12.

Im Ägyptischen sind natürliche und Stammbrüche unterschieden. Als natürliche werden Brüche angesehen, die im täglichen Leben sehr häufig gebraucht werden. Für sie gibt es auch eigene Benennungen.

$$\left(\frac{1}{2}, \frac{1}{3}, \frac{2}{3}, \frac{1}{4}, \frac{3}{4} \text{ sind natürliche Brüche.} \right)$$

$\frac{2}{3}$ heißt: „die zwei Teile"; $\frac{1}{3}$ heißt: „der dritte Teil".

In der „Londoner Lederrolle" sind die Verfahren des Umgangs mit Brüchen sehr genau dargelegt (vergleiche dazu van der Waerden 1956, Seite 32 folgende). Zunächst findet man Relationen zwischen Brüchen angeführt (wobei der Strich über der Zahl für „1 durch" stehen mag):

$$\frac{-}{6} + \frac{-}{6} = \frac{-}{3} \qquad \frac{-}{3} + \frac{-}{6} = \frac{-}{2} \qquad \frac{-}{2} + \frac{-}{3} + \frac{-}{6} = 1 \, .$$

Unter anderem werden äquivalente Bezeichnungen für $\frac{5}{6}$ angeführt:

$$\frac{-}{2} + \frac{-}{3} = \frac{=}{3} + \frac{-}{6} \, ,$$

wobei = für 2 im Zähler steht. Nach der Bestimmung von Gleichwertigkeiten dieser Art gelangt man zu den Regeln für Rechenverfahren mit Halben, Drit-

teln und Sechsteln, „die jeder ägyptische Rechner auswendig kennen mußte"
(nach van der Waerden 1956).

Es gibt Umwege in Rechenverfahren, die durch Traditionen bedingt zu sein
scheinen. Von „heiligen Reihen" ist an manchen Stellen die Rede. Charakteristische Eigenarten des rechnenden Denkens der Ägypter enthalten die sogenannten $2:n$-Tabellen. Es geht dabei um die Verdoppelung von Brüchen. Die
Vorschrift ist von weitreichender Bedeutung und wird im Papyrus Rhind gegeben.[3] Diese Regel lautet:

Um von – das Doppelte bestimmen zu können, teile durch 2. Da zwei $\rightarrow$
n

addiere zu zwei die Vier ergibt, also für $n=4$, ist $4:2$ zu bilden, was 2 ergibt.

Folglich ist $\dfrac{–}{2}$ das Doppelte von $\dfrac{–}{4}$, ein halb ist zweimal so viel wie ein Viertel.

In unserem Denken ist (wie van der Waerden richtig anmerkt) $\dfrac{2}{5}$ und $2:5$ ein

und dasselbe. Aber nicht für die ägyptischen Rechner: $\dfrac{–}{5}$ zu verdoppeln ist,

kognitiv gesehen, etwas anderes als unsere Division: Rechne mit 5 bis du 2

findest. Es war eine kreative Leistung eigener Art, – durch die Division von
n

n durch 2 zu verdoppeln.

Uns erscheint das rechnende Denken der Ägypter dennoch umständlich,
weil unser Verfahren einfacher ist: Wo die Ägypter zwei grundverschiedene
Regeln anwenden, benutzen wir ein und dasselbe Verfahren. In unserem Denken geht das darauf zurück, daß Division aus den zur Multiplikation *inversen*
oder *spiegelbildlichen* Operationen hergeleitet ist, also als Umkehroperation
betrachtet werden kann. Gerade dies blieb den Ägyptern verschlossen, weil
sie die Multiplikation auf die Addition, die Division auf die Multiplikation
zurückführten (und die dann wieder additiv behandelten). Dadurch mußten
auch so viele Zerlegungsregeln und Äquivalenzen zwischen Brüchen explizit
festgehalten werden. Nur ganz bestimmte Zerlegungen gestatten es nämlich,
Divisionen im verfügbaren Zahlenkörper auszuführen. Wir erkennen, daß die
Lösung des Problems der Teilung von Zahlen nach diesem Prinzip zu sehr
aufwendigen Repräsentationen von Zahlbeziehungen und Operationen führt.
Eben darum ist es wesentlich schwieriger als unser Verfahren. Aber im Rahmen ihrer Mittel für Berechnungen waren die Ägypter gleichwohl um maximale Vereinfachung bemüht. Am Beispiel der Umformung gleichnamiger
Brüche läßt sich das verdeutlichen. Für

$$\frac{-}{9} + \frac{-}{9} + \frac{-}{9} + \frac{-}{9} + \frac{-}{9} + \frac{-}{9} + \frac{-}{9} + \frac{-}{9}$$

$$(1)\ (2)\ (3)\ (4)\ (5)\ (6)\ (7)\ (8)$$

sind im Papyrus Rhind der Reihenfolge nach folgende Ausdrücke gesetzt:

$$(1)\colon \frac{-}{9} \qquad (2)\colon \frac{-}{6} + \frac{-}{18} \qquad (4)\colon \frac{-}{3} + \frac{-}{9} \qquad (8)\colon \frac{=}{3} + \frac{-}{6} + \frac{-}{18}.$$

Abermals ist darin das schon besprochene Verkürzungsprinzip zu erkennen. In (4) beispielsweise sind die $\frac{3}{9}$ durch $\frac{1}{3}$ ersetzt. In (8) gar die ersten $\frac{6}{9}$ durch $\frac{2}{3}$. Das Verkürzungsprinzip senkt als kognitive Regel den Operationsaufwand

im Rahmen einer Kette von Operationen. Aber es ist darum kein kreatives Prinzip, weil der Aufbau der Denkoperationen nicht verlassen, der Rahmen der kognitiven Technologie nicht gesprengt wird, wie wir es später noch an anderen Beispielen sehen werden.

Es gibt auch Zeugnisse dafür, daß die Systematik der Rechenoperationen selbst studiert wurde. Wahrscheinlich von den Schreibern, um sich gegenseitig „schwerere Aufgaben" zu stellen; wohl auch, um die Kräfte rechnerischen Könnens untereinander zu messen. Als ein einführendes Beispiel in diese Techniken sind die „Hau"-Rechnungen der Ägypter anzusehen. „H" steht konsonantisch für „Haufen", und Haufen ist für eine unbekannte Mengenbezeichnung, eben für eine Unbekannte gesetzt.

Im Moskauer Papyrus hat die Aufgabe 19 – etwa 2 000 vor unserer Zeitrechnung gestellt – folgenden Sinn:

Du berechnest einen Haufen. $1\frac{1}{2}$-mal gerechnet zusammen mit 4 ist er gekommen bis 10. Wie nennst Du den Haufen?

Nun folgt die Rechenvorschrift: Bestimme Du die Größe dieser 10 über der 4. Es entsteht die 6. Nun rechne mit $1\frac{1}{2}$, um zu finden die 1. Hier entstehen $\frac{=}{3}$. Berechne nun $\frac{=}{3}$ von diesen 6. Es entsteht 4 und siehe: 4 nennt sich der Haufen. Es ist also eine Gleichung mit einer Unbekannten.

303

$$\frac{3}{2}x + 4 = 10$$

$$\frac{3}{2}x = 10 - 4 = 6 \qquad \text{(später Rechenschritt).}$$

Interessant ist die Herstellung der 1. Sie wird mit der Bestimmung der Reziproken und ihrer Verwendung als Faktor auf beiden Seiten erreicht:

$$\frac{3}{2} \times \frac{2}{3} = 1$$

$$1 \times x = \frac{2}{3} \times 6 = \underline{4}$$

$$x = 4.$$

Es scheint so, daß das Hau-Rechnen aus den pesu-Rechnungen hervorgegangen ist. Dort ging es ja vorzugsweise um die Errechnung von Mengen für vorgeschriebene Zwecke. Aber wie wurde gedacht beim Rechnen? Es scheint unmöglich, das rekonstruieren zu wollen. Und doch ist es möglich, an einem kleinen Beispiele eine gewisse Evidenz dafür zu gewinnen, daß die Denkstrukturen der damaligen Menschen sich von den unseren im Rahmen ihrer Möglichkeiten nicht unterschieden. Diese Möglichkeiten waren in starkem Maße von ihren Denkmitteln bestimmt. Wir wollen sehen:

6.4 Protokoll eines Problemlöseprozesses, der vor über 4000 Jahren stattfand

Natürlich stehen hinter solchen Rechenaufgaben und ihren Ergebnissen Problemlöseprozesse, die auf dynamischen Strukturbildungen im menschlichen Denken beruhen. Aber wie lief dieses Denken ab? Wenn es schon schwierig ist, aus den im psychologischen Labor gewonnenen Protokollen über Problemlöseverhalten den Vorgang zum Denkziele hin zu verfolgen, um wieviel schwieriger ist es dann, aus historischen Notizen Lösungswege bei Denkprozessen zu rekonstruieren. Aber um so interessanter ist es auch für uns, daß sich im Papyrus Rhind mit der Aufgabe 27 das Lösungsverfahren für eine Aufgabe findet, nach der sich der Denkvorgang des Problemlösers ziemlich gut analysieren läßt. Das beschriebene Verfahren ist auch ein sinnfälliges Beispiel dafür, wie die Beschränkung aller Rechenverfahren auf Addition den kognitiven Aufwand zur Lösungsfindung wesentlich erhöht. Wir stellen die Aufgabe nach ihrer Notierung durch Damerow und Lefèvre (1981) dar. Die Aufgabe lautet:

Finde eine Menge. Tue ein Fünftel von ihr hinzu. Du hast 21.

Der Lösungsweg ist in drei parallelen Zahlenfolgen notiert:

$$
\begin{array}{ccccccc}
1 & 5 & /1 & 6 & /1 & & 3\dfrac{1}{2} \\[2ex]
\dfrac{1}{5} & 1 & /2 & 12 & 2 & & 7 \\[2ex]
& 6 & & /\dfrac{1}{2} & 3 & /4 & 14
\end{array}
$$

zusammen 21

Der Rechner setzt die 5 als Anfangszustand. Er bringt sie additiv und ganzzahlig auf ihren fünften Teil, das ist 1. Die Addition ergibt 6. Wozu braucht er diese 6? Das ist ein Teilziel, offensichtlich unabhängig von der Gesamtaufgabe und als eine Art kognitives Modul verfügbar. Diese 6 ist, nun auf das konkrete Endziel bezogen, eine Zahl, von der aus er die 21 aufbauen will (und muß). Von ihr aus soll auf additivem Wege jene Zahl gefunden werden, auf die dieses Fünftel aufgesetzt werden kann. Das ist im nächsten Kolumnenpaar demonstriert: Von der 6 ausgehend, muß dreieinhalb mal ihr Wert addiert werden, um zum Ziel zu kommen (21). Dieses Ziel soll nun sechsmal den fünften Teil der gesuchten Zahl enthalten. Und fünfmal dieser Teil muß nun die gesuchte Zahl sein. Dieser Wert ist in den beiden rechten Kolumnen bestimmt: Fünfmal muß $3\dfrac{1}{2}$ aufgestockt werden. Das ergibt die Zahl $17\dfrac{1}{2}$. Wir prüfen: $17\dfrac{1}{2}$ fünfmal aufgestockt, das geht bei $3\dfrac{1}{2}$ und ergibt $17\dfrac{1}{2}$; plus $3\dfrac{1}{2}$ ist 21.

Unser heutiges Lösungsverfahren wäre verkürzt durch das Wissen um die leistungsfähigeren Operationen des Multiplizierens und des Dividierens, die die Ägypter so nicht verfügbar hatten. Daraus ergibt sich, daß ihr Denkvorgang anders ablief. Aber auch die ägyptische Kodierung der Denkwege wäre für uns nachvollziehbar, was wir hier des Aufwands wegen nicht tun wollen. In unserer Beschreibung haben wir dennoch zahlreiche Elemente der Lösungsfindung eines ägyptischen Schreibers gefunden, die wir in unserer Gegenwart bei klugen Studenten in Problemlösesituationen auch finden: den Anfangszustand klarmachen und bestimmen, Teilziele bilden, vom Endziel aus „rückwärts" denken, den Problemraum vereinfachen (zum Beispiel die Teilbarkeit durch fünf herstellen und anderes). Das eigentlich Kreative dieses Lösungsweges ist darin zu erkennen, wie bei Einschränkung aller Denkmittel bis auf Addieren (was wir hier eben verkürzt dargestellt haben) eine solche Aufgabe gelöst werden kann.

Wir haben nun Möglichkeiten und Grenzen der ägyptischen Berechnungsverfahren an Beispielen betrachtet. Dabei ist wohl auch deutlich geworden, daß die Grenzen von Berechnungsmöglichkeiten in starkem Maße von der Zahldarstellung *und* vom System anwendbarer Operationen abhängen. Beides ist beim Rechnen in Wechselwirkung. Wie zum Beispiel sollte man aus einer

Summe von Stammbrüchen wie $\frac{}{3} + \frac{}{6} + \frac{}{18}$ eine Quadratwurzel ziehen? Eine

Aufgabe, die die Babylonier zur gleichen Zeit spielend lösten, und wir werden gleich sehen, weshalb das hier ein unlösbares Problem und dort so überaus einfach war.

Es gab weitere Glanzleistungen der ägyptischen Rechenkunst. Die Berechnung des Kegelstumpfes ist das eine Beispiel. Das zweite ist die Zahl π. Bekanntlich wird π gebraucht für die Berechnung kreisförmiger Umrandungen oder von Flächen: von Brunnenumrissen, für Mahlsteine, Wasserräder und ähnliches. Die Näherung der Ägypter für π lautet:

$$\pi = 4 \times \left(\frac{8}{9}\right)^2 = 3{,}16049\ldots$$

und das ist wesentlich exakter als die der sonst so bewunderungswürdigen, noch älteren (und in vieler Hinsicht der ägyptischen überlegenen) babylonischen Berechnungsverfahren. Die Ursache für diese ziemlich singuläre kognitive Behinderung der Babylonier wird sogleich deutlich werden.

Die im vorangehenden angeführten Papyri waren jedoch nicht nur schlichte Rechnungen. Im vielzitierten Papyrus Rhind wird dessen Inhalt zur Einführung angekündigt als „Regeln zum Eindringen in die Natur und zum Erkennen alles dessen, was existiert, jedwedes Mysteriums, … jedes Geheimnisses …". Die Verfahren selbst waren zum großen Teil geheime Künste eines privilegierten Standes. Für gute Dienste verliehen die Pharaonen ihren Mitgliedern die Würde der Unsterblichkeit. Das war ein Gegengeschenk. Denn das ihnen zur Verfügung gehaltene Wissen stützte ihre Macht; sei es dadurch, daß reale Erkenntnisse in ihm enthalten waren, die bestaunte Entscheidungen legitimierten (wie die Voraussage der Nilüberschwemmung mit dem Siriusaufgang über Memphis alle 365 Tage); oder sei es dadurch, daß das Bestimmen des Tages des Opfers für einen Gott vor einem Kriege sich dadurch bekräftigte, daß der Sieg wirklich errungen wurde.

Unterdessen waren weit im Osten, zwischen Euphrat und Tigris, die Sumerer durch die semitischen Akkader überwältigt worden (um 2 300 vor Christus). Die alten Lautzeichen der sumerischen Keilschrift wurden für den neuen Dialekt genutzt: Akkadisch wurde Landessprache. Das Sumerische, ungewohnt und fremdländisch-schwierig, blieb lange Jahrhunderte hindurch Gelehrtensprache. Als Kennzeichen für privilegiertes Wissen wurde diese Sprache zu einem Kastenmerkmal. Mit der Konzentration der neuen Macht in und um Babel wurde das Zahlsystem aber nicht angetastet. Seine Nutzung und Vervollkommnung brachte das Land zu hoher Blüte und verhalf ihm mit zu hohem Ansehen und zu großer Macht.

6.5 Sumerer und Babylonier: Ein eigenartiges Zahlensystem mit folgenreicher Ausdruckskraft

Van der Waerden, Menninger und andere bedeutende Mathematiker, die sich mit der Entwicklung frühgeschichtlichen mathematischen Denkens bei Ägyptern, Babyloniern und Griechen eingehend befaßt haben, sind übereinstimmend zu der Auffassung gelangt, daß eine charakteristische Eigenschaft des ägyptischen Denkens im Umgang mit Zahlen weniger darin bestand, daß man rechnen als vielmehr: daß man etwas ausrechnen konnte. Die Inhalte eines Speichers, die Vorratsmenge für eine bestimmte Unternehmung, der Bedarf an Steinen, an Holz und Hölzern für einen Bau und so fort sollten berechnet werden. Darin unterschieden sich die frühen sumerischen Verwendungen von Zahlen zunächst nicht. Die Anfänge waren sich ähnlich: Zahlen erwachsen dem geistigen Leben im sozial bezogenen Umgang mit Mengen und Werten von Dingen.

Nachdem es für die Assyrologen und Orientforscher ursprünglich sehr schwierig war, die verschiedenen Zahlzeichen der Sumerer auseinanderzuhalten, besteht nun Klarheit darüber, daß es verschiedene Sorten von Zahlzeichen (und Zahlnamen) für unterschiedliche Objekte oder Objektmengen gab. Man hatte eigene Zahlzeichen für Getreide, für Tiere, Bier oder Feldflächen. Auch gab es für große Mengenangaben ein Bisexagesimalsystem mit 120 als Bündelung. Abbildung 6.9 zeigt, wie diese Zahlen für die Darstellung sehr großer Mengen genutzt wurden. Es war dies gewissermaßen eine Vereinfachung des Zählaufwands durch die Wahl sehr weiter Schrittgrößen. Jedenfalls gab es in dieser frühen Periode einen im Wissen (und daher im Gedächtnis) dieser Menschen fixierten Zusammenhang zwischen Zahlzeichen (und Zahlwort) sowie gezählten Gegenständen. (Erinnert sei an unsere ehemaligen Bezeichnungen wie Schock, Mandel oder Dutzend, durch die auch nur bestimmte Objektmengen benannt werden können.)

Die allmähliche Ablösung dieser Kontextbindung der Zahlen erfolgte wahrscheinlich über die messende Feststellung von Mengen in Gefäßen. Man hat Hohlkugeln aus Ton gefunden, in denen sich Zählsteine befanden (Abbildung 6.10). Ihre Größenverhältnisse deuten auf eine hierarchische Ordnung hin. Sehr wahrscheinlich liegt hier auch die Quelle für die Erkenntnis, daß sich die Bündelungen jeder Zahlreihe auf gleiche Weise verschachteln, also hierarchisch geordnet darstellen lassen.

Parallel zu den Zahldarstellungen wurden auch die Zahlzeichen entwickelt. Das geschah in zweierlei Richtung, wobei (genau wie bei den Bündelungen) eine überlebte. Die eine Bezeichnungsweise führte zu Zeichen für Unterbegriffe. Es wurde zum Beispiel nicht nur die Menge der gezählten Schafe angegeben, sondern mit den Zahlzeichen wurde unterschieden, ob es sich um Alt- oder Jungtiere handelte, um männliche oder weibliche. Diese Information war mit den Mengenbezeichnungen verbunden. Eine abstraktere Darstellung von Mengen aus Mengen wurde durch die Wahl von Determinativen erreicht. Also indem man Zahlen mit Zeichen für die Klassensorten wählte, denen die gezählten Mengen angehörten: Dinge aus Holz, verschiedene Tierarten, Gefäße verschiedener Art und verschiedenen Inhalts. Schließlich stirbt diese Bezeichnungsweise für Mengen und Qualitäten (von Ausnahmen abgesehen) all-

6.9 Dokumentation über eine Menge von 135 000 Litern Gerste, die von einem Beamten oder einer Verwaltungsbehörde namens Kuschim angefertigt wurde. (Aus Nissen et al., 1990.) ▶

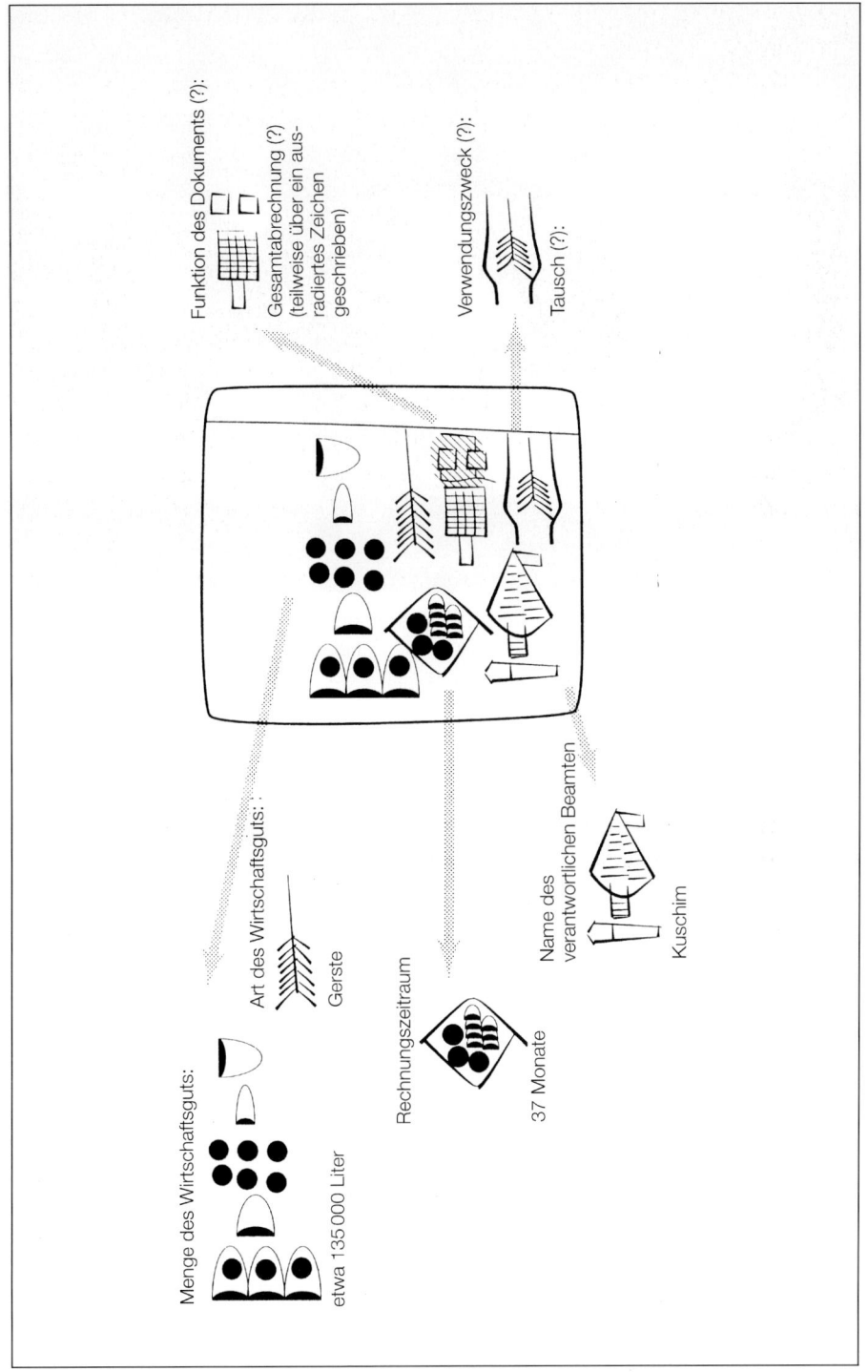

309

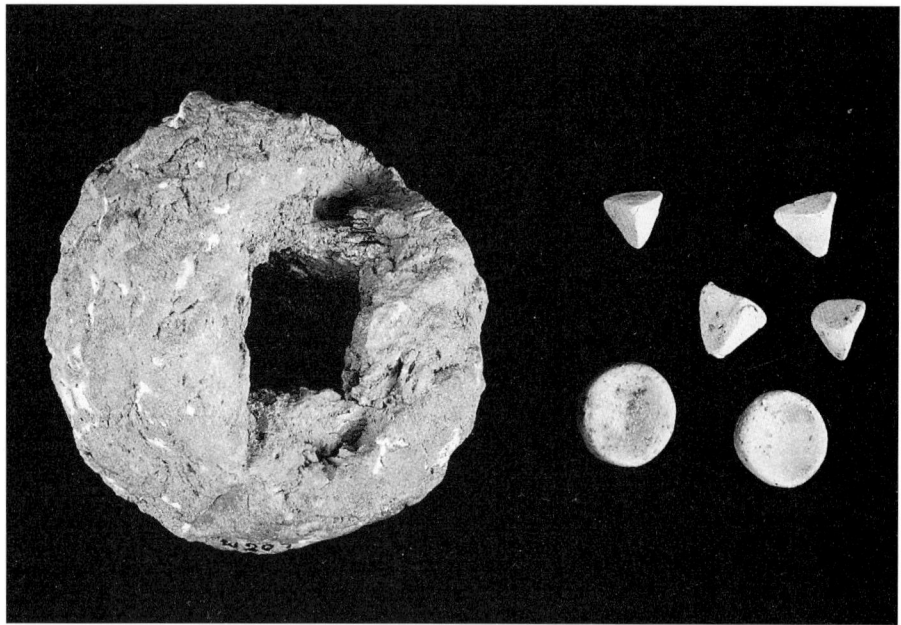

6.10 Gefäß mit Zählsteinen. Größere Steine sind ganzzahlige Vielfache der kleineren. Darin drückt sich die hierarchische Ordnung des Zahlensystems gleichsam „be-greifbar" aus. Es ist zugleich die Ablösung vom objektgebundenen Maß zum generell anwendbaren Meßinstrument. (Aus Nissen et al., 1990.)

mählich aus. Diese Art von Verbindung wird von Zahlbegriff und Zahlzeichen getrennt und im Rahmen eines beschreibenden Textes ausgedrückt. Die Zahldarstellung wird dadurch frei für die pure Mengenbezeichnung und für Operationen an ihr. Das ist dann der zweite Weg gewesen. So hat sich ganz allmählich in der Geschichte und in langandauernden, auch parallelen Entwicklungen zwischen 3000 und 2500 vor Christus mit diesen Zahlzeichen das vielgerühmte sumerisch-babylonische Zahlsystem herausgebildet. Ursprünglich hatten die Sumerer ein Zehnersystem. Irgendwann zwischen 3000 und 2800 ist dieses System durch ein sexagesimales Zahlsystem mit der 60 als Bündelungsgröße abgelöst worden. Mit der Semitisierung zwischen 2500 und 2000 muß dieses System schon vorgelegen haben, denn die Akkader haben es übernommen. Ihre Sprache haben sie, wie gesagt, als Eroberer behalten, aber ihr Zahlsystem haben sie aufgegeben. Es muß eine große Suggestivkraft von der Zahldarstellung der Sumerer ausgegangen sein. Die Babylonier, die Kassiten als Eroberer zwischen 1500 und 1250 und dann wieder die Babylonier von Nabonassar um 747 bis zum neubabylonischen Reich Nebukadnezar II. behielten dieses Zahlensystem bei. Es war eine Periode bedeutender Fortschritte

in den Beobachtungen der heliakischen Aufgänge von Fixsternen, der Beobachtungen von Finsternissen, von Planetenperioden und schließlich der Konstruktion von Kalendern nach den Bewegungen der Gestirne. Es ist verbürgt,
daß noch Ptolemaios um 280 n. Chr. im Sexagesimalsystem rechnete, und
unsere Zeitmessung ist noch heute von dieser Bündelung beeinflußt: 60 Se-
kunden hat die Minute (und Winkelsekunden der Kreis), 60 Minuten die
Stunde, den fünften Teil des Ganzen hat der Tag (an Stunden), die Hälfte der
Monat (in Tagen), und sechs Ganze (nämlich 360) macht das Jahr an Tagen
(jedenfalls bei den frühen Babyloniern).

Wie kann man die Suggestivkraft dieses Systems bei der Darstellung von
Mengen begreifen? Das Zehnersystem beruht auf einer natürlichen, am eigenen Körper zu verifizierenden Zählgrenze. Aber die 60? Wodurch kann die
Einheitsbildung gerade mit dieser Stufe bedingt worden sein? Wir werden
diese Fragen direkt oder indirekt mit zu beantworten haben. Wenigstens hypothetisch.

Es gibt zwischen den babylonischen und den ägyptischen Zahlzeichen zwei
charakteristische Unterschiede. Abbildung 6.11 zeigt die alten (noch in die
sumerische Periode vor 3 000 zurückreichenden) Zahlzeichen in der oberen
und in der unteren Reihe die klassische sumerisch-babylonische Zahlen-
schriftnotierung. Zunächst einmal unterscheiden sich die Zeichen in ihrer ty-
pographischen Gestalt. Die oberen sind mit einem runden Griffel in den weichen Ton gedrückt; bei den Kreisen erfolgte der Andruck senkrecht, bei den
Halbkreisen wurde der Stab schräg gehalten. Die Keilschrift entstand auf ähnliche Weise, nur daß der Stab nicht rund war, sondern daß er eine prismaähnli-
che Form hatte. Abbildung 5.12 zeigt die Entstehungsweise der Keilabdrücke.
Das ist die Technik der Zahlzeichenherstellung.

Nach Abbildung 6.12 sind auch durch die äußere Form hindurch zwei Zählgrenzen kenntlich, nämlich die 10 und die 60. Sie wiederholen sich beide, was
auf eine doppelte Stufung hinweist, die möglicherweise auf eine historische

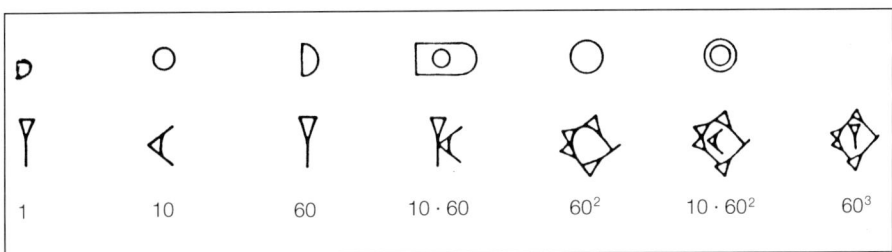

6.11 Alte und neue sumerische Zahlzeichen. (Gezeichnet nach Wußing, 1962.)

Überlagerung zurückgeht. Aus kognitiven Gründen läßt sich vermuten, daß die 10 die ältere und womöglich länger noch lautliche Zählgrenze war, während die Sechziger-Stufung das Rechnungs- und Berechnungswesen bestimmt hat. Diese Grenze war wie keine andere (angesichts der verfügbaren Mittel) geeignet, eine große Menge und Anzahl von Dingen in den Griff kognitiver Übersichtlichkeit zu bringen. (Das ist aber noch lange nicht der ganze Vorteil.) Was wir weiter erkennen am Beispiel dieser Zahldarstellung ist der schon beschriebene Mechanismus einer kognitiven Verkürzung. Wir haben das Zeichen für 10 (horizontaler breiter Keil) und das Zeichen für 60 (senkrechter, schmaler, großer Keil). Daraus werden nun die höheren Stufen *operativ konstruiert*. 10 neben der 60 ist 600, 10 neben der $60^2 = 36\,000$. Dazu kommt die Symbolik für die $60 \times 60 = 60^2$. Es ist ein Kranz aus Keilen. Mit der Mitte ist die Regel schon beschrieben. Sie setzt sich nun fort für die 60 im $60^2 = 60^3$, also $216\,000$ und so fort. Diese verkürzte Art der operativen Verknüpfungen im Zahlzeichensystem ist nicht nur eine rationelle, weniger aufwendige Methode in der Zahldarstellung selbst, sondern Voraussetzung für einen weiteren Vereinfachungsschritt. Dieser Schritt ist das uns vom Abstrakten her bekannte

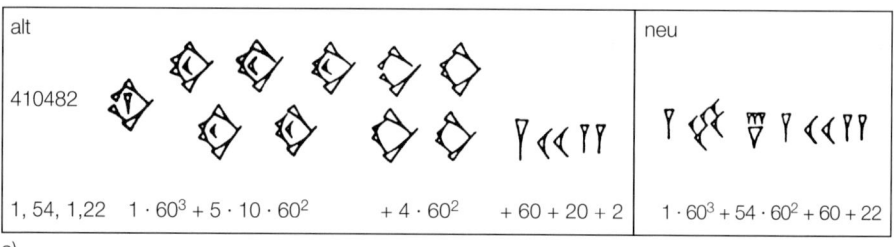

6.12 Zwei verschiedene Phasen in der Entstehungsgeschichte der Positionsschreibweise im Rahmen des babylonischen, sexagesimalen Zahlensystems. a) Links die alte Form mit Häufung; rechts Linearisierung mit der Faktorfunktion der Stelle (weitere Erläuterung im Text). (Aus Willers 1962.) b) Eine Million in Haufen- und c) in Positionsschreibweise:

$$[(4 \times 60^3) + (37 \times 60^2) + (46 \times 60^1) + (40 \times 60^0)].$$

(Aus Nissen et al., 1990.)

Positionssystem. Den Unterschied erkennt man deutlich am Beispiel der Abbildung 6.12. Auf der linken Seite, die einer älteren Darstellung entspricht, haben wir die Zahlenhaufen. Einmal die 60^2, fünfmal die $5 \times 10 \times 60^2$, viermal die 60^2, einmal die 60, zweimal die 10 und zweimal die 1. Rechts (es ist die jüngere und leistungsfähigere Darstellungsform) ist aus der Haufenbildung die Linearschreibweise geworden (vergleiche auch die Zeichenerfassung der Million darunter). Das mag ursprünglich ganz gegenständliche, vielleicht mit dem Denken in Gefäß- oder Gewichtseinheiten zusammenhängende und vielleicht auch noch zusätzlich schreibtechnische Gründe gehabt haben. Aber einmal verwirklicht, sei es durch solchen Spezialfall oder sei es aus Gründen der Übersichtlichkeit, Eindeutigkeit oder Raumersparnis oder gar der kognitiven Erkenntnis wegen – einmal verwendet, fördert und begünstigt diese Positionsdarstellung schon von der Wahrnehmung her die Einsicht, daß man die Abfolge der Zeichen selbst, oder genauer: *ihre Position in der Folge* als Zeichen (im Sinne eines Informationsträgers) nutzen kann. Die Position drückt den Stellenwert des Zeichens aus. Die Eindeutigkeit entsteht nach Übereinkunft aus der Reihenfolge: rechts die Einer, dann die Zahl für die Sechziger-Einheit, die für 60^2, 60^3 und so fort. So bedeuten die Zahlen 1, 1, 4 = 3 664; 1, 4 = 64 und so weiter.

Unbeschadet der Art seiner Entdeckung ist doch das Prinzip der Linearschreibweise vom Kognitiven her genau angebbar: Es ist eine Abbildung, eine Abbildung von Hierarchiestufen auf die Reihenfolge in der Schriftzeile. Jede Höhe der Stufung hat eine wohlbestimmte Position in der Zahlenfolge. (Das Prinzip der kognitiven Abbildung ist sehr allgemeiner Natur. Es läßt sich in zahlreichen Fällen als Basisprozedur hinter bedeutenden geistigen Leistungen entdecken.)

Die bislang betrachtete Darstellungsform ist noch nicht in allen Fällen eindeutig. Was ist, wenn die Zahl nicht 3 664, sondern 3 604 lautet? Dann ist die erste Sechziger-Potenz (in der zweiten Stelle) nicht vorhanden! Oder, anders gesagt: Die Folge 1, 0, 4 kann sowohl 3 604 ($1 \times 60^2 + 0 \times 60^1 + 4 \times 60^0$) als auch

$$60 \frac{4}{60} = 60 \frac{1}{15}$$ gelesen werden. Dieses Problem ist in den vielen Jahrhunderten

der Keilschriftzahlen auf verschiedene Weise zu lösen versucht worden: Selbst der Rückfall in die Haufendarstellung wie in Abbildung 6.12 links findet sich darunter. Auch eine große Lücke wurde als Zeichen für die fehlende Potenz verwendet. Um 700 vor Christus jedoch fand man die eleganteste und noch heute verwendete Prinzip-Lösung: das Zeichen für die Leerstelle. Die zwei kleinen Keile $\lessgtr$ entsprechen unserer Null (siehe auch Abbildung 6.16). Aber

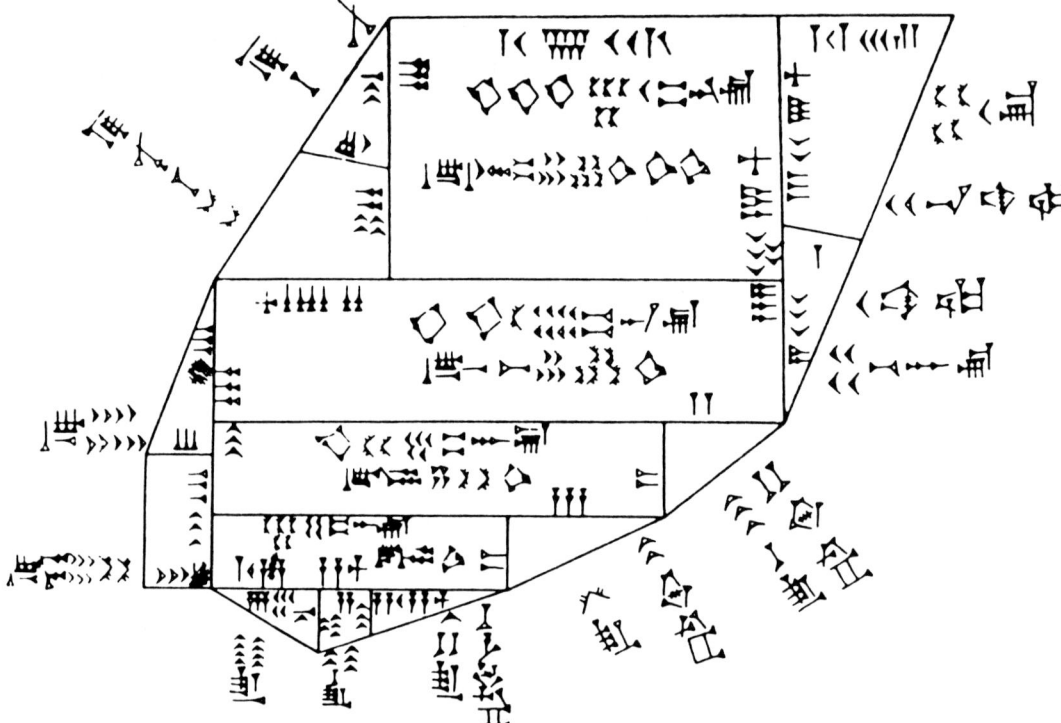

6.13 Aufzeichnung einer Felderaufteilung mit Flächenangaben (liegende Zahlzeichen). (Aus Eisenlohr, 1896.)

niemals ist die Null am Ende einer Zahlenreihe verwendet worden. Diese letzte Perfektion der Zahldarstellung wurde von den Indern eingeführt. Sie ist über die Araber erst im Mittelalter in Südeuropa eingedrungen. Gleichwohl: Die Babylonier hatten ein Stellensystem mit Positionsschreibweise. Und das war eine hervorragende Leistung, die nicht nur völlig neue Möglichkeiten der Mengendarstellung eröffnete, sondern die auch zu neuen Denkwegen führte. Wodurch eigentlich? Deshalb, weil gleiche, vor allem aber große Mengen oder Anzahlen auf viel einfachere Weise als zum Beispiel im ägyptischen Zahlensystem dargestellt werden konnten. Gerade diese Vereinfachung ermöglichte es, bei gleichem kognitiven Aufwand neue, schwierigere Problemsichten in den Griff zahlenmäßiger Ausdrückbarkeit zu bekommen. Die Vereinfachung einer Problemsicht oder (was dasselbe ist) der Mittel zu ihrer Darstellung und Behandlung ist als Resultat kognitiver Prozesse eine bedeutsame Grundlage der Steigerung menschlicher Erkenntnistätigkeit und Erkenntnisfähigkeit. Das Prinzip, keineswegs auf die Zahldarstellung beschränkt, ist in diesem Rahmen besonders anschaulich zu fassen. Wir glauben im übrigen, noch begründen zu können, daß die Durchsetzungskraft des sexagesimalen Zahlensystems auf seine Einfachheit in der Darstellung großer Zahlen *und vor allem von Zahlverhältnissen* zurückgeht. Abbildung 6.13 gibt einen Felderplan wieder. Die Zahlen bezeichnen Flächen in ganzen und gebrochenen Maßeinheiten. (Liegende Zahlen wurden für Flächenangaben verwendet: *Zahlzeichen und Maß in einem!*) Als Einheit wurde die für die Fläche erforderliche Saatmenge verwendet.

Wir haben bei der Zusammenfassung von Beispielen schon mehrfach betont, daß Messen soviel wie Teilen heißt. Was immer auch gemessen wird,

$\frac{1}{2}$

$\frac{1}{3}$

$\frac{2}{3}$

6.14 Babylonische Zeichen für Brüche. Die Wahl dieser Symbole geht auf die Eigenschaften eines Hohlmaßes zurück, das bei Mengenaufteilungen verwendet wurde. (Aus Wußing, 1962.)

stets geht es um die Bestimmung des Vielfachen einer Einheit. Das zu Messende wird als Teil zu einer (aus sozial-ökonomischen Gebrauchsformen entstandenen) Normgröße ins Verhältnis gesetzt. Den Vorgang wie das Ergebnis kann man in Zahlen ausdrücken. Dadurch entstehen Zahlverhältnisse oder Brüche. Und das ist ein Punkt, an dem sich das sexagesimale Zahlensystem erneut bewährt: Keine andere, kognitiv faßbare Zahlengliederung hat so viele ganzzahlige Ausdrücke für Zahlverhältnisse: die 2, 3, 4, 5, 6, 10, 15, 20 und 30 sind ohne Rest in 60 enthalten. Aber natürlich nicht alle. Doch wer messen will, der muß alle möglichen Zahlverhältnisse in Rechnung stellen können. Die Babylonier bewältigen das mit Hilfe ihrer Reziprokentafeln, die zahlreich aufgefunden und von Neugebauer (1935, 1974) einer gründlichen Analyse unterzogen wurden. Auch die Zeichenwahl für Brüche verweist auf das alte Maßsystem. Abbildung 6.14 gibt Beispiele dafür. Das Zeichen für ein halb ist die Querhalbierung eines sumerischen Hohlmaßes. Die Quertrennung könnte eine Art Verweis auf die halbe Füllung sein. Wie man begründen kann (vergleiche Wußing 1962, Seite 35), wurde diese Hälfte zu einer eigenen benannten Maßeinheit, dem ban; etwa so, wie die Mandel $\frac{1}{4}$ des Vollmaßes Schock ist, ohne daß man dies der Bezeichnung noch ansieht.

Die Tafeln waren also Reziprokentafeln. Tabelle 1 gibt Beispiele aus einer solchen Tafel (nach van der Waerden 1956):

Tabelle 6.1: Darstellung von Brüchen in babylonischen Reziprokentafeln.
(Der rechte Ausdruck ist im sexagesimalen Zahlen- und Positionssystem abgefaßt.)

1 : 2 = ;30	1 : 20 = ;3
1 : 3 = ;20	1 : 24 = ;2, 30
1 : 4 = ;15	1 : 25 = ;2, 24
1 : 5 = ;12	1 : 27 = ;2, 13, 20
1 : 6 = ;10	
1 : 8 = ;7, 30	
1 : 9 = ;6, 40	

Die Zerlegung von $\dfrac{1}{8}$ in die sexagesimale Darstellung ist danach wie folgt zu interpretieren:

$$0; 7, 30 = \frac{7}{60} + \frac{30}{3\,600} = \frac{45}{360} = \frac{1}{8}.$$

Man kann die Notierung aber auch anders interpretieren 0; 7, 30×8 ergibt 1 (das heißt 60). Also 7×8 = 56 + 30×8 : 60 = 4. 56+4 = 60. Die Reziprokentafeln sind demnach auch Multiplikationstabellen. Sie enthalten die Produkte

$a \times b^{-1}$, aber auch die Produkte $a \times b$. Das Dreifache von 0; 7, 30 $\left(= \dfrac{1}{8}\right)$ beträgt

(0; 22, 30), denn

$$\frac{22}{60} + \frac{30}{3\,600} = \frac{135}{360} = \frac{3}{8}.$$

Wenn also die Divisionsaufgabe $a : b$ ausgeführt werden sollte, so lautete die Vorschrift immer so: „Bilde die Reziproke b^{-1} und multipliziere diese mit a." Man behandelte die Brüche wie ganz gewöhnliche Zahlen. Die Vorteile der Positionsschreibweise werden zwingend deutlich: Alle vier Grundoperationen können nach einfachen algorithmischen Vorschriften sozusagen an Ort und Stelle ausgeführt werden. Welch *ungeheure Vereinfachung* gegenüber dem ägyptischen Rechnen! Nicht nur, daß das babylonische Zahlsystem „stärker die Naturmaße einfachen Zahlenverhältnissen anpaßt als das ägyptische" (Neugebauer 1935), das Positionssystem ermöglicht darüber hinaus eine vereinfachte Berechenbarkeit aller möglichen Zahlenverhältnisse sowie eine geschlossene, das heißt *nach einem Regelsystem* aufgebaute Behandlung der Grundrechenarten.

Um einen gewissen Eindruck von den Leistungseigenschaften dieses Zahlensystems zu bekommen, betrachten wir ein von van der Waerden zitiertes Beispiel: die Näherungsbestimmung der Quadratwurzel aus einer Zahl b. Man nahm dazu versuchsweise eine Zahl a, deren Quadrat möglichst nahe an b liegen sollte und addierte dann die Differenz zu b:

$$b = a^2 + d.$$

Nun wird eine bessere Approximation mit einem Wert y versucht:

$$(a + d)^2 = a^2 + d \quad \text{oder} \quad 2ay + y^2 = d.$$

Nun ist (wenn a^2 nicht stark von b abweicht) y^2 klein im Vergleich zu $2ay$ und wird negiert. Es ergibt sich $2ay = d$. Das ist lösbar für y:

$$y = \frac{d}{2a}.$$

Daher ist $a + y = a + \dfrac{d}{2a}$ eine bessere Approximation. Dieser Prozeß kann ständig wiederholt werden und führt schließlich zu einer beliebig genauen Annäherung an $\sqrt{b}$. Dieses Verfahren wurde auch angewendet, um $\sqrt{2}$ anzunähern. Aber natürlich erkannten diese Mathematiker noch nicht, daß sie es mit einer irrationalen Zahl zu tun hatten. Das blieb, wie wir sehen werden, den Griechen vorbehalten. Gleichwohl müssen wir uns nun nicht mehr wundern, daß es auf dieser Basis der kognitiven Repräsentation von Zahlen und Operationen zur Entstehung des frühesten mathematischen Denkens in der Menschheitsgeschichte gekommen ist; das heißt von Denkvorgängen, deren Gegenstand die Spezifik der Zahlenrepräsentationen und ihre Ausdrucksfähigkeit selbst sind, ohne notwendigen Bezug darauf, welche Eigenschaften der Gegenstandswelt sie abbilden. Werden die Eigenschaften der Zahlen und der Operationen an ihnen zum Gegenstand der Erkenntnistätigkeit, dann werden Zusammenhänge, Ähnlichkeiten und Verwandtschaften in den mathematischen Strukturen kenntlich, die zuvor unerkennbar bleiben mußten, weil sie absolut nicht wahrnehmbar sind. Und dies, obwohl die kognitive Befähigung zum Erkennen dieser Zusammenhänge durchaus vorhanden sein konnte. In der Tat entstehen zu dieser Zeit zum ersten Male so etwas wie eine Arithmetik, eine Algebra und eine Geometrie als eigenständige Wissensgebiete.

Wir wollen abschließend zwei charakteristische Beispiele für Formen mathematisch-algebraischen Denkens um 1000 vor Christus angeben (vergleiche dazu auch van der Waerden 1956, Seite 108):

Wenn die Summe $x + y = 2h$ gegeben war, dann wurde das in den Ansatz

$$x = h + w, \quad y = h - w$$

überführt. Weiter wurde versucht, die Hilfsgröße w zu bestimmen. Wenn zum Beispiel außer der Summe noch das Produkt P zur Verfügung ist, so kann man für w noch folgende Gleichung konstruieren:

$wy = (h + w)(h - w) = h^2 - w^2 = P$
beziehungsweise $w^2 = h^2 - P$.

In der Tat ordneten die Babylonier zu dieser Zeit bereits Berechnungsanforderungen nach mathematischen Problemklassen. Es war erkannt worden, daß hinter den verschiedensten Erscheinungsformen der Realität invariante formale Strukturen stehen können. Ein erster großer Versuch, deren Systematik zu erreichen, blieb aber den Griechen vorbehalten.

Ein zweites Beispiel sei einem altbabylonischen Text entnommen. Abbildung 6.15 gibt eine Schemazeichnung des zu berechnenden Sachverhalts wieder. Der Text lautet: „Ein palu (was offensichtlich soviel wie Balken bedeutet) ist 0;30 lang. Oben ist er um 0;6 herabgekommen. Wie weit hat er sich unten entfernt?" Gegeben ist also ein rechtwinkliges Dreieck mit der Hypothenuse d=0;30. Ferner ist eine der Katheten h=0;30−0;6=0;24 gegeben. Die zweite Kathete wird ausgerechnet, gerade so, wie sie 1000 Jahre später noch Pythagoras ausgerechnet hat:

$b^2 = d^2 - h^2.$

In babylonischen Texten sind verschiedene „pythagoreische" Zahlen beziehungsweise Zahlenverhältnisse beschrieben. So zum Beispiel 5 : 12 : 13;

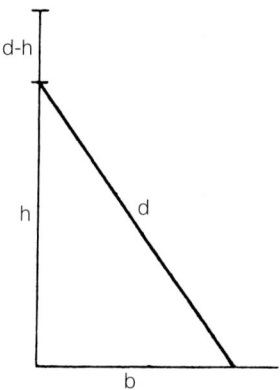

6.15 Schemazeichnung nach einer altbabylonischen Textaufgabe, aus der die Kenntnis des nach Pythagoras benannten Lehrsatzes eindeutig hervorgeht. Es kann angenommen werden, daß Pythagoras diesen Lehrsatz auf einer seiner Reisen in den Orient kennengelernt hat (vergleiche dazu den Text).

8:15:17; 20:21:29; 3:4:5 und andere. Es gibt Quadratwurzeltabellen; auch Kubikzahlen mit ihren Inversen, den Kubikwurzeln, waren wenigstens in Form von Beispielen bekannt.

Vor dem Hintergrund dieser Denkresultate wird begreifbar, weshalb mit den babylonischen mathematischen Strukturen der Durchbruch durch die bis dahin scheinbar absoluten Erkenntnisschranken des archaischen Denkens gelingen konnte. Das Zahlensystem eröffnet den Weg zur Erfassung von Zusammenhängen, die hinter den Erscheinungen der Gegenstandswelt wirken, zur Erkenntnis von übergeifenden Gesetzmäßigkeiten in der Natur. Das wird möglich durch die Annahme, daß die in Zahlen und ihren Beziehungen abgebildeten Zusammenhänge Eigenschaften der Realität korrekt in sich aufnehmen. Die wichtigste Bewährungsprobe ihres Systems war mit der Darstellung astronomischer Beobachtungsergebnisse verbunden. Wir können darauf hier im einzelnen nicht eingehen. Nur sei der Hinweis gegeben, daß es dort im besonderen auf die Zahlenverhältnisse ankommt, daß also $\frac{1}{60}$ einer Größe soviel wie das Sechzigfache einer anderen bedeutet (van der Waerden 1956).

Aber natürlich waren das die ersten Ansätze und Anfänge beim Verlassen des archaischen Denkens. Ein Prozeß im ganzen, der noch heute nicht vollständig abgeschlossen ist.

Das System hatte aber auch seine Mängel: durch seine eigene Struktur bedingte wie ideologisch verursachte. Fürs erste mag als Beispiel die fehlende Null stehen. So können die Keilschriftzeichen der Abbildung 6.16 als 1, 0, 4 gelesen sowohl 3 604 als auch $60\frac{1}{5}$ bedeuten. 1, 3, 30 kann $63\frac{1}{2}$ oder $1\frac{7}{120}$ bedeuten.

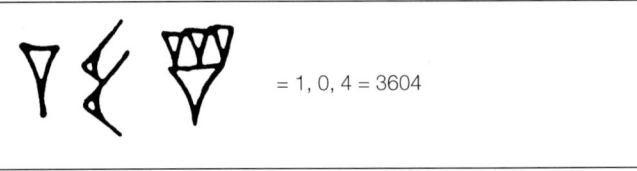

$= 1, 0, 4 = 3604$

6.16 Ein Beispiel für die Mehrdeutigkeit von Keilschriftzeichen im sexagesimalen Zahlensystem. Die Zahl kann sowohl 3 604 als auch $60\frac{1}{15}$ bedeuten. (Nach van der Waerden, 1956.)

Irgendwie muß die Praxis des Zahlenumgangs, die mit den Benutzern verlorengegangene pragmatische Seite der Zeichenverwendung, Eindeutigkeit ermöglicht haben.

Nun das zweite Beispiel: Ideologisch verursachte Leistungsdefizite entstanden durch Annahmen über heilige Formen der Ganzzahligkeit, die aus dem Sanktionieren des sexagesimalen Systems herrührten. 360 Tage *mußte* ein Sonnenumlauf haben. Viel größerer Scharfsinn wurde zur Begründung der Abweichungen aufgebracht, als für eine exakte Zeitmessung notwendig gewesen wäre. Das Verhältnis von Kreisdurchmesser zu Kreisumfang wurde mit $\pi=3$ angegeben. Eine Bestimmung, die weit unter der Leistungsfähigkeit der babylonischen Mathematik lag. Aber für die Teilung der Radumfänge, für die Lage von sechs Speichen mochte diese Genauigkeit so larifari ausreichen. Das Beispiel für π zeigt noch einmal, wie sich das Denken in Zahlen zu spalten beginnt: Das Verhältnis von Kreisdurchmesser zu Umfang für einen praktischen Zweck hinreichend zu bestimmen, das ist das eine; dieses Verhältnis für alle Kreise und alle Durchmesser universell gültig anzugeben, das ist das andere.

Dieser letzte, universelle Invarianzen betreffende Aspekt von Zahleigenschaften und Zahlverhältnissen war eine Sichtweise, die vor allem ein Charakteristikum griechischen mathematischen Denkens darstellt.

---

[1] Man könnte vermuten, daß hier die Trennung zwischen Kardinal- und Ordinalzahlen bedeutsam wird. Wir haben jedoch keine überzeugenden Belege dafür gefunden, daß dies eine für die historische Herausbildung von Zahlensystemen denkpsychologisch relevante Unterscheidung wäre. Beide Zahlvarianten entwickeln sich, wie es scheint, unabhängig voneinander, beide sind für ein leistungsfähiges Zahlsystem notwendig, aber man kann nicht sagen, daß die eine Begriffsfassung die Vorstufe der anderen war.

[2] Der Doppelbogen war ursprünglich das Zeichen für einen Teil des Scheffels als Hohlmaß. Mit seiner Wahl für das Teilen schlechthin ist es der ursprünglichen Handlungseinbettung entkleidet. Das ist ein Beispiel für den Ursprung kognitiver Operationen in Handlungen mit sozialer Relevanz.

[3] Die Datierung dieser Verfahren ist schwierig. Papyrus Rhind wurde um 1 800 vor Christus niedergeschrieben. Aber es sind Kopien darin aus älteren Texten, die verschollen sind. Gerade diese Datierung müßte man kennen, um die Entstehungsgeschichte der Prozeduren in den verschiedenen Rechenverfahren als Genese kognitiver Operationen kennzeichnen zu können.

7. Universalität und Widerspruchsfreiheit im Denken: Erkenntnis als Gegenstand und Ziel in der griechischen Mentalität

7.1 Kann man von einer Spezifik des griechischen Denkens sprechen?

Diese Frage läßt sich nicht generell mit Ja oder Nein beantworten: Sie muß jeweils in gewisser Hinsicht sowohl mit Ja als auch mit Nein beantwortet werden.

In welcher Hinsicht mit Ja?

Insofern, als sich begründen läßt, daß in der Epoche der griechischen Elite- wie Sklavenhaltergesellschaft Denkformen ausgebildet wurden, die seitdem als *Instrumente* der menschlichen Erkenntnistätigkeit und des Erkenntnisgewinns verfügbar sind, die sich über die Jahrhunderte bewährt haben und die es vordem nicht gab. Dabei handelt es sich im wesentlichen um drei Ergebnisse, die in unterschiedlichen Perioden gewonnen wurden und die allesamt darauf beruhen, daß das Denken und seine Resultate auf systematische Weise zum Gegenstand der Erkenntnistätigkeit gemacht wurden. Das erste Ergebnis ist der Gedanke der Beweisbarkeit von Zusammenhängen in formalen Strukturen. Erkannt und erprobt wurde es am Beispiel von Figuren, geometrischen

Gebilden und algebraischen Ausdrücken. Es ist im strengen Sinne die Begründung der Mathematik als Wissenschaft.

Das zweite, historisch später gewonnene Ergebnis ist das Prinzip des deduktiven Schließens als einer Möglichkeit des menschlichen Denkens, durch Explizierung *seiner eigenen Regeln neue Erkenntnisse im Sinne von Einsichten zu gewinnen.* Natürlich wird auch beim Beweisen deduktiv vorgegangen, die Prinzipien oder besser: die Regeln deduktiven Schließens sind jedoch allgemeiner. Sie beziehen sich auch auf Aussagen nicht formalen Charakters, auf den Wahrheitsgehalt semantisch gebundener, natürlich-sprachlicher Aussagen.

Die dritte bedeutsame Errungenschaft besteht in der Erkenntnis, daß Wahrnehmungswelt und Begriffswelt auseinanderfallen, daß die Welt der Phänomene und die Welt der Ideen getrennt betrachtet und analysiert werden müssen. Die Erscheinungen und das begriffliche Wesen der Dinge hängen zwar voneinander ab. Aber die tiefliegenden, erzeugenden Zusammenhänge zwischen den Erscheinungen der Dinge oder Ereignisse werden von Ursachen anderer Art bewirkt als von jenen, die wahrnehmbar sind. Sie werden von Zielen und Zwecken getrieben. Gleichwohl sind die zugrundeliegenden Kräfte weitgehend natürlicher und nicht mystischer Art.

Diese Ergebnisse imponieren vom kognitiv-psychologischen Standpunkt aus als die bedeutsamsten der originären Erkenntnisleistungen aus den acht griechischen Jahrhunderten. Sie sind in diesem Sinne Ausdruck eines spezifischen griechischen Denkens.

In welcher Hinsicht muß man nun die Ausgangsfrage mit Nein beantworten?

Zunächst in dem Sinne, daß die Regeln und Gesetzmäßigkeiten des Denkens bei den Griechen nicht anders waren als bei den Völkern vor und nach ihnen. Aber auch dahin, daß etwa den Griechen eine besondere, genuine Kreativität vererbt gewesen wäre. Gleichwohl haben sie kreativere Leistungen als andere Völker ihrer Zeit hervorgebracht. Wenn man Denkleistungen historischer Dimension auch von den psychisch wirksamen Komponenten her mitbegreifen will (und es sind ja psychische Prozesse, die diese Leistungen unmittelbar bewirken), wird man um den hypothetischen Versuch, wenigstens einige bedingende Faktoren für die außergewöhnlichen Leistungen dieses Volkes anzugeben, nicht herumkommen.

Neben einer Vielzahl kleinerer und wohl teilweise auch zufälliger Komponenten lassen sich zwei Bedingungskomplexe als bedeutsam für den (im Vergleich zu Früherem) massenhaften Aufschwung geistiger Interessen und Bewährungsformen angeben: der kulturgeschichtliche und kulturgeographische Kontext sowie die gesellschaftlichen und sozialen Bezüge der staatlichen Organisationsformen, durch die geistige Leistungen in jenem kleinen Lande über einige hundert Jahre in vielen Richtungen gleichsam gezüchtet werden konnten. Das betraf alle damals kultivierten Gebiete geistiger Bewährung, wobei die glanzvollen Namen im Vordergrund der griechischen Geistesgeschichte nur die Spitzen von Bemühungen zahlreicher Gruppen oder Bünde waren, die im Hintergrunde wetteiferten. Allein aus der „klassischen Periode" zwischen 500 und 300 vor Christus ragen Gestalten heraus wie Phidias und Praxiteles in der Architektur oder Bildhauerkunst, andere wie Demosthenes in der Redekunst; Sappho, Sophokles, Euripides oder Aischylos in der Dichtung; Herodot und Thukydides sind als früheste systematische Geschichtsschreiber Zeugen wesentlich weiter zurückliegender Ereignisse (Ägyptens zum Beispiel). Auf Mathematiker wie Pythagoras oder Euklid kommen wir in den nächsten beiden Kapiteln speziell zurück; ebenso auf Archimedes, durch den im besonderen die Brücke geschlagen wurde vom messenden Rechnen zur Mechanik und damit letztlich vom mathematischen Denken zur Physik. Mit dem Almagest des Ptolemaios lag eines der frühesten, mit Voraussagen ausgestatteten Weltbilder der Menschheitsgeschichte vor. Natürlich hatten alle diese Riesen an Denkkraft und geistigem Gestaltungsvermögen Vorläufer und teils auch Vorfahren in früheren Kulturen. Besonders natürlich im sumerisch-babylonischen, im ägyptischen und ionischen Kulturkreis. Aber in dieser Bündelung von Genialität und Schöpferkraft war diese Epoche ein einmaliges kulturtreibendes Ereignis der Menschheitsgeschichte. Da müssen natürlich auch stark motivierende, geistigen Ehrgeiz antreibende Kräfte am Werke gewesen sein. Wo sind sie hergekommen? Wir wollen sehen.

7.2 Kulturgeographische und soziale Bedingungen als Faktoren für die Ausbildung griechischer Denkleistungen

Der im weiteren zu betrachtende Zeitraum liegt zwischen 1000 vor und 250 nach Christus. Dabei bedürfen zunächst die Anfänge unserer besonderen Aufmerksamkeit.

Zwischen 1000 und 700 vor Christus ist es an der Küste Kleinasiens zur Begegnung kulturgeschichtlicher Traditionen unterschiedlicher Herkunft gekommen. Das babylonisch-assyrische Reich ging dem Ende seiner Glanzzeit entgegen. Mit der Bibliothek des Assurbanipal lag das in langer Geschichte gewonnene Wissen gleichsam in gestapelter Form vor. Die Kenntnisse hatten ausgestrahlt in die großen Machtzentren der ersten Reiche:

Die Hethiter hatten im damals weithin fruchtbaren Kleinasien mit der Hauptstadt Hattusas, östlich vom heutigen Ankara, ein gewaltiges Reich gegründet, dessen allem Anscheine nach plötzlicher Zusammenbruch um 1200 vor Christus Anlaß zu vielen Diskussionen und Meinungsverschiedenheiten gegeben hat. Im Gebiet der Kanaaniter und Phöniker am Jordan war ein hebräisches Königreich unter Davids und Salomos Regiment entstanden. Als kundige Seefahrer, die die Phöniker waren, kannten sie das Mittelmeer. Ihre Händler hatten mit Karthago im Norden Afrikas ihre bedeutendste ausländische Niederlassung gegründet. Auf der Mittelmeerinsel Kreta hatte zwischen 1600 und 1200 vor Christus eine der beeindruckendsten Hochkulturen, die minoische, ihre Blüte. Man hatte dort ein eigenes Alphabet und wahrscheinlich auch ein eigenes Zahlensystem mit einer Fünfer-Bündelung entwickelt. Die Kultur hatte sich bis Zypern und in die ägäische Inselwelt hin ausgedehnt. Ihre Nachfahren und Erben waren die Mykener mit der Hauptstadt Mykenä als Zentrum. Ein gewaltiger und gewalttätiger Verwaltungsapparat besorgte dort die Eintreibung der Steuern, die Einhaltung der Dienstpflichten für den Gottkönig. Es gibt Protokolle über Steuereinschätzungen. Mehr als 100 Berufe vom Salbenkocher über den Arzt und Töpfer bis zum Trockenreiniger sind auf den in Linear-B-Schrift geschriebenen und erst vor wenigen Jahren entzifferten Tontäfelchen aus dem Archiv einer Königsburg aufgeführt. Die Mykener waren hervorragende Seefahrer und Bauleute. In ihren Häusern gab es Toiletten mit Wasserspülung, Kanalisation in den Städten. Mykener sollen Troja belagert haben. Als Piraten waren sie im Osten, an der kleinasiatischen Küste, auf den ägäischen Inseln und auf dem südlichen Balkan gefürchtet. In Attika haben sie Siedlungen oder Stützpunkte für die Seefahrer angelegt.

Athen ist eine mykenische Gründung. Günstig gelegen auch als Festung: Einsicht in die nördliche Ebene von der Akropolis aus, Schutz durch Gebirgszüge und dazu einen ideal gelegenen, natürlichen Hafen: Piräus. Um 1000 vor Christus fielen vom Norden her Dorer ein und zerstörten mykenische Siedlungen. Fast alle. Athen hielt stand, auch aufgrund seiner natürlichen Lage. Es wurde zum Sammelbecken von Flüchtlingen. Die Stadtsiedlung war übervölkert. In mehreren Wellen über 100 Jahre zogen Emigranten fort mit ihren Schiffen nach Sizilien, Süditalien und Südfrankreich. Vorzugsweise siedelten sie aber auf ägäischen Inseln und an der Westküste Kleinasiens, dem Brenn- und Sammelpunkt kulturgeschichtlicher Traditionen jener Zeit. Ionien wurde dieses Gebiet genannt. Ionier seine Bewohner, und Milet war ihr bedeutendstes Handelszentrum. Und ein Zentrum des Geisteslebens: die milesische Naturphilosophie verkörpert die frühesten naturphilosophischen Traditionen systematischen Denkens über die Welt, ihre Entstehung und über die in der Natur bestehenden Zusammenhänge (Heraklit und Anaximander waren in dieser Region beheimatet). Der erste der bedeutenden Beiträge des griechischen Denkens für die Geschichte der menschlichen Erkenntnis hat hier seine Wurzel in zwei herausragenden Persönlichkeiten: Thales und Pythagoras.

Im Osten dieser Region, in Zentralgebieten Kleinasiens, bildete sich ein neues Machtzentrum: das Reich der Perser. Persische Heere fielen um 550 vor Christus von Osten in Ionien ein. Die Städte wurden zerstört; die Bevölkerung getötet oder unterjocht und versklavt. Wer konnte, floh. Pythagoras, der Vielgereiste, vertraut mit dem Denken der Ägypter und noch mehr mit dem der Babylonier (er war dort vermutlich sogar in die orientalischen Mysterien eingeführt worden), siedelte in Süditalien. Von Herkunft Ionier (er wurde um 570 vor Christus auf Samos geboren), brachte er wie kein anderer die Weisheiten und die Mysterien des Ostens nach Griechenland. Er wurde darob ebenso verspottet wie bewundert. Schon zu Lebzeiten war Pythagoras Legende und Geschichte. Ein „Vielwisser ohne Verstand" nannte ihn Heraklit. Andere dichteten ihm Wunderkräfte an: „Als er einen Fluß überquerte, stand der Fluß auf aus seinem Bette und grüßte ihn mit den Worten 'Heil Dir, Pythagoras'."

Dieser Schmelztiegel asiatischer, babylonisch-assyrischer, ägyptischer, hebräischer und minoisch-mykenischer Kulturen am Ostrande des Mittelmeeres war eine der großen Quellen für den Beginn wissenschaftlichen Denkens, das zuerst in Griechenland seine höchste Ausprägungsstufe erreichte.

Ein anderer Faktor ihrer Besonderheit hängt mit den Ursprüngen der Lebensbedingungen und der Lebensweise der Griechen insgesamt zusammen. Das simple Bild von der antagonistischen Sklavenhaltergesellschaft ist irreführend. Ein Bild etwa, wo die Sklaven in den Minen geschunden werden, die Philosophen bei Tische liegen oder lustwandeln und über die Welt nachdenken, wo eine Aristokratie des Geistes sich durch die Arbeitsleistungen von Frauen und Sklaven im Künstlerischen oder im Philosophischen ergehen kann.

Natürlich war es eine Sklavenhaltergesellschaft (um 430 vor unserer Zeitrechnung lebten in Attika etwa 315 000 Menschen, 115 000 davon waren Sklaven. Bis zu 1 000 konnte ein Minen- oder Steinbruchbesitzer sein eigen nennen). Das ist alles richtig. Aber es ist eben nur eine Seite und für uns jetzt hier nicht die wichtigste. Die Griechen um den Stadtstaat Athen waren als kleines Volk auch durch ihre Lage, ihre Macht- und Lebensbedingungen ungeheuer gefordert. Im Physischen zur Sicherung von Nahrung, Kleidung und Wohnung. Und in der Landesverteidigung. Sie haben einem Meer von Feinden immer wieder widerstehen müssen, sie haben sie geschlagen, wurden selbst überwunden und siegten am Ende zumeist doch. Ihre Befähigung zu ungeheuerer Tapferkeit wie zu zeitgemäßer Roheit bedürfen gleichermaßen der Erwähnung: Als die Bewohner der Insel Melos sich weigerten, dem athenischen Staatenbund beizutreten, wurden alle Männer im wehrpflichtigen Alter ermordet, Frauen und Kinder als Sklaven verkauft.

Kehren wir noch einmal zurück zu den ionischen Siedlungen und Pflanzstädten des Ostens. Mit der Zerstörung dieser Siedlungen durch die Perser unter ihrem König Darius (522 bis 486) begannen die Perserkriege. 490 war die Schlacht bei Marathon. Die Heldentat des berühmten Läufers wurde Jahrhunderte besungen. Die Toten wurden auf einem gewaltigen, noch heute kenntlichen Ehrenhügel beigesetzt, und die Veteranen von Marathon standen zeitlebens in höchstem Ansehen. Unter Xerxes begann um 485 der zweite persische Krieg. Kriegslist und Tücke machten Themistokles berühmt. Schlauheit und Feldherrnkunst vieler wurden weithin gepriesen. Die Kriegstechnik der zahlenmäßig unterlegenen griechischen Flotte in der Seeschlacht bei Salamis haben die Engländer als die Strategie identifiziert, die Francis Drake beim Sieg über die spanische Armada am Ende des 16. Jahrhunderts anwandte. In den wiederkehrenden großen Notlagen waren Persönlichkeiten hoher moralischer Stärke und großer Geisteskraft gefordert. Eine Zeit, die Übermenschliches herausforderte und die Riesen hervorbrachte. Themistokles, Perikles, Kleisthenes gehören dazu. Schier unglaubliche Übermachten wurden in dramatischen Schlachten überwunden, und in ebenso dramatischer dichterischer Gestaltung festgehalten: „Denn auf der Perser Grabesstein wähnt ich ein Sklave nicht zu sein", schrieb Äschylos in seiner Tragödie *Die Perser*.

Groß waren die Siegesfeiern (um 479), aber kurz nur der Frieden: Der Peloponnesische Krieg begann 431 zwischen Athen und Sparta. Siege und Niederlagen wechselten. Die Spartaner überwanden zeitweilig den Stadtstaat, zwangen ihm ihre militärdiktatorische Regierungsform auf – und scheiterten doch. Um 360 begann noch einmal eine Blütezeit, die letzte der klassischen Perioden von Philosophie (Sokrates 470 bis 399, Plato 427 bis 347, Aristoteles 384 bis 322), Physik und Mathematik (Euklid um 300 vor unserer Zeitrechnung und Diophant um 250 unserer Zeitrechnung). Letzterer lebte bereits nach Cäsar, zu einer Zeit demnach, als eine neue Weltmacht im Nordwesten sich formiert hatte, eben das Römische Reich.

Also: Die äußeren Umstände der griechischen Geschichte waren alles andere als friedfertig oder geruhsam.

Ein paar Eigenarten dieses kleinen und doch mächtigen Stadtstaates müssen noch hervorgehoben werden; soziale Eigenarten, die in gewissem Sinne als

Folgephänomene der beiden genannten Bedingungen, der kulturgeographischen und der machtpolitisch-gesellschaftlichen Faktoren, gelten können:

Die ionischen Siedlungen waren durch ihr ökonomisches und geistiges Zentrum – die Hafenstadt Milet – mit den großen orientalischen Handelsstraßen verbunden. Wirtschaftlicher und geistiger Austausch waren, je nach der Interessenlage der Karawanen- oder Schiffsreisenden, miteinander verbunden. Handwerk, Ackerbau, Handel und die Ausbeutung von Minen, besonders der Silber- oder Goldminen, sorgten, wenigstens in den Friedenszeiten, für eine relative ökonomische Stabilität. Allerdings, auch in Attika und den insularen Pflanzstädten war Fleisch als Nahrungsmittel selten; Bohnen, Erbsen, Oliven, Linsen, Knoblauch, Salat, Fisch und Käse bildeten die Hauptnahrung. Nüsse und Feigen waren Delikatessen. Aus den Handels- und Tauscherfahrungen der Phöniker hatte man die Vorteile von Geldmünzen als allgemeines, vom Gegenstande unabhängiges Maß für Werte schätzen und benutzen gelernt. Und noch eins: Die attischen Emigranten in der Ägäis scheinen nicht nur Abenteurer, sondern gleichermaßen kühne und selbstbewußte Leute gewesen zu sein (ihre Herkunft führten die Griechen auf ein Riesengeschlecht zurück). Jedenfalls beseitigten sie viele der Kleinkönige auf den Inseln, die sie schlicht Tyrannen nannten und von denen der Polykrates auf Samos nur einer war, hervorgehoben nur bei uns durch Dichtung, die seinen Namen bewahrte. Die wenigen, die blieben, stabilisierten ihre Macht durch Verhaltensregeln und „drakonische" Strafsysteme für die Einwohner, die deren Angst vor rebellischen Unternehmungen erheblich verstärken sollten. Sparta gab das große Beispiel.

Statt der Tyrannen übernahmen Ältestenräte Entscheidungsvollmachten für das Gemeinwesen, später die Archonten in Athen. Eine Elite nicht selten, Sklavenhalter und Privilegierte, aber doch auch eine Gruppe nahezu Gleichberechtigter, die eine Schicht vertrat und in die vorzudringen ein Wunschtraum jedes Befähigten oder Tatendurstigen war. Aber die Göttergleichheit hatte sie nicht. Der Bedarf für gerechte rechtliche Regelungen bei Freien war da. Die Verhaltensnormen mußten außerhalb totemistischer Überlieferungen festgelegt werden. Gewohnheiten dieser und ähnlicher Art wanderten mit Siedlern und Emigranten mit; wohl schon als die Flucht vor den Persern zu den Besiedlungen der nördlichen Mittelmeerküste, vor allem Siziliens und Italiens, führte. Elea ist eine dieser Gründungen gewesen, Heimstatt der Eleaten, einer berühmten Philosophenschule.

Regelungen des Zusammenlebens nach dem Sturze eines Tyrannen bedürfen der Begründung. Sie konnte schwerlich aus der Mythologie genommen werden. Die Herrschaftsansprüche der Tyrannen waren zumeist selbst mythologisch begründet gewesen. Der Sturz eines Tyrannen ist zwangsläufig mit dem Unglauben an die mythologische Rechtfertigung seiner oder seiner Kaste Herrschaftsansprüche verbunden. In gewissem Sinne ist das mit der Entmythologisierung eines Weltbildes überhaupt, soweit es durch archaische Denkweisen bestimmt ist, verbunden. Es ist bekannt, daß eben auch zuerst in Ionien die Ursprünge des Kosmos neu gesehen werden: Aus einem Urstoff sei die Welt entstanden, aus dem Wasser zum Beispiel bei Thales. Die später so benannte griechische Mythologie unterscheidet sich von den Mythologisierungen im archaischen Denken vor allem darin, daß mythische und physische Personen zweierlei sind. Im originären archaischen Denken gibt es hier keine charakteristischen Unterschiede.

Die Begegnung unterschiedlicher kulturgeschichtlicher Traditionen wirkte sich natürlich auch auf die Zusammensetzung der Götterwelt aus. Was blieb, war, daß die wesentlichen sozialen und gesellschaftlichen Belange jeweils von einem Gott überwacht, beschützt oder gefördert werden: der Handel, der Krieg, der Weinbau, die Jagd, die Liebe und so fort. Die Herkunft der Götter ist sehr verschieden: Persische, babylonische, minoische und altägyptische Einflüsse lassen sich nachweisen (zum Beispiel in der Gestalt des Zeus). Sein Vater (Kronos) entstammte der minoischen Kultur. Zeus soll ihn umgebracht und in den Tartarus, die griechische Hölle, verbannt haben. Ein durchgehendes Merkmal der griechischen Götter ist die Vermenschlichung ihres Wesens, der Motive ihres Handelns. Xenophanes stellt denn auch fest, die homerischen Götter seien der Hinterlist geziehen, sie begingen Diebstahl, Betrug, Verführung und Ehebruch. Diese, wenn man so will, Verweltlichung der Götterwelt führte auf einen Weg, der in dem Satz des Protagoras gipfelt: „Von den Göttern vermag ich nichts festzustellen, weder daß es sie gibt, noch daß es sie nicht gibt." Diese Entdogmatisierung des Glaubens hat sicher stimulierend und befruchtend gewirkt auf das philosophische Denken; freilich auch gefährdend auf die Stabilität des Staatswesens. Vor allem in Zeiten der Not und der Bedrängnis. Dort konnte auf die Überzeugung, daß die Götter mit für den Sieg kämpfen, nicht verzichtet werden. Opfer und Orakelbefragungen in Konflikt- und Krisenzeiten bezeugen es ebenso, wie die Verfolgung von Freigeistern. Gleichwohl, die Wende zur Naturgeschichte des Universums, die Distanz zum archaischen Weltbild, brachte auch eine Wende im philosophischen Denken; machte es zur Beschäftigung mit Wissen und seinen Eigenschaften fähig.

Wir sind auf die Bedrohungen von außen, denen der Stadtstaat Athen seit den Überfällen der Dorer und der Perser ausgesetzt war, beziehungsweise auf die kriegerischen Verwicklungen des athenischen Staatenbundes während des Peloponnesischen Krieges skizzenhaft eingegangen, weil diese Umstände zwangsläufig soziale und vor allem sozial-psychologisch bedeutsame Konsequenzen mit sich bringen mußten.

Notlagen mit Hunger, Bedrohung, Überwältigung durch Feinde oder verlustreiche Siege schaffen eine hohe soziale Integration. Die Handlungsmotivationen des einzelnen oder von Gruppen sind dann viel vitaler miteinander verbunden, sie werden in viel stärkerem Grade auf die soziale Bewertung, auf die Normen des Gemeinwesens bezogen als in Zeiten gesicherter Existenz. Die sozial starke Wirkung der Polis erscheint ohne diesen sozial-psychologischen Hintergrund mit seinen Auswirkungen kaum verständlich. Auch das Heldenhafte der athenischen Soldaten in selbst aussichtslosem Kampfe nicht. Die Überwindung eines homöostatisch tief verwurzelten Naturtriebs, des Überlebenwollens, kann nur durch spezifische soziale Motivationen erreicht werden: das Leben zu geben für eine soziale Gemeinschaft, die dafür den Ruhm des Helden gewährt. Die Bekräftigung einer derartigen Verhaltensentscheidung ist über den Tod des Individuums oder einer Gruppe hinausverlegt. Nur so ist es verständlich, „daß ein Häuflein Hellenen einer persischen Übermacht bis zum sicheren Tode einen Kampf lieferte". Herodot berichtet weiter: „Er [der König Leonidas] griff an und wurde nahezu auf der Stelle getötet. Über der Leiche des Leonidas entbrannte ein heftiger Kampf ... bis die tapferen Hellenen den Leichnam an sich rissen und den Gegner viermal zur Flucht zwangen ... Schließlich wurden sie, mit Dolchen sich wehrend, soweit sie noch Dolche hatten, oder mit Händen und Zähnen kämpfend, unter den Geschossen begraben." Verhaltensformen dieser Art sind nur bei höchster sozialer Kohärenz und Integration der Verhaltensentscheidungen möglich.[1] Sie ist die Voraussetzung für die absolute Dominanz der Bekräftigungswirkung ethischer, das heißt eben sozial motivierter Verhaltensentscheidungen. Ethos ist sozialbezogenes Verhalten und Handeln und setzt eine hohe Übereinstimmung in den Handlungsbewertungen voraus. Bei hoher sozialer Kohärenz und Integration im Gemeinwesen kommt es entscheidend darauf an, was mit einer positiven Bewertung belegt wird, was als ethisch hochwertige Motivation sozial bestätigt und mithin bekräftigt wird.

Im Unterschied zu Sparta waren das eben in Athen keineswegs nur die Taten der Krieger, nicht einmal die der Sieger von Olympia. Es waren auch Literatur und Kunst, Rhetorik und Wissenschaft, die zu hohem und höchstem Ruhme führen konnten: Der Athener Dichter Phrynichos hatte ein Drama über die Zerstörung der Stadt Milet geschrieben. Nach der Aufführung, so wird berichtet, „weinten die Athener bitterlich". Der Dichter wurde mit einer Geldstrafe von 1 000 Drachmen belegt, wie Herodot berichtet. Die Athener Bürger zeigten offen ihren großen Schmerz über den Verlust der Tochterstadt Milet.

Der Dichter hatte das als Unglück von „Verwandten" dargestellt, mit dem die ganze Stadt litt und bei dem man damals auch Trauer anlegte. Die Mileser hatten öffentlich Trauer getragen, als die Bewohner ihrer Schwesterstadt ein analoges Unglück getroffen hatte. Jedenfalls war, so Herodot, das Theater nach der Aufführung von Phrynichos' Stück in Tränen ausgebrochen. Was an emotionaler und sozialer Wirkung kann sich eine ehrgeizige Persönlichkeit mehr wünschen? Und Dichtung konnte das bewirken! Dabei bezog sich das Beispiel noch nicht einmal auf Sophokles oder Euripides.

Und was die Künstler betrifft, so waren die heiligsten Stätten der Athener zugleich ihrem Ruhme geweiht: die Künstlergalerie an den Propyläen, das Pantheon mit den Götterbildern und Zeugnissen von großen Taten. Bildhauer, Architekt und Baumeister standen in höchsten Ehren. Nach der Zerstörung durch die Perser bekam Perikles von der Ältestenversammlung jährlich hohe Beträge für die Entlohnung der Bauleute bewilligt – für Sklaven oder Freie in diesem Falle den gleichen, gerade das Existenzminimum deckenden Betrag (nach Hartke 1977).

Auch die Rhetorik wurde zur Kunst. Dem Bild des ursprünglichen Stotterers und später berühmten Redners Demosthenes kommt metaphorische Symbolkraft zu: wie ein Wille Gebrechen überwindet und durch die Gewalt des Wortes Massen beeinflußt in ihrer Meinung und ihrem Verhalten.

Für die Mathematik mag der Satz eines kenntnisreichen Zeugen stehen. Der römische Konsul Cicero stellte fest: „Bei ihnen [den Griechen] war die Geometrie in höchsten Ehren, deshalb war niemand berühmter als die Mathematiker. Wir [die Römer] selbst aber haben uns auf die wirkliche Nützlichkeit dieser Kunst in den Vermessungen und im Rechnungswesen beschränkt." Daß die Mathematik auch die Basis des Berechnens und Bauens werden kann, war – wenigstens zeitweilig – vergessen. Dabei gab es auch hier Glanzleistungen der Griechen, zum Beispiel eine unterirdische Wasserleitung, gegraben durch den 227 Meter hohen Berg Kastro mit über 1000 Metern Länge. Von zwei Seiten angegraben, verfehlten sich die Kanäle in der Mitte nur um fünf Meter in der Höhe und zwei Meter in der Seite. Dies geschah um 530 vor unserer Zeitrechnung auf der Insel Samos.

Worin besteht der Zusammenhang? Was sollen die Beispiele?

Es ist gezeigt worden, daß im Stadtstaat der Griechen eine extrem hohe soziale Integrativität, ein Zugehörigkeits- und, darauf aufbauend, ein kollektives Selbstwertgefühl als Ausdruck einer sozial-gesellschaftlich betonten Persönlichkeitsbildung bestanden hat.

Die starke Durchdringung von Individuum und Gemeinwesen stimuliert die soziale Motivation des Verhaltens und macht die öffentliche Anerkennung zu einem Selbstbewertungsfaktor höchster Stärke und emotionaler Wirksamkeit. Je breiter das Spektrum sozial anerkannter Befähigungen, um so breiter gefächert sind auch die sich entfaltenden Begabungsstrukturen. Im spartanischen Militärstaat gab es auch eine hohe soziale Integrativität; aber sie war auf militärische Tugenden eingeengt – und es gab eben keine auch irgendwie vergleichbare spartanische Dichtung, spartanische Mathematik oder Astronomie. Die in den Bewohnern schlummernden Befähigungen sind „von Natur aus" gewiß nicht geringer gewesen, wie der gesamthellenische Kulturaustausch bis zur Mitte des 7. nachchristlichen Jahrhunderts zwar nicht beweist aber doch zu einem gewissen Grade bezeugt (nach Hartke, mündliche Mitteilung).

Die hohe soziale Integrativität mit kohärenter kollektiver Selbstbewertung hatte auch ihre Kehrseite. Die Athener waren überheblich: „lieber Ochse in Attika als Bauer in Böotien", „lieber Sklave in Athen als Krieger bei den Persern" mögen als Sprüche Teilwahrheiten reflektieren. Platon schreibt im Dialog Epinomis: „Was die Hellenen auch immer von den Barbaren übernommen haben mögen, zu höherer Vollendung haben sie es stets entwickelt." Noch für Aristoteles gehörten die Sklaven nicht zu den Menschen. Und er war seinem Zögling, Alexander von Mazedonien, gram, als der in seinem Heere die griechischen Soldaten mit anderen mischen und sie ihnen gar gleichstellen wollte. Eine kollektiv gehobene Selbstbewertung oder ein Nationalismus, wie immer sie motiviert sein mögen, zeigen eine hohe soziale Identität an. Beides war in Griechenland vorhanden, und zwar in starkem Maße. Als Motivationsbasis des individuellen wie des Gruppenverhaltens wirkten sie über vier bis fünf Jahrhunderte im höchsten Grade stimulierend auf das Streben nach Erfolg durch Leistungen, für die öffentliche Anerkennung zu gewinnen war. Auf dieser Basis entstanden, über Generationenfolgen hinweg, jene sozialen wie individuell einmaligen Leistungen, von denen die neue Qualität im griechischen Denken eine der herausragenden ist. Was die mathematische Seite anlangt, so war es aber erstaunlicherweise nicht das griechische Zahlensystem, das das kognitiv beflügelnde Element war, wie zum Beispiel bei den Babyloniern.

7.3 Griechische Zahlen und griechisches Rechnen

Es gibt keinen Zweifel: Vom Standpunkt der kognitiven Darstellbarkeit von Größen und Größenverhältnissen war das griechische dem babylonischen Zahlensystem unterlegen. Ein so ausgezeichneter Kenner der alten Mathematik wie van der Waerden hat das bereits intuitiv empfunden, wenn er schreibt (1956, Seite 75): „Die griechische Zahlenschrift war im Vergleich zur … babylonischen eigentlich ein Rückschritt." Einige wenige Beispiele mögen das veranschaulichen. Abbildung 7.1 gibt die älteste griechische Zahlenschrift wieder. Die Einflüsse einer Fünfer-Stufung sind unverkennbar. Ansonsten dominieren stilisierte Individualzeichen. (Die Buchstaben Γ, Δ, H, X, M sind die Anfangsbuchstaben der griechischen Wörter für 5, 10, 100, 1000, 10000.)

7.1 Die altgriechische Zahlenschrift, wahrscheinlich minoischen Ursprungs, verweist auf ein Fünfer-System für die Bündelung. Die faktorielle Schreibweise (*H*, *X* und *M* im Fünfer-Zeichen) dürfte späteren Datums sein. Sie läßt eine Stufung der Zählreihe erkennen, die schon Verwandtschaft mit einem Positionssystem hat. (Nach Menninger, 1958.)

	1	2	3	4	5	6	7	8	9
Einer	A	B	Γ	Δ	E	F	Z	H	Θ
	α	β	γ	δ	ε	s	ζ	η	ϑ
Zehner	I	K	Λ	M	N	Ξ	O	Π	Q
	ι	$\varkappa$	λ	μ	ν	ξ	o	π	q
Hunderter	P	Σ	T	Y	Φ	X	Ψ	Ω	$↗$
	ϱ	σ	τ	υ	φ	χ	ψ	ω	$↗$
Tausender	$_\prime a$	$_\prime \beta$	$_\prime \gamma$	$_\prime \delta$	$_\prime \varepsilon$	$_\prime \varsigma$	$_\prime \zeta$	$_\prime \eta$	$_\prime \vartheta$

7.2 Die Buchstabenziffern der Griechen. Sie kamen nach 500 vor unserer Zeitrechnung in Gebrauch. (Nach Wußing, 1962.)

$$25 \cdot 43$$

20	·	40	=	800	$\chi \cdot \mu = \omega$			
20	·	3	=	60	$\chi \cdot \gamma = \xi$	$\}a$		
5	·	40	=	200	$\varepsilon \cdot \mu = \sigma$		$\}aos$	
5	·	3	=	15	$\varepsilon \cdot \gamma = \iota\varepsilon$		os	
				1075				

7.3 Griechische Multiplikationsaufgabe. (Nach Menninger, 1958.)

Nach 500 vor unserer Zeitrechnung benutzten die Griechen weithin die Buchstabenziffern. Die ersten neun standen für die Einer, die zweiten bezeichneten Zehner, danach kamen Hunderter. Die Tausender waren mit einem Tiefstrich versehen. Oft sind in griechischen Texten auch die Buchstaben überstrichen, um sie als Zahlen auszuweisen. Zur Kennzeichnung des Rechnens ein Beispiel für die Multiplikation:

Es sei die Aufgabe gestellt, das Produkt 25×43 zu bestimmen (Abbildung 7.3).

Es wird also mit den höchsten ganzen Stufen (20×40) begonnen; dann folgen gleichberechtigt (20×3) und (5×40). Es bleiben dann noch in der untersten Stufung (5×3). Man sieht, daß das konkrete Rechnen in zwei verschiedene Operationen zerfällt: in die eigentliche Rechenaufgabe mit den sogenannten Stammzahlen oder Pythmenes und in die Stellenbestimmung (also die Acht nach 2×4 als 800 zu bestimmen). Der Grund für die Umständlichkeit ist klar: Die Griechen kannten die Positionsschreibweise des Stellensystems nicht. Und sie hatten kein Zeichen für die Null.

Die fehlende Positionsschreibweise bedingt eine weitere kognitive Umständlichkeit: Eine Aufgabe wie 4×10 ($\delta \times \iota = \mu$) ist verschieden von der Aufgabe 4×100 ($\delta \times \rho = \upsilon$). Wieviel einfacher ist die Handhabung unseres Stellensystems, wieviel geringer der Aufwand bei der Lösung der gleichen Aufgabe? Nicht selten benutzten die Griechen auch ägyptische Additionsverfahren. Andererseits wurde für den praktischen Gebrauch kaum schriftlich gerechnet. Papier war sehr teuer. Man benutzte das Rechenbrett. Dort gab es eine Art Stellensystem. Die Steinchen (Psephoi) hatten in der letzten Reihe den Wert 1, in der nächsten den Wert 10, dann kamen die Hunderter und so fort. Gleichwohl kam man zu einer glatten Beherrschung der Bruchrechnung, und Archimedes entdeckte mit den griechischen (ganzen) Zahlen bereits ein Potenzgesetz der Art:

$$n^s \times n^m = n^{s+m}.$$

Aber er entdeckte nicht das Stellensystem. Gauß schreibt dazu: „Wie konnte er [nämlich Archimedes] nur das übersehen [nämlich, unsere heutige Stellenschrift zu entdecken]; auf welcher Höhe würde sich jetzt die Wissenschaft befinden, wenn er jene Entdeckung gemacht hätte." Eine bedeutsame Erkenntnis, die uns auf indirekte Weise noch beschäftigen wird.

Es zeigt sich wiederum, wie die Art der kognitiven Repräsentation die erkenntnismäßige Durchdringung der Realität begünstigen oder behindern kann. Weit schwieriger ist es, mit den römischen Zahlen zu rechnen. Man versuche einen Multiplikationsalgorithmus für das folgende Beispiel und danach für alle römischen Zahlen überhaupt zu finden:

XII × XII = CXLIV.

a)   b)

7.4   Der Abakus: Die historische (a) und die schematische (b) Form. Der Abakus hat das Stellensystem. Es gibt feste Verschiebungsalgorithmen für die Grundrechenarten. Aber auch hier fehlt noch das Zeichen für die Leerstelle, die Null. (Nach Menninger, 1958.)

Es geht, doch die Probierversuche belehren jeden, wie stark die (hier: zahlenmäßige) Erfassung der Realität von ihrer (kognitiv vermittelten) Darstellung abhängt. Auch die Römer rechneten mit dem Abakus, der das Stellensystem hat (aber das *Zeichen* für die Leerstelle nicht).

Daneben gab es die Fingerzahlen. Sehr aufwendige Bewegungsalgorithmen mußten für die Multiplikation selbst einfacher Größen erlernt werden. Wie einfach ist dagegen unser Zahlensystem und seine Schreibweise, durch die jede Zahl *Z*, wie wir sie in Zusammenhang mit dem sumerischen Zahlensy-

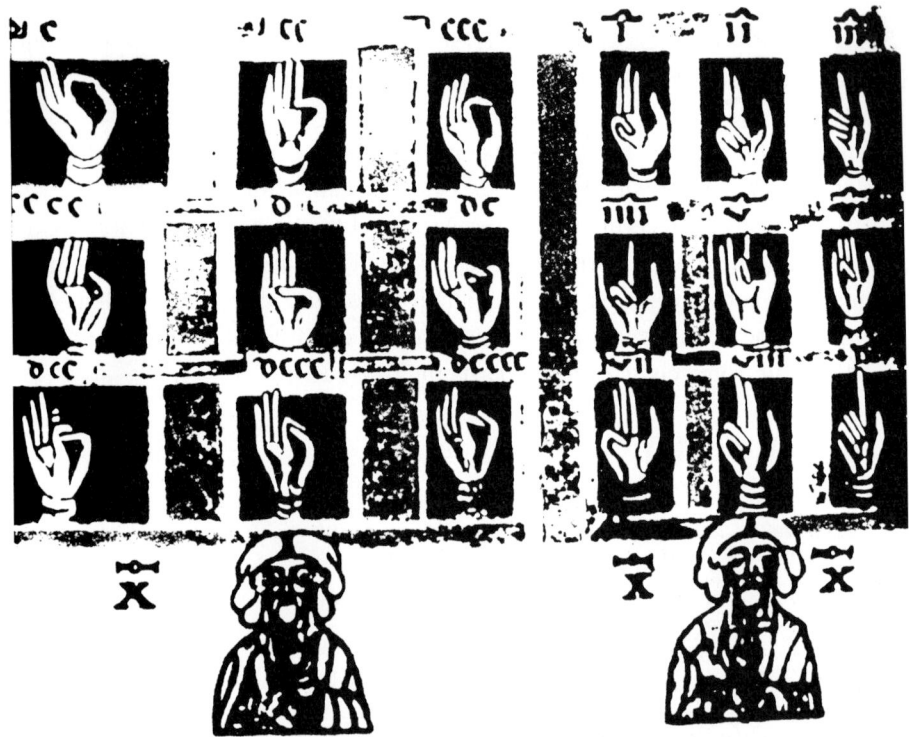

7.5 Fingerzahlen, 13. Jahrhundert. Links sind die Zahlen von 100 bis 900, rechts die von 1 000 bis 9 000 dargestellt. Unten sieht man die Hand- und Fingerstellung für 10- und für 20 000. (Nach Menninger, 1958.)

stem definiert haben, darstellbar ist. Die Definition läßt sich wie selbstver-ständlich auf die gebrochenen (rationalen) Zahlen ausdehnen:

$$Z = a_n B^n + a_{n-1} B^{n-1} + \ldots + a_0 B^0 + a_1 B^{-1} + a_2{}^{B-2} + \ldots + a_m B^{-m},$$

wobei dann die B^{-1}, B^{-2} und so weiter die Zehntel, Hundertstel und so fort ausdrücken, wenn B unsere Zehner-Bündelung bezeichnet. Die „a's" legen wieder die Anzahl fest. So würde 9,354 als $9 \times 10^0 + 3 \times 10^{-1} + 5 \times 10^{-2} + 4 \times 10^{-3}$ dargestellt. Ähnlich kann man auch zu komplexen Zahlen übergehen, was freilich neue Indizierungen erfordert.

Erst mit den Rechenmeistern des 15. und 16. Jahrhunderts setzte sich diese Positionsschreibweise für ganze und gebrochene (rationale) Zahlen durch, wo-bei man noch immer auf viele Ungereimtheiten und Umständlichkeiten in der Darstellungsweise stößt.

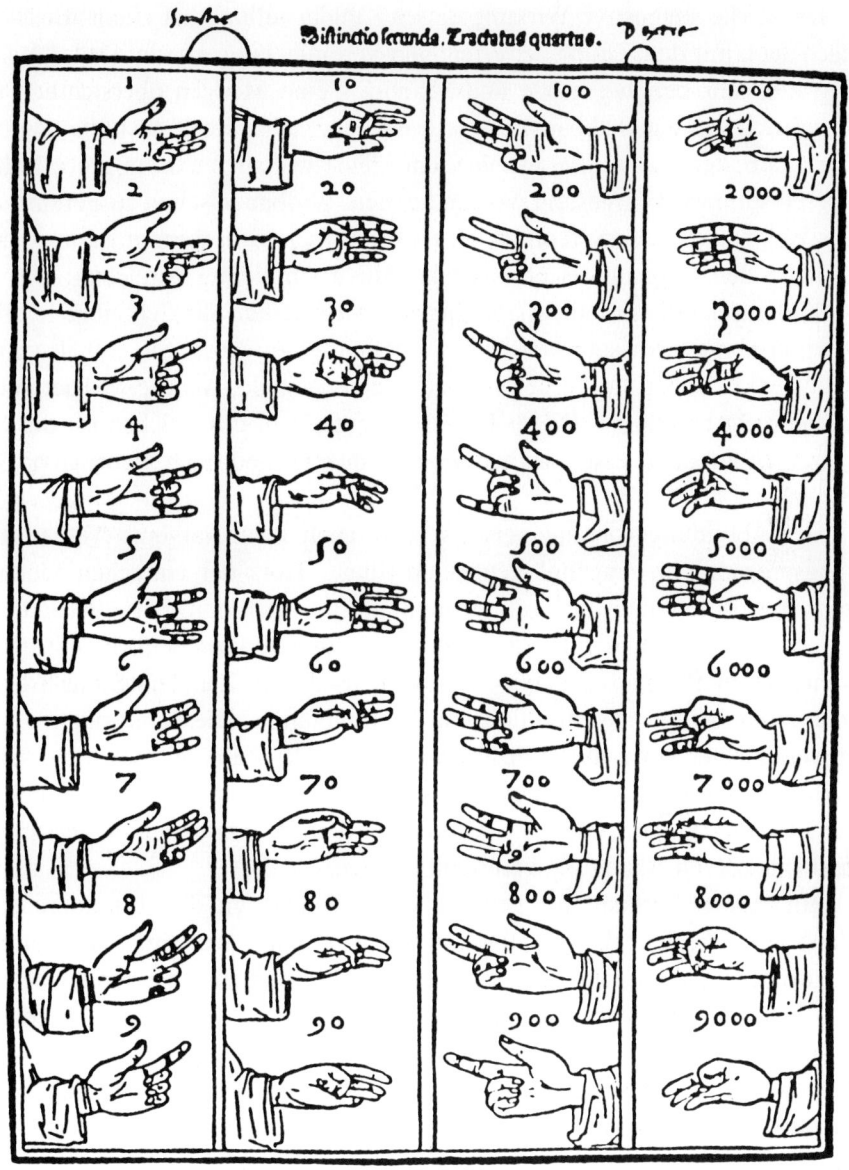

7.6 Grundstellungen der Hände, wie sie im Mittelalter üblich wurden – aus der Summa de Arithmetica von Luca Paoli, einem italienischen Mathematiker Ende des 15. Jahrhunderts (linke Hälfte: linke Hand, rechte Häfte: rechte Hand). Einzelnen arithmetischen Rechnungen entsprachen gedächtnisaufwendige Fingerbeugungen (vergleiche Menninger, 1958). Im 16. und 17. Jahrhundert wurden diese Fingerrechnungen durch das „Rechnen auf der Lihnien" der Rechenmeister wie zum Beispiel Adam Ries abgelöst. (Nach Menninger, 1958.)

337

Die starke suggestive Wirkung dieser Zahldarstellung hat allem Anscheine nach auch mit dem Grade der erreichten Vereinfachung zu tun. Dadurch können nunmehr beliebig große und beliebig kleine Mengen übersichtlich und kognitiv leicht handhabbar dargestellt werden. Dabei spielt auch die erreichte Gleichartigkeit eine Rolle, mit der sehr kleine wie auch extrem große Zahlen übereinstimmend dargestellt werden können. Wir haben schon ausgeführt, daß der Weg zum Stellensystem am besten begreifbar wird, wenn man den dahinterstehenden Vorgang als eine Art kognitive Abbildung betrachtet: Die mit Abbildung 6.4 dargestellte hierachische Ordnung, auf die Schreibzeile projiziert, ergibt nahezu automatisch eine Stellenschreibweise. Sie enthält gleichsam in sich selbst die Forderung nach der Leerstelle, wenn eine Hierarchieebene nicht besetzt ist. Dieser Forderung entspricht das Zeichen für die Null – freilich zunächst erst innerhalb einer Zahlzeile und noch nicht davor oder danach.

Der Abbildungsvorgang verweist aber auch noch auf eine Vorverarbeitungsprozedur im eingangs genannten Sinne. Trotz der einfachen Mengenschreibweise enthält die Position implizit eine Operation. Die n-te Stelle ist als 10^n zu lesen und mit der Ziffer a_i multipliziert zu denken: $a_i \times 10^n$ ist gleich (zum Beispiel) $4 \times 10^3 = 4\,000$ für $n=3$. Die Zahldarstellung ist also eine Kombination aus Addition und Multiplikation. Diese Information geht in verdichteter Form in die Positionsnotierung der Zahl ein. Aufgrund seiner Gebrauchshäufigkeit wird diese Prozedur der Operationsverkettung durch feste Zeichenwahl gebunden. Sie wird damit in der Kommunikation übertragbar und kann durch Belehrung vermittelt werden.

Ein anderer Vorgang, der genauso wesentlich ist wie die abstraktere Zahldarstellung, besteht darin, daß das zuvor getrennte Sprechen, Schreiben und Berechnen von Aufgaben zu einem einzigen Verfahrensgang verdichtet werden kann. Wieder sind es kognitive Verdichtung und Verkürzung, die diesen Schritt zu höherer geistiger Leistungsfähigkeit begünstigt oder vielleicht sogar bewirkt haben. Höhere Leistungsfähigkeit abermals deshalb, weil die Vereinfachung eines Problems und seiner Lösbarkeit das kognitive Begreifen von zuvor unzugänglichen Schwierigkeitsgraden eröffnen kann.

Wir waren beim griechischen Rechnen, fanden es relativ beschwerlich, in gewisser Hinsicht weniger leistungsfähig als das babylonische. Wohl auch deshalb rechnete, wie erwähnt, Ptolemaios (um 150 n. Chr.) bei seinen astronomischen Bestimmungen noch immer sexagesimal. Aber im Unterschied zu den Ägyptern und Babyloniern war für die griechischen Denker Rechnen und Arithmetik zweierlei: Das eine diente vor allem profanen praktischen Zwecken (dem Bezahlen, den Schuld- oder Guthabenverschreibungen zum Beispiel), das andere der Erkenntnis. Doch dann aber auch der Praxis. Dies jedoch in einem höheren Sinne. In dem nämlich, daß solcherart gewonnene Erkenntnis Probleme hoher sozialer Bedeutung (und Bewertung) zu behandeln gestattet, für die es vordem keine Möglichkeit gab. Bei den im weiteren zu wählenden Beispielen wollen wir auch diese Seite berücksichtigen.

Wir wenden uns nun Modalitäten griechischen Denkens zu, durch die jene Instrumente geschaffen wurden, die über die Jahrhunderte menschliches Wissen und Können bereichert haben. Es sind jene Leistungen, durch die im besonderen die Entwicklung der modernen Naturwissenschaft beeinflußt wurde. Die Griechen konnten sie finden, weil sie Wirkungsmechanismen des menschlichen Denkens zuerst systematisch untersucht haben. Als Konstrukteure einer kognitiven Metaebene haben sie eine Betrachtungsweise gefunden, von der aus Denkprozesse, Regeln und Denkleistungen so beobachtbar wurden wie die Sonnenstände für die Megalithbauer in Stonehenge.

Ganz früher, bei den ersten Werkzeugmachern, muß sich etwas ähnliches abgespielt haben: Indem sie den Stein nicht mehr als naturgegeben festgelegt ansahen, indem sie seine *möglichen* Funktionseigenschaften einbezogen in die Handlung, konnten sie das verfügbare Material *in seiner potentiellen Vielfalt* erkennen; so wie die Griechen die Objekte des menschlichen Denkens, die Begriffe und die Vielfalt der aus ihnen konstruierbaren wahren Aussagen.

Wir wollen nun die bedeutendsten Leistungen der Griechen am Beispiel von Gedankengängen und -resultaten einiger herausragender Persönlichkeiten betrachten.

7.4 Die Entdeckung der Beweisbarkeit von Problemlösungen

Eine anschaulich gegebene Situation als Problem zu erkennen, in ihr einen Weg zur „Lösung" (das ist auch Entspannung) zu finden, das ist die ursprüngliche Form einer Problembewältigung. Man hat im Ergebnis die Lösung für genau diese Situation, zum Beispiel die Menge der Tagesrationen für einen Menschen, die Menge der Beerenmaße für ein Faß Wein und so fort. Jedoch: Man kann angesichts einer Vielzahl ähnlicher Situationen auch den Problem-*typ* erkennen, der *hinter* einer ganzen Klasse solcher einzelnen Situationen steht; zum Beispiel also Tagesrationen für Familien, für Wochen, Monate oder

Jahre zu bestimmen, die Menge des Vorrats für eine beliebige Personengruppe im Heer, auf Feldern oder im Wachtdienst; die Menge des Getreides für Festmahle, die Trauben für zehn oder 100 Fässer und dies – wohlgemerkt: immer nach dem für einen Situations*typ* bestimmten Verfahrensgang. Dieses zweite Vorgehen ist etwas anderes als das erste. Im ersten Falle hat man eine Lösung genau für das gewählte Beispiel. Im zweiten Falle hat man ein Lösungsprinzip für eine ganze Klasse von Problemen, die alle dem gleichen Problemtyp angehören. Man kann dies als die Tiefenstruktur eines Problems auffassen; eines Problemtyps also, der hinter anschaulich sehr verschiedenen Problemsituationen immer als von gleicher Struktur kenntlich ist. Hier gilt ein Lösungsprinzip für alle Erscheinungsformen der Problemklasse, und mögen sie äußerlich noch so verschieden sein. Mit dieser Erkenntnis einer Tiefenstruktur ist das Thema der mathematischen Beweisbarkeit von Aussagen verbunden. Daß dies systematisch erfaßt wurde, dafür gibt es vor Thales nirgendwo einen Beleg. Wahrscheinlich war er tatsächlich einer der ersten Denker, die die Beweisbarkeit einer Lösung als eigenes Thema erlebt haben. Einmal als Prinzip in der Metaebene mathematischen Denkens entdeckt, hat er sie – den indirekten Berichten nach zu urteilen – in großer Zahl gefunden. Unter anderem zum Beispiel, daß die Fläche wie der Umfang eines Kreises von seinem Durchmesser halbiert werden; oder daß in jedem gleichschenkligen Dreieck die Basiswinkel gleich sind; oder daß, wenn zwei Geraden sich schneiden, die Scheitelwinkel einander gleich sind.

Abbildung 7.7 zeigt den Beweis auf empirisch-bildlicher Basis: Es ist zu zeigen, daß $\sphericalangle 1 = \sphericalangle 3$ und $\sphericalangle 2 = \sphericalangle 4$ sind.

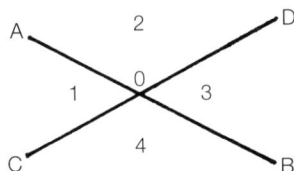

7.7 Graphische Darstellung eines Satzes des Thales von Milet: Scheitelwinkel sind einander gleich.

Das Beweisverfahren: Man drehe die Gerade $\overline{AB}$ um den Kreuzungspunkt O der beiden Geraden, bis die Strecke $\overline{OA}$ mit der Strecke $\overline{OD}$ zusammenfällt. Dann fallen auch $\overline{OC}$ und $\overline{OB}$ zusammen. $\overline{OB}$ ist danach um den gleichen Betrag gedreht worden wie $\overline{OA}$, also gilt $\sphericalangle 2 = \sphericalangle 4$.

Entsprechend kann das bei den beiden anderen Winkeln gezeigt werden. Zu diesem visuell-anschaulichen Beweis gibt es auch einen äquivalenten algebraischen. Er macht davon Gebrauch, daß die Winkelsumme zweier Geraden gleich ist der Hälfte des Vollwinkels jedes Kreises. Also ist die Winkelsumme von $\overline{AB}$ identisch mit der von $\overline{CD}$. Symbolisch ausgedrückt:

$$\sphericalangle 2 + \sphericalangle 3 = \sphericalangle 3 + \sphericalangle 4.$$

Die Subtraktion des Betrages $\sphericalangle 3$ auf beiden Seiten ändert die Gleichung nicht. Es bleibt: $\sphericalangle 2 = \sphericalangle 4$. Analog wird der Beweis für die Identität von $\sphericalangle 3$ und $\sphericalangle 1$ geführt.

Dann soll gefragt worden sein, wie man die Entfernung von Schiffen auf See oder überhaupt die Entfernung eines unzugänglichen Punktes bestimmen kann. Aus diesem Problem soll der Beweis von der Kongruenz zweier Dreiecke entstanden sein, in denen eine Seite und zwei Winkel gleich sind (vergleiche dazu van der Waerden 1956, Seite 144). Abbildung 7.8 gibt den Gedankengang wieder. Die Entfernung $\overline{AB}$ ist unbekannt und soll bestimmt werden. Man errichtet auf $\overline{AB}$ in A das Lot und legt eine beliebige (aber meßbare Strecke) $\overline{AC}$ fest. Die Strecke $\overline{AC}$ wird halbiert (in D). Dann wird auf der Strecke $\overline{AC}$ das Lot entgegengesetzt (und parallel) zu $\overline{AB}$ errichtet. Dies bis zu einem Punkte E, der auf der Geraden $\overline{DB}$ liegt. Dann ist die Länge der Strecke $\overline{CE}$ gleich der gesuchten Länge der Strecke $\overline{AB}$.[2]

Das ist natürlich ungleich mehr als die Errechnung einer Länge. Es ist die Erkenntnis einer allgemein gültigen Gesetzmäßigkeit, die in einer geometrischen Struktur bestimmten Typs besteht. Diese Struktur kann in unendlich

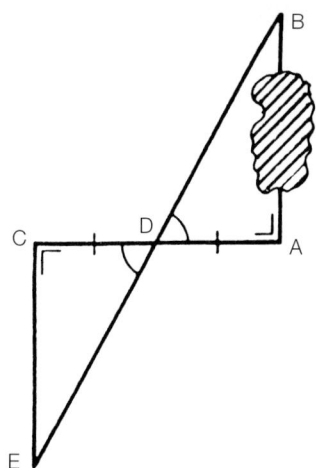

7.8 Berechnung eines praktischen Problems aus der Kenntnis der Kongruenz zweier Dreiecke, die eine Seite und zwei Winkel gleich haben.

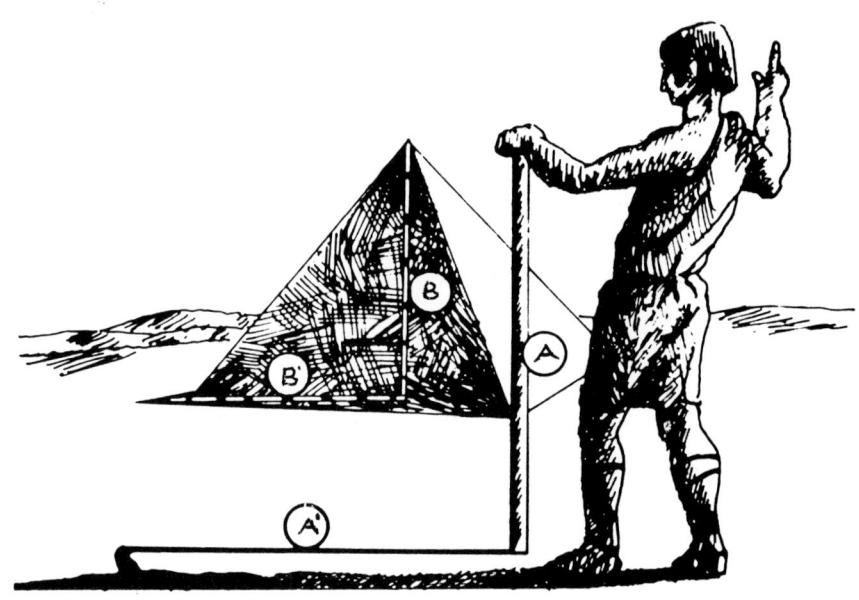

7.9 Auf diese Weise soll Thales von Milet die Höhe einer Pyramide gemessen haben. Die kreative Idee (wenn der Stabschatten gleich der Länge des Stabes ist, dann ist die Länge des Pyramidenschattens gleich ihrer Höhe) hat die kognitive Struktur eines analogen Schlusses zur Basis.

vielen konkreten Realisierungen gegeben sein. Wo immer sie das ist, gilt diese Beziehung. Sie drückt eine universelle Invarianzeigenschaft aus. Van der Waerden begründet, daß Thales den Beweis in der Tat erbracht haben kann.

Man sagt Thales ferner nach, er habe die Höhe der Pyramiden dadurch gemessen, daß er ihren Schatten maß in dem Augenblick, als ein Stab in seiner Hand und dessen Schatten gleichlang waren. Dieses kleine Beispiel enthüllt ein bedeutsames kognitives Prinzip angesichts der Lösung unbekannter Probleme: nämlich den Typ des analogen Schließens. Bezeichnen wir A als die Länge des Stabes, A′ als die Länge des Schattens und R_1 als die Längenrelation (das Streckenverhältnis) zwischen beiden, so kann man die wesentliche Eigenschaft dieser Struktur als $AR_1A′$ ausdrücken. Die Höhe der Pyramide bezeichnen wir mit B, ihre Schattenlänge mit B′. Das wesentliche ist nun die Erkenntnis der Beziehung zwischen diesen beiden Strukturen. Eine in einem Bereich gültige Beziehung (R_1) wird in einen anderen Bereich übertragen oder abgebildet und erbringt eine neue, bisher unbekannte Lösung. Dahinter steckt die wesentliche Idee des Modelldenkens. Freilich ist auf der Basis dieses kleinen Beispiels höchstens ahnungsweise verständlich zu machen, welche Bedeutung diese Strategie des Beweisens für die Entwicklung der Mathematik und der Naturwissenschaft in den folgenden Jahrhunderten gehabt hat. Sie entsteht mit der Loslösung der kognitiven Repräsentation vom einzelheitlich-anschaulichen Problem. Erst dadurch kann die dahinterstehende, allgemeine Gesetzmäßigkeit erkannt, *in ihrer Universalität* erfaßt werden. Die Entstehung einer künstlichen Realität, wie es die Technik ist, hat hier ihre kognitive Grundlage.

Nach allem, was wir wissen, war es Thales aus Milet, der diese Seite der griechischen und aller Mathematik nach ihm geprägt hat.

Die zweite Leistung griechischen Denkens im Erkenntnisfortschritt durch kognitive Prozesse ist das Resultat von Bemühungen vieler Generationenfolgen. Nicht eine Person läßt sich als Quelle nennen, wohl aber zwei Persönlichkeiten als Fix- und Sammelpunkte dieser Bemühungen: Platon und Aristoteles.

7.5 Die Gewinnung von Erkenntnis durch Schlußprozesse: Aristoteles' Systematik kognitiver Strukturen und der Regeln ihrer widerspruchsfreien Verknüpfung

7.5.1 Die Lösung vom Wort öffnet den Weg zum Begriff – und zum wissenschaftlichen Denken der Neuzeit

Wir sprachen eben in Zusammenhang mit dem teils hinterlassenen, vor allem aber überlieferten Werk des Thales von Milet davon, wie es ihm gelang, die Numerik eines konkreten Problems aus dem Situationskontext zu lösen und in seiner allgemeinen, im besprochenen Sinne *begrifflich-universellen* Tiefenstruktur zu erkennen. Tiefenstruktur insofern, als sie sich hinter der Situationsoberfläche verbirgt und durch Erkennen von Invarianzeigenschaften in verschiedenen Kontexten erst bloßgelegt werden muß. Sie kann dann in einer unendlichen Vielzahl von Wahrnehmungszusammenhängen wiedererkannt werden. So kann das Gesetz des freien Falls unabhängig davon wiedererkannt werden, welcher Körper fällt, wo er fällt oder wodurch sein Fallen verursacht wurde. Wenn es sich um eine handhabbare Gesetzmäßigkeit handelt, können die relevanten Zusammenhänge sogar erzeugt oder nachkonstruiert werden.

343

(So ist die Gültigkeit des Hebelgesetzes unabhängig von der Art des Dreh-punkts, ob aus Holz, Eisen, Glas oder Stein. Und ein Hebel ist konstruierbar, wenn Last- und Kraftarm gefunden oder gebaut werden können.)

Um Wissenschaft und wissenschaftliche Entwicklung im *heutigen Sinne* auf den Weg zu bringen, war noch einmal eine noch grundsätzlichere Trennung zwischen der Erscheinungswelt und ihrer Tiefenstruktur notwendig: zwischen dem Wort und dem ihm zugrundeliegenden Begriff einerseits und – damit verbunden – zwischen der Rede und der sprachlich gebundenen Bedeutungs-findung im Begriff andererseits. Damit entsteht auch die Frage nach Regeln der Verknüpfung von Begriffen im Denken. Es war der Weg, der in der Tiefe zur Entdeckung der logischen Formen des Denkens führte.

Diese Entdeckung ist, wie wir schon erwähnten, keinem einzelnen zuzu-schreiben. Und bis zur Erkenntnis der universellen Formen der logischen Strukturen menschlichen Denkens und speziell des Schließens waren zwei Jahrtausende notwendig.

Die ersten und wohl auch die impulsstärksten Schritte wurden im Rahmen des griechischen Denkens vollzogen. Sie waren durch die Erkenntnis be-stimmt, daß der Name und das Ding auseinandergehalten werden müssen, daß auch noch Begriff und Wort zwei andere, ebenso verschiedene Sach-verhalte sind und daß die Tiefenstruktur des logischen Denkens mit der Gram-matik der Sprache zusammenfällt. Die letzte Aussage ist nur begrenzt richtig, aber es ist die Stufe, die in Griechenland mit Aristoteles' Logik erreicht wurde.

Die einzelnen Phasen dieses Prozesses sind durch die Altertumsforschung sehr genau ausgewiesen. Parmenides aus Elea hat schon um 460 vor Christus von logischen Prinzipien im menschlichen Denken in seinem Lehrgedicht *Über die Natur* berichtet: daß danach ein Ding stets mit sich selber gleich ist (Prinzip der Identität), sowie daß es niemals es selbst und zugleich etwas anderes sein kann. Man sieht schon an der Weiträumigkeit dieser Aussagen, wie stark abstrahiert werden mußte, um solche am Einzelbeispiel schon wie-der trivialen Inhalte zu gewinnen.

Große Bedeutung für die Erkenntnis von Eigenschaften des menschlichen Denkens, die man später die logischen genannt hat, kommt der Gesprächsme-thodik des Sokrates zu. Oder vielmehr: den Dialogen, wie sie von Platon geschrieben und zum großen Teil dem Sokrates als Opponenten eines Dialog-partners in den Mund gelegt sind. Durch Rede und Gegenrede wird der Ange-redete zu einer scheinbar trivialen Meinungsäußerung gebracht und dann mit dem unausweichlichen Zwang eines Widerspruchs konfrontiert, aus dem es kein Entrinnen, keinen Trick des Entkommens gibt: weil von der Metaebene der Denkregeln aus die Zwangsläufigkeit der folgenden Denkschritte festgelegt ist. Diese Zwangsläufigkeit ist Ausdruck logischer Abhängigkeiten im menschlichen Denken. Dazu gehört auch, daß es angesichts *der logischen Konsequenz* einer Aussage keinen Zweifel an ihrem Wahrheitsgehalt geben kann. Wenn alle Menschen sterblich sind und wenn Sokrates ein Mensch ist, so folgt daraus, daß Sokrates sterblich ist. Menschliches Denken verbietet sich kraft seiner eigenen Gesetze, daran zu zweifeln.

Durch die Logik des Dialoges von Rede und Gegenrede ist für Platon Logik und Dialektik ein und dasselbe. So gesehen, entdeckte er die Dialektik des Erkenntnisfortschritts im menschlichen Denken. Seine Dialoge sind Ausdruck einer kognitiven Strategie, indem der Gesprächsführer den Ausgang schon kennt und von dorther seine Argumente für die Sätze des Augenblicks konstruiert.

Bedeutsam auch seine Entdeckung der kleinsten logischen Einheiten im begrifflichen Denken. Die Aussage λόγος ist eine Verbindung von Substantiv ὄνομα und Verb ῥῆμα. Die spätere logische Form von Substantiv und Prädikat und schließlich von Prädikat und Argument kündigt sich an. Im Dialog mit Theaitetos wird der Zusammenhang von Denken und logischer Form ausgeführt. Platon berichtet in diesem Dialog:

„Fremdling: Denken also und Aussage sind dasselbe; nur daß das erstere ein Gespräch der Seele mit sich selbst ist, weshalb es denn eben diesen Namen von uns erhielt: Denken.

Theaitetos: Allerdings.

Fremdling: Dagegen heißt das Ausströmen des Gedankens aus der Seele durch den Mund unter Begleitung des Tones: Aussage."

Schenk (1973, Seite 77) betont in diesem Zusammenhang völlig zu recht, daß „diese Unterscheidung von Wort-Begriff und Denken-Sprache" durch Platon für die Entwicklung der Logik von großer Bedeutung war.

Einen weiteren bedeutenden Beitrag zur Erkenntnis von Regeln und Gesetzen menschlichen Denkens leistete Platon durch die Präzisierung der Definitionstechnik für Begriffe. Es gibt kaum einen Dialog, in dem nicht von der Methode der Diairesis Gebrauch gemacht wurde. Das ist die Methode der Aufspaltung von Begriffen in Unterbegriffe. Platon gelangte dabei zu der Erkenntnis, daß Oberbegriffe einen weiträumigeren Begriffsinhalt haben als Unterbegriffe. In diesem Zusammenhang gelingt ihm in mehreren Dialogen eine schärfere Fassung der drei logischen Grundprinzipien als sie bei Parmenides zu finden sind (der verbotene Widerspruch, das Prinzip der Identität und das

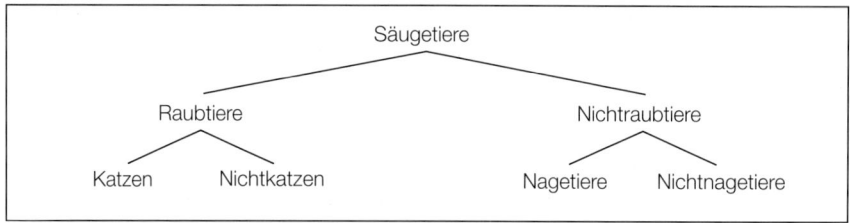

7.10 Duale Aufspaltung von Ober- und Unterbegriffen; das Diairesis-Prinzip nach Platon.

vom ausgeschlossenen Dritten). Auf dieser Basis lassen sich in mehreren Dialogen klar aufgebaute syllogistische Schlüsse nachweisen (vergleiche dazu Schenk 1973, Seite 101; Anderson 1988).

Wir werden gleich sehen, wie Aristoteles auf der Basis der platonischen Dialektik an allen diesen Ergebnissen seines großen Lehrers anknüpft und sie weiterführt: als Systematiker vor allem, aber auch als kreativer Denker im Detail.

Aber die Wendung zur systematischen Analyse von Komponenten und Regeln menschlichen Denkens wurde von Platon vollzogen. Er ist der historisch bezeugte Konstrukteur einer systematisierten geistigen Metaebene, von der aus kognitive Leistungen betrachtbar und analysierbar werden. Diese Metaebene ist die von den Worten gelöste Tiefenstruktur gedanklich fixierter Begriffe im menschlichen Gedächnis.

7.5.2 Die Erkenntnis von Invarianten im menschlichen Denken

Platons logische Strukturen sind allesamt noch in Rede eingebettet. Aus der Konstruktion der Dialoge kann man aber erschließen, daß er deren hintergründige logische Struktur gekannt hat. Man kann sie sogar bestimmten Typen von Syllogismen zuordnen. Den Weg zu den formalen, von konkreten Bedeutungen unabhängigen Strukturen menschlichen Denkens aber hat im wesentlichen Aristoteles gebahnt. Nach den 20 kommentierten Bänden seiner Werke (teilweise im Akademie-Verlag Berlin erschienen) sind die logischen Arbeiten seine bedeutendsten: *Die Kategorien*, *Über die Deutung* (die Hermenaia), *Die Lehre vom Schluß* und *Über den Beweis* (Topik und Analytica).

Trotz mancher kritischen Einstellung zu Platon setzt Aristoteles gerade bei den logischen Analysen die Gedanken seines großen Lehrers ziemlich kontinuierlich fort. Hauptziel sind die hinter Rede und Gegenrede verborgenen logischen Strukturen. In ihnen wird der Zwang der Überzeugungskraft eines Arguments vermutet; und dieser Zwang heißt: Beweis. Die Schrift *Hermenaia* beginnt so: „Die erste Aufgabe ist hier festzustellen, was man unter Namen ὄνομα und Verbum ῥῆμα, sodann, was man unter Verneinung (Absprechung, ἀπόφασις) und Bejahung (Zusprechung, κατάφασις), unter Behauptung (Aussage, ἀπόφασις) und Satz (Rede, Aussage, λόγος) zu verstehen hat." Nahezu alle Bausteine logischen Denkens sind in diesem Satz enthalten: die Grundeinheit einer Aussage mit Prädikat und Argument (Subjekt), der Wahrheitswert einer Aussage (mit zutreffend oder verneinend ist die Alternative einer Entscheidungsrückmeldung ins Kognitive verlegt); die Behauptung (als Prämisse) und ihre Verknüpfungen in der Rede. Alle diese Bausteine hat Aristoteles analysiert und präzisiert. Wir ordnen einige seiner bedeutendsten Ergebnisse in gebotener Kürze unter den hier interessierenden Gesichtspunkten:

Zunächst einmal: Worüber können überhaupt Aussagen gemacht werden? Im Prinzip über alle Seinsbereiche. Und eben diese Bereiche hat Aristoteles in seinen Kategorien geordnet: Begriffe der Substanz, der Quantität, der Qualität, der Realität, des Ortes und der Zeit, des Tuns und des Leidens, der Lage und des Habens. Jeder Kategorie kann er grammatisch bestimmte Wortformen zuordnen: zum Beispiel der Substanz die Substantive, der Qualität die Adjektive, den Relationen die Komparative, den Raum- und Zeitbeziehungen die Präpositionen. Dies scheint der vergänglichere Teil seiner logischen Untersuchungen. Gleichwohl hatten sie eine wichtige Einsicht zur Folge: Die Kategorien waren die bis dahin stärksten Abstraktionen von den Erscheinungsformen der Wahrnehmungswelt. Von ihnen ausgehend, mußte man nach dem Prinzip der Diairesis, also der Aufspaltung zu immer feineren Unterbegriffen, bis zu den Einzeldingen der wahrnehmbaren Realität gelangen. Absteigend sozusagen, vom Allgemeinen zum Besonderen. Aber die Leiter der so entdeckten Begriffshierarchien war auch in umgekehrter Richtung begehbar: vom Besonderen zum Allgemeinen; von der Person Sokrates über den Bürger von Athen zum Griechen, Mann, Menschen, zum Lebewesen und schließlich zu einer Substanz. Je abstrakter, um so umfänglicher wird die Kategorie ihren Inhalten nach. Sie enthält alle vorherigen und umfaßt noch weitere dingliche Objekte: als Bürger von Athen sich selbst und noch andere Bürger der Stadt, als Mann alle sonst noch lebenden Männer, als Mensch diese alle und zudem noch die Kinder und Frauen. Die Erkenntnis der hierarchischen Ordnung der Begriffe war der Schlüssel zu einer festen Regel für ihre Definition: Ein Begriff ist bestimmt 1) durch seine Zuordnung zu einem Oberbegriff (Genus proximum) und 2) durch Merkmale, die die Spezifik seiner Art im Gegensatz zu anderen

Begriffen im Oberbegriffsumfang ausmachen (Differentia specifica). Ein Wohnhaus ist 1) ein Gebäude und 2) eines, in dem Menschen wohnen. Ein Baum ist 1) eine Pflanze mit 2) Stamm, Zweigen (und Blättern oder Nadeln). Ein Laubbaum ist 1) ein Baum mit 2) Blättern an den Zweigen. Jedes einzelne Beispiel scheint trivial. Erst wenn man erkennt, daß sich prinzipiell alle Begriffe (genauer müßten wir heute sagen: fast alle), bekannte wie unbekannte, vorhandene oder später erst zu bestimmende, auf diese Weise definieren lassen, wird man der gewaltigen geistigen Leistung inne, die hinter solchen Entdeckungen steht.

Die Systematik begrifflichen Ordnens führte Aristoteles auch zu einer Klassifizierung von Aussagen: Er unterschied Aussagen über Einzelnes (Der Vogel ist tot, die Wand ist weiß) von Aussagen über Allgemeines (Menschen sind sterblich, Griechen sind tapfer, und so fort). Für die Logik sind Einzelaussagen für sich bedeutungslos. Nicht aber die Aussagen über Allgemeines, bei denen noch einmal getrennt wird zwischen allgemeinen und partikulären Aussagen: Alle Menschen sind sterblich, einige Krieger sind tapfer, es gibt einen, der überlebt hat oder: Wenigstens einer hat überlebt und schließlich: Genau einer hat überlebt.

Oberflächlich gesehen, mag das spitzfindig erscheinen. Aber das ist es ganz und gar nicht. Denn vom Typ der so klassifizierten Aussagen hängt es ab, welche Schlüsse aus ihrer Verbindung gezogen werden können; Schlüsse, die widerspruchsfrei sind und die darin Regeln menschlichen Denkens reflektieren; Schlüsse, die universell gültig sind und die darin ein weiträumiges Werkzeug menschlicher Erkenntnis darstellen.

7.5.3 Die Ableitung von neuem Wissen aus vorhandenem

Aristoteles hat das Wesen des schlußfolgernden Denkens in großer gedanklicher Tiefe ausgelotet. Er schreibt in der *Topik* (Top. A 1, Seite 25 folgende): „Ein Schluß (συλλογίσμος) ist eine Rede (λόγος), in der bei bestimmten Annahmen etwas anderes als das Vorausgesetzte aufgrund des Vorausgesetzten mit Notwendigkeit folgt." Er behauptet also nicht nur, daß man mit Hilfe von Wissen neues Wissen gewinnen kann; er ist zudem in der Lage, angeben zu können, unter welchen Bedingungen dies möglich ist. In wahrhaft klassischer Form hat er so die Schlußfigur des Modus Barbara formuliert (vergleiche Schenk 1973, Seite 115):

„Wenn das A allen B zukommt, und das B allen Γ, so kommt das A auch allen Γ zu." Wenn alle Griechen tapfer sind und alle Tapferen edel, dann sind

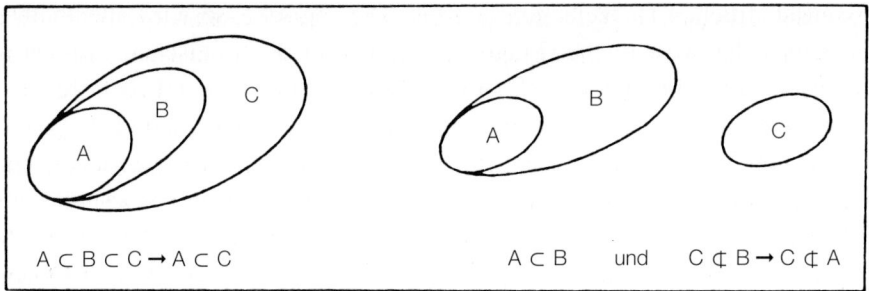

A ⊂ B ⊂ C → A ⊂ C   A ⊂ B   und   C ⊄ B → C ⊄ A

7.11 Transitivität der Begriffsumfänge. Unterbegriffe sind in Oberbegriffen enthalten. Daraus leitet sich unter anderem folgende Schlußregel ab: Wenn A Unterbegriff von B und B Unterbegriff von C, so folgt: A ist Unterbegriff von C. Das Entsprechende gilt für die Beziehung Ober-Unter-Begriff.

auch alle Griechen edel. Es ist die Transitivität von Aussagen, die für den Schluß genutzt wird. Abbildung 7.11 zeigt, daß sich diese auf die Beziehungen der Begriffsumfänge reduzieren läßt. Und noch eins ist wichtig: Aristoteles wählt statt konkreter Begriffe die Terme A, B, Γ. Das sind Variablen, für die beliebige Begriffe eingesetzt werden können. Wenn die Bedingung der Transitivität erfüllt ist, dann gilt der Schluß unter allen Umständen. Von dieser Basis aus läßt sich im Prinzip die ganze Syllogistik ableiten. Zwei Figuren seien noch genannt. Etwa der Schlußtyp: Alle Hühner sind Haustiere (A); alle Hühner sind Vögel (B); daraus folgt: Einige Vögel sind Haustiere, genau dann, wenn A in B enthalten ist; A ⊂ B. Oder so: Alle Griechen sind Hellenen und: Kein Böotier ist Hellene; daraus folgt: Kein Böotier ist Grieche. Es sind unsere Denkgesetze, die es uns verbieten, an der Richtigkeit dieser Schlüsse zu zweifeln. Dies besagt, daß in ihnen Regeln enthalten sind, nach denen folgerichtiges Denken im allgemeinen verläuft. Was für das Allgemeine gilt, das gilt notwendig auch für das Besondere. Jedenfalls, soweit es die Begriffsumfänge anlangt. Aber gerade darauf baut die aristotelische Logik auf. Jedenfalls seine apodiktische Logik als die Logik des wissenschaftlichen Denkens; eine dialektische Logik ist in dieser Schärfe nicht durchgearbeitet worden, übrigens bis heute nicht.

Aristoteles hat Arten unterschiedlicher Schlußfiguren angegeben, je nach Stellung von Subjekt, Prädikat und verbindendem Mittelbegriff verschieden. 256 hat man insgesamt bestimmt, 19 voneinander wirklich unabhängige Schlußfiguren benennen können (Barbara, Cesar, Datisi, Fresion und andere). Es ist nicht unsere Aufgabe, dies hier im einzelnen darzulegen. Geht es uns doch darum, jenen Beitrag zu skizzieren, den Aristoteles zur Entwicklung des wissenschaftlichen Denkens geleistet hat. Der logische, so wird allenthalben betont, sei der wesentliche. Fragt man innerhalb des Logischen, was es in kognitiver Hinsicht gewesen ist, so wohl vor allem dies: Er erkannte Klassen invarianter Strukturen im menschlichen Denken aus der Sprache heraus, und er fand den Weg, diese Invarianzeigenschaften durch Variablenterme auszudrücken. Solche Invarianten sind die Begriffe, ihre Umfänge (Extensionalität), die Relationen der Umfänge, die Aussagen und ihre Konstituenten: das Prädikat und das Subjekt. Wie Thales die Invarianz von alltäglichen Wahrnehmungssituationen in geometrischen Strukturen entdeckte, Platon die Funktion der Begriffe hinter den Worten erkannte, so fand Aristoteles die invarianten Komponenten logischer Strukturen in − oder vielleicht besser: hinter der menschlichen Rede. Wahrscheinlich erkannte er auch darin die Denkzwänge in den Suggestionen der sokratischen Dialoge. Indem er für die jeweils zu wählenden Begriffe die Existenz freier Variablen definierte, fand er das Prinzip der Formalisierbarkeit semantisch gebundener Aussagen. Dies hatte die Entdeckung der strukturellen Äquivalenz in bedeutungsmäßig verschiedenartigen Themen zur Folge. Das ist die eine Seite. Zudem benutzte er die auf Platon zurückgehende Metaebene über dem Begrifflichen, um diese gedankliche Konstruktion auch invariant ausdrücken zu können. So gesehen, entdeckte Aristoteles die Metasprache zur Darstellung von Invarianzeigenschaften beim Denken in Begriffen. Allerdings mit einer historischen Begrenzung. Dem Wege zur Erkenntnis der Tiefenstruktur in der menschlichen Rede lag die Annahme zugrunde, daß die grammatischen Konstituenten der Rede mit den logischen Konstituenten des Denkens zusammenfallen. Die Begriffswelt des menschlichen Denkens hat jedoch ihre eigene Logik, die teilweise markant von den formal korrekten Bildungen der zweiwertigen Logik abweicht (vergleiche Johnson-Laird 1983).[3] Gleichwohl: Mit der Analyse der Begriffe, der Relationen zwischen ihnen, der Erkenntnis hierarchischer Ordnung in kognitiven Strukturen hatte Aristoteles auch jene Fährte zum ersten Male betreten, die schließlich in der kognitiven Psychologie zur Erforschung geistiger Leistungsdispositionen des Menschen hinführt.

Wo immer wir den Blick hingewendet haben bei der Betrachtung griechischen Denkens im eingangs vereinbarten Sinne; in einem Satz läßt es sich zusammenfassen: Es ist der Weg vom archaischen zum wissenschaftlichen Denken; das heißt vom Denken in mythischen Deutungen von Zusammenhängen der Wahrnehmungswelt zur Suche nach invarianten Abhängigkeiten in den Erscheinungsformen der Realität. Diese Denkformen führen zu den Tiefenstrukturen zugrundeliegender Zusammenhänge und Gesetzmäßigkeiten. Auch dieser Weg war nicht frei von Irrtümern und von Rückfällen ins Archaische. Aber er wurde hier zuerst auf eine systematische Weise begonnen und ausgebaut. Die Bedeutung dieses Unterschieds hat Platon erkannt und formuliert. Am deutlichsten bei der Analyse beschreibend geometrischer Aussagen. So heißt es bei ihm in Zusammenhang mit der gegenseitigen Unmeßbarkeit von Seite und Diagonale eines Quadrats über die Mathematiker im *Staat*: „Weißt Du denn nicht, daß sie sinnlich Wahrnehmbares, Figuren, beiziehen, an denen sie ihre Beweise führen, aber daß ihr Denken nicht diesen gilt, vielmehr den Urformen, deren Abbilder die Figuren sind; um das Quadrat selbst ist es ihnen bei der Beweisführung zu tun, nicht etwa um jenes bestimmte, das sie gerade zeichnen ... Und sie versuchen gerade dasjenige zu schauen, was kein Mensch auf anderem Wege schauen kann als durch den Gedanken." Wir sehen ganz klar, wie es Platon um das Durchdringen der sinnlichen Oberfläche, um das Erkennen der Tiefenstruktur geht. Dort allerdings stehen dann nicht die aristotelischen (natürlichen) Invarianten, sondern die platonischen Ideen, deren Abbild die mathematischen Strukturen sind und die darum das Wesen der Dinge tiefer durchdringen als das die wahrnehmbaren Erscheinungen hergeben.[4] Es ist dies ein erster halber Schritt auf dem Wege zu einer zukunftsweisenden Erkenntnis, den, wie wir unterdessen wissen, Aristoteles zu Ende gegangen ist.

Dafür, daß es sich hier nicht um mehrdeutig auslegbare Formulierungen handelt, sei noch ein Zitat im Dialog Platonikos angeführt. Wir müssen der Korrektheit wegen anführen, daß es sich hier um eine Rekonstruktion des nicht vollständig erhaltenen Dialogs des Eratosthenes (etwa 284 bis 200) Platonikos nach van der Waerden handelt. Platon sagt dort zu den Mathematikern Archytas, Eudoxos und Menaichneos: „Ihr habt mechanische [singuläre] Lösungen gefunden? Das ist keine Kunst, das kann ich sogar, der ich kein Mathematiker bin. Dazu braucht man nur eine Analysefigur, nicht einmal eine vorhergehende geometrische Lösung ... Aber auf diese Weise wird das Gute der Geometrie zugrunde gerichtet ..., der Blick wird von der reinen Geometrie zu den wahrnehmbaren Dingen zurückgewandt." Es ist klar, daß das „Gute" der Geometrie ihr Erkenntniswert für die Lösung von Strukturproblemen ist, die hinter den singulären Erscheinungsformen der Situationsaufgaben liegen. Wir erkennen, wie mit der Erschließung der Tiefenstrukturen von Beobachtungsphänomenen, sei es in der Natur oder in der menschlichen Rede, der Blick menschlichen Erkenntnisstrebens auf das *universell* Gültige, eben das Gesetzmäßige gerichtet wird. Diese Grundeinsichten waren Voraussetzung und Beginn wissenschaftlichen Denkens. Daß die Reife dieser Früchte unter der Ideologie des Mittelalters und den Ansprüchen eines dogmatischen Erkenntnisglaubens um 1 800 Jahre verzögert wurde, ist ein Umweg in der Geschichte, den wir vordem schon manches Mal beobachtet haben. Geradezu verzückt hat Engels die erzielten Leistungen der Griechen gewürdigt, wenn er schreibt (1952, Seite 35), es würde hier Grund geben „... immer wieder zurückzukehren zu den Leistungen jenes kleines Volkes, dessen universelle Begabung und Betätigung ihm einen Platz in der Entwicklungsgeschichte der Menschheit gesichert hat, wie kein anderes Volk ihn je beanspruchen kann".

Wir haben versucht, Gründe für Bedingungen und Zwänge, für äußere Faktoren und innerstaatliche Anreize, ökonomische und soziale Kräfte anzugeben, die die Ausbildung dieser Leistungen in starkem Grade getragen haben. Nur muß man zudem auch sehen, daß alle objektiven Bedingungen oder Faktoren nur über die Umsetzung in psychische Realität, letztlich also durch die Motivation, die Aktivität und das Leistungsvermögen von Personen in ihren sozialen Einbettungen zur konkreten Wirkung gebracht werden. Die Befriedigung sozialer und gesellschaftlicher Bedürfnisse ist als Notwendigkeit historisch gesetzt, *die Art* dieser Befriedigung läßt im Prinzip die volle Bandbreite kognitiver Befähigungen zu. Und unter günstigen Umständen ist sie der Stimulator kreativer Leistungen. In der Tat: Insofern diese Wende zum eigentlich wissenschaftlichen Denken eine neue Dimension intellektueller Bewährung des Menschen in der Gesellschaft eröffnet hat, gehört es zu unserem Thema, etwas über die Ursachen kreativer Leistungen bei der Realisierung von Zielen, und dabei nicht nur von gemeinnützigen, auszusagen. Daß dabei die Zielstellungen im menschlichen Denken nur eine Seite dieser Problematik erhellen können, wird sich sogleich zeigen. Wir wollen auch diese Problematik paradigmatisch behandeln, wollen am Beispiel einiger weniger kreativer Leistungen in der Geschichte deutlich machen, daß es ganz universelle Bedingungen für qualitative Neubildungen des menschlichen Denkens und seiner Resultate gibt. Dabei bleiben gerade hier natürlich auch spezifische Faktoren in kognitiven Prozessen nachzuweisen, die für kreative Leistungen verantwortlich sind. In diesem zweiten Falle wollen wir Bedingungen für Denkprozesse aufzeigen, die aus sich heraus zu neuen Einsichten führen; zu Einsichten, die in den Voraussetzungen des Denkens, in den Annahmen oder Prämissen selbst nicht enthalten waren. Dies gerade unterscheidet das kreative vom formal-logischen, deduzierenden Denken.

[1] Unter sozialer Kohärenz verstehen wir die hohe Übereinstimmung der Motivationen und der Bewertung von Handlungen oder Handlungsergebnissen in Gruppen, Schichten oder ganzen Bevölkerungen. Mit sozialer Integration meinen wir das wechselseitige Ineinandergreifen von Aktivitäten oder Tätigkeiten, verbunden mit dem Bewußtsein starker Abhängigkeit des Selbst vom sozialen Ganzen und umgekehrt.

[2] Der dem Problem zugrundeliegende Strukturtyp ist das rechtwinklige Dreieck. In ihm gilt: Wenn zwei Dreiecke in zwei Winkeln und einer Seite übereinstimmen, dann sind sie einander gleich. Dies ist der Problemtyp, der die Tiefenstruktur „hinter" der anschaulichen Szenerie der Streckenmessung ausmacht und dessen kognitive Erfassung die Lösung dieser wie zahlreicher anderer, äußerlich völlig verschiedener Problemsituationen auf prinzipiell gleiche Weise ermöglicht.

[3] Eine wesentliche Rolle spielt dabei eine Zeitbevorzugung unseres schlußfolgernden Denkens: Aus der Aussage „wenn A, so B" folgt leicht die Erkenntnis, daß, wenn A gegeben ist, auch B gilt (oder sein wird). Wenn aber unter gleichen Voraussetzungen die Feststellung lautet: B gilt nicht (oder ist nicht eingetreten), so fällt der Rückschluß auf: „dann gilt (nicht A)" beziehungsweise „dann war A nicht" schwerer und ist weniger einleuchtend. Das scheint mit einer tief verankerten, zeitlichen Voreinstellung menschlichen Denkens zusammenzuhängen: Vorhandenes als Bedingung für Folgeereignisse zu erkennen statt von nicht vorhandenen Zuständen auf fehlende Ursachen zu schließen. Es gibt Tierversuche, die belegen, daß höhere Nervensysteme von Urzeiten her dahin ausgelegt wurden, Künftiges zu extrapolieren und weniger dazu, fehlende Bedingungen oder Ursachen für nicht Vorhandenes zu erkennen.

[4] Die Grenze dieses Denkens liegt in seiner Beschränkung auf statische Zusammenhänge und Gründe. Mit Galilei bricht sich die Erkenntnis Bahn, daß auch Geschehenstypen, das heißt kinematische Invarianten der Natur variable Erscheinungsformen der Realität erzeugen oder in geschlossener Gesetzmäßigkeit verursachen können. So wie der fallende Stein, die trudelnde Feder, der stürzende Baum in aller erscheinungsmäßigen Verschiedenartigkeit doch von einem Gesetzestyp, eben dem des freien Falles, beherrscht werden (vergleiche dazu Lewin 1927).

8. Über Kreativität als biologisches, soziales und individuelles Phänomen

8.1 Historische Beispiele für kreative Leistungen

Sehr Charakteristisches von Kreativität besteht darin, daß unter gewissen, noch näher zu bestimmenden Voraussetzungen etwas qualitativ Neues entsteht, das in diesem Vorgegebenen selbst nicht enthalten war. So gesehen, ist die Existenz der menschlichen Intelligenz ein qualitativ neuartiges Phänomen, das in den Eigenschaften einzelner Zellen eines Organismus nicht vorhanden ist und das auch zu Beginn der Entstehung des Lebens auf der Erde als Voraussetzung nicht anzutreffen war.

Aber auch im individuellen geistigen Leben gibt es bekanntlich kreative Prozesse: Ein neuer Einfall wie der, daß man die Hebelwirkung aus den Längenverhältnissen der Arme *berechnen, das heißt im voraus bestimmen* kann; eine Entdeckung wie die des Benzolringes; eine neue Idee wie die, daß die Erde sich um die Sonne dreht und nicht – wie wahrzunehmen – umgekehrt; ein neues Gedicht; ein neuer Beweis – all das sind Beispiele für kreative Prozesse, die natürlich nicht voraussetzungslos ablaufen, aber deren Ergebnis eben nicht – und das ist der Punkt – in diesen Voraussetzungen schon irgendwie enthalten ist. Die Behandlung dieser Problematik gehört zu unserem Thema, denn einmal ist die menschliche Intelligenz selbst Ausdruck von kreativen Prozessen und zudem auch eine Systemeigenschaft, die mit der Fähigkeit zu Kreativität ausgestattet ist.

Es entsteht die Vermutung, daß es unter den verschiedenen kreativen Phänomenen Gemeinsamkeiten geben könnte, Gemeinsamkeiten, die irgendwie charakteristisch sind für Voraussetzungen, unter denen qualitativ Neues entstehen kann. Wir werden in der Tat deutlich machen, daß es solche Gemeinsamkeiten zu geben scheint und daß im Laufe dieser Darlegungen schon alle Voraussetzungen für ihre Erkenntnis erarbeitet sind. Mit dem Blick auf die Universalität des Phänomens muß man sich zuallererst von dem Gedanken frei machen, als sei Kreativität eine allein menschlichen Denkprozessen zukommende Eigenschaft.

8.1.1 Kreativität in der Evolution

Eine bedeutende Kreation nach dem Entstehen unserer Erdoberfläche ist die Entstehung des Lebens selbst. Eigen (1971, 1972) ist der Frage nachgegangen, was an biochemischen Voraussetzungen vorhanden gewesen sein müßte, damit die Darwinschen Evolutionsmechanismen überhaupt greifen konnten. Dies sei die Fähigkeit zur Selbstreproduktion und – als Konsequenz damit zusammenhängend – die Potenz zur Mannigfaltigkeit gewesen. In der präbiotischen, „chemischen" Phase der Erdentwicklung waren danach, völlig unabhängig voneinander unter zahlreichen anderen, zwei Klassen molekularer Verbindungen entstanden. Einmal die Proteine mit ihrer – aufgrund schwacher energetischer Bindungen – potentiell hohen kombinatorischen Mannigfaltigkeit. Und das waren zum anderen die Nukleinsäuren, weniger variationsreich, konservativer in ihrer chemischen Struktur, aber: ausgestattet mit Instruktionsfähigkeit. Sie ist im vorliegenden Falle bedingt durch starke Affinitäten zu äquivalenten chemischen Bausteinen. Beide Strukturbildungen entstanden mit ihren Funktionen – wie gesagt – unabhängig voneinander. Aber als beide miteinander *in Wechselwirkung* traten, entstand jener Kreisprozeß zwischen Nukleinsäuren und Proteinen, der seitdem geschlossen ist, sich über Zwischenstufen reproduziert und dabei aufgrund biochemischer Eigenschaften, die hier nicht besprochen werden müssen, die Basis für das Eingreifen selektiver Prozesse darstellt. Der Reaktionszyklus läuft in jeder Zelle, in jedem vielzelligen Organismus ab und bildet wahrscheinlich bis heute auch eine Basis für die Einlagerung von „Gedächtnis" in Zellstrukturen (Matthies 1978).

Verallgemeinert man diesen Übergang zu einer Systemfunktion höherer Qualität, so bietet sich folgendes Bild an: Wenn zwei unabhängig voneinander entstandene, für verschiedene Funktionen ausgebildete Systeme miteinander in Wechselwirkung treten, ist eine wichtige Voraussetzung dafür gegeben, daß durch diese Wechselwirkung eine neue Qualität entsteht, wobei die ursprünglichen Strukturen als Teilsysteme in einer neuen funktionellen Einheit diese Qualität als Effekt erzeugen.[1]

Nun können wir mit unseren eigenen Beispielen aus der Evolutionsgeschichte psychischer Prozesse aufwarten, die allesamt ein analoges Wirkprinzip erkennen lassen:

Homöostatische Regulationen bilden sich mit dem Stoffwechsel zwischen Zelle und Nährmedium. Die Bewegungsgeschwindigkeiten von Wimper- und Geiseltierchen zeigen den Zusammenhang von homöostatischer Regulation und Bewegung. Die Ausbildung von Sinnesorganen zur Rezeption von Information und von Nervenzellen zur organismischen Bewegungssteuerung ist ein anderer Vorgang. Auch, daß die Proteine in den Nervenzellen wie alle Proteine in der Lage sind, Informationen zu speichern, ist eine unabhängig davon selektionierte Eigenschaft, die sowohl durch bioelektrische Aktivitäten als auch durch biochemische Komponenten beeinflußt werden kann. Aber wenn dann homöostatische Zustandsbewertung und nervale Koordination zusammenkommen, entsteht jene Grundform einer Verhaltenseinstellung, die man Motivation nennt. Die Wechselwirkung beider schafft die Möglichkeit einer bedürfnisgerechten Verhaltensregulation.

Auf einer höheren Stufe setzt sich das Ganze analog fort: Erst nachdem motiviertes, *von Bedürfnissen gesteuertes* Verhalten vorhanden ist, kann sich lernabhängig verhaltensrelevanter Gedächtnisbesitz ausbilden. Eine andere Form der Informationsspeicherung hätte keinen positiven Selektionswert. Hier tritt *die Speicherkapazität der Nervenzellen und ihrer Verbindungen* als Systemkomponente in Funktion. Bedürfnis- oder allgemeiner: bedarfsgerechte Informationsspeicherung und (daraus resultierend) *adaptive* Verhaltenssteuerung machen das Wesen der elementaren (und vielleicht auch der höheren) Lernprozesse aus. Nachdem diese Wechselwirkung einmal entstanden war, blieb sie unauflöslich. Motivation und Kognition bilden eine dialektische Einheit.

Ein ganz anders scheinendes Beispiel aus einer späteren Phase der Evolution lehrt uns das gleiche: Tiefensehen, so fanden wir, bildet sich des öfteren aus in der Phylogenese, insbesondere dort, wo ein verhältnismäßig großflächiges binokulares Gesichtsfeld vorhanden ist. (Bei Vogelarten, insbesondere bei Greifvögeln, haben sich zwei Foveae centralia (Stellen des schärfsten Sehens)

ausgebildet, durch die hohe Tiefensehschärfe in einem binokularen Gesichtsfeld *trotz* divergenter Augenstellung entsteht.)

Auch die aufrechte Körperstellung, so fanden wir weiter, hat sich mehrfach
in der Evolutionsgeschichte herausgebildet, ohne daß es zur Ausbildung eines
handähnlichen Greiforgans gekommen wäre, zum Beispiel bei einigen
Saurierarten oder bei Känguruhs. Erst als beides, Tiefensehen *und* Greifbewe-
gungen der Vorderextremitäten, mutmaßlich unter dem Zwang zum aufrechten
Gang, miteinander in Wechselwirkung traten, war mit der Motivation zur
Feinsteuerung von Bewegungen im Sehfeld eine Stimulation für die Ausbil-
dung manueller Feinmotorik auch *realisierbar*. Daß dies gleichzeitig auch
eine Anregung für die Verbesserung der Steuerungsleistungen der höchsten
Abschnitte des Zentralnervensystems war, haben wir ausgeführt. Die weiteren
Folgen dieses Prozesses machen einen wesentlichen Teil der vorangehenden
Ausführungen aus. Dieser Prozeß spielt dann auch jene Rolle, die man der
Be-Handlung der handhabbaren Dinge für den Prozeß der Menschwerdung
zuerkennt.

Den zweiten, ähnlich stimulierenden Faktor haben wir in der Kommunikation gesehen. Und auch hier verhält es sich ganz ähnlich: Die Klassifizierung
von Objekten nach verhaltensrelevanten Merkmalen bildet sich im Umgang
mit den Dingen, im handlungsmotivierten sensomotorischen Verhalten. Dem
entspricht die Entstehung von Primärbegriffen in der Tätigkeit. Auf der anderen Seite und unabhängig davon differenzieren sich die Lautbildungen für
momentane Zwecke der Verständigung. Angeborene Signale der Begrüßung
des Artgenossen, Rufe der Hilfe, aus Not oder Angst, sind vorgegeben. Durch
elementare Lernvorgänge werden kommunikative Signale auf Beeinflussung
des Partnerverhaltens hin ausgelegt und, je nach Reaktionsweise, bekräftigt
oder auch nicht.

Mit der entstehenden Kooperation, mit der Notwendigkeit, sich verfügbare
Dinge abzubetteln, zu teilen, zu tauschen, zu verteilen und schließlich auch
im Wertevergleich auszutauschen entsteht ein zunehmend differenzierter wer-
dendes Bedürfnis, über Sachen, Dinge, Wünsche oder Vorhaben zu kommuni-
zieren. Das sind die Situationen, in denen *gedankliche Bildungen benannt*
werden müssen. Die Benennung ist für die Mitteilung bestimmt, aber sie dient
auch der Wiedererkennung. Die ursprünglich getrennten gedanklichen (oder
begrifflichen) und die kommunikativen (oder lautlichen) Gedächtnisinhalte
treten in Wechselwirkung und bilden die Basis für jene neue Assoziation
zwischen Wort und dinglichen oder begrifflichen Merkmalen, die eine Voraussetzung für die Entstehung von Sprache ist. Einmal gebildet, scheint der Zusammenhang von Sprache und Denken unauflösbar.

Wie die Beispiele der letzten Kapitel dieses Buches zeigen, gelten solche Entstehungsbedingungen für kreative Leistungen nicht nur im Rahmen der biologischen Evolutionsgeschichte. Vielmehr lassen sich ganz ähnliche Phänomene im Zusammenhang mit vorwiegend gesellschaftlich determinierten Entwicklungsprozessen erkennen, die mit einer ganz analogen Bedingungsgrundlage einhergehen. Wir haben sie alle besprochen. Sie müssen nur noch vom jetzigen Blickwinkel aus beleuchtet werden. (Im übrigen sind in unseren Ausführungen weit mehr Beispiele enthalten als wir im weiteren heranziehen.)

8.1.2 Kreativität in gesellschaftlichen Phänomenen

Man könnte einwenden, daß es Kreativität als gesellschaftliches Phänomen gar nicht geben könne, da ja konkrete schöpferische Akte immer das Werk von einzelnen seien. Wir glauben das nicht. Die Schrift, das Zählen, Rechnen und so fort sind keine Erfindungen einzelner, sondern optimierte Endprodukte, die aus massenhaften Aktivitäten und Erprobungen entstehen. Sie erfüllen allesamt einen bestehenden gesellschaftlichen Bedarf und werden mittels sozial bezogener Motivationen hervorgebracht. Es ist nicht einfach die Summe der Aktivitäten einzelner; dies vergleichsweise ebensowenig wie das Entstehen von Eisblumen an einem Fenster die Summe der Eindrücke gefrorener Wassermoleküle ist.

Es gibt auch hier Bedingungen für eine neue Qualität, die aus dem spezifischen Zusammenwirken verschiedener Komponenten oder Faktoren resultieren. Manchmal, wie etwa bei Schrift und Zahlen, wirken Teilleistungen zusammen, die für ganz unterschiedliche Zwecke ausgebildet wurden.

Betrachten wir zunächst die Schrift. Die Lautsprache muß als eine Voraussetzung vorhanden sein, und wir sprachen schon darüber, auf welcher Basis dies geschehen kann. Aber die Lautsprache ist in der jetzigen Betrachtungsebene nur der eine Aspekt. Der zweite betrifft die Fähigkeit zeichnerischer Gestaltung. Die aber entwickelt sich in einer völlig anderen Region des sozialen Lebens und dient der Erfüllung ganz anderer sozialer Bedürfnisse: Symbole oder Zeichen für Dinge zu verwenden, ist eine Leistung, die sich im Rahmen der Kulte und der magischen Beschwörungen entwickelt und verfeinert. *Dort* steht *zuerst* die Konfiguration des Symbols für etwas und ist stellvertretend mit mythischer Kraft ausgestattet. Die ersten Zeichenrepräsentationen sind Darstellungen von Szenen. Gleichwohl: Etwas Zeichnerisch-Bildliches zu haben für die anschaulich-wahrnehmbare Fixierung eines flüchtigen Gedankens, das war schon eine Grundidee, die auf produktives Denken schließen läßt. Das ist aber noch nicht die Schrift. Die Zeichenbildung für die Lautformen mußte dafür noch gefunden werden. Wir haben erklärt, inwiefern dies eine neuartige kognitive Leistung war. Aber erst die Kombination beider führt zur Lautschrift. Diese entstand also auch durch das Zusammenkommen zweier heterogen ausgebildeter kognitiver Leistungen: der semantisch gebundenen Lautbildung und der sensomotorischen Erzeugung von Figuren oder Mustern.

Sprechen und Schreiben vergegenständlichen sich wechselwirkend in der Schrift. Das Rechnen läuft lange noch daneben, unabhängig davon und längst vor der Schriftsprache, und es dient auch anderen Zwecken. Die Entstehung von Schriftzeichen, die auch zur Bildung einer Schriftsprache für den Rechenvorgang brauchbar waren, das ist eine kreative Leistung eigener Art gewesen, in die viele kognitive Teilleistungen eingeflossen sind. Nicht ohne Grund hat dieser Prozeß fast 2 000 Jahre länger gedauert als die Formierung der Schriftsprache. Aber die Idee, Schreiben und Rechnen in *eine* Ausdrucksform zu bringen, hat etwas unverkennbar Kreatives an sich. Vielleicht ist das für unsere intuitive Zustimmung deshalb überzeugend, weil es ursprünglich so ganz verschiedene Betätigungsformen waren, ebenso verschieden wie bei uns noch Rechnen und Singen, wie Zahlzeichen und Notenschrift.

Die rechnerischen Fähigkeiten und Fertigkeiten treten auch noch in Wechselwirkung mit völlig anderen Betätigungen als dem Schreiben; nämlich dem Bauen, dem Konstruieren, oder ganz einfach: *dem Machen*. Den mechanischen Einsatz eines Hebels beherrschen bereits die Anthropoiden. Aber die Berechnung seiner Wirkung aus dem in Zahlen abgebildeten *Verhältnis* von Längen (Lastarm zu Kraftarm), *das* macht die qualitativ neue Leistung aus. Sie beruht auf dem Zusammenbringen von Proportionierungen, wie sie beim Austausch von Waren, bei der Aufteilung von Gütern und so fort entwickelt wurden, mit den mechanischen Eigenschaften von Dingen beim Bearbeiten oder beim Bauen. Es ist eine der großen Leistungen des Archimedes, dieses „zusammengesehen" zu haben, wie sich die Gestaltpsychologen bei der Beschreibung von Einsichtsleistungen auszudrücken pflegten (Köhler 1917; Wertheimer 1945). Sie meinten damit im Grunde auch, daß im Gedächtnis verschieden zugeordnete und betrachtete Objekte oder Prozeßeigenschaften zusammengebracht werden und daß dabei eine neue kognitive Disposition erzeugt werden kann. Das ist ein bedeutsamer rationaler Kern der gestaltpsychologisch orientierten Denkpsychologie.

Wir stehen nunmehr ziemlich unvermittelt der Tatsache individueller kreativer Prozesse gegenüber. Aus der Geschichte sind Einzelleistungen kreativer Persönlichkeiten bekannt, durch die das gesellschaftlich erarbeitete Wissen um Generationen, ja um Jahrhunderte überrundet wurde. Man denke, um nur ein Beispiel anzuführen, an Aristarch, der um 280 vor Christus mit ziemlich vielen Details ein heliozentrisches Weltbild entworfen hatte, das wir heute mit dem Namen des Kopernikus verbinden. Die Namen beider stehen in der Wissenschaftsgeschichte für Leistungen höchster intellektueller Leistungskraft.

Wir haben zu zeigen, daß die bisherigen Ausführungen bis zu einem gewissen Grade geeignet sind, auch in den hohen Steigerungsstufen menschlichen Denkens das Basisgefüge ihrer Funktionsweise wenigstens an einigen Punkten aufzuhellen. Wir treffen damit auf jene Steigerungsstufen im mentalen Geschehen, die Intelligenz mit Kreativität ausstatten und zu Genialität überleiten können.

8.2 Über individuelle kreative Prozesse

Wir haben natürlich nicht die Absicht, durch weitere Beispiele belegen zu wollen, daß alle Formen menschlicher Kreativität auf die Wechselwirkung zweier oder mehrerer unabhängiger kognitiver Komponenten zurückführbar sind. Und doch ist gut belegbar, daß wir mit diesen Beispielen auch für das menschliche Denken eine Quelle kreativer gedanklicher Einsichten aufgezeigt haben. Die Blickweise dafür ist nur allzuoft dadurch verdeckt, daß nicht nur zwei, sondern eine Menge von Faktoren im Spiel sind, deren Einfluß auf schöpferische Denkleistungen sich nachweisen läßt (vergleiche Duncker 1935). Bevor wir den Blick auf diese höhere Komplexität lenken, möchten wir doch die durchgehende Gesetzmäßigkeit für kreative Leistungen über Evolution und Geschichte hinweg bis zum menschlichen Denken nachweisen. Zunächst im großen und ganzen, dann aber auch im durchgearbeiteten Detail.

8.2.1 Die Anschauung und die Begriffe: Das Denken in Bildern und in logischen Strukturen

Archaisches Denken ist ganzheitlich, bildlich-ikonisch. Entsprechend sind die Inhalte der Gedächtnisbildung vor allem durch die Wahrnehmung bestimmt. Die Eindringlichkeit der Vorstellung ist in starkem Maße von affektiven Begleiterscheinungen getragen. Man kann nicht ausschließen, daß diese urtümliche Form der Informationsspeicherung in der Evolutionsgeschichte gebildet und also vererbt ist. Jedenfalls verfügen wir in Traumbildern noch über Gedächtnisinhalte dieser Art, deren Themen und Eindringlichkeiten wohl erworben sind, deren Entstehung und Verlaufsformen aber nicht erlernt werden müssen. Sie sind mit der Funktionsweise des Nervensystems vorgegeben.

Anschaulich ist auch das archaische Klassifizieren. Es sind nicht distinktive Merkmale, durch die ein Ding einer Klasse angehört, sondern es ist eine globale anschauliche Ähnlichkeit mit einem für die Klasse typischen Vertreter. Archaisches Klassifizieren ist ein Klassifizieren nach der Ähnlichkeit mit dem Bekannten. Etwas besonders gut Bekanntes kann dabei zuweilen die Rolle eines Prototyps, einer Art Vorbild für alle Klassenmitglieder gewinnen. Es mag dabei erbliche Anteile geben an Bildern für die Eindrücke des Gewaltigen oder des Ekelerregenden. Die meisten verhaltensrelevanten Prototypen entstehen aber im Rahmen des archaischen Denkens durch Erfahrung. Das Bild eines typischen Kleinkindes oder eines schönen Pferdes, eines typischen Schamanen oder Offiziers, das sind solche Prototypen, denen konkrete Figuren nur mehr oder weniger nahekommen. Prototypen sind eine Art Mittelwertsbild für eine ganze Objektklasse. Ihre Entstehung ist eine aktive Leistung des Langzeitgedächtnisses. Sie beruht auf einer Art *gewichteter* Durchschnittsbildung über einer Menge von Anschauungsbildern.

Nicht nur archaisches Klassifizieren, sondern auch die Anfänge des Konstruierens sind anschaulich-bildhaft. Das eine ergibt sich nämlich aus dem anderen. Die Schimpansin Julia zeigte gedanklich- konstruktives Verhalten: Auf der Suche nach dem Schlüssel für den folgenden Kasten muß sie das Bild der Schloßform im Gedächtnis aktiviert und mithin gegenwärtig haben, denn sonst kann sie den rechten Schlüssel nicht finden. Sie geht auch vom Ziel her rückwärts vor, vom Zielzustand zum Anfang. Die anschauliche Eigenschaft (ob nun Zielvorstellung oder Werkzeug) wird für die Entscheidung nach vorn gezogen. Damit verkürzt sich der Zielabstand. Das wird über mehrere Schritte versucht. Viele sind es nicht; die Gedächtnisspanne reicht nicht weit. Das hat seinen Grund darin, daß anschaulich-konstruktives Denken (und Vorstellen) aneinandergereiht verläuft: Auf jeden Schritt folgt der nächste, keiner wird übersprungen, nichts wird zusammengefaßt. Es ist der Ablauf eines realen Geschehens in Vorstellungsbildern. Wir können nicht wissen, ob die frühen Neandertaler derart parataktisch, das heißt immer nur in der Reihe der Vorstellungsbilder, bei ihrem Konstruieren vorgegangen sind. Der Weg zum messenden und berechnenden Herstellen war aber wohl selbst bei den frühen Cro-Magnon-Menschen noch nicht gefunden. Trotz der vielen Funde ist auch kein Werkzeug ans Licht gekommen, das nicht aus der Realisierung von schrittweise erzeugten Vorstellungsabschnitten herstellbar gewesen wäre.

Etwas anderes ist es mit den Technologien der späten Cro-Magnon-Menschen. Hier wurde nicht nur ein Werkzeug geschaffen, sondern eine Technologie zur Herstellung von verschiedenen Typen von Werkzeugen geplant. Auch die Sichel in Abbildung 1.3 verrät eine konstruktiv vorausplanende, in Teilziele untergliederte Herstellungsstrategie. In dieser Entwicklungsphase muß auch der Weg zu abstrakteren, begrifflich verknüpften gedanklichen Formen gefunden worden sein. Dieser Übergang steht zudem unter dem Zwang verfeinerter sprachlicher Strukturbildungen. Die urtümlichsten sprachlichen Äußerungsformen, die wir kennengelernt haben, waren rein parataktisch aufgebaut: eine Folge von Vorstellungsbildern in Worten. Die späteren sind syntaktisch aufgebaut: Hinter der Wortfolge steht eine Phrasen umklammernde Struktur, durch die Über- und Nebenordnung geregelt werden. Die kognitive Strategie der Satzbildung ist dem planenden, konstruktiven Handlungsaufbau verwandt.

Zurück zum Hauptgedanken: Archaisches Denken ist genau wie das elementare Konstruieren anschaulich-bildlich. Vor allem mit der Funktion des Zählens und der Entwicklung von Zahlbegriffen gelangt eine völlig andere Klasse von kognitiven Strukturen in das menschliche Gedächtnis: die begriffliche Ordnungsbildung. Das Material liefert immer noch die Wahrnehmung. Aber sie ist zerlegt, aufgebrochen, wie wir öfter sagten, von der Zählmotivation her. Die Anzahl interessiert am Ding oder an der Menge. Es ist die sensorische Abstraktion, die das bewirkt (vergleiche Klix 1971). Aber natürlich nicht nur beim Zahlbegriff. Merkmale können, nachdem die Leistung wahrscheinlich mit dem Zählen einmal erworben wurde, *willkürlich* (das ist das wesentliche) herausgelöst oder unterdrückt werden. Die Folge ist, daß ein und dasselbe Ding je nach den herausgefilterten Merkmalen ganz verschiedenen Klassen angehören kann: Ein Seil kann ein Springseil, ein Zug- oder ein Abschleppseil, ein Strick zum Binden, Fesseln, Morden oder Hinrichten sein. Diese multiple Klassifizierung, die auch unserer Begriffsbildung zugrunde liegt, ist eine Folge der sensorischen oder Merkmalsabstraktion. *Wovon* abstrahiert, *was* hervorgehoben wird, das entscheidet die Verhaltensmotivation. Und die ist auch von den Situationsbedingungen getragen. Dadurch kann das situativ Wesentliche eines Objekts oder einer Szene herausgelöst und ihm (oder ihr) „an-gesehen werden".

Konstruieren läßt sich auch im begrifflichen Denken. Wie es scheint, ganz einfach dadurch, daß die vorstellungsmäßigen Transformationen (schon im archaischen Denken vorhanden, wenn man sich eine Situations*änderung* lediglich vorstellt) auf die Merkmalseigenschaften der Begriffe angewandt werden. Ein Stück ist da, und noch eins kommt dazu und noch eins, das sind drei; und kommen dann noch welche dazu, dann werden es viele. Es sind

Transformationen an begrifflichen Merkmalen, die als interne kognitive Prozesse ablaufen. Verallgemeinernd kann man hier auch schon von Operationen sprechen. Sie sind im Kognitiven umkehrbar[2], im archaischen Denken sind sie es nicht. Bei solchen Klassifizierungen nach abstrahierten Merkmalen und Operationen an ihnen sprechen wir von logisch-begrifflichem Denken.

Die Ausbildung des logisch-begrifflichen Denkens erhält starke Impulse zur Verfeinerung dadurch, daß mit seiner Hilfe die Dinge zählbar gemacht werden. Das ist aber nicht alles. Die mit der freien Merkmalswahl mögliche multiple Klassifizierung von beliebigen Dingen kann ja auch *auf die Begriffe* als Merkmalsträger für Objektklassen selbst angewendet werden. Die Zahlen geben gute Beispiele dafür: Eins und eins und das immer fortgeführt bis zehn ergibt das erste Zählreihenbündel. Die Zehner können dann selbst wieder als neue Einheiten betrachtet werden. *Dieselbe* Menge der neuen Einheiten ergibt, zusammengeschlossen, die 100 und so fort. Wir erkennen noch einmal, was schon bekannt ist: Die hierarchische Stufung einer Zählreihe beruht auf der Klassifikation von Zahlen, allgemeiner: auf der Klassifizierung von Begriffen. Abbildung 6.4 zeigt das Schema. Es ist deutlich, daß wir hier den Prozeß der abstraktiven Verdichtung vor uns haben: Immer komprimierter wird die zusammengefaßte Information. Es entsteht eine hierarchische begriffliche Ordnung. Das aber nicht nur bei Zahlen, sondern auch bei in Worte gefaßten Begriffen. Die hierarchische Ordnung der Unter-Oberbegriffs-Bildung beruht auf diesem Prinzip.

Das gleiche zeigt sich bei den Operationen. Folgen von Transformationen können zu einer Einheit gebündelt werden; die Addition von zehn Zahlen zu *einer* Multiplikation von zehn Multiplikationen zu *einer* Potenzbildung. Immer mächtigere (auch hierarchisch geordnete Transformationen) entstehen. Wir haben dabei von abstraktiver Verkürzung gesprochen und gezeigt, welche große Bedeutung dieser kognitive Prozeß bei der Ausbildung leistungsfähiger Zahlsysteme spielt. Aber auch hier sind es nicht nur die Zahlen; wir finden das ebenso in verbalen Zusammenfassungen wie bei Aussagen folgender Art: „also sind fast alle . . .“ oder „es ging nicht jeder“. Es sind damit mentale Verkürzungen als Ergebnis komplizierter gedanklicher Operationen ausgedrückt.

Mit den kognitiven Prozessen, besonders der abstraktiven Verdichtung und Verkürzung, gewinnt das Denken mittels der Sprache eine neue, ihre eigentliche kognitive Funktion. (vergleiche Klix 1992). Die Wechselwirkung von Sprache und Denken wird produktiv, wird zu einer Basis individueller schöpferischer Leistungen. Denn die kognitiven Prozesse werden damit unabhängig von der Kommunikation. Die Sprache gewinnt ihr Doppelleben, im Denken einmal und zum anderen in der Rede, im sprechenden oder schreibenden

Mitteilen. Die Resultate kognitiver Prozesse können dann auch in die Rede einfließen. Die kognitive Funktion der Sprache gestaltet die kommunikative Funktion der Rede.[3]

Wir haben doch schon eine Menge Beispiele dafür, wie sich die Sprachgestaltung, und eben nicht nur der Wortschatz, sondern auch die syntaktische Gliederung, unter dem Druck kognitiver Anreicherungen wandelt und verfeinert.[4] Bevor wir diesen Gedanken weiter fortführen, wollen wir noch einmal auf den Ausgangspunkt dieses Kapitels zurückkommen, auf die Frage nach der Kreativität im Denken.

8.2.2 Die Wechselwirkung von anschaulichem und logischem Denken als eine mögliche Quelle geistiger Kreativität

Mit den ägyptischen und babylonischen Zahlsystemen waren, wie wir verkürzt sagten, Rechnen und Machen, schließlich Berechnen und Bauen zusammengekommen. Die frühen Griechen scheinen gerade auf diesen Gebieten gelehrige Schüler gewesen zu sein. Und sie haben das vorgefundene Wissen auf bedeutende Weise vertieft. Sie haben nach Invarianten in geistigen Strukturen gesucht; nicht nur danach, wie man ein Dreieck berechnet, sondern alle Figuren dieses Typs (oder dieser Idee, wie Platon das wesentlich später genannt hätte). Für Thales haben wir das gezeigt, und für Pythagoras gilt es gleichermaßen. Die Pythagoreer waren in starkem Maße an Verhältnissen zwischen (ganzen) Zahlen, an Proportionen interessiert. Nun ist Rechnen oder besser jetzt: algebraischer Umgang mit Zahlen im angedeuteten Sinne etwas Logisch-Begriffliches; Bauen hingegen oder etwas Herstellen etwas Konstruktiv-Anschauliches. Beides ist in seiner kognitiven Repräsentation zunächst wesentlich verschieden. Es war eine der bedeutendsten Leistungen der Mathematikgeschichte, daß die großen griechischen Mathematiker die wechselseitige Abbildbarkeit von geometrisch-anschaulichen und abstrakt-algebraischen Darstellungen erkannten. Dabei haben ihre geometrischen Betrachtungen nicht selten einen inhaltlichen Bezug zu mechanischen Problemen. Wir wollen an einigen Beispielen verdeutlichen, worum es sich dabei handelt.

Die griechischen Mathematiker ließen nur ganze Zahlen gelten (vergleiche dazu die „Lehre von Gerade und Ungerade", wie sie von Damerow und Lefèvre (1981) dargestellt ist). Brüche betrachteten sie stets als Verhältnisse von ganzen Zahlen (im heutigen Sinne also rationale Zahlen).

Eine wichtige Darstellungsquelle ist das Messen. Auf Zahlen gebracht, reduziert sich Messen auf das Enthaltensein einer Zahl in einer anderen. Im praktischen Handlungsvollzug sind dies Maßangaben. Abgebildet auf die logisch-begriffliche Ebene des Denkens, ergibt dasselbe Verfahren den größten gemeinsamen Teiler. Das ist ein bedeutsames Verfahren des Euklid und seitdem Bestandteil der Zahlentheorie. In der logisch-begrifflichen Repräsentation hat dieses „Meßverfahren" eine weitere Konsequenz: die Erkenntnis der Inkommensurabilität, d. h. der Nicht-Meßbarkeit einer Größe durch eine andere.

Euklid (*Elemente*, X, 2) schreibt: „Wenn von zwei Größen immer abwechselnd die kleinere von der größeren weggenommen wird und die übrigbleibende nie die vorhergehende mißt, dann werden die Größen inkommensurabel sein." Aus dem Vergleichen der Zahlenverhältnisse folgt, daß, falls bei einer Wechselwegnahme dieser Art nach einigen Schritten das Verhältnis der Strecken immer noch dasselbe ist wie am Anfang, dieser Prozeß nie enden kann.

Eine der bedeutungsvollsten und vielleicht auch kreativsten Leistungen in der Mathematikgeschichte ist die Erkenntnis, daß es nicht-rationale, mit anderen Worten also: irrationale Zahlen geben müsse. Auch diese Einsicht ist im griechischen mathematischen Denken vorbereitet worden.

Wie konnten die Griechen zur Kenntnis der Existenz von Zahlgebilden kommen und feststellen, daß es sie geben *müsse*, ohne sie genau bestimmen zu können? Vom Standpunkt einer Entwicklungsgeschichte der menschlichen Intelligenz aus betrachtet, ist dies ein qualitativ neuer Typ von Erkenntnis. Es ist eine Konsequenz, die aus begrifflichen Eigenschaften kognitiv gültiger Einsichten hergestellt wird: Es muß abstrakte Kategorien als Konsequenz aus meßbaren Bildeigenschaften der Wahrnehmungswelt geben, über deren Kenntnis man im zugehörigen Wissensbesitz noch nicht verfügt. Griechische Mathematiker (hier läßt sich kein einzelner Entdecker nennen) kamen darauf, indem sie *feststellten*, daß sie für zwei wirkliche Größen kein gemeinsames Maß in ihrem Zahlensystem angeben konnten. Der Gedanke läßt sich (nach Euklid) wie folgt rekonstruieren: Gegeben ist ein Quadrat mit der Seitenlänge 1

8.1 Wechselwirkung zwischen logisch-struktureller und anschaulich-bildlicher Darstellung geometrischer Gebilde. a) Der Kreis in geometrischer und algebraischer Darstellung. b) Diagonale im Quadrat und Längenbestimmung mit Hilfe des pythagoreischen Lehrsatzes. Verschiedene kognitive Repräsentationen eines Problems sind in schwierigen Fällen oft die Voraussetzung ihrer Lösung. Im Beispiel der Lösung von Wurzel aus 2 führt sie zu den Eigenschaften der irrationalen Zahlen.

(siehe Abbildung 8.1). Allgemein gilt nach dem Satz des Pythagoras, daß die Summe der beiden Kathetenquadrate gleich ist dem Quadrat der Diagonalen:

$$s^2 + s^2 = d^2 \quad \text{oder} \quad 2s^2 = d^2.$$

Nun kann gelten, daß s und d nicht beide gerade beziehungsweise ungerade sind. Sei also d ungerade. Dann ist auch d^2 ungerade. s kann gerade oder ungerade sein. $2s^2$ ist immer gerade. Dann aber stehen links eine gerade und rechts eine ungerade Zahl. Aber daneben steht das Quadrat mit seiner Diagonalen, die eine eindeutige Länge hat. Und jede Länge kann durch eine Zahl ausgedrückt werden, die sie mißt. Für eben diese Länge gibt es nach obiger Gleichung keine bekannte Zahl. Also muß es noch andere als die bekannten Zahlen geben. Man weiß heute, daß die Lösung mit $\sqrt{2}$ zu einer irrationalen Zahl führt. Worauf es in diesem Rahmen ankommt, ist, daß die wechselseitige Repräsentation eines Problems einmal im Anschaulichen und ein zweitesmal im Logisch-Begrifflichen zu Widersprüchen führt, die als Quelle qualitativ neuer Einsichten fungieren könnten. Die griechische Begriffsbezeichnung für das mathematische Beweisen hieß ΔEIKNYM, was ursprünglich soviel wie „zur Anschauung bringen" bedeutet (Hinweis nach Hartke).

Einer der kreativsten griechischen Denker war Archytas von Taras. Van der Waerden zitiert in höchster Bewunderung seine Einfälle, insbesondere die Lösung des Problems der Verdoppelung des Würfels. Er schreibt dazu: „... sein Denken ist kinematisch. Schon im Altertum hat man bemerkt, daß er mechanische Methoden in die Geometrie eingeführt hat. Weiter sieht man, daß er, wie die meisten griechischen Mathematiker, bedenkenlos das Stetigkeitsprinzip anwendet, das man folgendermaßen formulieren kann: Wenn eine stetig veränderliche Größe zuerst größer ist und dann kleiner wird als eine gegebene Größe, so wird sie auch einmal gleich dieser sein." Dieser Schluß ist Element vieler korrekter Beweise, obwohl die Abbildung dieses Problems vom Mechanisch-Anschaulichen ins Logisch-Begriffliche erst Leibniz gelang.

Ganz ähnliches läßt sich für große Entdeckungen des Archimedes zeigen. Abbildung 8.2 gibt ein von Archimedes gestelltes Problem wieder: Die Fläche des Parabelsegmentes $AB\Gamma$ soll bestimmt werden. Wir wollen nicht jeden Schritt des Beweises auseinandernehmen (vergleiche dazu van der Waerden 1956, Seite 355). Aber die Beweisidee, ihre Voraussetzungen und Konsequenzen, können doch soweit betrachtet werden, daß Bedingungen und Wirkungsweise eines kreativen Prozesses zu durchschauen sind. In der Abbildung ist

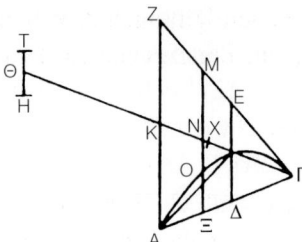

8.2 Beispiel für eine kreative Beweisidee des Archimedes. Er zeigt, daß die Fläche des Parabelsegments $AB\Gamma$ $1\frac{1}{3}$ mal so groß ist wie die Fläche des Dreiecks $AB\Gamma$. Der Problemgehalt einer „schwierigen" Aufgabe (Parabelsegment bestimmen) wird auf den einer einfacheren zurückgeführt (Dreiecksbestimmung). Die Ursache dieser Vereinfachung liegt im Erkennen einer Analogie zwischen der Strecke $\Gamma B\Theta$ und Eigenschaften eines Hebelarmes mit dem Drehpunkt in K. (Gezeichnet nach Wußing, 1962.)

das Parabelsegment $AB\Gamma$ eingezeichnet, und Archimedes zeigt, daß seine Fläche $1\frac{1}{3}$ mal so groß sein muß wie die des Dreiecks $AB\Gamma$:

Durch die Mitte Δ von $\overline{A\Gamma}$ wird eine Gerade $\overline{\Delta BE}$ gezogen. Eine Gerade $\overline{AZ}$ wird parallel zu $\overline{\Delta B}$ bis zum Schnittpunkt Z mit der Tangente ΓE gelegt. Es entsteht das Dreieck $AZ\Gamma$. Dann wird ΓB über seinen Schnittpunkt K mit $\overline{AZ}$ so weit verlängert, bis $K\Gamma = K\Theta$ ist. Schließlich wird die Gerade $\overline{M\Xi}$ parallel zu $\overline{\Delta E}$ an einer beliebigen Stelle im Dreieck $AZ\Gamma$ konstruiert. Sie schneidet die Parabel im Punkte 0. Nun gilt $\overline{B\Delta} = \overline{BE}$, ferner $\overline{N\Xi} = \overline{NM}$ und $\overline{KA} = \overline{KZ}$. Nach den Eigenschaften der Parabel, die Archimedes als bekannt voraussetzt, gilt ferner: $\overline{\Xi M} : \overline{\Xi O} = \overline{A\Gamma} : \overline{A\Xi} = \overline{K\Gamma} : \overline{KN}$.

Nun kommt der entscheidende Schritt, der die Lösbarkeit der Aufgaben ermöglicht. Es ist eine Art Blickwechsel, eine neue Sichtweise, oder – genauer – eine andere Form der kognitiven Repräsentation: *Die Strecke $\overline{\Gamma\Theta}$ wird intern als Hebel mit dem Drehpunkt K abgebildet.* Am Ende des Hebels, in Θ wird die Strecke $\overline{TH} = \overline{\Xi O}$ aufgehängt. Nach dem von Archimedes selbst gefundenen Hebelgesetz ist die Strecke $\overline{TH}$ mit der Strecke $\overline{M\Xi}$ im Gleichgewicht (die Gewichte sind umgekehrt proportional den Armlängen des Hebels, an denen sie aufgehängt sind). Das gilt aber nun *für alle* Streckenverhältnisse dieses Typs im Dreieck $AZ\Gamma$. Mit anderen Worten: Man kann das Dreieck $AZ\Gamma$ aus lauter solchen Strecken zusammengesetzt ansehen; ebenso das Parabelsegment. Also befindet sich das in Θ aufgehängte Parabelsegment im Gleichgewicht mit dem Dreieck $AZ\Gamma$. Damit ist die Flächenmessung des Parabelsegments auf die Flächenmessung des Dreiecks *zurückgeführt*. Es muß nun nur noch die Beziehung zum Dreieck $AB\Gamma$ hergestellt werden. Der Schwerpunkt des Dreiecks $AZ\Gamma$ liegt im Punkte X, genau ein Drittel der Strecke $\overline{K\Gamma}$. Da nun der Arm $\overline{K\Theta}$ mit dem Parabelsegment in Θ dreimal so lang ist wie der Arm $\overline{KX}$ und das Dreieck $AZ\Gamma$ sich im Gleichgewicht befindet mit dem Parabelsegment, ist das Gewicht des Dreiecks genau dreimal größer als das des Segments. Nun ist $AZ\Gamma = 2AK\Gamma$. $AK\Gamma$ wiederum ist gleich $2AB\Gamma$. Im ganzen ist $AZ\Gamma = 4AB\Gamma$. Entsprechend muß das Parabelsegment gleich vier Drittel des Dreiecks $AB\Gamma$ sein. Archimedes wußte (nach van der Waerden 1956), daß der Beweis damit noch nicht abgeschlossen ist. Der kreative Aspekt seines Denkvollzuges aber war es. Er hat in der genialen Beweisidee Gestalt gewonnen.

Man sieht auch, wie nahe Archimedes mit diesen Vorstellungen an den Integralgedanken von Leibniz herangekommen ist: das Integral

$$F = \int f(x)\,dx$$

als Summe einer „unendlichen" Anzahl von „differentiellen Stückchen" ydx aufzufassen.

Es ist damit gezeigt, wie wechselseitige Abbildungen von anschaulichen in begriffliche Repräsentationsformen und umgekehrt zu kreativen Denkleistungen, zur Entdeckung völlig neuer Zusammenhänge führen können. Wie kommt das?

Wir vermuten, daß dies so zu erklären ist: Bestimmte Probleme sind in der bildlichen Repräsentation sehr vielgestaltig und unübersichtlich in der Wahrnehmung und daher gar nicht recht aufzulösen und brauchbar für anwendbare Transformationen. In der begrifflichen Repräsentation hingegen können sie eine höchst einfache, klare, durchsichtige Form annehmen. Um ein triviales Beispiel zu nennen: zu 1 Million 10 000 Stück hinzuzutun, das ist anschaulich nicht zu machen. In der logisch-begrifflichen Ebene unseres Zahlensystems jedoch eine Kleinigkeit. Und es gilt nach der begrifflichen Repräsentation auch das Umgekehrte: Archimedes' Beispiel zeigt, wie schwierig es sein kann, die Flächengleichheit zweier ganz verschiedener Gebilde logisch-begrifflich nachzuweisen. Zu zeigen, wenn sie im Gleichgewicht schweben, und dies als Flächenkriterium zu nutzen, ist bedeutend übersichtlicher, einfacher und *darum* genial in der Ent-Deckung. Genies lösen scheinbar unlösbare Probleme, weil sie sie kognitiv einfach strukturieren können. Genialität zeigt sich im Kollaps der Schwierigkeiten, in der Reduktion des Informationsgehalts einer Problemsituation schon durch kognitive Vorverarbeitung. Menschliche Intelligenz drückt sich darin in ihrer charakteristischen Form aus. Diese Erkenntnis ist für uns übrigens gar nicht neu. Wir haben wiederholt bei den Betrachtungen von Zahlendarstellungen und Zahlsystemen festgestellt, wie dasjenige System sich als das potentere durchsetzt, das dieselbe Problemsituation gegenüber einem anderen *einfacher und darum leistungsfähiger* auszudrücken erlaubt. Wir haben das auch im Problemlöseverhalten mathematisch hochbegabter Jugendlicher nachgewiesen (Klix 1992). Wir kommen auf das Problem der Reduktion von Komplexität durch kognitive Prozesse am Ende unserer Ausführungen noch einmal zurück.

Es ist nun gezeigt, daß und wohl auch weshalb die Wechselwirkung zwischen bildlich-anschaulichen und logisch-begrifflichen Repräsentationen zu Lösungen ungelöster Probleme führen kann. Daß das noch kein Freifahrtschein in die Welt des kreativen Denkens ist, werden wir sogleich begründen. Zuvor scheint es an der Zeit, einiges über die Rolle der Sprache in kognitiven Prozessen festzustellen. Dabei beschränken wir uns lediglich *auf einen*, allerdings sehr wesentlichen Aspekt:

8.3 Die Sprache und das abstrakte Denken

In Kapitel 8.2.1 ist dargestellt, daß die sensorische Abstraktion der Ausfilterung beliebiger (anschaulicher) Merkmale von Dingen oder Ereignissen dient. Es wurde gesagt, daß aufgrund dieser Merkmalsselektion je nach Objekteigenschaften und Motivationen des Wahrnehmenden eine multiple Klassifizierung von Objekten möglich wird. Um ein lakonisch scheinendes Beispiel zu wählen: Nach den Regeln des archaischen Denkens erkennt der arabische Beduine in seinem Pferd die Seele seines Oheims Ben Shalah. Das ist etwas emotional Gebundenes, Einmaliges. Es ist mit nichts sonst zu vergleichen, und es bestimmt auch die Liebe zur Einmaligkeit seines Pferdes mit. Für den emotional relativ entbundenen Intellekt neuzeitlichen Denkens kann dieses (wie alle anderen Pferde) ganz verschiedenen Klassen von Objekten angehören: Es kann ein Huftier sein, ein Zuchttier, ein Schlachttier, Reit- oder Nutztier, Tier schlechthin oder Lebewesen, Säugetier auch oder Zugtier – immer sind es neue, zumeist situationsgebunden akzentuierte Merkmale, die die spezifische begriffliche Klassenzuordnung regeln. Und so ist es in allen Formen unserer tagtäglichen Begriffsbildung.

Durch die Akzentuierung der einen und Inhibition anderer Merkmale wird multiple Klassifizierung möglich. Wir haben diesen Vorgang der Kürze halber „sensorische Abstraktion" genannt. Das Ergebnis des Vorgangs selbst ist flüchtig: Kurz nur kann die Klassenbildung im Gedächtnis bestehen. Sie zerfällt, sobald neue Erkennungsleistungen notwendig werden. Hier setzt nun die erste, kognitiv bedeutsame Funktion der Sprache an:

So wie Sprache einmal ausgebildet wurde, um Dinge der Wahrnehmung für Mitteilungen zu benennen, so ist sie auch geeignet, die Resultate kognitiver Prozesse, also interne kognitive Zustände, zu etikettieren beziehungsweise zu bezeichnen. Mit ihrer Fixierung im Gedächtnis werden solche flüchtigen Klassenbildungen in ihrer Struktur gebunden. Sie werden als Worte zusammen mit den relevanten Merkmalen im Langzeitgedächtnis assoziiert. Die Resultate *multipler* Klassifizierungen der gleichen Dinge oder Ereignisse sind nur über verschiedene sprachliche Benennungen zu fixieren. Erst durch sie werden die jeweils spezifischen Merkmalsanteile bei einem mehrfach klassifizierten Gegenstand im Gedächtnis stabilisiert. Ganz ähnlich ist das auch mit den Resultaten der anderen abstraktiven Prozesse. Verdichtungen finden wir vor allem bei abstrakteren Kategorien. Sie entstehen durch die Klassifizierung von Begriffen. Etwa so: Wir haben das konkrete Tier, ein spezifisches Pferd mit Namen Hans, wir haben die Kategorie Huftier (viel umfassender), Säugetier (noch umfassender), Tier, Lebewesen – immer größer wird die dem Wort zugeordnete Objektmenge. Als Bezeichnung ändert das Wort seine Kompliziertheit kaum. Sie kann sogar kleiner werden mit zunehmendem Begriffsinhalt. Und so ist es auch bei den situationsgebundenen Klassifizierungen. Hier können im analogen Falle unterschieden werden: Ackergaul, Zugtier, Zuchttier; Trakehner, Springpferd, Traber, Rassepferd, Vollblut. Die sprachliche Benennung ermöglicht es, beliebig komplizierte Gebilde abstraktiver Verdichtungen durch gleichbleibend einfache Wortbindungen für begriffliche Merkmale im Gedächtnis zu binden. Diese Funktion der Sprache haben wir bereits bei der Entwicklung von Zahlsystemen kennengelernt.

Bei den abstraktiven Verkürzungen ist es im Prinzip ähnlich. Zwischen der Feststellung: Ein Stern bewegt sich und der Aussage: Alle Planeten bewegen sich liegen eine Vielzahl kognitiver Operationen. Dieser Unterschied geht in die Bezeichnung nicht ein. Die bleibt gleichermaßen einfach. Zwischen Addieren und Integrieren gibt es keine Schwierigkeitsdifferenz im Sprachlichen, aber es gibt sie im Begrifflich-Operativen. Man kann danach, in sprachlichen Einheiten denkend, Klassen von Begriffen und Klassen von Operationen im Zugriff der Denkprozesse halten. Man kann sie verändern, umbilden, ganz ähnlich wie die Anschauungsdinge in der Vorstellung auch. Nur: Es geschieht dies dann alles in einer neuen Ebene, in der Ebene des abstrakten Denkens. Es ist angemessen, vom Raume des abstrakten Denkens zu sprechen, denn in ihm gibt es verschiedene Ebenen, je nach dem Grade der Abstraktheit der

Kategorien. Wir erkennen: Abstrakte Begriffe werden durch kognitive Prozesse erzeugt; zu ihrer Bindung im Gedächtnis und zu ihrer Verfügbarkeit als neue Einheiten des Denkens bedarf es der sprachlichen Benennung.

Für das Verständnis menschlichen Denkens liegt darin etwas sehr Wesentliches: Mittels der Zeichenfunktion der Sprache gelingt es menschlichem Denken, sich eine Metaebene des Wissens über dem Wissen zu schaffen. Das ist eine Ebene, von der aus die einfacheren, näher an der Anschaubarkeit liegenden Begriffe (seien es Objektklassen oder Operationen) wiederum als Objekte betrachtet und analysiert werden können. Es ist nicht die Sprache, die die Fähigkeit zur Metasprachenbildung hervorbringt, es sind dies Operationen an Begriffen, die diese spezifisch menschliche Ebene des Denkens erzeugen. Dazu ist Sprache notwendig, denn sie muß diese Gebilde des menschlichen Wissens binden und auch nach den Regeln des Sprachgebrauchs verfügbar halten. Die griechischen Philosophen waren wohl die ersten, die diesen Unterschied zwischen Worten und begrifflichem Hintergrund gesehen haben. Platons Paradigma (παράδειγμα) umfaßt Kategorien einer solchen Metaebene. Und die aristotelischen Schlußfiguren gehören auch zu diesen Kategorien. Logisches Schließen wurde, wie wir sahen, aus der Analyse natürlich-sprachlicher Aussagen abgeleitet, aber immer mit dem Blick auf die Austauschbarkeit der Worte bei Invarianz der Struktur. Man muß Platons Dialoge vom Begrifflichen her, gleichsam hinter den Worten lesen, um ihren dialektischen Aufbau in den Schlußweisen erkennen zu können. Inter-lego heißt: dazwischen sammeln, auflesen. Und das Wort Intelligenz ist ursprünglich einmal aus diesem Bedeutungsfeld abgeleitet worden.

Logisch-schlußfolgerndes Denken ist also Denken in einer Metaebene. Wenn A das B impliziert (A→B) und B das C (B→C), so gilt für alle wahrgenommenen *und nicht wahrgenommenen* Fälle, daß A auch C impliziert (A→C), ganz gleich, was A, B oder C jeweils ist.

Was hat das nun für einen Zweck, solche Metaebenen zu konstruieren? Was treibt das menschliche Denken dazu, dies zu tun? Was macht das für einen Sinn, daß sich verschiedene Ebenen des Wissens wie in einem venezianischen Spiegel gegenseitig betrachten können? Wozu hat sich das herausgebildet im Prozeß der menschlichen Geschichte? Ist es nur ein Nebenprodukt anderweitig adaptiver Vorgänge? Wir wollen hier keine umfassende Antwort versuchen, können aber doch auf einen sinnvollen Grund aufmerksam machen. Nach dem Bisherigen gilt: Entscheidungsunsicherheit ist ein miserabel bewerteter Zustand, der die Motivation zu seiner Beseitigung antreibt. Die Entscheidungssicherheit im Verhaltensaufbau hängt ab von der Möglichkeit der Erkenntnis des Voraussagbaren, des Regulären, oder kurz: des Invarianten.

Das ist, wie wir nun wissen, im Anschaulichen oft nicht erreichbar. Es dennoch zu versuchen, das führt zur Logik des archaischen Denkens. Vorgänge des Abstrahierens jedoch können solche Invarianten begrifflicher Strukturen transparent machen. Solche Prozesse der Selbstevaluierung im Wissensbesitz erbringen die Möglichkeit seiner Beurteilung und Bewertung. Das ist eine wesentliche Funktion der Metaebenenbildung. Erst die stark abstraktiven Prozesse gestatten es, durch ihre verdichtende Wirkung (bei Zuständen) oder durch ihre verkürzende (bei Prozessen oder Operationen) verschieden weiträumige Regelhaftigkeiten in Natur und Sozialleben zu erkennen. Elementare Begriffe binden invariante Merkmale für eine anschaubare Objektmenge im Gedächtnis. Dadurch sind die Einstellungen gegenüber Klassen von Objekten unmittelbar fixiert. Ihre Bedeutung bestimmt die Verhaltensantwort. Die Erkenntnis, daß jeder Stein zur Erde fällt, ist eine klassifizierte Beobachtung. Die Erkenntnis, daß alle festen Körper nach dem gleichen Gesetz zur Erde fallen, ist eine weit umfassendere Invarianzeigenschaft. Sie bezieht sich auf die Kategorie „alle festen Körper" und eine ihr zugehörige Eigenschaft. Die Erkenntnis, daß diese Invarianzeigenschaft durch eine Konstante unserer Erde bestimmt wird, ist abermals weiträumiger, denn sie schließt – im Prinzip – das Verhalten anderer Erden ein. In den *Discorsi* Galileis oder in den *Mathematischen Prinzipien der Naturlehre* Newtons ist nachzulesen, wie Prozesse abstraktiver Verdichtung und Verkürzung (auch in vergeblichen Versuchen) wirksam waren bei der Entdeckung solch umfassender Invarianzeigenschaften in der Natur. Die Entdeckung von Invarianzen im verwickelten Getriebe gesellschaftlicher und ökonomischer Kräfte scheint ungleich schwieriger. Für längere Distanzen ist das zumeist unmöglich.

So werden die Gründe deutlich, weshalb es über abstrahierende Prozesse von den Begriffen her zu einer Metaebenenbildung im Denken kommen kann. Die Denkresultate werden weit umfassender, als sie den anschaulich-bildlichen Repräsentationen der Realität im selben Gedächtnis und bei dem gleichen Aufwand an kognitiven Operationen je entnommen werden können. Doch gibt es eine Gefahr dabei, die in der Natur der Sache liegt: Die Technik des sensorischen Abstrahierens (der Herauslösung beliebiger Merkmale aus wahrnehmbaren Gegenstandseigenschaften bei Zurückstellung anderer) und die darauf beruhende multiple Klassifizierung kann zu einer Ablösung der Strukturbildungen des Gedächtnisses von entscheidungsrelevanten Begriffsbildungen führen. Wenn die abstraktiven Prozesse an eigenkonstruierten Klassifikaten ansetzen, entstehen Denkresultate, die der Realität gegenüber verfremdet sind. Das reicht von Gespenster- und Dämonenkonstruktionen bei vorstellbaren Merkmalen bis zu den „falschen Theorien" oder abstrusen Philosophien in der Wissenschaftsgeschichte. Welche Bedeutung dabei dem Umweltbezug der einfachen Begriffsbildung zukommt, wollen wir noch an einigen historisch gut belegten Beispielen dartun.

8.4 Der Januskopf des Abstrahierens: Erfassen oder Verfehlen der Realität

Es ist schon begründet worden, weshalb durch abstraktive Prozesse Gedächtnisinhalte entstehen können, die vom wahrnehmbaren Umweltbezug gelöst sind. Der Hinweis auf vorstellbare Gespenster, Dämonen und Fabelwesen durch Isolierung und Neukombination von Merkmalen der Anschauungswelt ist ein verhältnismäßig triviales Beispiel. (Übrigens scheinen alle Wesen dieser Art nur aus Merkmalen kombiniert, die in der Anschauungswelt vorkommen, aber nicht bei einem, sondern bei mehr oder weniger vielen verschiedenen Lebewesen oder Dingen: Es gibt Flügel, aber keine Engel mit Flügeln. Es gibt Kappen und Kappenträger und übermenschliche Kräfte, aber keine Kappen, die solche Kräfte verleihen. Es gibt Frösche und sprechende Wesen, aber nicht beides in einem und so fort. Hieronymus Bosch war ein Meister dieser Kombinierkunst.)

Nun, diese Doppelgesichtigkeit abstraktiver Denkprodukte gibt es auch in der Metaebene des Denkens, bei den klassifizierten Begriffen, auch bei den scheinbar völlig neutralen, den Zahlen:

Die Pythagoreer waren bedeutende Mathematiker. Sie analysierten Invarianzeigenschaften in Zahlen und Zahlbeziehungen. Und sie fanden sie wieder in der Realität. Zum Beispiel ließen sich die Tonstufen des Monochords als Verhältnisse von Zahlen ausdrücken. Pythagoras selbst soll eine Saite über ein Lineal gespannt, in zwölf Teile geteilt und dann die harmonischen Verhältnisse gebildet haben: Wird die Saite auf die Längen 3, 8 und 6 verkürzt und werden so die Verhältnisse 4 : 3, 3 : 2 und 2 : 1 gebildet, ergibt das nacheinander die Quarte, die Quinte und die Oktave. Es zeigen sich dabei harmonische Streckenverhältnisse. Die wurden nun im einzelnen analysiert. Die Suche nach Invarianzeigenschaften in der Wahrnehmungswelt war abgelöst durch die Suche nach Invarianzeigenschaften in kognitiven Strukturen. Einerseits war dies der Beginn der Zahlentheorie und der reinen Mathematik; andererseits auch Ausdruck mystischen Denkens in abstrakten Kategorien: Durch ein göttliches

Mysterium ist der Kosmos nach Zahlen geordnet; jedwede Harmonie ist göttlichen Ursprungs und beruht auf ganzzahligen Verhältnissen, – so auch die
Bewegungen der Sterne, die solchen Gesetzen in ihren sphärischen Harmo-
nien folgen; unhörbar für menschliche Ohren.

Allgemein wird im Erkennen von Zahlbeziehungen das Geheimnis zum
Erkennen der Welt gesucht. Auch sollen in magischen Zahlenkombinationen
Geheimnisse (sprich Invarianzeigenschaften) liegen, die prophetische Aussagen ermöglichen. Um solche Geheimnisse zu finden, wurden Zahlen auf viel-
fältige Weise und nach immer wieder anderen Merkmalen klassifiziert. Es
gab männliche (alle ungeraden) und weibliche (alle geraden) Zahlen. Dann
vollkommene Zahlen: wenn die Summe ihrer echten Teiler gleich der Zahl
selbst ist. Also 6 zum Beispiel wäre danach eine vollkommene Zahl, denn
6 = 1 + 2 + 3. Allgemeine Regeln zur Konstruktion vollkommener Zahlen
wurden gesucht und gefunden. Eine andere Kategorie bildeten die befreunde-
ten Zahlen: wenn jede gleich der Summe der echten Teiler der anderen ist
(284 und 220 sind zwei solche Freunde). Dann wurde klassifiziert nach der
figürlichen Anordnung: Es gab Dreiecks-, Rechtecks- und Fünfeckszahlen.
Archaische Bewertungen wurden in diese Metaebene des Denkens hinüberge-
zogen: Es gab freundliche, günstige, verbotene, gefährliche Zahlen. Die 17
zum Beispiel wurde verabscheut. Sie sperrt die 16 von der 18, die beiden
einzigen Zahlen, bei denen (in der Ebene) ihr Umfang gleich ihrem Flächen-
inhalt ist (4,4; 3,6). Außerdem fabelten die Pythagoreer mit den Ägyptern,
daß der Tod des Osiris an einem 17. läge. Das Pentagramm (Abbildung 8.3)
war das Erkennungszeichen ihres geheimen Bundes (jede dieser fünf Linien
zerlegt jede andere nach dem goldenen Schnitt). Kräfte sollen von ihm aus-

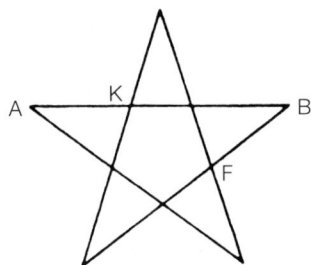

8.3 Das Pentagramm: magische Symbolfigur der Pythagoreer. Sie konnten zeigen, daß
jede dieser fünf Linien jede andere nach der Regel des „Goldenen Schnittes" zerlegt.
Danach verhält sich die kleine Strecke *AK* zur größeren *KB* wie diese zur ganzen Strecke
AB. Das ist eine Invarianzeigenschaft aller Figuren dieses Typs. Sie drückt unstreitig eine
(geometrische) Gesetzmäßigkeit aus. (Gezeichnet nach Wußing, 1962.)

gehen, strafende für solche Mitglieder, die sich von der reinen Lehre der Zahlen (als Religion zu verstehen) entfernen, belohnende für jene, die die Lehre befolgen. In magischen Zahlenkombinationen liegen magische Kräfte eingeschlossen. Es sind archaische Bewertungsformen in abstrakten Kategorien der Metaebene. Wir sehen, was wir schon in Teil I (Kapitel 3.1.5) allgemein feststellten, am Beispiel: wie die affektiv-emotionalen Wirkungen des Bewertungssystems auch den abstrakten Begriffsbildungen folgen können. Dies verweist uns einmal mehr auf die primäre Bedeutung des Denkens für Verhaltensentscheidungen.

Die Beispiele zeigen im ganzen, wie die Freizügigkeit des multiplen Klassifizierens zu Begriffsbildungen führen kann, die den Realitätsbezug der Primärbegriffe verlassen und darum auch keine praktisch relevanten Entscheidungshilfen mehr liefern, sei es für das Planungsverhalten oder für die Lösung technisch-konstruktiver Aufgaben. Denn die werden ja auch erst durch die Auflösung und Umsetzung abstrahierter Zusammenhänge in die anschaubare, physikalisch-reale Welt ihrer Bedeutungsinhalte möglich; jedenfalls, soweit es sich um Berechnungen handelt. Die abstraktiven Prozesse scheinen gegenüber dem Realitätsbezug des Denkens relativ indifferent und daher verhältnismäßig blind zu sein. Das ergibt sich aus ihrer Herkunft. Also sind die Begriffe die entscheidenden Größen, über die das Denken seinen Realitätsbezug selbst in den abstraktesten Metaebenen behalten kann.

Wir haben begründet, daß weiträumige Abbildungen der Realität in abstrakte Denkleistungen, in Begriffe wie Operationen, eingehen können. Wenn dies der Fall ist, dann müßten durch reine Denkprozesse auch *neue* Erkenntnisse gewonnen werden können. Die beiden bedeutendsten Mittel sind die Ausbildung von Strategien durch kombinatorische Verkettung von Operationen sowie die Bildung von internen Modellen, wie sie in überschaubarer Form im analogen Schließen zutage treten.

Man begegnet der Strategiebildung durch Verkettung von Operationen überall dort, wo ein Zielzustand, eine gesuchte Lösung, nicht in einem Schritt erreichbar ist. Als Beispiel für eine große Zahl von Situationen dieser Art wird immer wieder das Schachspiel angegeben. Wir können dabei auf die einschlägigen Untersuchungen verweisen (Tichomirow 1973; Pospelow 1978; Ponomarjow 1976; De Groot 1965). Allgemein gilt, daß versucht wird, Zug- oder Operationskombinationen zu finden, die einen gegebenen Zustand in einen anderen transformieren, der zielnäher ist. Dabei wird oft vom vorgestellten Zielzustand ausgegangen und rückwärts zum gegebenen Zustand hergespielt, und auch umgekehrt. Die erfolgreichen Kombinationen werden nicht selten als *Unterprogramme für Verhaltensentscheidungen* im Gedächtnis fixiert. Im Schachspiel sind besonders wirkungsvolle Kombinationen eigens benannt. Worin liegt nun hier das Kreative? Offensichtlich darin, daß durch kombinierende Auswahl von Operationen aus einer Menge bestimmte Verknüpfungen oder Ketten gebildet werden können, durch die Ziele erreicht werden, die man mit einem Blick, sozusagen aus dem Stand heraus, ursprünglich nicht erfassen konnte. Dabei gibt es Erfahrungswerte. *Allgemein* erfolgreiche Entscheidungen werden bevorzugt auf neue, ähnliche Situationen angewandt. Die heuristischen Strategien sind von diesem Typ.

Und es gibt – wie schon angedeutet – noch eine andere Quelle kreativer Strategiebildungen im Denken: das Prinzip des analogen Schließens oder der Analogiebildung.

8.5 Analoges Schließen: Eine frühe Quelle menschlicher Kreativität, die nach wie vor auch im Denken der Neuzeit wirksam ist

Im Laufe unserer Betrachtungen zu archaischen Weltbildern in vorwissenschaftlicher Zeit waren wir auf eine Denkform gestoßen, die angesichts von Rätselhaftem, Unbekanntem ihr Betätigungsfeld findet. Dann nämlich wird wiederum nach solchen Eindrücken Ausschau gehalten, die dem Unbekannten möglichst ähnlich sind. Allerdings auf besondere Weise. Wir meinen die Suche nach analogen Zusammenhängen oder Folgen von Ereignissen.

Als Denkstruktur ausgebildet, bestehen auch die charakteristischen Eigenschaften des Analogieschlusses darin, adäquate Einstellungen oder Entscheidungen gegenüber Unbekanntem durch die Suche nach Ähnlichem, Bekanntem im verfügbaren Wissen zu finden. Entsprechend wird auch die Erklärung von verwandten Ursachen aus solchen Ähnlichkeiten erschlossen.

Wir betrachten zwei Beispiele:

Vor- wie frühgeschichtliche Menschengruppen waren besonderen Notlagen ausgesetzt, in denen sie Zeichen oder Anzeichen für Künftiges zu entdecken suchten. Drohende Phänomene wie Sturm, Steinschläge, mächtige Wildtierherden, Gewitterstürme mit Blitzschlägen, Steppenfeuer und Wolkenbrüchen in der Folge waren zu überstehen, wenigstens versuchsweise. Man braucht Erklärungen, auch um Vorhersagen zu finden, um vorbeugen zu können. Bleiben wir bei einem Beispiel, dem Gewitter. Gewaltig ist oft sein dunkel-dumpfes Drohen und beängstigend sind die Donnerschläge mit Feuer bei Blitzeinschlag. Das waren für jene Menschengruppen absolut unerklärliche Phänomene. In zwar erheblich verkleinerter Form, aber doch mit unverkennbar ähnlichem Erscheinungsbild gibt es auch solche Phänomene auf der Erde. Es ist der Schmied in seiner Werkstatt mit ihrem Gedröhn, mit Hammerschlag und Funkenflug. Und genau diese Situationseigenschaften werden zur Erklärung der unbekannten Gewitterphänomene herangezogen. Der Ereigniskomplex „Schmiede" wird, entsprechend vergrößert, in die unbekannte Himmelsregion projiziert. Bei den Germanen fuhr bei Gewitter ihr Gott Thor mit seinem Bocksgespann lärmend über den Himmelsbogen und erzeugte, hammerschwingend, Blitz und Donner. Das ist ein Wissenstransfer, durch den Unbekanntes von Bekanntem her ausgefüllt wird. Es ist ein analoger Schluß.

Wir betrachten ein zweites, scheinbar völlig anders liegendes Beispiel. Ein nordamerikanischer Indianerstamm hatte die Biene als Totemtier. Die grellgelben Streifen des Bienenhinterleibes sind die markanten Erkennungsmerkmale, und die Tiere selbst sind Angehörige einer dadurch heiligen Familie. Daneben lebt, in anderem Biotop, die Python. Auch sie ist gelblich gestreift. Aufgrund dieser charakterischen Merkmalsähnlichkeit werden der gestreifen Python mit diesen Bienenmerkmalen ebenfalls Tabueigenschaften zugeschrieben. Sie wird kraft dieser Merkmale gleichermaßen als heiliges Tier behandelt. Es ist in beiden Fällen die Übertragung eines als bekannt angenommenen Zusammenhangs (Streifen und Tabu) auf eine ähnliche körperliche Erscheinungsform. Diese Übertragung kann Ursache-Wirkungs-Phänomene betreffen, wie bei Thor, oder auch nur erscheinungsmäßiger Art sein zwischen Objekt und Merkmal, wie bei Biene und Schlange.

Wir können nun darauf aufmerksam machen, daß sich analoge(!) Vorgänge auch bei abstrakteren Denkvollzügen abspielen. Wir erinnern dazu an das Beispiel des Thales, der (nach Herodot) um 865 vor Christus die Frage nach der Höhe einer Pyramide stellte, und danach, wie er sie bestimmen könne (siehe Abbildung 7.9). Er hatte ja keine direkte Meßmöglichkeit und mußte daher einen indirekten Weg suchen. Die einzige, ihm zugängliche Höheneigenschaft der Pyramide war die Länge ihres Schattens. Diese Eigenschaft hatte auch sein Stab, und sichtlich auf eine sehr ähnliche Weise. Das mag der zündende Funke gewesen sein. So nahm er, Thales, seinen Stab, maß das Längen-Schatten-Verhältnis (im Beispiel 1:1) und wußte danach, daß die abgehbare Länge des Schattens der Pyramide gleich war mit ihrer Höhe.

Nehmen wir ein weiteres Beispiel. Schmutzer (1989, mündliche Mitteilung) berichtete von einer Hypothesenbildung in Galileis Nachdenken über das Zustandekommen von Ebbe und Flut. Er projizierte das Verhalten des Wassers an der Küste auf das eines Wasserspiegels in einem länglichen Boot. Bewegt man das Boot beschleunigungsfrei in der Ebene, dann liegt der Wasserspiegel still. Wird es abgebremst (negative Beschleunigung), dann rollt das Wasser zum Bug hin; aufs neue und positiv beschleunigt, staut es sich am Heck. Das war natürlich noch nicht die Lösung des Gezeitenproblems. Aber es war ein deutlicher Erkenntnisschritt zur Aufklärung des Phänomens, wie sie später dann in der Newtonschen Mechanik in Zusammenhang mit der Beziehung zwischen Kraft, Masse und Beschleunigung gefunden wurde.

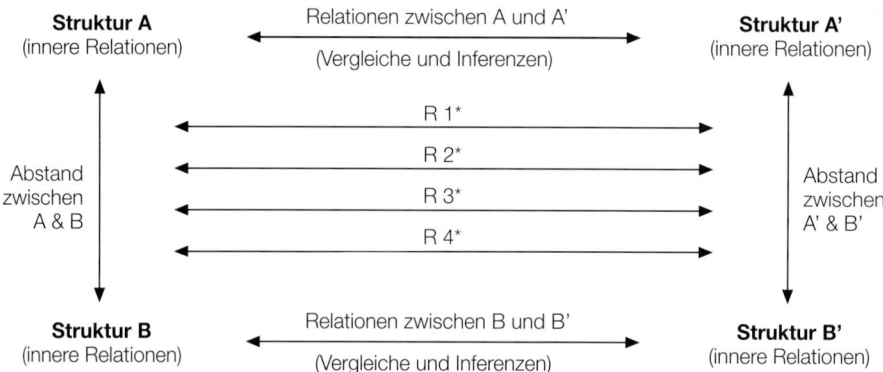

8.4 Schematische Darstellung der kognitiven Struktur eines analogen Schlusses. Ein Wissensgebiet, zum Beispiel A, sei weitgehend bekannt. Es existieren dort bekannte Beziehungen innerhalb von Zuständen (in A oder A'), aber auch zwischen ihnen (A→A'). Von A aus wird ein ähnlich strukturiertes, unbekanntes Gebiet B gesucht, in dem sich ähnliche Eigenschaften wie in A zeigen. Von ihnen aus wird geprüft, ob es auch teilweise ähnliche Beziehungen wie zwischen A und A' von B zu B' gibt. Dazu wird geprüft, wie sich bekannte Eigenschaften aus A–A' nach B–B' übertragen lassen. Dabei spielt der Ähnlichkeitsgrad (der Abstand zwischen den Wissensgebieten A und B) eine wesentliche Rolle. Mit diesen Strukturangleichungen zwischen A–A' und B–B' hängt die Entstehungsgeschichte der Maxwell-Gleichungen zusammen.

Die Beispiele mögen zunächst genügen, um die bisherigen Betrachtungen ins Bild zu setzen. Dabei zeigt sich, daß wir in allen Fällen eine invariante Struktur erkennen können. In Abbildung 8.4 sind A und A' zwei Teilstrukturen (Bilder, Begriffe, Szenen), zwischen denen eine oder mehrere Beziehungen bestehen können, zum Beispiel Streifen und heilig sein, Schattenlänge und Höhe, Beschleunigung und Wasserstau. B oder B' symbolisieren die unbekannte Region, A oder A' bezeichnen die Wissensebene der bekannten Phänomene. Hier ist Voraussetzung, daß zwischen B und A eine Ähnlichkeit besteht. Der analoge Schluß besteht dann darin, daß aufgrund der Ähnlichkeit von B und A auch von A′ auf B′ geschlossen wird. Das ist ein analoger Schluß von folgendem Typ. Wenn

$$[\{R_j\}|A,A'] \text{ ähnlich } [\{R_i\}|B,B'],$$

dann gilt, daß die Wissenszusammenhänge A–A′ und B–B′ einander analog sind. Ähnlich bedeutet hier, daß die Relationen $\{R_i\}$ unter der Bedingung | A–A′ und B–B′ teilweise identisch sind. Dabei ist die Ähnlichkeit (beziehungsweise der Abstand) zwischen A und B die Basis des analogen Schlusses. Es ergeben sich noch andere Formen der Analogiebildung in dieser (kommutativen) Schlußfigur, auf die wir hier nicht eingehen wollen (Klix 1993).

Vor dem Hintergrund dieser strukturellen Betrachtung können wir nun zeigen, daß eine der bedeutendsten Theoriebildungen in der Wissenschaftsgeschichte auf einem verketteten analogen Schlußprozeß beruht. Es ist dies C. L. Maxwells Theorie der elektrischen und magnetischen Felder, auf der letztlich die Elektrodynamik und Elektrotechnik beruhen. Die Grundlagen wurden 1856 in Maxwells Arbeit über Faradays Experimente an Induktionsströmen gelegt: *On Faraday's Lines of Force*. Das Erstaunliche daran ist, wie Maxwell darin seinen eigenen Denkweg beschreibt; es ist der einer systematischen Analogiebildung. Maxwell schreibt (nach Boltzmann 1895, Seite 4): „Um physikalische Vorstellungen zu erhalten, ohne eine specielle physikalische Theorie aufzustellen, müssen wir uns mit der Existenz physikalischer Analogien vertraut machen. Unter einer physikalischen Analogie verstehe ich jene teilweise Ähnlichkeit zwischen den Gesetzen eines Erscheinungsgebietes mit denen eines anderen, welche bewirkt, daß jedes das andere illustrirt. Auf diese Art sind alle Anwendungen der Mathematik in der Wissenschaft auf Beziehungen zwischen den Gesetzen der physikalischen Größen zu denen der ganzen Zahlen gegründet. So daß das Streben der exakten Wissenschaft darauf gerichtet ist, die Probleme der Natur auf die Bestimmung von Größen durch Operationen mit Zahlen zurückzuführen. Gehen wir von der allgemeinsten Analogie zu einer sehr speciellen über, so finden wir formal die vollste Übereinstimmung zwischen den Gesetzen zweier verschiedener Erscheinungsgebiete, von denen ein jedes Ausgangspunkt einer physikalischen Theorie des Lichtes wurde."

Faraday hatte Eigenschaften elektrischer Felder untersucht; die Ladungsverteilungen auf Leitern, den Durchfluß von Strom, seine Ausbreitung in einem Medium und die Polarisation des Lichtes. Er hatte (wie Oerstedt) verifiziert, daß die Stromleitung magnetische Felder erzeugt. Er wußte, daß Magnetpole mit ihren Feldeigenschaften um einen Leiter rotieren und daß mit dieser Rotation Spannungen entstehen. Viele Details und Abhängigkeiten zwischen Elektrizität und Magnetismus lagen klar auf der Hand.

Maxwell hatte angesichts dieser komplexen Zusammenhänge eine metaphorische Vision. Er sah ähnliche Eigenschaften von Elektrizität *und* Magnetismus im Verhalten von Flüssigkeiten in Röhren; beim Strömen oder im geschlossenen System: die Spannung in Ruhe, die Ausbreitungstendenz und die entstehenden Wirbel um die Strömung im Fließen, die Kraft als Folge von Durchflußgeschwindigkeit, Röhrendurchmesser und Druck, und er brachte die dabei feststellbaren Beziehungen in ein sechsgliedriges Formelwerk, das sich noch heute ganz für sich bewundern läßt.

Unterdessen ist es einfacher formuliert als es Maxwell noch möglich war. Wir betrachten die verdichtete und zugleich vereinfachte Notierung von Hund (1978), (zu den Abbildungen 8.5 und 8.6). Exakt gilt:

$$\operatorname{div} B = 0$$
$$\dot{B} + \operatorname{rot} E = 0$$

$$-\dot{D} + \operatorname{rot} H = i$$
$$\operatorname{div} D = \rho.$$

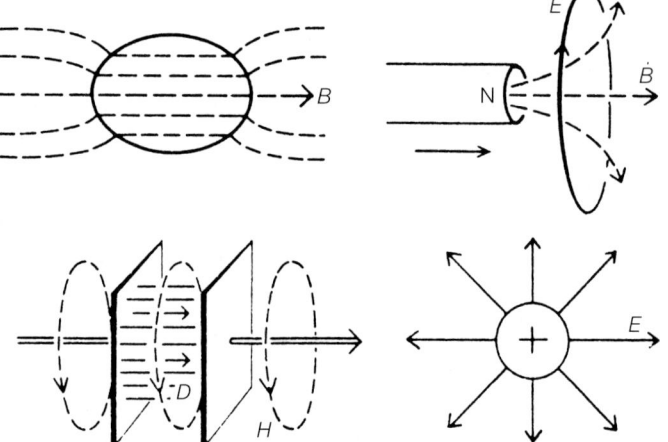

8.5 Übertragung der Eigenschaften der Abbildung 8.4 auf die Faraday-Maxwell-Theorie. Die Ähnlichkeiten, in verschiedenen Wissensgebieten (hier in Bildern) verdichtet ausgedrückt, bestehen zwischen dem Verhalten elektrischer und magnetischer Felder einerseits und den Strömungseigenschaften von Flüssigkeiten in Röhren andererseits. (Aus Hund, 1978.)

Es steht geschrieben:

1. Die Divergenz (der Strömung) der magnetischen Feldlinien im geschlossenen System ist Null.
2. Eine entstehende Divergenz führt zu Wirbeln im fließenden Strom. Dabei ist die Divergenz des magnetischen Feldes (bei Ausbreitung) gleich dem fließenden Strom.

In den unteren beiden Gleichungen haben wir die epochemachenden Beziehungen zwischen Magnetismus und elektrischer Feldstärke:

3. Die (elektrische) Wellenausbreitung, vermehrt um die Kraft der Wirbel (das heißt plus der Drehung der magnetischen Feldstärke), macht die Stromdichte, die Stärke des elektrischen Stromes aus. Darauf beruht das Dynamoprinzip des Elektromagnetismus. Es ist die Beschreibung der wesentlichen Kraftquellen für die Maschinerie des ausgehenden 19. und des beginnenden 20. Jahrhunderts.
4. Schließlich gilt: Die Ausbreitung des elektrischen Feldes ist proportional der Ladungsverteilung: (div D = ρ).

Wir bringen diese Beziehungen nun in das uns geläufige Schema. Dabei müssen wir die Exaktheit der Gleichungsaussagen vergröbern. Aber im Zustand des Geborenwerdens sind später exakt definierte Aussagen nicht selten schemenhafte Näherungsrelationen. So können wir das auch für unseren, den hier betrachteten Maxwell-Fall vermuten. Unser Diagramm, nun in Beziehung gesetzt zu den vier Gleichungen, führt zu folgenden Ähnlichkeitsbildungen.

Wir haben mit den vier Gleichungen vier Relationen gegeben: 1) und 2) als Eigenschaften magnetischer und elektrischer Felder sowie deren Verknüpfung mit 3) und 4). Diese vier Relationen betreffen, qualitativ besehen, die Ruhe im geschlossenen System (R_1), die Wirbel (R_2), die Strömung (R_3) und die Ausbreitung (R_4). Eigentlich werden erst in dieser qualitativ anschaulichen Sicht die Ähnlichkeiten zwischen dem Verhalten von elektrischen und magnetischen Größen einerseits sowie dem Verhalten von Flüssigkeiten in Röhren deutlich. So mag es ganz allgemein vorkommen, daß eine qualitativ anschauliche Näherung den Weg zum abstrakten Äquivalent vorbereitet, das dann wiederum eigene Konsequenzen erkennen läßt, die dem qualitativ Anschaulichen verborgen bleiben müssen. So schloß Maxwell aus dem Einfluß von D in Gleichung 3., daß es elektromagnetische Wellen geben müsse, die sich mit Lichtgeschwindigkeit ausbreiten. Das Experiment dazu wurde von Hertz 1888

s t u v·	Ruhe Wirbel Strömung Ausbreitung	s' t' u' v'
A		A'

w x y z	div B rot E D + rot div D	w' x' y' z'
B		B'

8.6 Übergang von den qualitativen Ähnlichkeiten im Verhalten beider Systeme zu den mathematischen Formulierungen. Ähnliche qualitative Eigenschaften von Strömungseigenschaften zweier durch Relationen verknüpften Systeme A und A' werden analog in ein anderes System (B–B') überführt. Dieses System entspricht der derzeit definitiven Form der Maxwellgleichungen.

durchgeführt, und es verhalf der Maxwell-Theorie in der Physik zum Durchbruch. Sie wurde als eine der ganz großen Leistungen in der Theoriebildung erkannt. Boltzmann, selbst einer der ganz Großen in der Physik, schrieb nach Durchdenken dieses Gleichungssystems: „Es war ein Gott, der diese Zeichen schrieb."

Es kann wohl kein Zweifel sein, daß wir uns hier an einer Quelle genialer Kreativität aufhalten. Das Erstaunliche ist, daß wir die Wurzeln dieser Art des Erschließens unbekannter Zusammenhänge aus Bekanntem heraus bereits im archaischen Denken der Naturvölker nachweisen konnten. Es sind danach nicht die Strukturformen des Denkens, die die Kreativität auf den höchsten Niveaustufen menschlicher Denkstrukturen verbürgen, sondern es sind die Inhalte, die mit ihrer Hilfe „be-handelt" werden. Bei vorgegebener Problemlage ist es dann *die Auswahl* der ähnlichen Wissensgebiete, die über den Grad der möglichen Kreativität entscheidet.

Fassen wir zusammen und erinnern wir uns:

Einige Formen konkret-anschaulicher Analogiebildungen hatten wir schon im Rahmen des archaischen Denkens gefunden. Wenn zwei Ereignisse einander ähnlich sind, dann wird die bekannte Ursache für das eine auch als Ursache des anderen Unbekannten angenommen: Der Hammerschlag des Schmiedes formt mit Funkenschlag und Lärm sein Werkstück; im Gewitter schwingt Thor seinen Hammer in den Lüften; die Biene ist als Totem heilig; die gestreifte Python ist es wegen der Bienenähnlichkeit ihrer Zeichnung. Es sind ganz einfache, buchstäblich kindgemäße Übertragungen einer anschaulichen

Struktur auf eine andere. Und danach zeigt sich: In der Metaebene des abstrakten Denkens erweist sich gerade dieses Prinzip als höchst wirkungsvoll. Das Stabbeispiel des Thales: Als er die Schattenlänge seines Stockes zum Messen der Pyramidenhöhe benutzte, da war das eine Analogie im begrifflichen Denken. Archimedes' Überführung einer Flächen-Größen-Beziehung in das mechanische Gleichgewicht eines Hebels ist eine begrifflich-symbolische Analogie. Aus den zahlreichen Einsteinbiographien (vergleiche zum Beispiel Herneck 1970) geht hervor, daß Einstein zur kognitiven Durchgliederung der Abhängigkeiten physikalischer Gesetze vom Gravitationsfeld, von der Geschwindigkeit oder der Beschleunigung eines Systems die gedankliche Konstruktion eines beschleunigungsfrei bewegten Fahrstuhls zu Hilfe nahm. Einstein schreibt über das Spiel mit den Elementen des Denkens (nach Wolkow 1970, Seite 359): „Seine Bedeutung basiert vor allem auf einem bestimmten Zusammenhang zwischen den kombinierten Bildern und den logischen Konstruktionen, die man mit Hilfe von Worten oder Symbolen darstellen kann . . ."

Dies ist in voller Übereinstimmung mit dem, was wir über eine Bedingung kreativen Denkens ausgeführt haben. Aber das ist natürlich nicht auf mathematische oder physikalische Symbolbildung beschränkt. Auch im Sprachlichen erkennen wir diesen Umsetzungsvorgang einer Struktur oder Beziehung in eine andere, strukturell ähnliche.

Es gibt da noch ein der Analogie verwandtes Paradigma in den kreativen Formbildungen menschlichen Denkens. Es ist vor allem in den semantischen Bezügen sprachlicher Bedeutungsübertragungen angesiedelt. Wir meinen die Metapher. Nehmen wir ein Beispiel:

Ein uns nicht bekannter Schüler, namens Andreas, wird uns mit dem Satz vorgestellt: Andreas ist der Gauß seiner Schule. Dann wissen wir, daß Andreas ein Junge mit einer hervorragenden mathematischen Befähigung ist. Zahlreiche metaphorische Wendungen beruhen auf der Übertragung dominierender Merkmale in einem Begriff (dem Trägerbegriff der Metapher) auf einen anderen, bezüglich seiner Merkmalscharakteristik unscheinbareren. Dort wird das stark ausgeprägte Merkmal gleichsam aufgepfropft.

Das geht hin bis ins Dichterische, wo die Metapher ihre charakteristische Heimstatt hat. Wie schrieb Hermann Hesse? „Voll von Freunden war mir die Welt als mein Leben noch licht war, nun, da der Nebel fällt, ist keiner mehr sichtbar!" Es fällt kein Nebel; die Ähnlichkeit mit der Anschauungswelt, des Trüben, Undurchsichtigen, der Verlassenheit trägt diese Metapher. Viele, viele Beispiele aus Dichtung und Literatur ließen sich dafür erbringen. Dichterische Gestaltungskraft findet darin nicht selten ihren Ausdruck. Es zeigt sich dabei wiederum der eingangs erläuterte Grund für Kreativität in der Wissensübertragung zwischen Bekanntem und Unbekanntem, Ähnlichem. Die Metapher oder das Gleichnis sind hier vor allem die Ergebnisse von Ähnlichkeitsfindungen im anschaulich-bedeutungshaltigen Wissensbesitz. Es zeigt sich dabei abermals der eingangs erläuterte einheitliche Grund für Kreativität in den Möglichkeiten des analogen Schließens. Denn Metaphern sind mögliche Bestandteile von Analogien. Das Gesagte scheint sowohl für das mathematisch-naturwissenschaftliche als auch für das produktive literarisch-dichterische Denken zu gelten. Unüberschaubar vielfältig, kompliziert und verschiedenartig Scheinendes könnte sich am Ende doch als von einheitlicher Gesetzmäßigkeit beherrscht erweisen.

Wir können zum Ende kommen. Vom Denken war die Rede, von Intelligenz auch. Ist es dasselbe? Oder bleibt da noch ein Unterschied?

8.6 Über Intelligenz im Denken

Intelligenz bildet sich in der Handlung aus. Und das Denken auch. Dennoch ist es nicht dasselbe. Das Wort „Denken" beschreibt einen Vorgang, Intelligenz seine Qualität. Wie kann man das verstehen?

In diesem Buch ist der Versuch unternommen, Faktoren, die die Entstehungsgeschichte menschlichen Denkens geformt und beeinflußt haben, in ihrem Zusammenwirken zu betrachten. Prozeßeigenschaften von Denkvorgängen wurden in historischer Sicht an wohlbestimmten Leistungen abgelesen. (Das war möglich auch mit Hilfe des Wissens um Gesetze menschlichen Denkens überhaupt.) Es zeigten sich deutliche Verwandtschaften im Vorgehen, in den Invarianten wie in der Variabilität von Lösungsversuchen bei sozial oder gesellschaftlich stark bewerteten Leistungen: bei der Sprache, dem Zahlsystem, der Schrift zum Beispiel. Es gab zeitbedingte historische Lösungen, es gab überdauernde, stabile, optimal scheinende. Aber wenn sich eine neue Lösung durchsetzte, so war es immer auch die leistungsfähigere. Vom kognitiven Standpunkt aus war sie rationeller, vom gesellschaftlichen Standpunkt aus war sie effizienter. Nirgends fanden wir dabei einen Verstoß gegen die Regel, daß die wirkungsvollere Lösung immer auch die einfachere war. Bei der Schrift zum Beispiel haben wir von einem langen, historischen Problemlöseprozeß gesprochen, bis die optimale und einfachste Lösung, nämlich das Alphabet, gefunden war.

Uns scheint, daß das im Kleinen, Individuellen, ganz ähnlich ist wie im gesellschaftlichen Großen. Es ist ganz und gar trivial zu sagen, Intelligenz drücke sich in der Fähigkeit aus, Probleme zu lösen. Gewiß ist derjenige, dem bei gleicher Motivation eine Lösung nicht gelingt, der weniger Intelligente gegenüber dem erfolgreichen Problemlöser. Die Frage muß anders gestellt werden: Wenn mehrere Lösungen vorliegen, welche ist dann die intelligentere?

Übertragen wir das eben Gesagte auf diese Frage, so ergibt sich die Antwort: Die qualitativ bessere Lösung ist immer jene, die mit einfacherem kognitiven Aufwand zustande kommt. Großer Aufwand ist abzulesen an der Menge der Neu- oder Umklassifizierungen, am Umfang aufgewendeter Operationen, an der inadäquaten Höhe des Abstraktionsniveaus. Aufwandssenkung entsteht durch problemgemäßes Klassifizieren, durch Verdichtungen oder Verkürzungen im Prozeßaufwand. Oder, dasselbe von außen besehen: Die höhere Qualität einer Denkleistung stellt sich dar in der größeren Einfachheit und Effektivität des Lösungsgewinns. Darin zeigt sich die ganz und gar psychologische Thematik unseres zentralen Anliegens. Die triviale Alternative, Lösung gegenüber Nichtlösung, reduziert sich auf diesen Sachverhalt: Eine Lösung gelingt zunächst deshalb nicht, weil die kognitiv faßliche und damit handhabbare Repräsentation der Problemstellung selber mißlingt. In einem Wust wirkungsloser Klassifizierungs- und Umgruppierungsversuche greifen die kognitiven Prozesse nicht an den relevanten Merkmalen einer Problemstruktur an. Wie gesagt, und noch einmal: Die begrifflich-klassifikatorische Repräsentation eines Problems ist die entscheidende Bedingung für seine effektive Lösung. Sie ist die Basis, an der die kognitiven Prozesse des Kombinierens, Verkettens, Transformierens, Verknüpfens, Verdichtens einsetzen. Die aber bleiben wirkungsarm, wenn die begriffliche Ordnung des Gegebenen der Realität der Problemsituation nicht gemäß ist. Wir haben das im allgemeinen begründet und können zur Verdeutlichung noch einmal historische Denkleistungen höchsten Grades anführen:

Man konnte noch lange nach Kopernikus rein abstrakt das ptolemäische System weiter verbessern. Noch im 16. Jahrhundert wäre eine genaue Übereinstimmung mit den astronomischen Meßwerten herstellbar gewesen. (Die Annahme weiterer Epizyklen, kongruent zur Erdbahn, hätte dies geleistet.) Kopernikus (1473 geboren) sagt selbst (zitiert nach Heckmann 1977), „... daß sein System die Vorzüge größerer Einfachheit und Harmonie habe". Der Fortschritt der Ideen des Kopernikus bestand, kognitiv gesehen, darin, daß die Vereinfachungen des Planetensystemmodells durch eine heliozentrische Darstellung völlig neue, bis dahin außerhalb der Betrachtung liegende Phänomene in Übereinstimmung brachte. Sie konnten als logische Konsequenz des begrifflichen Abbildes *vorausgesagt* und an den Meßwerten überprüft werden.

Die größere Einfachheit erweist sich wiederum als Ausgangsbasis zu größerer Universalität. (So konnten die Schleifen in den Bahnen der Planeten auf das relative Vor- oder Nacheilen des irdischen Beobachters zurückgeführt werden.)

Andererseits: Kopernikus hielt noch an den Kreisbahnen fest. Der pythagoreisch-aristotelische Glaube von der Kreisbahn als der vollkommensten aller Figuren hielt ihn fest im Bann. Die Himmelsmechanik durfte nur in den vollkommensten Bahnen entworfen worden sein. Kopernikus konnte auf einige der ptolemäischen Epizyklen (das sind Kreisbahnen auf den Kreisbahnen der Planeten) verzichten (auf die von der zweiten Ordnung); aber nicht auf alle. Dieser Schritt war Kepler vorbehalten. Mit der Erkenntnis der elliptischen Bahn der Planeten fielen im heliozentrischen System (fast) alle Epizyklen weg. (Die des Merkur erst durch Einstein.) Höchste Form der Einfachheit und Klarheit eines Denkresultats verkörpern die drei Keplerschen Gesetze: Die Bewegungsbahn jedes Planeten verläuft auf einer Ellipse. In einem Brennpunkt steht die Sonne. Oder: Die Flächengeschwindigkeit der Planetenbahnen ist konstant. Das sind die wesentlichen invarianten Eigenschaften der Planetenbewegungen. (Auch das dritte Gesetz bezieht sich darauf und drückt die Beziehung zwischen Umlaufzeiten und Bahnachsen aus.) Wir erkennen: Hier ist die Bewältigung höchster Schwierigkeit mit maximaler Einfachheit einer Lösungsdarstellung vollendet gelungen. Die Steigerungsfähigkeit menschlicher Intelligenz in die Genialität ist hier greifbar geworden. Unter kognitivem Aspekt zeigt sich der Erkenntnisfortschritt in der Voraussagbarkeit einer Fülle von Phänomenen von denselben Grundannahmen her: Die Umlaufeigenschaften der von Galilei entdeckten Jupitermonde stimmen damit überein, Helligkeitsänderungen und Entfernungsberechnungen passen zueinander, Anziehungskräfte und Gezeiten gehen ein ins Bild und manches weitere. Was wir immer schon fanden, zeigt sich auch hier: Die Vereinfachung trägt den Keim für die mächtigere Lösung in sich, weil sie bei gleichem Aufwand die Bewältigung höherer Schwierigkeitsgrade ermöglicht. Das macht schließlich die Möglichkeit permanenten Erkenntnisfortschritts aus. Es begründet die Steigerungsfähigkeit der Denkleistungen wie der Erkenntnisfähigkeit im ganzen.

Und noch eins zeigt sich in diesen Beispielen: die stärkere, weiträumigere *Voraussagbarkeit* von Ereignissen wird mit der Erkennung kognitiv höherer Invarianzeigenschaften im Problemgebiet erzielt. Dies bestätigt noch einmal den *möglichen* größeren Erkenntnisgewinn durch höhere Abstraktheit.

Darin findet etwas allen Denkprozessen Gemeinsames seinen Ausdruck. In der Auseinandersetzung des Menschen mit der Natur erhalten kognitive Prozesse als Entscheidungshilfen in schwer überschaubaren oder unsicheren Situationen einen Selektionsvorteil. Die Umwelt im Lebensraume so weit wie möglich berechenbar und dadurch schließlich beherrschbar zu machen in einem sehr weiten Sinne des Wortes, erweist sich als eine biologische, soziale wie individuelle Motivgrundlage intelligenten Handelns. Wie weit diese Voraussagbarkeiten reichen, hängt von der kognitiven Durchdringung der Realität beziehungsweise ihrer Bereiche ab. Sie bleibt immer begrenzt, hier mehr, dort weniger. Der Ursprung der kognitiven Prozesse, Hilfen für Entscheidungsverhalten auszubilden, ist aber als invariante Eigenschaft menschlichen Denkhandelns geblieben. Die Qualität, mit der dies angesichts übergroßer Komplexität im Vorhersagegebiet gelingt, macht aller Wahrscheinlichkeit nach die unterschiedlichen individuellen, sozial-ethnischen wie wissenschaftlich-technischen Leistungsmöglichkeiten des Menschengeschlechts aus.

---

[1] Als wir dieses Beispiel von Eigen und weitere Fälle ähnlicher Art (siehe unten) unter diesem Aspekt ihrer Gemeinsamkeiten betrachteten, stießen wir auch auf eine bedeutsame Arbeit von Hassenstein (1966), in der am Beispiel der Verkoppelung zweier technischer Systeme ähnliche Überlegungen angestellt sind. Auch möchten wir in diesem Zusammenhang auf die von Lorenz (1973) in Anlehnung an Hassenstein angestellten Betrachtungen verweisen. Die psychologische Problematik wurde damit zwar aufgeworfen, aber eben doch nicht behandelt.

[2] Kognitive Operationen dieser Art, ihre Verknüpfungen sowie die Umkehrung ihrer Abfolge (Reversibilität) bilden den Kern der Intelligenztheorie von Piaget. Denkleistungen beruhen danach auf Gruppenbildungen im mathematisch-logischen Sinne. Die geschichtliche Ausgangsbasis sind Verknüpfungen von Handlungsschritten zu Handlungsfolgen (Schemata bei Piaget). Gestörte Gleichgewichte zwischen Organismus und Umgebung heben die ursprünglich sensomotorischen Prozesse in die kognitive Ebene. (Sie führen dort vom anschaulichen zum logisch-begrifflichen Denken.) Dabei scheint uns unzulänglich, daß hier zwar eine wesentliche, aber doch eben nur eine Seite menschlichen Denkens und intelligenten Handelns erfaßt ist. Beispielsweise bleibt die Rolle der Sprache als Resultat *und* als Instrument höchst intelligenzintensiver kognitiver Prozesse deutlich unterbewertet.

[3] Auch das Umgekehrte ist möglich. Das macht die pragmatische Funktion des Denkens und Sprechens aus und soll hier unerörtert bleiben.

[4] Man stößt bei derartigen Überlegungen darauf, daß es verschiedene Zeitkonstanten im Gefüge der sprachlichen Strukturbildungen zu geben scheint. Die phonologische Seite ist relativ rasch wandelbar und auch in Dialekten räumlich fein differenziert. Wortschatzänderungen sind in Jahren am Beispiel neu aufkommender oder verschwindender Benennungen zu beobachten. Morphologie und Syntax sind wesentlich langlebiger und brauchen im allgemeinen mehrere Generationen für merkliche Abwandlungen.

Literaturverzeichnis

Adey, W. R. *Spectral Analysis of EEG Data from Animals and Man During Alerting, Orienting and Discrimination Responses.* In: Evans, C. R.; Mulholland, T. B. (Hrsg.) *Attention in Neurophysiology.* London (Butterworth) 1969.

Anderson, J. R. *Kognitive Psychologie.* Heidelberg (Spektrum der Wissenschaft) 1991.

Aristoteles *Topik.* Übers. Rolfes, E. Berlin (Akademie) 1948.

Bach, H. *Probleme der Rassenentstehung beim Menschen.* Gesammelte Vorträge über moderne Probleme der Abstammungslehre, Bd. 2. Jena (G. Fischer) 1967.

Bach, H. *Entwicklung des Menschen.* In: *Biologische Rundschau* 12/1 (1974).

Baddeley, A. D.; Wilson, B. *Phonological Coding and Short-Term Memory in Patients with Speech.* In: *Journal of Memory and Language* 24 (1985) S. 490–502.

Behm-Blancke, B. *Zur Vorstellungswelt des Homo erectus von Bilzingsleben.* In: Herrmann, J.; Ullrich, H. (Hrsg.) *Menschwerdung.* Berlin (Akademie) 1991. S. 287–302.

Birbaumer, N. *Physiologische Psychologie*. Berlin/Heidelberg/New York (Springer) 1975.

Bischof, N. *Die biologischen Grundlagen des Inzesttabus*. In: Weinert, G. (Hrsg.) *Bericht über den 27. Kongreß der Dtsch. Gesellschaft für Psychologie*. Göttingen (Hogrefe) 1970.

Blumenschine, R. J.; Cavallo, A. *Frühe Hominiden – Aasfresser*. In: *Spektrum der Wissenschaft* 12 (1992) S. 88–95.

Bühler, K. *Die geistige Entwicklung des Kindes*. 6. Aufl. Jena (G. Fischer) 1930.

Bunak, V. V. *Die Entstehung der Sprache nach anthropologischen Befunden*. Moskau (Akademie der Wissenschaften UdSSR) 1951.

Bunak, V. V. (Hrsg.) *Sprache und Intellekt. Stadien ihrer Entwicklung in der Anthropogenese*. Moskau (Akademie der Wissenschaften UdSSR) 1966.

Bunak, V. V. *Die Entwicklungsstadien des Denkens und des Sprachvermögens und die Wege ihrer Erforschung*. In: Schwidetzky, J. (Hrsg.) *Über die Evolution der Sprache*. Frankfurt/Main (S. Fischer) 1973.

Cavalli-Sforza, L. L. *Genes, Peoples and Languages*. In: *Scientific American* 11 (1991) S. 72–79.

Claiborne, R. *Die Erfindung der Schrift*. Hamburg (Rowohlt) 1978.

Constable, G. *Die Neandertaler*. Hamburg (Rowohlt) 1977.

Creutzfeldt, O. D. *Neurophysiologische Grundlagen des Elektroenzephalogramms*. In: Haider, M. (Hrsg.) *Neurophysiologie*. Bern (Huber) 1971.

Creutzfeldt, O. D.; Sakemann, B. *Neurophysiology of Vision*. In: *Annual Review of Physiology* 31 (1969).

Crick, F. *Ein irres Unternehmen. Die Doppelhelix und das Abenteuer Molekularbiologie*. München (Piper) 1990.

Damasio, R; Damasio, H. *Sprache und Gehirn*. In: *Spektrum der Wissenschaft* 11 (1992) S. 80–93.

Damerow, P.; Lefèvre, W. *Rechenstein, Experiment, Sprache*. Stuttgart (Klett-Cotta) 1981.

Damerow, P.; Englund, R. K.; Nissen, J. *Die Entstehung der Schrift*. In: *Spektrum der Wissenschaft* 2 (1988) S. 74–84.

Damerow, P.; Englund, R. K.; Nissen, J. *Frühe Schrift und Techniken der Wirtschaftsverwaltung im alten Vorderen Orient*. Berlin (Franzbecker) 1990.

Dart, R. A. *The Gradual Appraisal and Acceptance of Australopithecus*. In: Kurth, G.; Eibl-Eibesfeldt, J. (Hrsg.) *Evolution und Hominisation*. Stuttgart (G. Fischer) 1968.

Darwin, Ch. (1949). *Die Entstehung der Arten durch natürliche Zuchtwahl.* Leipzig (Reclam) 1949.

Dawkins, R. *The Selfish Gene.* Oxford (Oxford University Press) 1989.

De Groot, A. D. *Thought and Choice in Chess.* The Hague (Mouton) 1965.

Detlefsen, M. *Kerbknochen und Kerbhölzer.* In: *Wissenschaft und Fortschritt* 27/9 (1977).

Dieterlen, G. *Mythe et Organisation Sociale en Afrique Occidentale.* In: *Journal de la Société des Africanistes* 29/fasc. I. (1959).

Duncker, K. *Zur Psychologie des produktiven Denkens.* Berlin/Heidelberg/ New York (Springer) 1935.

Eigen, M. *Self-Organization of Matter and the Evolution of Biological Macromolecules.* In: *Naturwissenschaften* 58 (1971).

Eigen, M. *Molekulare Selbstorganisation und Evolution. Informatik.* In: *Nova Acta Leopoldina* 37/1, Nr. 206. Leipzig 1972.

Engels, F. *Dialektik der Natur.* In: Marx, K.; Engels, F. *Werke.* Bd. 20. Berlin (Dietz) 1968.

Erben, H. K. *Die Entwicklung der Lebewesen.* 3. Aufl. München (Piper) 1988.

Evans-Pitchard, E. E. *Witchcraft.* In: *Africa* 8/4 (1955).

Fairservis, W. A. jr. *Die Schrift der Indus-Kultur.* In: *Spektrum der Wissenschaft* 5 (1983) S. 88–96.

Fischbach, G. D. *Gehirn und Geist.* In: *Spektrum der Wissenschaft* 11 (1992) S. 30–43.

Flanagan, J.L. *Speech Analysis, Synthesis and Perception.* Berlin/Heidelberg/New York (Springer) 1965.

Földes-Papp, K. *Vom Felsbild zum Alphabet.* 1970. [Zitiert nach Wills, F. H. *Schrift und Zeichen der Völker.* Düsseldorf (Econ).]

Foppa, K. *Lernen, Gedächtnis, Verhalten. Ergebnisse und Probleme der Lernpsychologie.* Köln/Berlin (Kiepenheuer & Witsch) 1966.

Franzen, J. *Der aufrechte Gang.* Kosmos 1. 1972.

Frazer, J. G. (1910). *Totemism and Exogamie.* London 1910. [Zitiert nach Freud, S. *Totem und Tabu.* Frankfurt/Main (S. Fischer) 1973.]

Freeman, W. J. *Physiologie und Simulation der Geruchswahrnehmung.* In: *Spektrum der Wissenschaft* 4 (1991) S. 60–69.

Freud, S. *Totem und Tabu.* Frankfurt/Main (S. Fischer) 1973.

Freud, S. *Der Mann Moses und die monotheistische Religion.* Frankfurt/Main (S. Fischer) 1975.

Friedrich, J. *Geschichte der Schrift.* Heidelberg (Winter) 1966.

Frisch, K. v. *Tanzsprache und Orientierung der Bienen.* Berlin/Heidelberg/ New York (Springer) 1965.

Funkenstein, H. P. et al. *Unit Responses to Acoustic Stimuli in the Cortex of Awake Squirrel Monkeys.* In: *Fed. Proc.* 29 (1970).

Gardner, R. A.; Gardner, B. T. *Teaching Sign Language to a Chimpanzee.* In: *Science* 165 (1971).

Gershon, E. S.; Rieder In: *Spektrum der Wissenschaft* 11 (1992) S. 114–123.

Goerttler, K. *Die Entwicklung der menschlichen Glottis als deszendenztheoretisches Problem.* In: Schwidetzky, J. (Hrsg.) *Über die Evolution der Sprache.* Frankfurt/Main (S. Fischer) 1973.

Goldman-Rakic, P. S. *Das Arbeitsgedächtnis.* In: *Spektrum der Wissenschaft* 11 (1992) S. 94–103.

Granowskaja, G. M. *Psychologie des Schöpferischen.* Moskau (Nauka) 1976.

Grossmann, S. P. *A Textbook of Physiological Psychology.* New York/London (Wiley) 1967.

Grüsser, D.-J.; Grüsser-Cornehls, M. *Die Informationsverarbeitung im visuellen System des Frosches.* In: *Kybernetik* (1968) München/Wien (Oldenburg).

Gutbrod, K. *Du Monts Geschichte der frühen Kulturen der Welt.* Köln 1975.

Guttmann, G. *Lehrbuch der Neuropsychologie.* 3. Aufl. Bern (Huber) 1990.

Hallpike, Chr. R. *Die Grundlagen primitiven Denkens.* München (Klett-Cotta in dtv) 1990.

Hamblin, D. J. *Die ersten Städte.* Hamburg (Rowohlt) 1977.

Hamilton, W. D. *The Genetical Theory of Social Behaviour.* In: *Journ. Theor. Biol.* 7 (1964) S. 1–25.

Harlow, F. H. *Love in Infant Monkeys. In Frontiers of Psychological Research.* London/San Francisco (Freeman) 1964.

Hartke, W. *Bemerkungen zu den Thesen von E. Ch. Welskopf „Einige Probleme der Privatsklaverei in der Antike".* In: Welskopf, E. Ch. *Probleme der Sklaverei als Privateigentumsverhältnis in der Antike.* Sitzungsbericht der AdW der DDR. (Gesellschaftswiss. Berlin) 1977. S. 28 ff.

Hartke, W. *Zum Gesetz der Ökonomie der Zeit in der antiken Gesellschaft.* In: *Das Altertum.* H. 1/Bd. 23/199. S. 5ff.

Hassenstein, B. *Kybernetik und biologische Forschung.* Handbuch der Biologie 1. Frankfurt/Main (S. Fischer) 1966.

Hayes, C. *The Ape in our House.* New York (Academic Press) 1951.

Heberer, G. *Die Evolution der Organismen. Ergebnisse und Probleme der Abstammungslehre.* Stuttgart (G. Fischer) 1967/68.

Heckhausen, H. *Motivation und Handeln*. 2. Aufl. Berlin/Heidelberg/New York (Springer) 1989.

Heckmann, O. (1977). *Copernikus und die moderne Astronomie*. In: *Nova acta Leopoldina* 215/Bd. 38. Halle 1977.

Held, R. *Dissociation of Visual Functions and Arrangement*. In: *Psych. Forschung* 31 (1968).

Herneck, F. *Bahnbrecher des Atomzeitalters*. Berlin (Der Morgen) 1970.

Herrmann, J. *Spuren des Prometheus*. Leipzig/Jena/Berlin (Urania) 1975.

Herrmann, J. *Anfänge des gesellschaftlichen Lebens in den Epochen der frühen Menschheitsentwicklung*. In: Herrmann J.; Ullrich, H. (Hrsg.) *Menschwerdung*. Berlin (Akademie) 1991. S. 216–302

Herrmann, J.; Ullrich, H. (Hrsg.) *Menschwerdung*. Berlin (Akademie) 1991.

Hockett, Ch. F. *Der Ursprung der Sprache*. In: Schwidetzky, J. (Hrsg.) *Über die Evolution der Sprache*. Frankfurt/Main (S. Fischer) 1973.

Holzkamp-Osterkamp, K. *Motivationsforschung 2*. Frankfurt/Main (Campus) 1976.

Huxley, J. *Entfaltung des Lebens*. Frankfurt/Main 1954. Zit. nach Steitz, E. *Die Evolution des Menschen*. Weinheim (Verlag Chemie.Physik) 1974. S. 31.

Immelmann, K.; Scherer, K. R.; Vogel, Ch.; Schmock, P. (Hrsg.) *Psychobiologie. Grundlagen des Verhaltens*. Stuttgart/New York/Weinheim (G. Fischer & Psychologie) 1988.

Jensen, H. *Die Schrift in Vergangenheit und Gegenwart*. Berlin (Deutscher Verlag der Wissenschaften) 1969.

Jolly, A. *Die Entwicklung des Primatenverhaltens*. Stuttgart (G. Fischer) 1975.

Kainz, F. *Psychologie der Sprache* (5 Bde). Stuttgart (S. Fischer) 1941–1969.

Kandel, E. R. *Cellular Basis of Behavior. An Introduction to Behavioural Neurobiology*. San Francisco (Freeman) 1976.

Kandel, E. R. *Small systems of neurons*. In: *Scientific American* 241/3 (1979) S. 60–78.

Kandel, E. R.; Hawkins, R. D. *Molekulare Grundlagen des Lernens*. In: *Spektrum der Wissenschaft* 11 (1992) S. 66–79.

Kandel et al. *Ionic Mechanisms and Behavioral Functions of Presynaptic Facilitation and Presynaptic Inhibition. Aplysia: A Model System for Studying the Modulation of Signal Transmission in Sensory Neurons*. In: Ottoson, D. (Hrsg.) *Progress in Sensory Physiology*. Berlin/Heidelberg/New York (Springer) 1981.

Kawai, M. *Newly Acquired Precultural Behavior of the Natural Troop of Japanese Monkeys on Koshima Isle.* In: *Primates* 6 (1965).

Kawai, M. *Precultural Behavior of the Japanese Monkeys.* In: Kurth, G.; Eibl-Eibesfeldt, J. *Hominisation and Behavior.* Stuttgart (G. Fischer) 1975.

Keidel, W. O. *Recent Advances in Information Processing Within the Auditory System.* Kybernetik und Bionik. München/Wien (Oldenburg) 1974.

Kellogg, W. N.; Kellogg, L. A. *The Ape and the Child: A Study of Environmental Influence of Early Behavior.* New York 1967.

Klaus, G. *Moderne Logik.* Berlin (Deutscher Verlag der Wissenschaften) 1964.

Klix, F. *Information und Verhalten.* Berlin/Bern (Deutscher Verlag der Wissenschaften & Huber) 1971.

Klix, F. *Human and Artificial Intelligence.* Amsterdam/New York/Tokyo/ Berlin (Elsevier) 1978.

Klix, F. *Die Natur des Verstandes.* Göttingen (Hogrefe) 1992.

Klix, F.; Hoffmann, I. (Hrsg.) *Cognition and Memory.* Berlin/Amsterdam (North Holland) 1980.

Knepler, G. *Geschichte als Weg zum Musikverständnis.* Berlin (Deutscher Verlag der Wissenschaften) 1977.

Koehler, O. *Sprache und unbenanntes Denken.* Berlin/Heidelberg/New York (Springer) 1956.

Kohler, I. *Über Aufbau und Wandlungen der Wahrnehmungswelt.* Wien (Rohrer) 1951.

Köhler, W. *Intelligenzprüfungen an Menschenaffen.* Berlin (Springer) 1917.

Kortlandt, A. *Handgebrauch bei freilebenden Schimpansen.* In: Rensch, B. (Hrsg.) *Handgebrauch und Verständigung bei Affen und Frühmenschen.* Bern 1968.

Krause, B. *Zur Analyse der Informationsverarbeitung in kognitiven Prozessen.* In: *Ztschr. f. Psychol.* 2 (1981).

Krause, W. *Problemlösungsstrategien – Eine Darstellung von Fähigkeiten des Menschen beim Lösen von Problemen und Möglichkeiten der Modellierung durch Methoden der Künstlichen Intelligenz.* Dissertation Humboldt-Universität zu Berlin. (unveröffentl.) 1978.

Kummer, H. *Sozialverhalten der Primaten.* Berlin/Heidelberg/New York (Springer) 1975.

Ladygina-Kohts, N. N. *Die psychische Entwicklung im Prozeß der Evolution der Organismen.* Moskau (Akademie der Wissenschaften UdSSR) 1958.

Ladygina-Kohts, N. N. *Konstruktive Tätigkeit und Werkzeugverhalten bei den höheren Affen.* Moskau (Akademie der Wissenschaften UdSSR) 1959.

Lanius, K. *Globaler Wandel.* Heidelberg (Spektrum). Im Druck.

Lawick-Goodall, J. v. *Wilde Schimpansen. 10 Jahre Verhaltensforschung am Gombe-Strom.* Hamburg (Rowohlt) 1975a.

Lawick-Goodall, J. v. *The Behavior of the Chimpanzee.* In: Kurth, G.; Eibl-Eibesfeldt, J. *Hominisation und Verhalten.* Stuttgart (G. Fischer) 1975b.

Lethmate, J. *Problemlöseverhalten von Orang-Utans (Pongo Pygmaeus).* Hamburg/Berlin (Parey) 1977.

Lévi-Strauss, Cl. *Das wilde Denken.* Frankfurt (Suhrkamp) 1973.

Lewin, K. *Gesetz und Experiment in der Psychologie.* In: *Symposion* 1 (1927) S. 375–421.

Libbert, E. *Allgemeine Biologie.* 4. Aufl. Jena. (G. Fischer) 1982.

Liebermann, P. *On the Origins of Language.* New York (Macmillan) 1975.

Lindauer, M. *Temperaturregelung und Wasserhaushalt im Bienenstaat.* In: *Vergleichende Physiologie* 36 (1954).

Lindauer, M. *Nachrichtenübertragung und Regelung im Bienenstaat.* In: Frank, H. (Hrsg.) *Kybernetik.* Frankfurt/Main (S. Fischer) 1966.

Lorenz, K. *Die Rückseite des Spiegels. Versuch einer Naturgeschichte menschlichen Erkennens.* München (Piper) 1973.

Luria, A. R. *Das Hirn des Menschen und die psychischen Prozesse.* Moskau (Akademie der Wissenschaften UdSSR) 1963

Mainzer, K. *Grundlagenprobleme in der Geschichte der exakten Wissenschaften.* Konstanzer Universitätsreden. (Universitätsverlag Konstanz) 1981.

Malinowski, B. *The Problem of Meaning in Primitive Languages.* In: Ogden, C. K.; Richards, I. A. *The Meaning of Meaning.* London (Routledge & Kegan Paul) 1923.

Mania, D. *Kultur, Umwelt und Lebensweise des Homos erectus von Bilzingsleben.* In: Herrmann, J.; Ullrich, H. (Hrsg.) *Menschwerdung.* Berlin (Akademie) 1991. S. 272–286.

Mania, D.; Dietzel, A. *Begegnung mit dem Urmenschen.* Leipzig/Jena/Berlin (Urania) 1980.

Marler, P. *Kommunikation bei Primaten.* In: Schwidetzky, J. *Über die Evolution der Sprache.* Frankfurt/Main (S. Fischer) 1973.

Marshak, A. *The Root of Civilization.* New York (Mc Graw-Hill) 1972.

Marx, K.; Engels, F. *Die deutsche Ideologie.* In: Marx, K.; Engels, F. *Werke.* Bd. 3. Berlin (Dietz) 1968.

Matthies, H.-J. *Learning and Memory.* Int. Cgr. Pharmakol. Paris 1978.

Matthies, H.-J. *Struktur und Funktion neuronaler Informationssysteme.* In: Scheel, H.; Lange, W. (Hrsg.) *Zur Bedeutung von Information für Individuum und Gesellschaft.* (Manuskriptdruck) 1983.

Menninger, K. *Zahlwort und Ziffer.* Göttingen 1958.

Mishkin, M.; Appenzeller, T. *The Anatomy of Memory.* In: *Scientific American* 6 (1987) S. 62–71.

Müller, K. E.; Luckmann, Th. *Gesellschaftliche Gruppen und Institutionen.* In: Immelmann et al. (Hrsg.) *Psychobiologie. Grundlagen des Verhaltens.* Stuttgart/New York/Weinheim (G. Fischer & Psychologie) 1988. S. 758–797.

Napier, J. R. *A Handbook of Living Primates.* London/New York (Witey) 1967.

Neugebauer, D. *Mathematische Keilschrifttexte. Quellen und Studien zur Geschichte der Mathematik.* Berlin 1935 (Neuaufl. 1974).

Neugebauer, D. *Vorgriechische Mathematik.* Berlin 1974.

Nissen, H. J.; Damerow, P.; Englund, R. K. *Frühe Schrift und Technik der Wirtschaftsverwaltung im alten Vorderen Orient.* Berlin (Franzbecker) 1990.

Olds, J.; Milner, P. *Positive Reinforcement Produced by Electrical Stimulation of Septal Area and other Regions of Rat Brain.* In: *Comparative Physiological Psychology* 47 (1954).

Ott, T.; Matthies, H. *Lernen und Gedächtnis.* In: *Die Psychologie des 20. Jahrhunderts.* Zürich (Kindler) 1978.

Pawlow, J. P. *Gesammelte Werke.* Bd. 3. Berlin (Akademie) 1953.

Piaget, J. *Psychologie der Intelligenz.* Stuttgart (Klett) 1947.

Piaget, J. *Psychologie der Intelligenz.* Stuttgart (Klett) 1966.

Plato. *Sämtliche Werke (Enthydemos.* Übers. Müller, H. Leipzig 1954; *Kratylos.* Übers. Apelt, O. Leipzig (Meiner) 1918).

Ploog, D. *Kommunikation in Affengesellschaften und deren Bedeutung für die Verständigungsweisen des Menschen.* In: Gadamer, H.-G.; Vogel, R. (Hrsg.) *Neue Anthropologie.* Bd. 2. Stuttgart (Thieme) 1972.

Ploog, D.; Melneshuk, T. *Primate communication.* Neuroscience Research Program 7 (Mskr.) (1969).

Pospelow, D. *Semiotic Models in Psychology and Artificial Intelligence Systems.* In: Klix, F. (Hrsg.) *Human and Artifical Intelligence.* Amsterdam/New York/Tokyo/Berlin (Elsevier) 1978.

Premack, D. *Sprache beim Schimpansen?* In: Schwidetzky, J. (Hrsg.) *Über die Evolution der Sprache.* Frankfurt/Main (S. Fischer) 1973.

Premack, D. *Intelligence in Ape and Man.* New York/Sidney/Toronto/London (Erlbaum) 1977.

Pribram, K. H. *Languages of the Brain. Experimental Paradoxes and Principles in Neuropsychology.* London/Toronto/Tokyo (Prentice Hall) 1971.

Pribram, K. H.; McGuinnes, D. *Aktivierung und Anstrengung: gesonderte neuronale Systeme.* In: *Z. Psychol.* 184/3 (1976) S. 382–404.

Prideaux, T. *Der Cro-Magnon-Mensch.* Hamburg (Rowohlt) 1977.

Reichard, G. A. *Navajo-Classification of Natural Objects.* In: *Plateau* 21 (Flagstaff) 1948.

Rensch, B. *Handgebrauch und Verständigung bei Affen und Frühmenschen.* Bern 1973.

Révész, G. *Ursprung und Vorgeschichte der Sprache.* Bern (Francke) 1946.

Roeder, K. O. *Interactions of Moth and Bats.* Kybernetik. München/Wien (Oldenburg) 1968.

Ross, P. E. *Streit um Wörter.* In: *Spektrum der Wissenschaft* 6 (1991) S. 92–101.

Rössler, D. E. *Theoretische Biologie* (Vorlesung). [Zitiert nach Lorenz, K. *Die Rückseite des Spiegels. Versuch einer Naturgeschichte menschlichen Erkennens.* München (Piper) 1973.]

Rosvold, E. H. et al. *Influence of Amygdalectomy on Social Behavior in Monkeys.* In: *J. Comp. Physiol. Psychol.* 47 (1954).

Saporoshez, A. V. *Über die Entwicklung von Wahrnehmung und Tätigkeit.* XVIII. Int. Kongreß Psychol., Sympos. 30. Moskau 1966.

Sataloff, R. T. *The Human Voice.* In: *Scientific American* 12 (1992) S. 64–71.

Scharf, J. H. *Goethes Morphologie-Definition und das Problem des Verhältnisses der Cromagniden zu den „Urgermanen".* Gegenbaurs morphologisches Jahrbuch 124. Leipzig (Barth) 1978.

Schenk, G. *Zur Geschichte der logischen Form.* Berlin (Deutscher Verlag der Wissenschaften) 1973.

Schenkel, R. *Ausdrucksstudien an Wölfen.* In: *Behavior* 1 (1948).

Schiefenhövel, W. *Sterben und Tod bei den Eipo im Hochland von West-Neuguinea.* Publikation Nr. 35 „Mensch, Kultur und Umwelt" Braunschweig/Wiesbaden (Vieweg) 1985.

Schiefenhövel, W. *Die Mek und ihre Nachbarn.* In: *Wissenschaft und Fortschritt* 1 (1991) S. 21–25.

Schmidt, H.-D. *Das Verhalten von Haushunden in Konfliktsituationen.* In: *Z. Psychol.* 159/3/4 (Dissertation) 1956.

Schwidetzky, J. *Über die Evolution der Sprache.* Frankfurt/Main (S. Fischer) 1973.

Sellnow, J. et al. *Weltgeschichte bis zur Herausbildung des Feudalismus.* Berlin (Akademie) 1977.

Seyfarth, R. M.; Cheney, D. L. *Meaning and Mind in Monkeys.* In: *Scientific American* 12 (1992) S. 78–85.

Shapiro, E.; Klein, M; Kandel, E. R. *Ionic Mechanisms and Behavioral Functions of Presynaptic Inhibition in Aplysia: A Model System for Studying the Modulation of Signal Transmission in Sensory Neurons.* In: Otbosen, D. (Hrsg.) *Progress in Sensory Physiology 1.* Berlin/Heidelberg/New York (Springer) 1981.

Smith, J. M. *Evolution and the Theory of Games.* Cambridge (Cambridge University Press) 1982.

Smith, M. *The Status of Neo-Darwinism.* In: Waddington, C. H. (Hrsg.) *Towards a Theoretical Biology.* Bd. 2. Edinburgh (Edinburgh University Press) 1968.

Sokolov, E. N. et al. *Neuronal Mechanism of Habituation.* In: Rusinow, V. S. (Hrsg.) *Electrophysiology of the Nervous System.* New York (Plenum) 1970.

Sprung, L.; Sprung, H. *Grundlagen der Methodologie und Methodik der Psychologie.* Berlin (Deutscher Verlag der Wissenschaften) 1983.

Steitz, E. *Die Evolution des Menschen.* Weinheim (Chemie * Physik) 1974.

Stephan, B. *Die Evolution der Sozialstrukturen.* Berlin (Deutscher Verlag der Wissenschaften) 1977.

Stopa, R. *Die Schnalze, ihre Natur, Entwicklung und ihr Ursprung.* Krakow 1935.

Stopa, R. *The Genetic Unity of African Languages.* In: *Fol. orient.* 7 (1965).

Stopa, R. *Kann man eine Brücke schlagen zwischen der Kommunikation der Primaten und derjenigen der Urmenschen?* In: Schwidetzky, J. (Hrsg.) *Über die Evolution der Sprache.* Frankfurt/Main (S. Fischer) 1973.

Sydow, H. *Strukturerkennung in kognitiven Prozessen.* Dissertation Humboldt-Universität zu Berlin (unveröffentl.) 1976.

Szabo, A. *Anfänge der griechischen Mathematik.* Budapest/München/Wien 1969.

Tembrock, G. *Verhaltensforschung.* Jena (G. Fischer) 1964.

Tembrock, G. *Grundlagen der Tierpsychologie.* Berlin (Neue Brehm Bücherei Wittenberg) 1971a.

Tembrock, G. *Biokommunikation. Informationsübertragung im biologischen Bereich.* Berlin (Akademieverlag) 1971b.

Thompson, J. E. S. *Die Maya. Die Griechen Amerikas.* München (Heyne) 1977.

Thorne, A.; Wolpoff, M. H. *Multiregionaler Ursprung der modernen Menschen*. In: *Spektrum der Wissenschaft* 6 (1992) S. 80–87.

Thorpe, W. H. *Learning and Instinct in Animals*. Essex/London (Methuen) 1956.

Thurnwald, R.; Westerman, D. *Völkerkunde von Afrika*. Essen 1940.

Tichomirow, O. K. *Der Mensch und die EDV*. Moskau (Akademie der Wissenschaften UdSSR) 1973.

Tinbergen, N. *Instinktlehre*. Hamburg/Berlin (Parey) 1952.

Trinkhaus, E.; Howells, W. *The Neanderthals*. In: *Scientific American* 241/6 (1979) S. 94–105.

Trivers, R. *Social Evolution*. Menlo Park, Calif. (Benjamin/Cummings) 1985.

Tschanz, B; Merz, F.; Vogel, Chr. *Gesellschaftliche Rollen*. In: Immelmann, K. et al. (Hrsg.) *Psychobiologie*. Stuttgart/New York/Weinheim (G. Fischer & Psychologie) 1988.

Tscheschner, W. *Wege zur Erforschung des menschlichen Sprachsignals*. 8. Fachkolloquium Informationstechnik. Technische Universität Dresden 1975.

Tscheschner, W. *Probleme der automatischen Sprachverarbeitung aus heutiger Sicht*. In:*Nachrichtentechnik/Elektronik* 1 (1979).

Ullrich, H. *Zwischen Tier und Mensch*. In: Herrmann, J.; Ullrich, H. (Hrsg.) *Menschwerdung*. Berlin (Akademie) 1991a. S. 153–214.

Ullrich, H. *Hominidenentwicklung und biotische Voraussetzungen zur Menschwerdung*. In: Herrmann, J.; Ullrich, H. (Hrsg.) *Menschwerdung*. Berlin (Akademie) 1991b. S. 105–150.

Ullrich, H. *Evolution der Primaten*. In: Herrmann, J.; Ullrich, H. (Hrsg.) *Menschwerdung*. Berlin (Akademie) 1991c. S. 21–68.

Vogel, Chr. *Vom Töten zum Mord*. München/Wien (Hanser) 1989.

Vogel, Chr.; Voland, E. *Evolution und Kultur*. In: Immelmann, K. et al. (Hrsg.) *Psychobiologie*. Stuttgart/New York/Weinheim (G. Fischer & Psychologie) 1988. S. 101–128.

Voth, H. R. *The Oraibi Loyal Ceremony*. In: *Anthropological Series* 3. Nr. 2 (1901) Chicago. Zit. nach Lévi-Strauss, C. *Das wilde Denken*. In: *Suhrkamp tv Wissenschaft* 14 (1973).

Waerden, B. L. van der *Erwachende Wissenschaft. Ägyptische, babylonische und griechische Mathematik*. Basel/Stuttgart (Birkhäuser) 1956.

Waerden, B. L. van der *History of Mathematics. Counting, Numerals and Calculation* 4. Manchester (Open University Press) 1976.

Waerden, B. L. van der; Fleeg, S. *Counting II, Decimal Number Words, History of Mathematics*. Manchester (Open University Press) 1975.

Walter, A.; Teaford, M. *The Hunt for Proconsul*. In: *Scientific American* 260/1 (1989) S. 58–64.

Watsuro, E. G. *Untersuchungen über die höhere Nerventätigkeit der Anthropoiden*. Moskau (Akademie der Wissenschaften UdSSR) 1948.

Weiß, A. *Orientierung der Wanderjäger im Paläolithikum*. In: *Naturwissenschaftliche Rundschau* H. 8 (1984) S. 312–319.

Werner, H. *Entwicklungspsychologie*. München (Barth) 1953.

Wertheimer, M. *Productive Thinking*. New York 1945.

Whorf, B. L. *Sprache, Denken, Wirklichkeit*. Hamburg (Rowohlt) 1978.

Wickler, W. *Die Biologie der Zehn Gebote*. München (Piper) 1973.

Wickler, W.; Seibt, U. *Das Prinzip Eigennutz – zur Evolution sozialen Verhaltens –*. München (Piper) 1991.

Wilson, A. C.; Cann, R. C. *Afrikanischer Ursprung des modernen Menschen*. In: *Spektrum der Wissenschaft* 6 (1992) S. 72–79.

Wilson, E. D. *Sociobiology*. Cambridge, Mass. (Harvard University Press) 1975.

Wilson, E. D. *Biologie als Schicksal. Die soziobiologischen Grundlagen menschlichen Verhaltens*. Berlin (Ullstein) 1980.

Wind, J. *Der Kehlkopf bei Spitzhörnchen, Rhesusaffe, Schimpanse und Mensch*. In: Schwidetzky, J. (Hrsg.) *Über die Evolution der Sprache*. Frankfurt/Main (S. Fischer) 1973.

Wolkow, G. N. *Soziologie der Wissenschaft*. Berlin 1970.

Wundt, W. *Völkerpsychologie*. Bd. 2. *Mythos und Religion*. Leipzig (Engelmann) 1900.

Wundt, W. *Die Anfänge der Philosophie und die Psychologie der primitiven Völker*. Leipzig (Engelmann) 1913.

Wußing, H. *Mathematik in der Antike*. Leipzig (Teubner) 1962.

Wygotskij, L. S. *Denken und Sprechen*. Moskau/Leningrad. Berlin (Dtsch. Verlag d. Wissenschaft) 1964.

Wyman, L. C.; Harris, S. K. *Navaho Ethnobotany*. University of New Mexico. Bulletin Nr. 366, Anthropol. Series 3/4. Albuquerque 1941.

Ziehen, Th. *Leitfaden der physiologischen Psychologie*. Jena (G. Fischer) 1924.

Bildnachweise

Teil I

1.1 Aus: Wind, J. *Der Kehlkopf bei Spitzhörnchen, Rhesusaffe, Schimpanse und Mensch.* Stuttgart (G. Fischer) 1973.

1.2 Aus: Romer *Vergleichende Anatomie der Wirbeltiere.* Hamburg (Parey) 1971.

1.3 Aus: Jolly, A. *The Evolution of Primate Behavior.* New York (Macmillan) 1972.

1.4 Gezeichnet nach *Scientific American* 7 (1964).

1.5 Aus: *Spektrum der Wissenschaft* 5 (1984).

1.6 Aus: Heberer, G. *Der Ursprung des Menschen.* Stuttgart (G. Fischer) 1972.

1.7 Neuzeichnung nach Howell, F.C. *Der Mensch der Vorzeit.* Amsterdam (Time Life) 1966.

1.8 Aus: Herrmann, J.; Ullrich, H. *Menschwerdung.* Berlin (Akademie) 1991.

1.9 Aus: *Spektrum der Wissenschaft* 6 (1987).

1.10 Aus: Heberer, G. *Der Ursprung des Menschen.* Stuttgart (G. Fischer) 1972.

1.11 Heberer, G. *Die Abstammung des Menschen.* In: *Hdb. d. Biologie*, Bd. 9. Konstanz/Stuttgart (Verlagsgesellschaft Athenaion). Bildrechte bei Wolfgang Pabst Verlag, Lengerich.

1.12 Aus: Herrmann, J.; Ullrich, H. *Menschwerdung.* Berlin (Akademie) 1991.

1.13 Aus: Herrmann, J.; Ullrich, H. *Menschwerdung.* Berlin (Akademie) 1991.

1.14 Neuzeichnung nach Constable, G. *Die Neandertaler.* Reinbek/b. Hamburg (Rowohlt) 1977.

2.2 Aus: *Spektrum der Wissenschaft* 11 (1979).

2.3 Aus: *Spektrum der Wissenschaft* 11 (1979).

2.4 Aus: *Spektrum der Wissenschaft* 11 (1979).

2.5 Aus: *Spektrum der Wissenschaft* 11 (1979).

2.6 Aus: *Spektrum der Wissenschaft* 11 (1992).

3.1 Gezeichnet nach Buchholz, Chr. *Grundlagen der Verhaltensphysiologie* Wiesbaden (Vieweg) 1982.

3.2 Aus: *Spektrum der Wissenschaft* 2 (1993).

3.3 Aus: Lawick-Goodall, J.v. *Wilde Schimpansen. 10 Jahre Verhaltensforschung am Gombe-Strom.* Reinbek/b. Hamburg (Rowohlt) 1975.

3.4 Aus: Rensch, B. *Gedächtnis, Begriffsbildung und Planhandlungen bei Tieren.* Hamburg (Parey) 1973.

3.5 Aus: Premack, D. *Die Sprache beim Schimpansen.* In: Schwidetzky, I. *Über die Evolution der Sprache.* Stuttgart (G. Fischer) 1973.

3.6 Nach McLean, P. *Visceral Functions of the Nervous System.* In: *Ann. Rev. Physiol.* 19 (1957). Aus: Birbaumer, N. *Physiologische Psychologie.* Heidelberg (Springer) 1975.

3.7 Nach McLean, P. *Visceral Functions of the Nervous System.* In: *Ann. Rev. Physiol.* 19 (1957). Aus: Birbaumer, N. *Physiologische Psychologie.* Heidelberg (Springer) 1975.

3.8 Nach McLean, P. *Visceral Functions of the Nervous System.* In: *Ann. Rev. Physiol.* 19 (1957). Aus: Birbaumer, N. *Physiologische Psychologie.* Heidelberg (Springer) 1975.

3.9 Aus: *Spektrum der Wissenschaft* 8 (1987).

3.10 Aus: *Spektrum der Wissenschaft* 11 (1992).

3.11 Aus: Ploog, D. *Kommunikation in Affengesellschaften und deren Bedeutung für die Verständigungsweisen des Menschen.* In: Gadamer, H.-G.; Vogel, R. (Hrsg.) *Neue Anthropologie*, Bd. 2. Stuttgart (Thieme) 1972.

3.12 Aus: Ploog, D. *Kommunikation in Affengesellschaften und deren Bedeutung für die Verständigungsweisen des Menschen.* In: Gadamer, H.-G.; Vogel, R. (Hrsg.) *Neue Anthropologie*, Bd. 2. Stuttgart (Thieme) 1972.

3.13 Aus: Heberer, G. *Homo - unsere Ab- und Zukunft.* Stuttgart (DVA) 1968.

Teil II

1.1 Aus: Herrmann, J.; Ullrich, H. *Menschwerdung.* Berlin (Akademie) 1991.

1.2 Lewin, R. *Human Evolution. An Illustrated Introduction, 2nd ed.* Cambridge, USA (Blackwell) 1989. Reprinted by permission of Blackwell Scientific Publications, Inc.

1.3 Neuzeichnung nach Prideaux, T. *Der Cro-Magnon-Mensch.* Reinbek/b. Hamburg (Rowohlt) 1977.

1.4 Gezeichnet nach einer Höhlenzeichnung von Lascaux.

402

1.5   Aus: Augusta, J. *Prehistoric Man.* New York (Paul Hamlyn) 1960. Bildrechte bei Dr. Pavel Augusta, Prag.

1.6   Aus: Simonyi, K. *Kulturgeschichte der Physik.* Frankfurt (Harri Deutsch) 1990.

3.1   Aus: Herrmann, J.; Ullrich, H. *Menschwerdung.* Berlin (Akademie) 1991.

3.2   Aus: Kollektion des Musée de l'Homme, Paris (Photo eines Gipsabgusses der Venus von Laussel; das Original befindet sich im Musée d'Aquitaine, Bordeaux)

4.1   Quelle: Jericho Excavation Fund

4.2   Neuzeichnung nach Hamblin, D.J. *Die ersten Städte.* Reinbek/b. Hamburg (Rowohlt) 1977.

4.3   Quelle: Jericho Excavation Fund

4.4   Aus: Herrmann, J. *Spuren des Prometheus.* Leipzig (Urania) 1979.

5.1   Aus: Herrmann, J. *Spuren des Prometheus.* Leipzig (Urania) 1979.

5.2   Aus: Jensen, H. *Die Schrift in Vergangenheit und Gegenwart.* Berlin (Deutscher Verlag der Wissenschaften) 1969. Bildrechte bei Hüthig Verlagsgemeinschaft, Berlin.

5.3   Aus: Friedrich, J. *Geschichte der Schrift.* Heidelberg (C. Winter) 1966.

5.4   Aus: Wills, F.H. *Schrift und Zeichen der Völker.* Düsseldorf (Econ) 1977. Copyright (C) 1977 by Econ Verlag GmbH, Düsseldorf.

5.5   Aus: Thompson, J.E.S. *Die Maya. Die Griechen Amerikas.* München (Heyne) 1977.

5.6   Nach: Claiborne, R. *Die Erfindung der Schrift.* Reinbek/b. Hamburg (Rowohlt) 1978.

5.7   Fotohinweis: Eberhard Thiem, LOTOS-FILM, Kaufbeuren.

5.8   Nach: Claiborne, R. *Die Erfindung der Schrift.* Reinbek/b. Hamburg (Rowohlt) 1978.

5.9   Neuzeichnungen nach Claiborne, R. *Die Erfindung der Schrift.* Reinbek/b. Hamburg (Rowohlt) 1978.

5.10   Aus: Jensen, H. *Die Schrift in Vergangenheit und Gegenwart.* Berlin (Deutscher Verlag der Wissenschaften) 1969. Bildrechte bei Hüthig Verlagsgemeinschaft, Berlin.

5.11   Aus: Friedrich, J. *Geschichte der Schrift.* Heidelberg (C. Winter) 1966.

5.12a   Aus: van der Waerden, B. *Erwachende Wissenschaft.* Basel (Birkhäuser) 1956.

5.12b   Aus: Nissen, H.J. et al. *Frühe Schrift und Technik der Wirtschaftsverwaltung im alten Vorderen Orient.* Hildesheim (Franzbecker) 1990. Bildrechte bei Max-Planck-Institut für Bildungsforschung, Dr. Peter Damerow, Berlin.

5.13   Aus: Nissen, H.J. et al. *Frühe Schrift und Technik der Wirtschaftsverwaltung im alten Vorderen Orient.* Hildesheim (Franzbecker) 1990. Bildrechte bei Max-Planck-Institut für Bildungsforschung, Dr. Peter Damerow, Berlin. Copyright bei Margret Nissen, Berlin.

5.14   Nach: Claiborne, R. *Die Erfindung der Schrift.* Reinbek/b. Hamburg (Rowohlt) 1978.

5.15   Aus: Menninger, K. *Zahlwort und Ziffer.* (Fischer & Psychologie).

6.1   Aus: Detlefsen, M. *Kerbknochen und Kerbhölzer.* Berlin (Akademie) 1977.

6.2   Aus: Menninger, K. *Zahlwort und Ziffer.* (Fischer & Psychologie).

6.3   Aus: Menninger, K. *Zahlwort und Ziffer.* (Fischer & Psychologie).

6.5   Aus: Nissen, H.J. et al. *Frühe Schrift und Technik der Wirtschaftsverwaltung im alten Vorderen Orient.* Hildesheim (Franzbecker) 1990. Bildrechte bei Max-Planck-Institut für Bildungsforschung, Dr. Peter Damerow, Berlin.

6.6   Aus: Wußing, H. *Mathematik in der Antike.* Leipzig (Teubner) 1962. Nachdruck mit Genehmigung der B.G. Teubner Verlagsgesellschaft Stuttgart und Leipzig.

6.7   Aus: Wußing, H. *Mathematik in der Antike.* Leipzig (Teubner) 1962. Nachdruck mit Genehmigung der B.G. Teubner Verlagsgesellschaft Stuttgart und Leipzig.

6.8   Aus: Wußing, H. *Mathematik in der Antike.* Leipzig (Teubner) 1962. Nachdruck mit Genehmigung der B.G. Teubner Verlagsgesellschaft Stuttgart und Leipzig.

6.9   Aus: Nissen, H.J. et al. *Frühe Schrift und Technik der Wirtschaftsverwaltung im alten Vorderen Orient.* Hildesheim (Franzbecker) 1990. Bildrechte bei Max-Planck-Institut für Bildungsforschung, Dr. Peter Damerow, Berlin.

6.10   Aus: Nissen, H.J. et al. *Frühe Schrift und Technik der Wirtschaftsverwaltung im alten Vorderen Orient.* Hildesheim (Franzbecker) 1990. Bildrechte bei Max-Planck-Institut für Bildungsforschung, Dr. Peter Damerow, Berlin. Copyright bei Margret Nissen, Berlin.

6.11   Aus: Wußing, H. *Mathematik in der Antike.* Leipzig (Teubner) 1962. Nachdruck mit Genehmigung der B.G. Teubner Verlagsgesellschaft Stuttgart und Leipzig.

6.12a   Aus: Willers, F.A. *Zahlzeichen und Rechnen im Wandel der Zeit.* Berlin (Volk und Wissen) 1949.

6.12b/c   Aus: Nissen, H.J. et al. *Frühe Schrift und Technik der Wirtschaftsverwaltung im alten Vorderen Orient.* Hildesheim (Franzbecker) 1990. Bildrechte bei Max-Planck-Institut für Bildungsforschung, Dr. Peter Damerow, Berlin.

6.13   Quelle: Eisenlohr, A. *Ein altbabylonischer Felderplan.* Leipzig 1896.

6.14   Aus: Wußing, H. *Mathematik in der Antike.* Leipzig (Teubner) 1962. Nachdruck mit Genehmigung der B. G. Teubner Verlagsgesellschaft Stuttgart und Leipzig.

6.16   Aus: van der Waerden, B.L. *Erwachende Wissenschaft.* Basel (Birkhäuser) 1956.

7.1   Aus: Menninger, K. *Zahlwort und Ziffer.* (Fischer & Psychologie).

7.2   Aus: Wußing, H. *Mathematik in der Antike.* Leipzig (Teubner) 1962. Nachdruck mit Genehmigung der B.G. Teubner Verlagsgesellschaft Stuttgart und Leipzig.

7.3   Nach: Menninger, K. *Zahlwort und Ziffer.* (Fischer & Psychologie).

7.4   Quelle: Römischer Handabakus aus dem Cabinet des Médailles, Bibliothèque Nationale de Paris (1924), nach: Menninger, K. *Zahlwort und Ziffer.* (Fischer & Psychologie).

7.5   Quelle: Pergamentkodex um 1210 aus der Öffentlichen Bibliothek Lissabon, nach: Menninger, K. *Zahlwort und Ziffer.* (Fischer & Psychologie).

7.6 Quelle: Auszug aus Fra Luca Paoli: Summa de Arithmetica, Geometrica, proportioni e proportionalita, Venedig 1494, nach: Menninger, K. *Zahlwort und Ziffer.* (Fischer & Psychologie).

8.2 Aus: Wußing, H. *Mathematik in der Antike.* Leipzig (Teubner) 1962. Nachdruck mit Genehmigung der B.G. Teubner Verlagsgesellschaft Stuttgart und Leipzig.

8.3 Aus: Wußing, H. *Mathematik in der Antike.* Leipzig (Teubner) 1962. Nachdruck mit Genehmigung der B.G. Teubner Verlagsgesellschaft Stuttgart und Leipzig.

8.5 Aus: Hund, F. *Geschichte der physikalischen Begriffe.* Mannheim (Bibliographisches Institut) 1978.

Kopfüber
in anregende
Fachliteratur...

...aus der Reihe Spektrum Psychologie

Spektrum
AKADEMISCHER VERLAG

Vangerowstraße 20 · 69115 Heidelberg